U0840019

THE QUILTER'S BIBLE

拼布圣经

（英）琳达·克莱门茨　著
王晨曦　王晓裴　毛现桩　译
王　艺　审

河南科学技术出版社
·郑州·

著作权合同登记号：图字16—2011—066

图书在版编目(CIP)数据

拼布圣经／（英）克莱门茨著；王晨曦，王晓裴，毛现桩译.—郑州：河南科学技术出版社，2014.10（2021.8重印）
ISBN 978-7-5349-7211-9

Ⅰ.①拼… Ⅱ.①克…②王…③王…④毛… Ⅲ.①布料-手工艺品-制作 Ⅳ.①TS973.5

中国版本图书馆CIP数据核字（2014）第162339号

出版发行：河南科学技术出版社
地址：郑州市郑东新区祥盛街27号　　邮编：450016
电话：（0371）65737028　65788613
网址：www.hnstp.cn
策划编辑：刘　欣
责任编辑：梁莹莹
责任校对：张小玲
封面设计：张　伟
责任印制：张艳芳
印　　刷：河南新达彩印有限公司
经　　销：全国新华书店
幅面尺寸：210 mm × 276 mm　　印张：16　　字数：460千字
版　　次：2014年10月第1版　2021年8月第4次印刷
定　　价：98.00元

目录

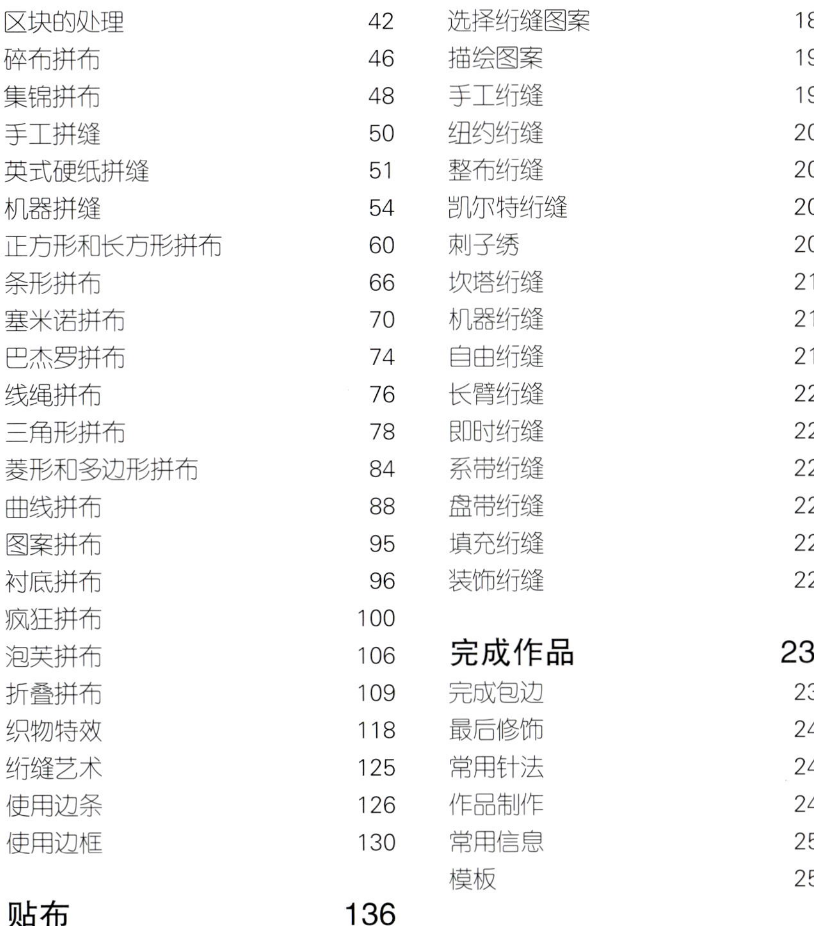

前言

Poreword

多年来，琳达·克莱门茨出版过许多关于拼布和绗缝技巧的书籍，其中也介绍了我的作品，我们两人的工作已是密不可分。得益于她丰富的拼布经验和技巧，本书深入透彻、包罗万象——无论你需要知道什么，都能在本书中找到。

虽然我也算得上是一个拼布专家了，但翻开本书，新颖的内容随处可见，还有一些我忍不住要尝试的全新的技巧。

在介绍拼布、贴布和绗缝技艺时，传统的技巧、图案与现代的织物处理技术、装饰性刺绣并存，给读者提供了无尽的灵感。

本书的另一个亮点是贯穿全书的制作实践，每一个作品都基于书中描述的技巧，并与其紧密相关。

清晰的分步讲解和引人入胜的图片（多是出自大卫和查尔斯之手）让本书实用又赏心悦目，是拼布人的必备宝典。

琳妮·爱德华兹 英帝国勋章获得者

拼布作家，教师，作者，拼布记者

把拼布、贴布和绗缝结合在一起能使设计醒目，而且使用印有新颖图案的图案布可以快速制作拼布被。这块锦鲤瀑布样布的左、右边是有饰带的边框（见135页），上、下边是普通边框。在边条处还加上可粘的图案贴布，这样这个壁饰再通过简单的机器绗缝和窄细的包边完成了。

引言

Introduction

拼布、贴布和绗缝工艺已经流传几百年了，而且随着越来越多的人在为自己、家人和朋友缝制作品的过程中得到乐趣和满足，这些工艺将重新发展并传承下去。本书是一本综合性的拼布工具书，无论是零起步的人还是有经验的拼布爱好者，都能从中得到指导和启发，利用丰富的技巧把布料创作成美丽的作品。

本书的主题广泛，主要分为五部分：

入门指南——第一部分描述了制作拼布所需的工具和布料以及一些基本技巧，如布料选择、色彩处理、标记方法、利用纸样、绘制和裁剪图形。

拼布——在这一部分中，我们先是关注用区块设计出的拼布，而后是用简单的正方形、长方形、三角形、菱形、多边形和曲线拼出的特殊形状。此外，还描述了许多不同风格的拼布。

贴布——这部分内容主要探讨的是多种花样的搭配，其中包括针挑折边贴布、纱影贴布和包边条贴布等。

绗缝——你需要知道的所有关于手工和机器绗缝的方法都包含在本部分中，其中有自由绗缝、刺子绣、盘带绗缝和其他装饰性的绗缝。

完成作品——最后这一部分展示了如何对拼布作品进行收尾以及其他的一些描述，诸如不同的边缘处理方法和如何展出和保养拼布。

本书有多种用途。你可以随时翻阅查找需要的技巧，也可以把它当作是练习册，通过练习逐渐增强自己的技艺。在整本书中有很多叫作“制作实践”的小栏目，旨在对介绍的技巧提供实践的机会。

本书收录了多达几百幅图解，有的为技巧提供解释，有的为设计提供思路。我们尽可能地提供英制单位和公制单位，见250页包括英制和公制在内的度量单位。书中还有一部分专门介绍常用针法(见245页)，其中包括对书中提及的特殊用途的针法的描述。

希望这本书能够成为一个宝贵的资源，解答你在拼布、贴布和绗缝中遇到的问题，并能够鼓励你制作出可爱的拼布和能让你激动的作品。虽然整本书指导详尽，但是缝纫没有绝对的对与错的方法，而且新的方法会不断地创造出来。最重要的事情就是放手尝试一下，探索你喜欢的东西，享受你的创作。

拼布、贴布和绗缝能够创造出很多奇妙的效果。
本书为你提供了大量的创作灵感——享用它吧！

拼布特征

本书中介绍的手法可以用来创造出你选择的任意作品。如果你是新手，以下的图解介绍了拼布的主要构成以及你在本书中可能会遇到的基本术语。

角落布块——
拼布边框和边条角落的布块，可以是简单的布块也可以是拼接布块。

边条——
夹在两个图案之间、细长的布条，可以是无图案的，也可以是多种图形的拼接。

包边——
拼布的外边缘。

绗缝夹层（拼布三明治）——
这个术语说的是拼布三层的重叠：表布、铺棉和里布。

拼布区块——
组成拼布的基本元素，可能是一样的，也可能全都不同。

贴布区块——
用贴布技术做出的布块，把一个布块缝合在底布上。

绗缝（也叫压线）——
用平针缝或其他针法把拼布的三层绗缝夹层缝纫在一起，并且起到装饰的作用。

边框——
拼布外围拼接上的一条布边，可以是无图案的，也可以是多种图形的拼接。

入门指南
Getting Started

这部分内容介绍了制作拼布、贴布和绗缝所需要的工具、材料和基本技巧。我们入手的地方是一些能使我们拼布生涯更为简单有趣的工具——那些奇妙的小物件和小工具能帮助我们设计、标记、测量、裁剪、缝纫和熨烫。

接下来，我们看到的是工作时需要用到的精美的布料，以及如何挑选这些布料、色彩的搭配、缝纫准备。

最后，会涉及一些有用的技巧。这些技巧描述的是拼布、贴布和绗缝的基本工艺，例如：准备和使用纸样、画制和裁剪基本图形，以及利用技巧使设计和缝纫更为简捷。

拼布工具
TOOLS

这一部分介绍制作拼布、贴布和绗缝时所用到的工具和材料，描述了它们的用途，并在相关处作了解释和说明。拼布工具按照用途分为设计工具、标记工具、测量工具、裁剪工具、缝纫工具、压烫工具和其他的一些小工具。

如果你是一个彻头彻尾的新手，大量的工具和设备会让你不知所措。但是刚开始时，你真正需要的只是旁边工具箱里列出的一些基本工具。当你发现你对拼布、贴布和绗缝中的某一部分最感兴趣时你可以增添新的设备。

基础工具箱

- 轮刀和切割垫
- 拼布尺
- 卷尺
- 剪刀（剪布用、刺绣用、剪纸用）
- 各种型号的手工缝纫针
- 尖细的珠针和安全别针
- 顶针
- 缝纫机
- 各种型号的缝纫机针
- 各种型号的手缝线和机缝线
- 可擦记号笔
- 黏合衬
- 冷冻纸
- 方格纸和斜格纸
- 标准尺
- 笔、铅笔和橡皮
- 熨斗和熨烫板
- 纸板
- 塑模板

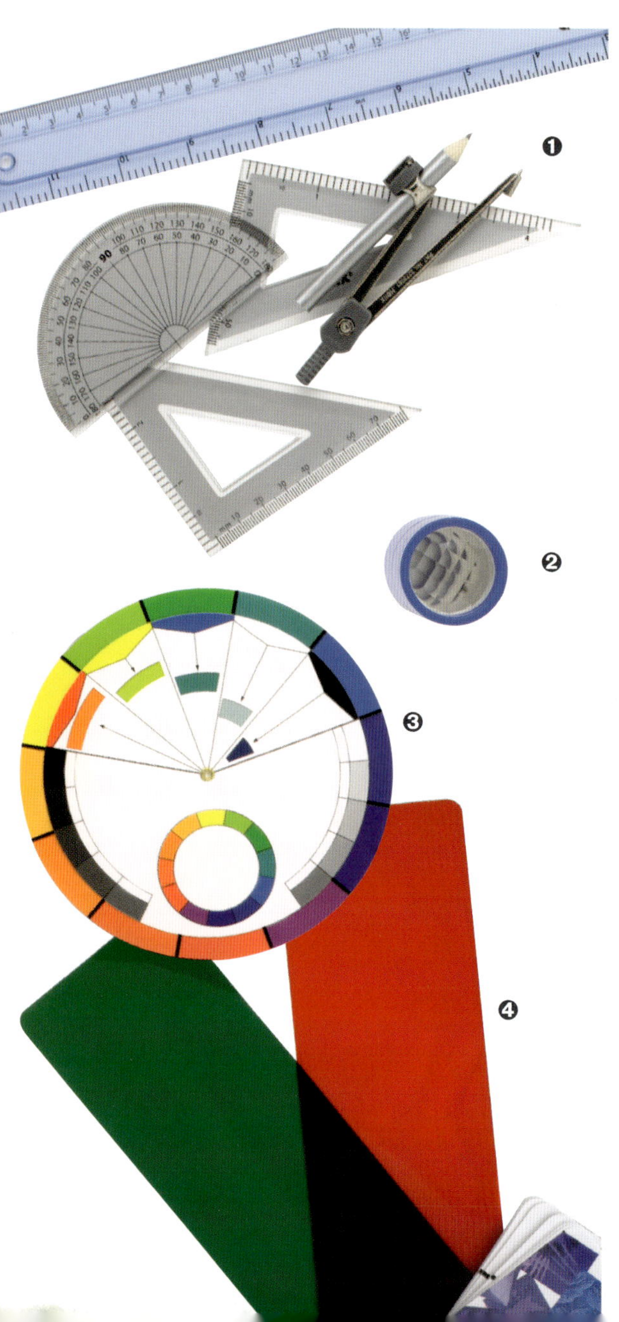

设计工具

- **几何工具**——圆规，用来画圆和半圆；量角器，用来测量角度和画三角形；一把标准尺，用来绘图，刻度单位为3毫米和1.5毫米。❶
- **多重影像镜头**——这种工具能让你看到多重影像，从而使你想象一下分组布块的样子。❷
- **色相环**——这种工具能显示出哪些是同色系的颜色，哪些是对比色，从而在你设计拼布时帮你挑选颜色，详见19页。❸
- **明暗查找器**——红色和绿色透镜能用来显示布料上的深色区块和浅色区块。❹
- **笔和铅笔**——用来设计草图、绘制图形和区块、制作纸样。彩色笔和铅笔在设计配色方案时用得上。
- **纸张**——不同类型的纸张都派得上用场，如白纸可以用来展示创意、画草图，方格纸可以设计布块和区块，斜格纸可以画三角形、六边形和菱形；描图纸可以临摹布块的设计和纸样。
- **纸板**—— 纸板可以用来制作模板，而且薄纸板有利于英式硬纸拼接。
- **计算器**——在设计和计算布料尺寸时，计算器能使数学运算变得简便。
- **设计板**——有一个能展示工作进度的地方是至关重要的，这样你就可以知道设计是如何进行的。这个地方可能是固定在墙上的一块布料，上面钉着你的作品；也可能是一块折叠板，当你用不着它时可以把它收起来。拉住的窗帘也可以暂时当作展示区域。
- **采光设备**——做设计和做缝纫时，很好的采光条件是很重要的。你可以对作品观察入微，也能避免眼睛疲劳。一盏可以调节灯头角度的高架照明灯是最合适的，也可以选择附带有放大功能的灯具。选用日光灯能帮助你营造出真正的日光条件，从而更容易挑选出不同颜色的丝线。

标记工具

用于标记的工具多种多样，而且不断会有新的工具问市。这里介绍的只是最基本的工具。更多信息见25页。

- **画粉**——画粉有多种形式和颜色，其中包括画粉笔、画粉块和通过画粉轮撒出的画粉末。❶
- **骨笔**——能用来在布料上画上折痕的工具。❷
- **曲线规**——这款可弯曲的橡胶制品可以折成任意的曲线，在标记半圆形或S形时很好用。❸
- **模板和蜡纸**——非常有用的标记工具。可以做成任意形状，市场上也有卖一些基本的形状。模板材料的示例见26页。❹
- **塑模板**——用来制作模板的塑料板，可以是清晰透明的，也可以是有标记特征的，例如网格和三角形。❺
- **铅笔**——用一支硬芯铅笔沿模板四周画一条清晰的线；用一支软芯铅笔画出绗缝图案。
- **标记笔**——有多种类型的可擦性标记笔，包括水消笔、气消笔和烫消笔。可以根据个人爱好和选择的项目挑选不同的笔。在为绗缝被绘制标签时最好选用不褪色的布料笔。如何使用标记笔详见25页。
- **裁缝用复写纸**——它可以用来临摹模板。这种标记往往可以用水洗掉。不同颜色的布料需要用白、黄、红和蓝不同颜色的复写纸。
- **遮蔽胶带**——低黏性的胶带可以用来标记直线。

测量和裁剪工具

现在的测量和裁剪工具使用非常便捷。轮式裁切工具的使用注意事项见29页。

- **剪线刀**——这种短剪刀裁剪线头时需要挤压一下，还可以剪掉“布角”（接头汇集在一起时出现的边角布料）。❶
- **轮刀**——虽然可以用剪刀来裁剪布料，但是使用轮刀可以使这项工作更加轻松快捷。轮刀的刀刃锋利，可以同时裁剪多层布料。它的型号各有不同，用得最多的是直径28毫米的小型轮刀和直径45毫米的较大型轮刀。轮刀的手柄尺寸也不同，所以要选择一把便于操作、使用顺手的轮刀。❷
- **尺子**——往往有几十种尺子，统称为拼布用尺，包括直角尺、长尺、三角板、六边尺和菱形尺。有一些专用尺可以用来完成不同类别的工作，例如，在“婚戒”（见44页）中，这些尺子可以用来画出等边直角三角形和拼接设计。初学时你最需要的应该是62厘米×16.5厘米或是46厘米×7.5厘米的长尺和一把32厘米的直角尺。正常的尺子用来设计是没问题的，但是不能用来轮式裁切，因为它们不够坚硬。❸
- **切割垫**——常和轮刀一起使用的垫子，拥有自复表层，不同尺寸均可使用。选一块你能买得起的最大最好的切割垫，上面印有明显的尺寸和网格——尺寸为46厘米×61厘米的很有用。把切割垫平铺存放，避免光照和高温。❹
- **剪刀**——需要一把大号的布料裁剪剪刀和小一号的纱剪，还需要一把剪纸刀。
- **卷尺**——需要刻有英制和公制单位的标准卷尺。卷尺的质量必须合格，没有弹性。

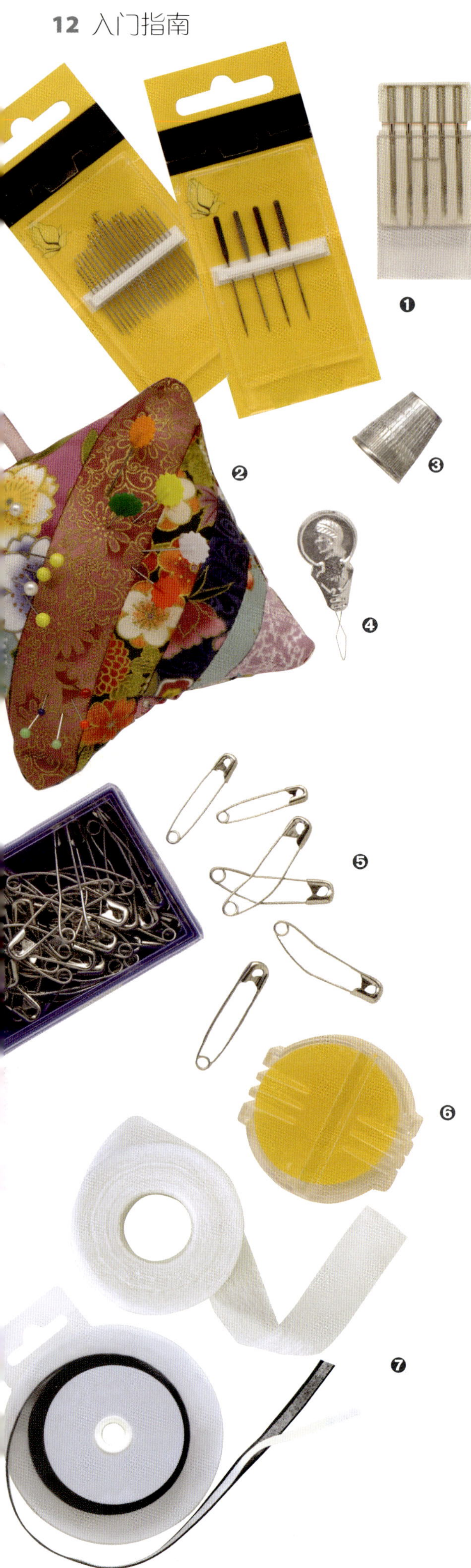

缝纫工具

这些可能是你会使用最多的缝纫工具。使用你能买得起的质量最好的缝纫工具，通过动手实践找出适合你的工具种类。

- **针**——手缝和机缝时会使用到不同类型的针，每一款都是为特定类型的线或布设计的。根据不同的工作挑选不同的针，详见23、24页。❶
- **珠针**——初学者可能会惊讶于如此多种类的珠针：玻璃珠针、塑料珠针、梅花珠针、丝绸针、贴布针甚至是珠片针。在普通的拼布和贴布中最需要的是尖细的珠针，既容易被缝纫机针跳过，又容易看得见针头。玻璃头的珠针经过熨斗的高温熨烫也不会熔化，而梅花珠针方便挑拣起来。长珠针能把布料的几层固定在一起。在你的案头放上几个针插或是盒式吸针器可以收纳缝针，见13页。❷
- **顶针**——手缝时你可以用一个或几个顶针来保护你的手指头。常用的有金属顶针、皮套顶针和塑料顶针。挑选一种凹痕较深的，这样针尾就不会从顶针上滑落。有的顶针是无开口的，有的是开口的，这样就能方便长指甲的人使用。手缝时顶针能保护手指不被扎伤。❸
- **穿针器**——并非总是用到，但是双眼疲劳或人老眼花时会感到纫针这个活棘手。❹
- **安全别针**——安全别针主要是用来在绗缝前把布料的几层固定在一起。安全别针的外观不同，有直的、弯的、表面氧化处理过的和铜质的。挑选安全别针时要选尖的、不锈的、约2.5厘米长的为好。弯针会使疏缝更容易操作。❺
- **蜡块**——块状的蜂蜡和硅蜡可以用来给线打蜡，防止线打结。也可以直接使用涂蜡线。❻
- **可粘斜裁胶带**——斜裁胶带可以用在彩色玻璃贴布和凯尔特风格的贴布中。市场上卖的可粘斜裁胶带背面粘有可熔性胶，能够轻松地贴在布料上。也会用到成卷的双面可粘斜裁胶带，把两块布料粘在一起。❼
- **布用胶**——这种胶适合用来粘布料，有液体胶、胶棒和喷胶。它可以把穗子或装饰品永久地粘上，也可以作为临时黏合剂把布料疏缝在一起，或是在绗缝之前先把布料的几层粘在一起。
- **管绳**——它在做包边和意大利盘带绗缝时用得上。它有不同的宽度，而且具有可黏性。绗缝毛线也能用来做线绳绗缝。
- **铺棉**——也叫玩具填充棉或合成纤维棉絮，可以用来填充拼布、做三维贴布和铺棉绗缝。
- **绷子**——绷子有不同类型和尺寸，如手持的和底板固定的，可以用来绷紧布料。在做手工刺绣和绗缝时用。
- **冷冻纸**——它的一面是塑料光面，可以被熨烫后贴在布料上，也可以揭下重复使用。它特别适合贴布和绗缝。
- **缝纫机**——任何一部有Z形线迹和可调线迹长度的缝纫机都可用来做拼布、贴布和绗缝，详见24页。

熨烫工具

- **熨烫垫布**——这张垫布往往用不粘铁氟龙做成，能用来保护精致面料，也能保护熨斗不粘上布胶残留物。也可以使用一张防油纸。❶
- **迷你熨斗**——这个小型的熨烫工具，面板是尖的，能更加容易地精确烫压，特别适合于熨烫包边条。小型旅行熨斗的面板更大些，但也可以用来替换使用。❷
- **粉浆**——喷浆能紧致布料，从而使裁剪和缝纫更为便捷。注意不要喷得过多，以免当你熨烫时面料变形。
- **蒸汽熨斗**——熨斗是做拼布、贴布和绗缝必备的工具。大部分情况是干烫，但有时候会用到蒸汽功能。见23页如何熨烫布料。
- **熨烫板**——使用一张标准熨烫板，一头是锥形的，可以熨烫易皱面料以及随时烫压作品。一张小型或便携式的熨烫板可以放置在缝纫机旁，这样就可以一边缝一边烫压布块。也可使用带旋转面板的熨烫板。

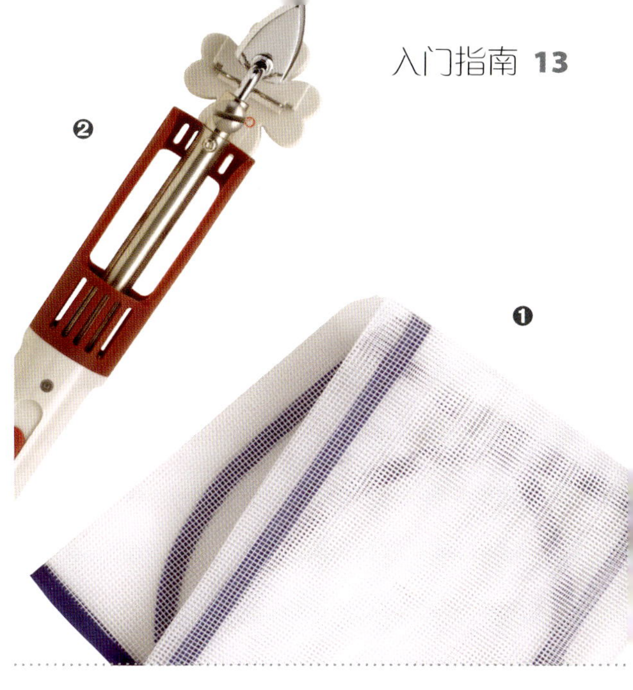

方便的小工具

有很多适用于拼布、贴布和绗缝的科技产品。虽然大多数都不是必备的，却能让工作更加轻松便捷。可以根据你的预算或你认为是否用得上来决定买或是不买。这里列举了几件物品。

- **盒式吸针器**——盒式吸针器可以收集掉落的针和珠针，将它们集中在一起。你可以把珠针放在一个盒式吸针器上，把针放在另一个上，安全别针放在第三个上。❶
- **拆线器**——谁也不想把自己的作品拆掉，但是出现错误时，拆线器可以帮你拆掉线脚而不损害布料。大部分的缝纫机的工具箱里配有拆线器。在你缝纫布块时它们也可以用来固定布块。❷
- **翻布角器**——这款工具的一头是尖的，在把布料或作品翻过来时可以用它来确保布角平整。也可以用编织针代替。❸
- **多用尺**——标有常用缝份尺寸的工具。❹
- **缝份圈**——这个小的黄铜圈中间有个孔，可以用来在图案四周画上6毫米的缝份，尤其是可以为模板画缝份。❺
- **绗缝夹**——这种塑料环可以卡在一起，在绗缝时它可以把卷起的布归置在一起。❻
- **双刃模板刀**——在自己制作绗缝模板时这款工具能派上用场。两个刀刃可以切出一条窄条。❼
- **穿绳器**——穿绳器有不同大小，可以穿松紧带或是在做提手时穿带子。❽
- **包边杆**——也叫压边棒，用于包边贴布，用法见178页。❾
- **包边条制作器**——因为从机器里制作出来的边条能自动折边，很便利，用法见178页。
- **镊子**——用于归置装饰品，尤其是珠子。
- **疏缝枪**——适用于不喜欢对拼布绗缝夹层进行疏缝的人。这个方便的小玩意儿可以射出小塑料卡，把拼布的几层固定在一起，为绗缝做准备。

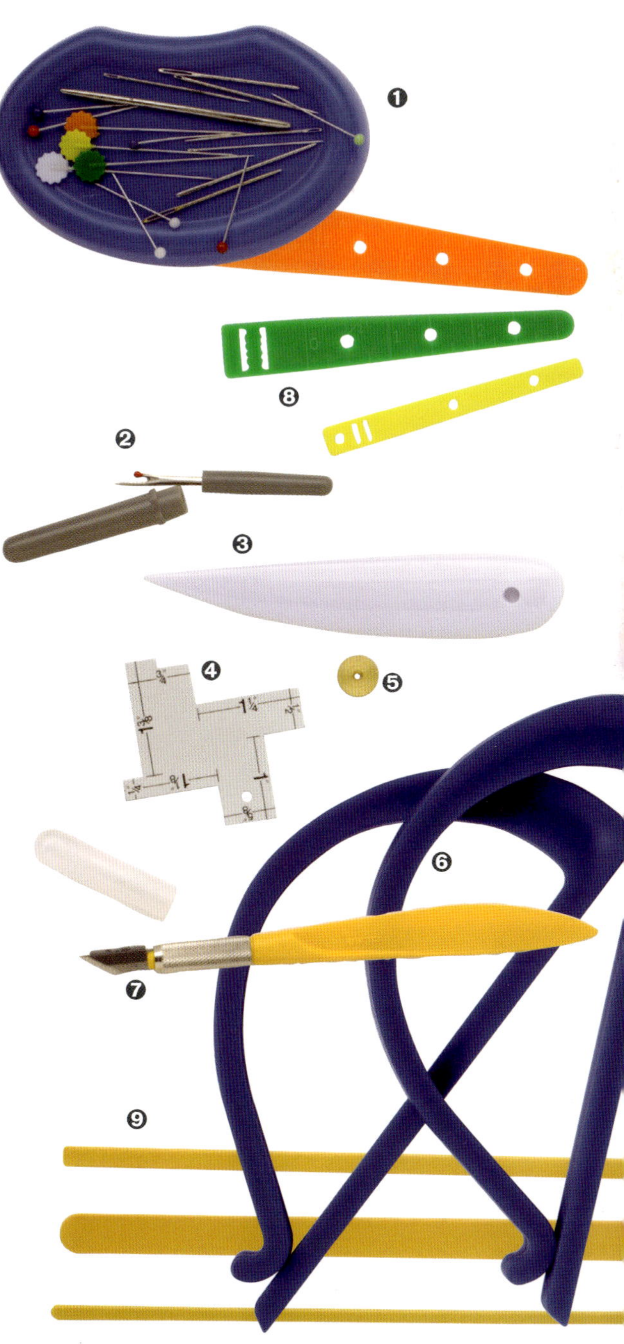

拼布材料
MATERIALS

这部分内容讲的是做拼布、贴布和绗缝时需要的材料，包括布料、线、铺棉、衬布、固定剂、双面贴合衬和装饰品。显然，整本书都致力于这个主题，所以建议进一步认真阅读。

布料

吸引人们来玩拼布、贴布和绗缝的正是布料——它们五颜六色、种类各异、美丽夺目、用途广泛。又有谁能不被舒爽干净的棉布和亚麻布、轻柔发光的丝绸和绸缎或是摸着舒服惬意的长毛天鹅绒和灯芯绒所吸引？拼布和贴布用的布料有多种来源。起初它们是对旧布料和家用亚麻布的循环利用，但是现在更多的是从拼布店里买来的新布，并且越来越多的人通过网络购买拼布布料。纯棉布是拼布和绗缝的首选，但是在贴布和疯狂拼布中也可以使用其他布料。显然拼布艺术家们在不断拓展可用的布料和材料，下面介绍的是常用的几种面料。

正像绗缝表布的面料可以不断变化一样，绗缝里布的面料也可以变化。挑选里布时往往与表布相搭配或相关联，里料可以是白棉布或素色棉布或印花棉布，重要性与表布一样。但是，绗缝里布也越来越被拼接得像表布一样有趣。更多关于里布的内容见22页和187页。

布料种类

棉布——棉布是绗缝首选，因为它易于操作，不易毛糙，易打褶。印染好的棉布有素色布、杂色布、大理石纹理布和重色配色布。棉织物可以固染、扎染和随机染色，当然也可以蜡染出漂亮的蜡染布。现在可以使用的印花棉布的种类非常惊人，有大有小，有薄有厚，有单色的有多色的。你也可以自己印染布料。

丝绸和绸缎——和棉布相比，它们的性能稍欠稳定，但是它们美妙光泽和魅力让它们非常值得使用。蚕丝是值得一试的好面料，它熨烫轻松，颜色多种多样，其中包括两种颜色混在一起时出现的杂色效果。丝绸和绸缎容易脱丝，但是如果仔细打理，或是使用更宽的缝份（1.3厘米）能够减少脱丝。

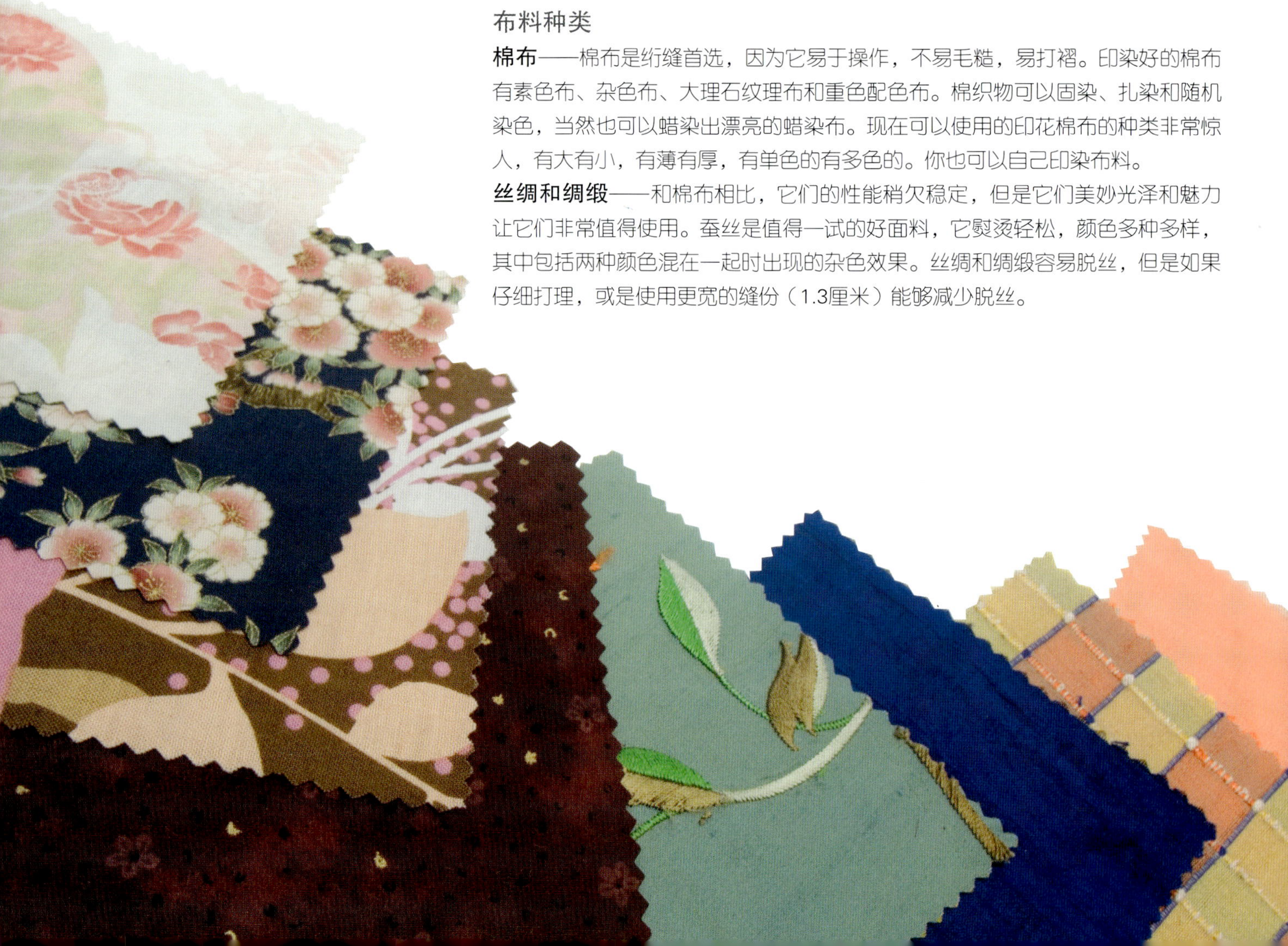

布料主题

购买布料时，尤其是在网站上购买时，你会发现它们是按不同主题分类的。不同的主题反映出大众品味，也能帮你挑选协调的布料。主题可以不断变换，但是常见的分类可能包括：复刻主题、爱国主题、亚洲主题、花朵主题、动物主题、儿童主题、蜡染花布、季节主题和当代主题。右侧展示出的是个别主题样本。

蜡染花布
(Batiks)

苗圃
(Nursery)

复刻布
(Reproduction)

透明薄纱——很多透明的面料都能用，尤其可以用于纱影贴布中。这些面料包括巴厘纱、柯根纱、网眼纱、尼龙、蝉翼纱、薄纱、雪纺纱和乔其纱。它们往往细致柔软，但绝不是最好用的面料。脱丝会是一个问题，而且它们不耐用，但是却能营造出特别的效果。熨烫时，熨斗面板的温度要低而且布料上面要铺上熨烫垫布。

金属纤维面料——现在有很多金属纤维面料和布满金属线的棉布。它们能给拼布带来一抹艳丽，也能带来照片不能捕捉到的视觉盛宴。它们还是彩绘玻璃拼布和疯狂拼布这类工艺的绝佳选择。合成材料的不同，金属纤维性能也会改变。有些性能柔和，特别是和棉织品混纺在一起时；而有些却格格不入，极易磨损，熨斗一熨就会熔解，所以先用小块布料试验一下。

合成纤维——为了营造特别的效果，拼布和贴布中也会用到合成纤维和人造纤维。其中包括金银丝、塑料涂层纤维和仿丝缎纤维。使用镶满珠片和水钻的织品也会很有意思。但是同透明薄纱和金属纤维一样，这几种织品都需要精心打理和测试性能。

工艺毡（不织布）和毛毡——这些织品不能用于传统拼布中，但是流行于制作小物件和贴布作品中。毡料不易磨损，因为它是黏合的而不是纺在一起的织物。羊毛毡由羊毛和人造丝制成。它比工艺毡更柔韧，可选颜色更多。

特殊面料——不断研发出的面料中有些是为了营造特效，例如水溶性织物、可印花织物和专门为褶饰设计的缩水面料。用蒸汽处理过的缩水面料才能发挥作用。常用到的缩水面料的缩水率不同，包括15%和30%这两种。特殊面料主要用于工艺拼布中，可以创意性地使用。

线

现在有很多神奇的线，从常用的棉线和尼龙线到闪亮的人造丝线和金属线以及五颜六色的手染线。

缝纫用线——中号（50号）的普通棉线或通用的缝纫线可以用来做手工拼布或机器拼布。

绗缝用线——绗缝时需用更结实的线，所以手工绗缝时应选用100%绗缝棉线。可以尝试用刺绣线和钩针编织棉线来达到更多装饰效果。像丝光刺绣棉线这样更粗的线适合用于大针脚的纽约绗缝（见200页）。机器绗缝普遍使用100%全棉线。单丝尼龙线通常用于缝合织物，因为它近乎看不见。

装饰用线——装饰用线没有限制，它们既可以用来进行挑绣也可以缝纫。毛圈花式线、粘胶针织线和金属丝都特别适合疯狂拼布和装饰绗缝（见100页和228页）。

铺棉（填充棉）

铺棉是夹在两层布料中间充当绗缝填充物的东西，种类繁多，材质各异。铺棉无论是黏合棉还是针刺棉都是为了把纤维固定在一起。黏合棉用的是树脂，可能是全部黏合也可能是表层黏合。针刺棉是用针把纤维拼合并缠结在一起。

铺棉的挑选要根据计划好的绗缝种类和铺棉的使用方式来进行。有些铺棉适合机器绗缝但是很难用手工缝透，还有一些铺棉很蓬松，最适合系带绗缝。有些需要用间隔5厘米的密针脚绗缝，有些也可间隔约25.4厘米。带耐热层的铺棉也能在厨房和桌子织品中派上用场。有的铺棉有双面胶，可以把绗缝布黏合在一起。总之，要挑选和绗缝布料材质一致的铺棉，例如棉布选棉絮、丝绸选丝絮，等等。铺棉洗后往往会缩水，这样就会产生类似旧绗缝物会有的明显的褶皱。如果你不想要这种效果，就在使用铺棉前先过水。有提前裁好的铺棉块，尺寸和标准被子的尺寸配套，见250页。

如果购买的铺棉中有英文标识，“LOFT”指的是铺棉的重量和厚度。“LOW-LOFT”的铺棉不及“HIGH-LOFT”的铺棉厚、蓬松。有时候铺棉会散开，从而使纤维透出布料的正面。便宜的铺棉会发生这样的情况，所以就买经济承受范围里最好的铺棉。“REQUEST WEIGHT”的铺棉轻薄，利于手工绗缝。

大豆纤维

竹纤维

霍布斯棉花

涤纶

混纺

铺棉种类

棉——它比涤纶更好、更沉、更暖和，非常适合机器绗缝。也能用于手工绗缝，只是线条之间的距离要很近，5厘米左右比较合适。系带绗缝物里的铺棉最好不要用棉花，因为除非将它密针脚固定，否则它会散开。

羊毛——天然纤维铺棉，透气性好，一年四季都很舒适。因为针很容易就能穿透，所以羊毛铺棉适合手工绗缝。

真丝——这种天然纤维铺棉价格昂贵，不是大件绗缝物的首选，但是它的舒适性使它非常适合用于绗缝服装。

竹纤维——这种天然纤维产品轻且薄，易于绗缝。它的柔软性和抗菌性使它适合用于婴儿绗缝物。

涤纶——涤纶来自于合成纤维。适用的涤纶重量不同，包括60克重的薄涤纶和300克重的较厚涤纶。它价位最低，水洗方便，绗缝产品轻。起毛可能会是问题。轻薄型的涤纶铺棉可以手工也可以机器绗缝，但是厚重的涤纶机器绗缝起来较难。厚膨型的涤纶铺棉适用于系带绗缝。禁止用热熨斗熨烫涤纶铺棉。

混纺——这种铺棉也是来自于混合纤维，例如，80%棉加20%涤纶或是50%棉加50%大豆纤维。混纺铺棉更牢固，不易变形。

衬布、定型衬和双面贴合衬

衬布和定型衬是用来给织物衬里，起固定作用。双面贴合衬是用来把一种织物黏合在另一种织物上，尤其适合于贴布。这些材料适用的重量不同，常用的有薄、中和厚三种规格。一般情况下选用和织物厚度匹配的规格。

衬布——衬布可以缝上也可以粘上。黏合衬是单面有胶的衬布，高温下可以熔解并黏着于织物上。黏合衬通常是单面有胶，但是双面带胶的黏合衬也适用。在拼布、贴布和绗缝中，像衣衬这样的衬布可以用来给织物定型，尤其适用于精细织物或磨损严重的织物。它可以用做基础拼接的底布，或是用于疯狂拼布。适用的重量规格不同，较硬（重）的衬布可以用来制作袋子和三维拼布。

定型衬——这些材料是用来给织物定型，使它们在缝合时更结实。适用的重量规格不同。定型衬可以是暂时性的，当缝合结束时可以扯掉或熔解掉，或是永久性留在那里。它们也可以缝上或粘上。“衬”有时就是指定型衬。素色棉布和土布也可用做定型衬。

双面贴合衬——双面贴合衬是一种超级薄的黏合剂膜，背面有一层特殊的纸。热熨斗能使黏合剂熔化从而把两种布料黏合在一起。一旦黏合，它就粘得很结实，边缘不会磨损。它有不同的重量分类，薄型、中型和厚型。适用的品牌有多种，彼此有些许差别，所以在使用前一定要阅读产品说明。更多使用说明见152页。

定型衬
(Stabilizer)

双面贴合衬
(Fusible web)

黏合衬
(Fusible interfacing)

耐热衬
(Heat-resistant interfacing)

装饰品

装饰品是你选用的任何装点、修饰、美化你的作品的东西——从选用特殊的线绣花到添加镶边饰和立体小物件。人们很容易迷恋于收集装饰品，因为适用的装饰品量多物美，有辫带、镶边饰、缎带、珠粒、纽扣和链条饰。更多关于装饰的信息见“疯狂拼布”和“装饰绗缝”（100页和228页）。装饰品可以分为以下几类，但是混搭和配搭也很有趣。

· 缎带、胶带、辫带、编织绳、波浪花边和成千上万种装饰性的镶边条。
· 蝴蝶结、蕾丝和英格兰刺绣品。
· 亮片和珠粒。
· 纽扣、链条饰和贝壳。

布料的使用

WORKING WITH FABRICS

使用布料时需要考虑很多因素，最重要的就是选择布料！这一部分关注的是挑选布料、颜色搭配，还有估算需要多少布料和备料等。关于手工拼缝和机器拼缝的信息见50页和54页。

挑选布料

布料的挑选是制作拼布被或其他物件时最困难的部分。面对无穷尽的挑选空间，你该如何起步？同时这也是最有趣的部分之一，有这么多鲜艳的色彩和印花布可以挑选并且能以新颖有趣的方式结合在一起。这个时候你就可以从面对一大块积压的布料所产生的愧疚感中找到慰藉，因为你有这么多的选择空间——许多布料聚在一起就能拼成有趣的组合，这是你可能买不到的东西。挑选布料时，考虑以下的要素会对你有所帮助——颜色、亮度、对比和多样拼搭。

颜色、亮度、对比和多样拼搭

颜色——颜色是拼布者的动力。很多人按照决定好的配色方案和拼布设计来挑选布料，但也并不总是如此，有时候对一种特定的布料的喜爱是整个设计和配色方案的出发点。思考一下什么是你所需要的颜色。你喜欢或是讨厌什么颜色？你喜欢大胆的还是精致的印花，亮色还是柔色？如果你是新手，最好选用你喜欢并且感到舒适的颜色。

亮度——亮度是指颜色的明暗。很多拼布者发现亮色、中间色和暗色混合在一起能产生最佳的视觉效果。只用一种色调的布料做出的拼布看起来枯燥无味。透过彩色镜片看布料能反映出亮度的不同。用红镜片看暖色 ，用绿镜片看冷色（见下页的色相环和第10页的图片）。

对比——它会给一件纺缝品增添额外的趣味。对比是把很多物品放在一起比一比，暖色对冷色，浅色对深色，印花布对素色布，大花型对小花型。一旦你初步选出了一些布料，再把它们放在一起充分对比一下。

多样拼搭——多样拼搭是指把使用的布料组合起来，这会给纺缝品带来更多的视觉冲击。考虑一下布料的风格和印花的大小，把小号的和较大号的拼在一起，而且风格混搭一下，例如花朵配条纹，或是几何图形配曲线。素色可以和印花结合，这样设计就紧凑了。

好主意

要想得到关于颜色和布料拼搭的主意，可以查看一下布料生产企业的样布。样布是一个设计师在颜色、亮度、对比和多样拼搭方面辛苦付出后的成果。

颜色的使用

一款拼布作品设计的成功要靠多种元素，颜色挑选是至关重要的事情。最好的建议就是挑选你喜欢的颜色，特别是如果这件物品是放在自己家里用的话。观察你周围的颜色搭配，记下你喜欢的那些会对你有所帮助。仔细看看色相环也会帮你定夺。

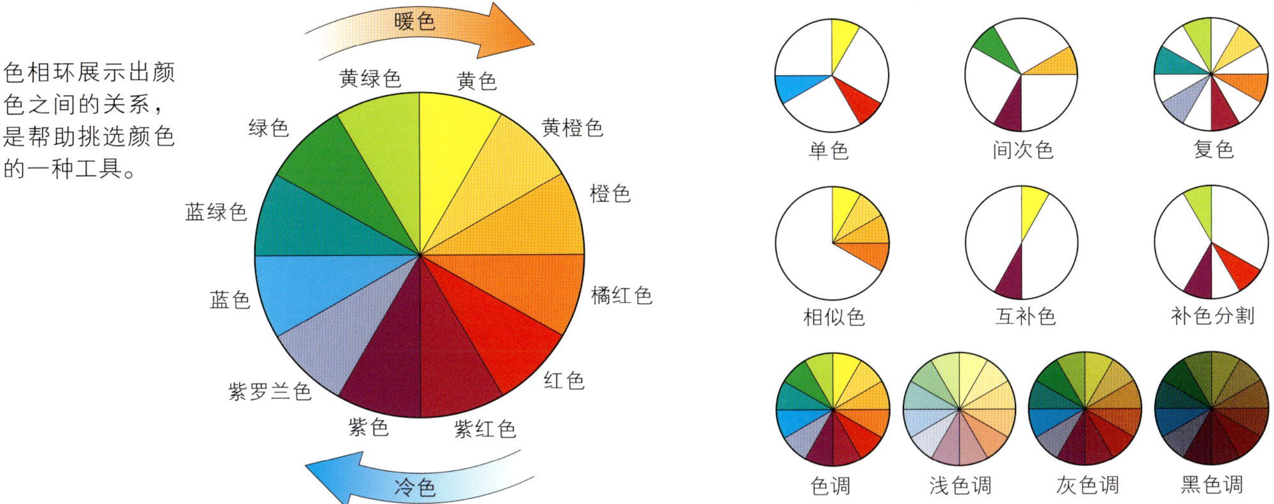

色相环展示出颜色之间的关系，是帮助挑选颜色的一种工具。

色相环

这个工具艺术家们已经用了几个世纪，而且对拼布制作者同样有用。色相环就是把颜色排列起来，这样就可以看到它们之间的关系了。最普通的色相环有12种颜色。其中的三种——蓝、红和黄——是单色（见上图）。这三种颜色为三原色，不能用其他颜色生成。

当三原色以均等的数量混合就生成了三种间次色：紫色、绿色和橙色（蓝+红=紫；蓝+黄=绿；红+黄=橙）。

当三原色以均等的数量混合间次色就生成了六种复色：黄橙色、橘红色、紫红色、紫罗兰色、蓝绿色和黄绿色。

这十二种颜色就是色相环中看到的颜色。颜色也分为"暖色"和"冷色"，有明暗之分。一旦你开始调出浅色调、灰色调和黑色调，颜色就会变得更有意思了。浅色调就是添加了白色的色调。浅色调也叫粉彩，通常柔和、轻盈、透气。灰色调是添加了灰色的色调。灰色调的颜色特征同样柔和，会有一些阴暗，但可以成为更亮颜色的衬托。黑色调是加了黑色后的色调。黑色调浓、暗、强势。颜色的饱和度也有关系，像是鲜黄或是亮橙这样饱和度高的颜色会非常强烈，压倒一切，所以最好适度使用。

在色相环上，相邻的颜色最为相似，叫作相似色（见上图）。相对的颜色最为不同，叫作互补色。有时候一件拼布成品看起来单调枯燥，这可能是因为布料的亮度一样或是太多颜色的色调相同。亮色、中间色和暗色混搭在一起或是加入互补色就会营造出更有趣的视觉效果。明暗查找器是用来判断布料颜色亮度和色调的有用工具。

常用色彩术语

掌握一些基本的色彩用语是必要的。

色调：颜色的又一个名字。

单色：蓝、红和黄。

间次色：紫、绿和橙。

复色：黄橙色、橘红色、紫红色、紫罗兰色、蓝绿色和黄绿色。

相似色：色相环上相邻的颜色。

互补色：色相环上相对的颜色。

亮度：一种颜色的明或暗。

浅色调：加入白色的颜色。

灰色调：加入灰色的颜色。

黑色调：加入黑色的颜色。

好主意

先用你觉得不错的颜色和布料制作一个简单的区块来帮你敲定颜色和区块设计。

色彩的搭配

色彩有多种搭配方法，许多书专门研究配色。试试下面的建议来挑选一个方案。

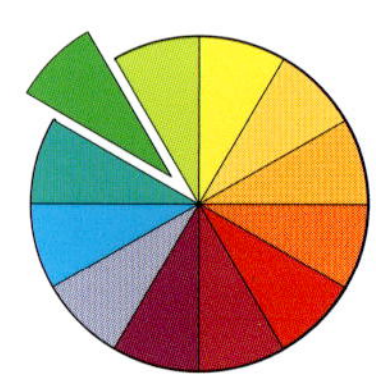

单色——选一种颜色，然后挑选这种颜色不同亮度的布料，有些印有小图案，有些印有大图案。这种单色可以加入白色或黑色，营造不同的效果和新颖的感觉。

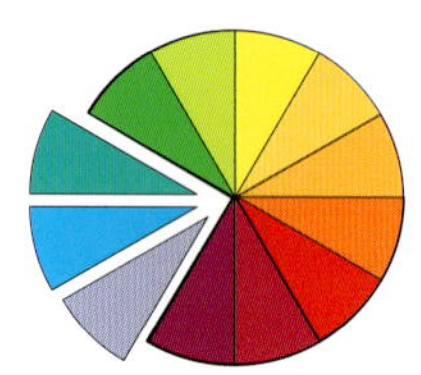

相邻色——看着色相环，挑选出相邻的三种颜色。这些颜色搭配会很协调。你可以把范围扩大，挑出五种甚至七种相邻色。

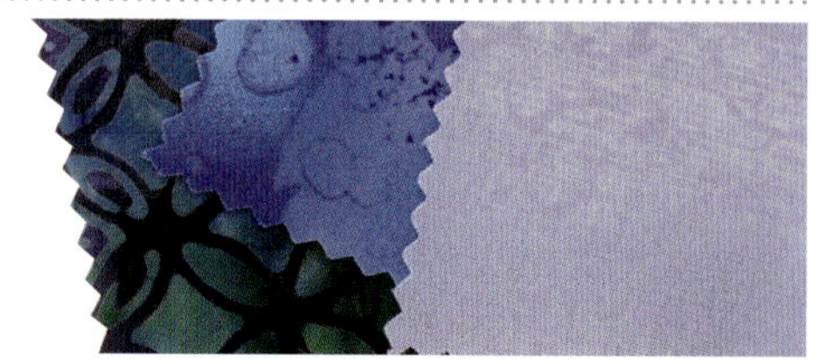

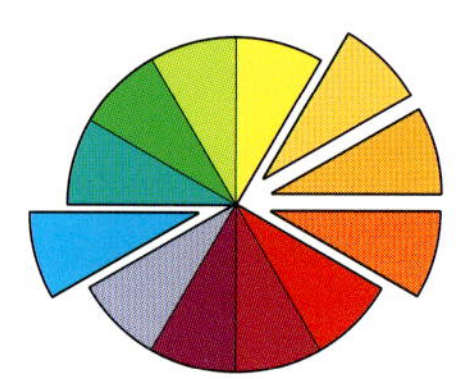

相邻色配上一种互补色——在色相环上选出三种相邻色，然后挑出与这三种相邻色其中一种的互补色作为第四种颜色，这种颜色也常叫作强调色。你可以扩大范围，挑出五种颜色和一种强调色。

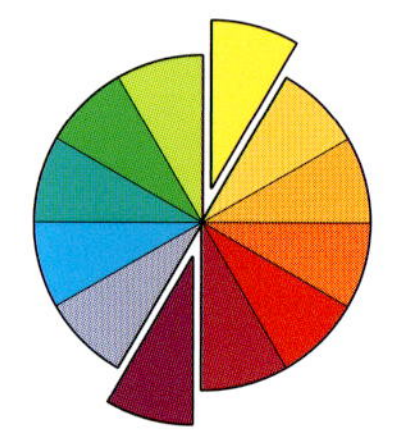

互补色——在色相环上挑出一种颜色和它所对应的颜色。两种颜色最好不要用量相同，试着使用一种量多的颜色做主色和一种量少的补色做副色。

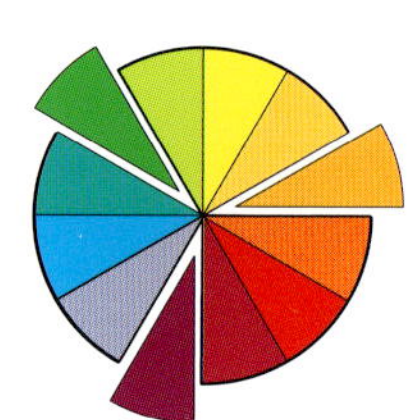

三角色——在色相环上挑出等距的三种颜色，常常也叫三色组，能创造出协调的组合，带有现代感。

多种颜色——从色相环的每一扇形齿中选出一种颜色，变换浅、灰、黑色调来创造出多彩的设计。通常使用这种设计能很成功地进行碎布拼布。

中性色——中性色能和很多其他颜色搭在一起。黑色、白色、灰色、乳白色、米色、米灰色和棕色都是中性色。

好主意

布边有时会带来一些小麻烦，但是它上面印有关于布料和颜色的有用信息。要是你能保存这些信息条，日后你不仅可以用它们来辨认你用过的布料，还可以用它们来创建一个很诱人的色彩组合。

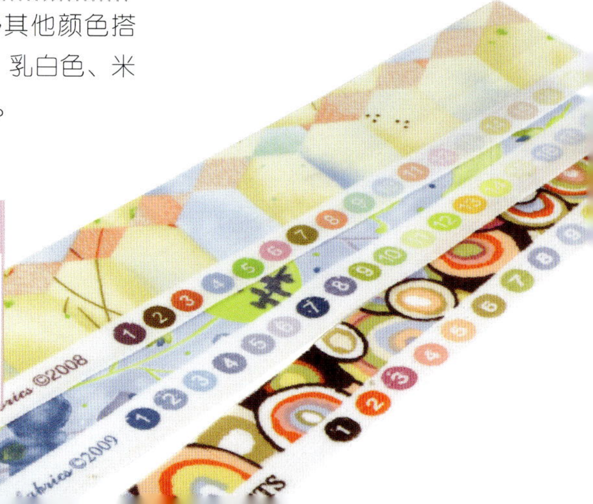

布料的购买和贮藏

布料不仅是从整码（“码”不是我国法定单位，1码=91.44厘米。因为本书叙述中多用此单位，故未予改动。）或整米销售，有时也会是已经剪好的尺寸，令人眼花缭乱。

你可以购买1/4码宽布块，1/4码窄布块，1/8码宽布块，1/8码窄布块，边长12.7厘米方块布，边长25.4厘米方块布，不同宽度的布条，三角形布、矩形布和其他的布，更不用说是印有大幅图案的布块。这些裁剪好的布料可以省去你测量和裁剪的时间，而且很多做好的绗缝款式都是使用这些布料。事实上，有很多书都写到了这些裁剪好的布料的多种用法。

1/4码宽布块

一个绗缝设计往往需要很多不同的小布块，对于大部分绗缝者来说，1/4码宽布块是绗缝设计的一种既方便又能承担得起的方式。把半码或半米布料沿幅宽剪成一半就裁出了46厘米×56厘米的一块1/4码宽布块，它比一块23厘米×106厘米的1/4码窄布块用处更大，用途更多。同样，1/8码宽布块也比1/8码窄布块好用。一个1/4码宽布块能裁出的方块布数量见250页的常用信息。

常用的裁剪好的布料

方块布——很容易就能弄到的方块布有12.7厘米大小的，这种方块布也常叫作魔力方块布，还有更大一些的25.4厘米方块布（美国布料品牌MODA的商标为LAYER CAKES）。这些方块布常常是20或40种不同的布料组合在一起。它们可以当方块布来用，也可以用做其他形状，如把方块布裁成两块三角形或四块三角形。

布条——裁剪好的布条很常用，尺寸多为6.3厘米×112厘米。这个尺寸的布条可以叫作布卷（MODA商标为JELLY ROLLS）。3.8厘米×112厘米的窄一点的布条也适用（MODA商标为HONEY BUNS）。裁剪好的布条往往是20~42种布料组合在一起。它们可以拼成很多单元和区块，通常情况下，一卷22个6.3厘米宽的布条根据拼接的方式，足够做一个和床大小一样的拼布作品。

三角形布——裁剪好的三角形布会由一些布商提供，常常是80块一组，是把15.2厘米的方块布裁成两块三角形，每一块三角形有40种不同的面料（MODA商标为TURNOVERS）。

图案布——图案布，有时也叫懒人布、骗子布，印有图画或是图案，尺寸大小不同。用它可以快速制作拼布被或壁挂（见4页）。

套件——因为套件里配有说明、式样和面料，所以适用的拼布款式很多。

贮藏布料

爱好布料的人常常会发现整理贮藏品很难，特别是经过马拉松般漫长筛选后落选的布料散落在床上、沙发上。要根据你的贮藏数量和贮藏空间来进行贮藏。布料的贮藏应避免直接光照和防虫，所以带着盖子的塑料收纳箱或帆布箱是不错的选择，尤其是放在床下时。整齐折好的布料块既占地方少，又能让你迅速看到颜色和款式。可以根据颜色、面料种类或款式（例如蜡染布、花型布、圆点布）或色调来分类贮藏。

面料需求的估算

如果你自行设计款式或是用不同的区块制作一个集锦拼布被，那么你需要估算一下布料的用量——没有比在完成拼布前用光关键布料更糟糕的事情了。如果你正照着书本或杂志制作，上面往往提供布料需求量，但是有时这些数字会过于笼统。先画一个总体绗缝设计和区块设计的草图（见下面A和B），这样你就可以把各个部分所需的布料列出来，包括区块、大边框、小边条、里布和边饰。面料估算应该充裕些，为接头、布纹和失误留下空间。

拼布被整体大小——完工后的拼布被大小是根据床的大小和你是想让它仅仅覆盖在床上，还是各边都拖到地上来决定的。本书中有一些标准床尺寸的表格（见250页），而且铺棉也是按照这些标准尺寸出售的。测量一下床的尺寸来决定定做的拼布被尺寸。

区块——给你要制作的区块画个草图，把使用不同布料的每一部分都标出来（图B）。把每个区块里每种颜色的布块数量记下来，然后乘以区块数。再画一个草图估算一下一码、半码或是1/4码宽的布可以裁出几个布块。每个不同的布块都要这样计算。

边框和边条——这些都是沿直纹裁剪的，多是长方形，所以给需要的每种颜色的布块画个草图（图C）。把每一块的尺寸定下来，并且把它们紧挨着放在一起来看看有多少块适合放在织物上。记着还要镶边，所以宽度要减去约5厘米。

里布——里布通常要比表布宽出15.2厘米。里布用不用接缝是根据被子整体大小和你使用的里布宽度来决定的。接缝可以是水平的或竖直的。织物幅宽常是106.7厘米，但是超宽的里布也适用，这样的话就可以少些接缝。更多里布信息见187页。

包边——包边所需的布料是根据包边的宽度和单边或是双边、直纹裁剪还是斜纹裁剪来决定的——更多包边信息见236页。有包边所需布料的表格，这里列出了一个例子。折双层的包边，直纹裁剪，6.3厘米宽，够一个双人床用的长度约等于686厘米；如果斜纹裁剪的话则需要0.5米或0.75米的布料。

贴布图案——计算贴布所需布料的最简单的办法就是把花形画成一个简单的几何形状，例如正方形，然后测量几何形状的尺寸，详细内容见139页。

A 草图

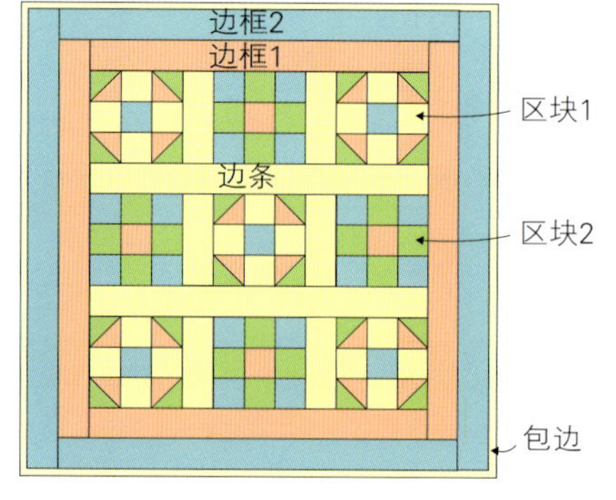

B 区块草图

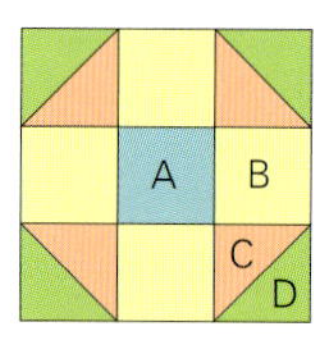

区块1
布料A=每区块1片
布料B=每区块4片
布料C=每区块4片
布料D=每区块4片
区块1中的布料在整个绗缝物中的片数
绗缝物中的区块数=5
布料A=5片
布料B=20片
布料C=20片
布料D=20片

C 边条和边框草图

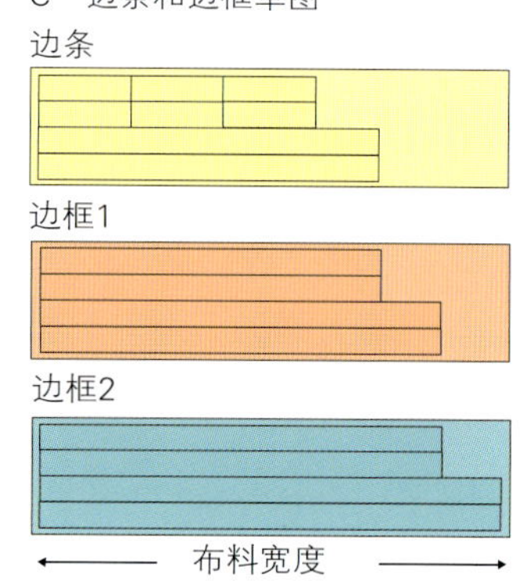

准备布料

在使用布料前需要花费一些时间预备一下，这样可以减少随后在绗缝中意想不到的问题。

布料的洗涤

有人喜欢在使用前洗涤布料以查看缩水和褪色情况；有的人不这样做，他们喜欢在完成绗缝后洗涤，从而获得那种迷人的、稍带褶皱的陈旧外观。有些裁剪好的布料，例如魔力方块布或三角布，不应在使用前洗涤，因为它们尺寸小，洗后会变形。

· 如果你觉得某种布料会缩水或褪色，那么在使用前放入温水中用中性洗涤剂分开洗涤。如果不会褪色，放在冷水中冲洗，晾干，再熨烫。

· 如果确实褪色，把布料放入盆中，按1：3的比例加入白醋和冷水，放置1小时左右。如果布料继续褪色，那么你要么放弃不用，要么用它来做不需要洗涤的物品。

· 洗涤过后，趁湿用手拉直布料来恢复布料纹理，轻轻地扯布料的对角，让布料恢复形状。

布料的熨烫定型

在拼布中熨烫的意思是烫压，不是像熨烫衣服那样掠过布料。这种动作需要控制好，提起熨斗烫压布料，这样缝份就会沿正确的方向平伏下来。

· 在使用布料前用合适的温度熨烫布料，把褶皱熨平，这样测量和裁剪会更加准确。

· 熨斗喷出的蒸汽可以用来对付顽固褶皱，但是注意不要拽扯斜裁边。

· 上浆剂可以用来固定布料，让布料有形，特别是把布料叠放在一起以备多层裁剪。

· 别忘了在拼接的多个过程中可以用手来按压，尤其是小块布料。用大拇指指甲的扁平处按压布料，这样缝份就会平伏下来。也可以用其他坚固的工具。

· 缝纫完毕的物品需要用烫压来定型针脚，让它们与布料合二为一并且减少小褶皱。然后熨烫缝份，使它们按相反的方向，这样物品就会更平整更容易绗缝了——见下图。

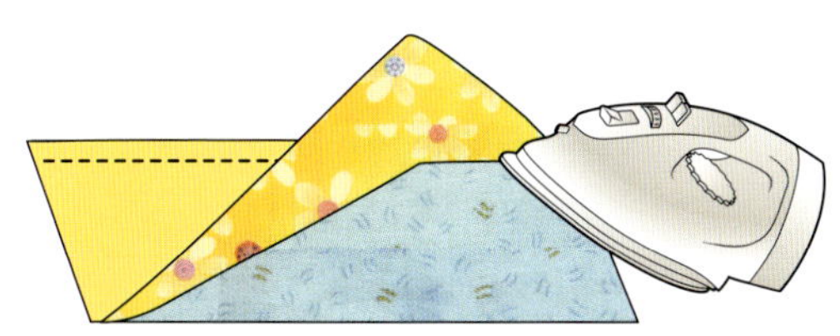

沿缝份熨烫

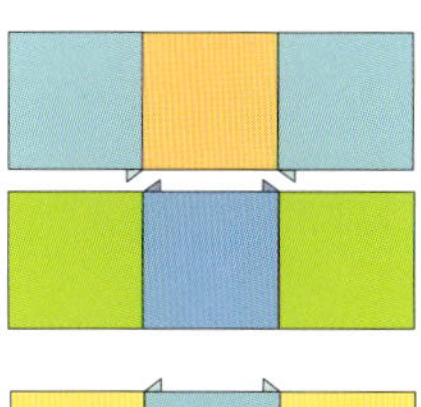

尽可能地把缝份按相反的方向熨烫，这样它们可以整齐地贴在一起。

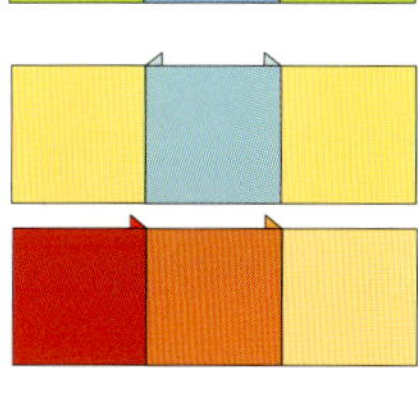

尽可能地把缝份朝着颜色深点的布料熨烫，这样较深的颜色不会在布料的正面透出较浅的颜色。

尽可能地避免把缝份烫压在拼接繁多的区块。

把缝份朝着细条方向烫压，以免这个窄小的地方凹下去。

准备包边

检查布块的边是否平直。有时布块的裁剪会很精确，有时则不然。

· 如果布料不直，用轮刀和尺子修剪一下。

· 有些织得稀疏的布料可以通过拽拉织纹的横向线使它变直，然后沿着空隙的地方裁剪。在拼布中扯拉织物是不够精确的。

· 类似条纹布和格子布这些的布料可能会有歪斜的纹理线。可以通过拽拉布料的两角来使布料的经线和纬线恢复到正确的角度（见下图）。

· 把布料上紧密的布边裁掉。通常它有6毫米多宽，在你的拼布中呈现出来的效果很好。

使用布料纹理

布料是由直纹（经线）和横纹（纬线）制成的。经线在直纹上，最牢固，弹性最小。纬线也很牢固但稍有弹性。与这些线呈45度角的是斜纹，强度最小，弹性最大（见下图）。

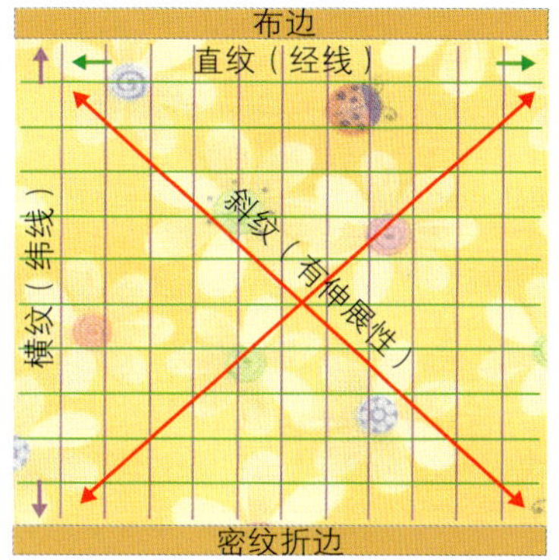

沿着布料的直纹裁剪和缝纫最不容易拉扯变形，也就是说布块和区块会拼接得更精确。当边条在斜纹线上时，处理和烫压时极易扭曲变形，所以当你拿不准时，把直纹线放在边上。

布料的伸展性在有些情况下会有积极的好处，例如，为裁剪斜条贴布和斜裁包边条时，或是你想让布料轻松沿着曲线移动时。折边贴布的边需要平整地压下，所以斜裁边条对折边贴布也有好处。另外，斜裁边条也能用于割绒和割裂来使织物毛茸茸的。

使用正确的针

在缝纫前必须查看一下你使用的针是否适合布料。如果你用细针缝厚布，针会折断；用粗针缝细织物，针会在织物上扎洞从而使织物变得脆弱。一般情况下，用粗点的针缝厚布，细点的针缝薄织物。

针是用高碳钢做成的，抗腐蚀，镀有镍、金、铂或钛合金。针的尺寸分为公制（欧洲）标准和通用（美国）标准。例如，一根型号是80/12的针，80是公制尺寸，12是通用尺寸（见250页针的尺寸表）。数字越大，针就越粗越长。

针有不同的名字，反映出它们的功能或特性。刺绣针很尖，针眼比长缝针长，穿粗一些的线更容易。细孔短缝针又叫绗缝针，比长缝针或刺绣针短，针眼细圆，更适合在稍微厚重的布料上做细活。织锦针的针眼大、针尖钝，适合羊毛线和帆布缝。西装针的针头尖、针眼大，适合用粗线手工缝纫或是丝带绣。不同尺寸的普通针都能用于机缝，适用于针织面料。明线针或微特克斯针用于普通缝纫。金属针是和金属线配套使用的，针眼大、针头尖、釉质细。双/三针是有两个或三个针尖的针，适用于缝纫机，能缝出两或三道针脚，具有装饰效果。翼针的釉质较亮，能在布料上留下装饰性的孔，所以适合于装饰性的机器针脚。

针的选用

选针时，下面的指南或许有用。

手工缝纫或拼接：长缝针60/8~65/9。

手工绗缝：绗缝针65/9、70/10和80/12。

手工贴布：长缝针或绗缝针60/8~65/9。

装饰性的手缝针迹：根据线选用不同的针。

机器拼接：普通针80/12或直线线迹时70/12。

机器绗缝：普通针75/11~90/14。

机器贴布：普通针70/10或缎绣时用的刺绣针75/11。

装饰性的机器缝纫：刺绣针75/11用于40号线，80/12用于30号线。

意大利绗缝：大针眼的织锦针可以把羊毛线穿透织物的空隙。

一部标准缝纫机足够应对大部分的拼布、贴布和绗缝工作，而且它可以使用的样式和型号很多。

缝纫机的基础知识

整本书中有关于使用缝纫机拼布、贴布和绗缝的建议，特别是54页的机器拼缝和212页的机器绗缝。

线迹长度——构成图案的每个针脚之间的距离（以毫米为单位）。机器绗缝时，大部分人使用的针距是每2.5厘米10~12针，但是这也会根据使用的布料和线的不同而变动。布料越厚，所需的针脚越长。

机器张力——这是指针脚形成的密度。它影响着作品的正面和背面效果。表线张力和底线张力应该平衡，旋梭用线（底线）不应出现在作品顶部，反之亦然。底线张力受梭匣上的螺钉控制，可松可紧。大部分机器的表线张力由分度盘控制，分度盘的位置会变化。如果旋梭用线出现在作品的表面说明张力太大，所以选一个更低的数字松一松。如果表线出现在作品底部甚至出现线圈，这说明张力太小，所以选一个更大的数字紧一紧。

机床——有些配件可以使缝纫更简便，包括压脚或机器引导绗缝的同步压脚、6毫米行距所需的6毫米压脚、自由绗缝的织补压脚、确保均匀缝线和平行的两排针脚的双进料压脚。更多信息见212页。

挑选缝纫机

买一部缝纫机或是把你的缝纫机升级成新的会让人有些却步，因为款式和造型太多，价位也不同。首先要决定你打算用缝纫机做什么，将来它的用途是什么。

- 主要是用来拼布和绗缝还是也可以用来缝制衣服和装饰性缝纫？
- 你是不是要做大量的绗缝工作？如果是，有些缝纫机的特色会有用，包括大型的入布口来带动庞大的绗缝物、同步压脚或是送布机构、自由绗缝时可以放低的送布牙。
- 如果你对创意机缝感兴趣的话，试试包括翼针脚在内的装饰针脚。
- 购买前花点时间试试几种不同的造型和样式。看一下拼布展上的展品，问问经销商，再拿布料试试。
- 一旦买下了缝纫机，就花些时间研究一下缝纫机的使用手册和操作指南。

标记布料

在用不同的方法裁剪或绗缝前，图案设计可以被转移到或标记到布料上，但是需要考虑一下：标记是永久性的还是暂时性的？标记可以熨烫吗，或是熨烫可以设置标记？标记物会怎样作用于不同的布料？安全起见，总是找一块碎布头来先试试标记方法。

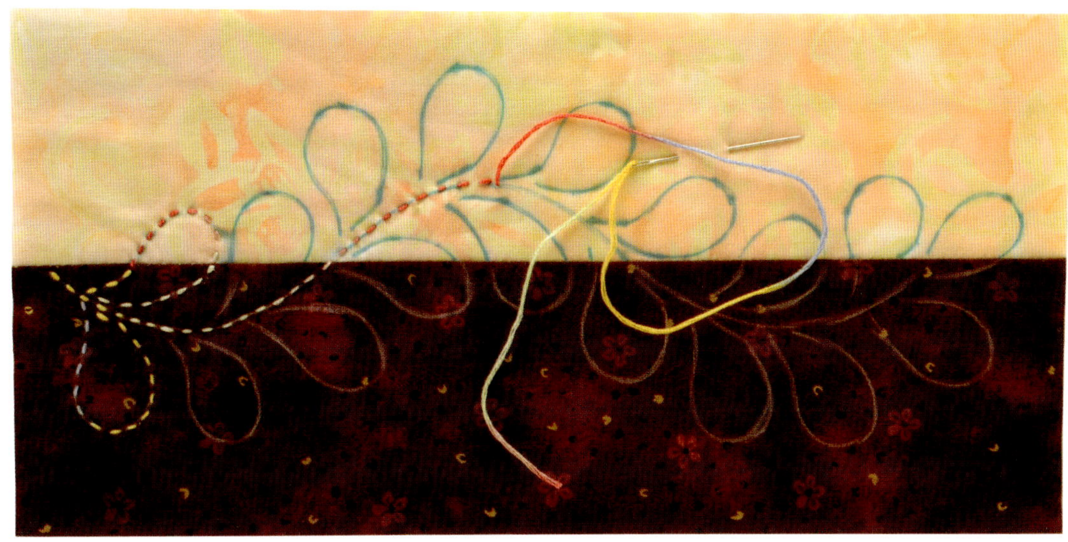

挑选一种适合布料和布料颜色的标记物。这幅图中灰色布料上使用的是水溶笔，深色布料上用的是白色的水彩笔。这两种笔迹都能很容易洗掉。画粉也适合用于深色布料。

铅笔——常用的石墨铅笔和水溶彩色铅笔都可以用来标记布料。拼布或裁缝用的铅笔颜色多种多样。它们含有蜡，所以不容易擦掉，但是可以洗掉。

标记笔——有多种类型的可擦性标记笔，包括水消笔、烫消笔和气消笔。可以根据你的作品或喜好来挑选种类。有些水消笔会被熨斗的高温固定在布料上，所以需要小心。水消笔的标记仅需要少许水分就可以除去。气消笔的痕迹不会持续很久，所以不能够完成一个大件的物品制作，但是可以很好地用在快速制作中。由于不清楚标记痕迹对布料的长期效果是什么，所以在完成作品后最好清洗一下。

画粉——用软毛牙刷很容易就能清除掉画粉的痕迹，但是在浅色布料上使用粉色和蓝色画粉时要小心。画粉的颜色和形状不同，有画粉笔、画粉块和分布画粉末的画粉轮（画线器）。在大件或需要很多处理的物品中，画粉线需要二次加强。

骨笔——这种塑料或骨制工具可以很好地在布料上画上暂时性的线条。

遮盖胶带——低黏性的遮盖胶带是绗缝中标记直线的完美选择。把胶带粘到位，沿胶带边缘绗缝。然后立即把胶带扯掉，以防粘在布料上。

圆规——可以用来画圆。也可以用从卡片或塑料上裁下来的模具来画圆，或是沿着盘子、杯子甚至是垫比萨用的塑料圆板来画圆。曲线也可以用曲线尺来画。

绘图——想要描绘一幅绗缝设计图，你需要在布料没有与铺棉和里布叠放在一起之前进行，因为这样才能透过布料看清楚。需要用一个灯箱。绘图技巧见195页。

裁缝用复写纸——它可以用于绘图，或是和模版、蜡纸一起使用。大部分标记痕迹可以水洗掉。不同的色彩适用于不同颜色的布料。把带颜色的一面朝下放在布料正面上，然后用硬芯铅笔画上设计图，查看一下图是否已经印上。你也可以用一个带有辐条的标记轮来替代，只是标记轮留下的不是连续的线条而是点。

转印刺绣标记法——这种方法适用于会被裁剪掉的设计或是针脚会遮掩住标记线的地方。用铅笔在纸上画上设计图。把纸反过来用转印刺绣标记笔沿铅笔线条再画一遍设计图。把设计图放在布料正面，标记线条朝下。用热熨斗一烫就把标记线条转印到布料上了。

针尖标记法——也叫针尖追踪法。这种方法可以暂时地在布料上做标记。把绗缝物放在一个软垫表面上，这样针尖就可以扎透布料。用一个钝的织锦针在布料上标记上设计图。

打孔纸——打孔纸和画粉末用于打孔和印花这种技术中，粉末可以挤到纸孔中去。它可以用来标记深色布料。在纸上画上绗缝图，然后用没有穿线的缝纫机沿线条打孔。把纸放在布料上，上面撒些画粉末，用脱脂棉垫把画粉末挤到纸孔中。用画粉把虚线标记起来。

蜡纸和模板——这是标记设计图和绗缝样式的常用方法——见26页模板的使用和194页描绘图案。

模板的使用
USING TEMPLATES

模板是拼布、贴布和绗缝的无价之宝，可以由多种材料制成。本书中都有提到模板的使用，但它主要是用于标记构成拼布区块的布块、裁剪用的贴布形状和绗缝表布上的绗缝样式。

市面上有很多模板商品，可以用来制作包括曲线区块在内的各种各样的区块，所以有必要在拼布用品店或网店里购买模板，从而使工作更加容易快捷。在你用模板裁出几十块布块前，确保你要使用到的每一个模板的尺寸和形状都是正确的，而且能组装在一起。把模板平铺存放，不要弄出褶痕。可以根据它们的形状保存，或给它们贴上标签，这样你就可以迅速地看到它们的尺寸了。把模板形状的中心点和中线标记出来可以帮助模板在布料上的定位。

使用等角格子纸

等角格子纸是由相同尺寸的三角形构成，用于草图设计和制作模板，特别适合于拼布。它使用的是公制单位。

用等角格子纸制作六边形时，用尺子沿印好的线在纸上画出六边形（见下图）。沿标记线剪下六边形。用胶棒把形状粘在厚卡纸上，并且裁下来，再次确保沿线裁剪。把模板贴上标签，以备使用。

六边形模板
高6cm

每条边为
6个三角形

模板材料

以下材料可以用来制作模板。

薄卡片和厚纸片——在卡片或纸片上临摹出设计图，并沿线剪下。用卡片制成的模板非常耐用，能用很多次。

塑料——可以使用薄的、透明的塑料板。它的透明性可以用于布料的“讲究细节裁剪”，它的耐久性意味着它可以反复使用。有些文具店有大块的A1塑料板，它比拼布和绗缝用的塑料块略微厚些，但却便宜得多。

金属和塑料——裁剪好的金属和塑料模板可以用于拼布。这些材料耐磨，可以用做主模板，还可以用它们来制作纸样。

冷冻纸——冷冻纸的一面涂有蜡层，可以短暂地粘在布料上。它可以用于贴布，等你裁出图样时，把缝份折到有蜡的一面，然后粘到合适的位置，更多细节见151页。它也可以用于裁剪图样和当作绗缝轮廓。

一些不同材质做成的模板。透明的塑料模板可以用来放在布块或拼布区块上面的特定位置。

放大和缩小

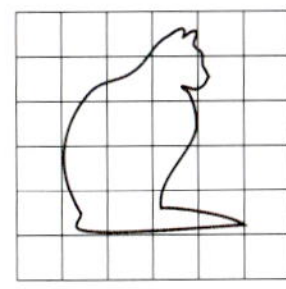

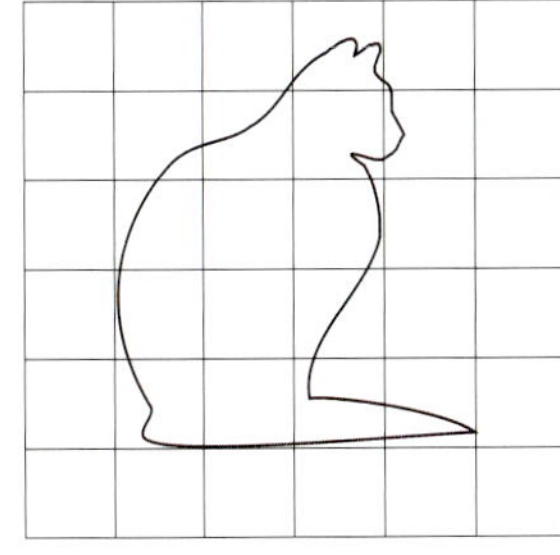

目前为止，改变模板或图案尺寸大小的最便捷的方法是使用复印机或扫描仪。放大或缩小样式或模板形状时，常用百分比来描述形状变化的量——100以内的数表示尺寸缩小了，100以上则表示放大。三个简便的百分比是75%、50%和25%。一个图案缩小为75%，说明这个新图案是原图案的四分之三；缩小为50%说明是原图案的一半；缩小为25%说明是原图案的四分之一。放大图案时，扩大为200%说明是原图案的二倍。放大了150%说明是原图案的1.5倍。

如果你没有复印机或是扫描仪，你可以使用方格纸或是画好的网格来放大或缩小设计图。6毫米见方的格子纸上画上设计图。现在用一个格子尺寸是它两倍（1.2厘米）的格子纸，在它上面同样的位置复制一下画线。这样就使设计图的尺寸翻倍了。缩小设计图时把格子纸尺寸颠倒一下顺序就行了。很多类型的方格纸可以免费从网上下载，搜索网址“下载方格纸”。

制作简单模板

制作你自己的模板是一门有用的技术。这些制作说明虽然用的是猫形图案，但是方法适合于任何形状。

1 首先制作你需要的形状或图案的尺寸。你可以用以下方法来制作：

- 如果图形的尺寸大小刚好是你所需要的，就用铅笔把它临摹到描图纸上。
- 如果图形是几何图形，那么按照31~33页的指示画下来。
- 一些多边形可以用等角格子纸来画出（见28页）。
- 如果图形过大或过小，用复印机或扫描仪缩小或放大，并把它复印在厚纸或薄板上。如果你没有复印机或扫描仪，就按照上文所述放大或缩小图形。

2 一旦你有了自己的图形或图案，把它复制到像厚纸板、薄卡片或塑料模板这样的坚固的材料上，制出主模板。要用一支笔尖细的笔，这样图形才不会失真。用锋利的剪纸刀或家用剪刀把图形剪掉。注意裁剪时避免无意识地放大图形——严格沿着边线裁剪或是沿着边线的内侧裁剪。把图形贴上“主”标签，如果有需要，再加上它完成时的尺寸。▼

3 把模板放在布料正面，用铅笔或标记笔轻轻地沿图形描线。▼

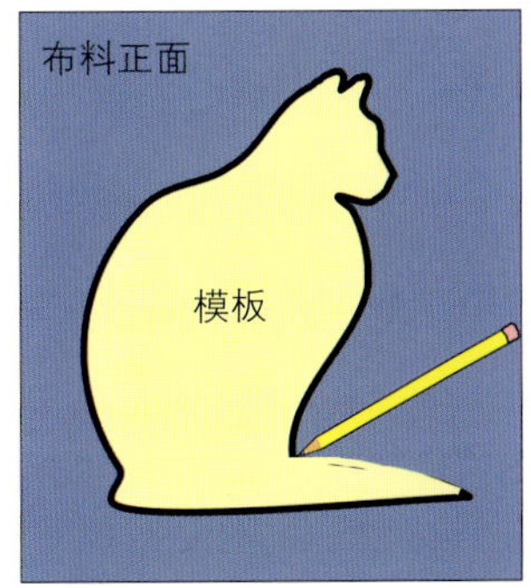

4 如果图形是贴布使用的，把模板移开后，需要缝份时在标记线外3~6毫米处裁剪布块；不需要缝份时沿标记线裁剪布块。▼

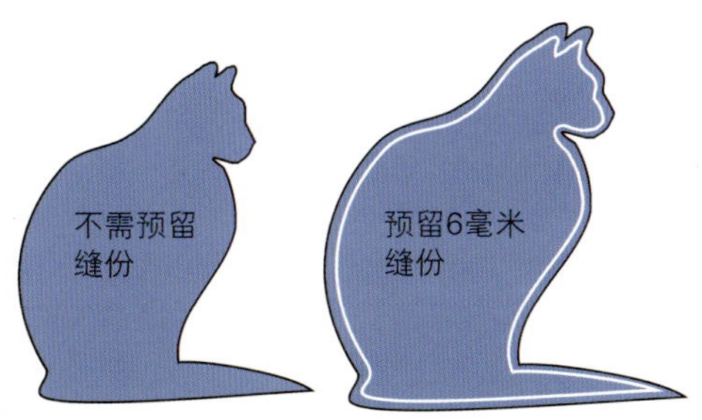

制作多件式模板

在贴布中，很多图案是由几种形状组合成的，有些形状还有重叠，所以需要每一部分的模板。这里以太阳花为例，但是实际设计图可能会复杂得多。

1 图案有八片花瓣，每一片都与中间的圆形部分重叠。需要两种模板——圆形和花瓣形。所以按照27页的第一个步骤准备这些图案。▼

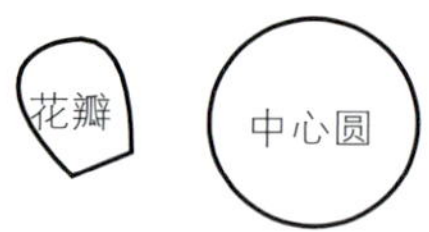

2 挑选布料——一种布料作为背景布，一种是中心圆用布，还有一种是花瓣用布（或者每片花瓣可以使用不同的布料）。使用圆形模板裁剪一片圆形布料，并用花瓣模板裁剪八片花瓣。如果使用需要缝份（例如手工缝纫）的贴布方法时，在标记线外3~6毫米处裁剪布块。▼

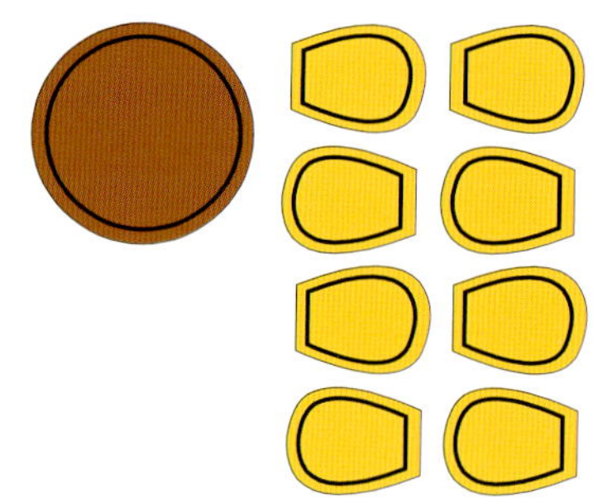

3 把布块放在背景布上。因为中心圆要盖住花瓣的尾部，所以最后放。把圆形模板放在背景布上，沿着模板轻轻描线标出位置。把花瓣缝在或热熔在适当的位置，确保它们的尾部与圆形重叠。如果花瓣是被缝上的，而且带有缝份，只用把图中绿色线标记的边缘缝份折下即可，因为花瓣底部会被中心圆遮住，所以不用折缝份。把圆形缝上就完工了。▼

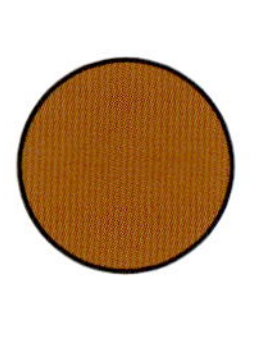

要缝份还是不要缝份?

绘制模板时可以根据它们的用途不同留缝份或不留缝份。基本原则如下：

如果图形的边缘需要折边，就像是折边贴布和冷冻纸贴布一样，务必留有缝份。只用在原图形周围6毫米处画出另外一个轮廓即可。

如果图形是用来裁出拼布用的布块，务必留有缝份。

如果是用来做双面黏合衬贴布的话，不要留缝份；它的边缘受热熔薄膜的保护。也可以用某种线迹缝合一下。

如果图形是用来当作绗缝样式，不要留缝份。

这幅赏心悦目的场景节选自曼蒂・肖的一个精彩的绗缝作品，贴布中人物角色的塑造就是运用了多件式模板。

图形绘制和裁切

DRAWING AND CUTTING SHAPES

能够制图和精确裁剪是拼布、贴布和绗缝需要的基本技能，这一部分就绘制常见图形和如何使用轮刀给出了建议。更多的指导和提示见拼布部分。

布料当然可以用剪刀裁剪，但是目前为止最方便、最快捷、最精确的方法是使用轮刀。基本裁切工具包括越大越好的切割垫（表面能自复）和绗缝用的亚力克尺，以及大刀片的轮刀。如果你喜欢草拟设计图，这方面有很多优秀书籍可供参考。

布料并不一定要沿直线或图案进行切割。不用尺子，而用轮刀或剪刀自由裁剪出的轻轻挥舞的线条能够成就一种不同寻常、魅力感十足的设计。摆脱尺子的束缚会非常自由、舒畅。

把形状结合成诱人的区块或样式，是拼布和绗缝中最让人兴奋的事之一。精确的绘制和裁剪会带来最佳的效果。这个由克里斯丁·波特缝制的美丽的作品是受维多利亚时期的瓷砖地板的启发，把方形、矩形和三角形结合在一起，创造出引人注目的效果。

轮式裁切

以下几点能让你成功地学会使用轮刀。见30页的裁切安全。

- 裁切前熨压布料，使布料平整没有褶皱。
- 放在具有自复功能的切割垫的硬面上裁切。避免背部弯太低而使背部紧张。
- 直径是45毫米的刀片适合大部分裁切工作，但是更小一些的28毫米的刀片操作性更好，更适合沿着曲线或模板裁切。
- 用你写字的手紧紧地握住切刀，并与切刀呈45度角，保持刀片竖直。用另一只手握住尺子，手指不要放在尺子的边上。不要用普通的尺子进行轮式裁切，只能用厚的亚力克尺。站立着裁切能控制得更好。
- 裁切时刀片应该紧紧地抵住尺子的边缘——如果你用右手，抵住右边；如果你用左手抵住左边。你所裁切的拼布块应该放置在尺子下面。
- 裁切长条时，如果需要手指换个地方固定尺子就要让手指沿着尺子“走”，不要把手拿开换地方，避免尺子移动。
- 不要在珠针上裁切，这样会损坏刀片，也可能使刀片跳起来。
- 经常清理切割垫，避免线头堆积。不要用切割垫而用尺子上的刻度线，将会减低每次都切到同一个地方的概率，从而延长切割垫的寿命。切割垫平铺存放，或是垂直悬挂，避免直接光照。
- 整个制作过程中应使用同一把尺子，因为尺子和尺子之间会有细微的差别。
- 使用模板进行轮式裁切时，把切刀沿模板放置切出形状，注意别切掉模板上的涂层。
- 尽管可以使用圆圈轮刀，但是用普通的轮刀也可裁切出流畅的线条。
- 当从折叠着的布块中剪切布条时，查看一下裁出的第一个布条有没有扭结在中间。如果扭结了，就重新折叠一下布料。
- 裁切多层布料时（有时也叫“叠加和裁切”），注意你叠加的布料层数，层数过多会引起变形和不精确。给每层布料熨些喷浆，把一层布料压在另一层的上面形成结实的三明治状。把布层小心地放在切割垫上，先把布边裁掉。

裁切安全

轮刀的刀片非常锋利，极易偶然间伤到自己或他人，所以你要随时随地小心翼翼地处理这种工具，并且遵照以下这些安全提示。

- 把切割垫放在一个硬面上，如厨房面台或书桌，站立着裁切。裁切时脚上穿上东西，以免切刀掉落割伤脚趾。
- 裁切时总是保证不要切到自己，另外手指要远离尺子边缘。
- 每次裁切完毕后总是记着套上安全罩。有些切刀上带有自动弹回装置。
- 使用没有缺口的锋利的刀片。用钝刀片裁切时不仅你要使更大的劲而且还有刀片滑动的风险。当刀片开始跳线时就该更换它了。
- 别让幼儿或宠物碰触裁切工具，绝不能让幼儿使用它们。
- 妥善处理旧刀片，把它们放回塑料包装袋里或是把它们贴在厚卡片里面。

裁切布条

裁切布条是迈向裁切其他形状的第一步，而且像是塞米诺拼布和线绳拼布等许多形式的拼布都需要裁切布条。布条可以横向裁切，与布边成直角，或是直向裁切，与布边平行（A）。很多绗缝者习惯于横着裁切，但是直着裁切有它的好处。▼

横向裁切布条——横向裁切布条时，把布料平整地对折，正面朝上，边条对齐。把布料放置在切割垫上，折好的布料与切割垫上的水平标记对齐，沿竖直方向裁切一个窄条，使边缘变直（B）。然后把尺子移到右边，第二次裁切，切下所需宽度。如果是用左手，从右边开始裁切。布料可以折叠多次来进行多层裁切。▼

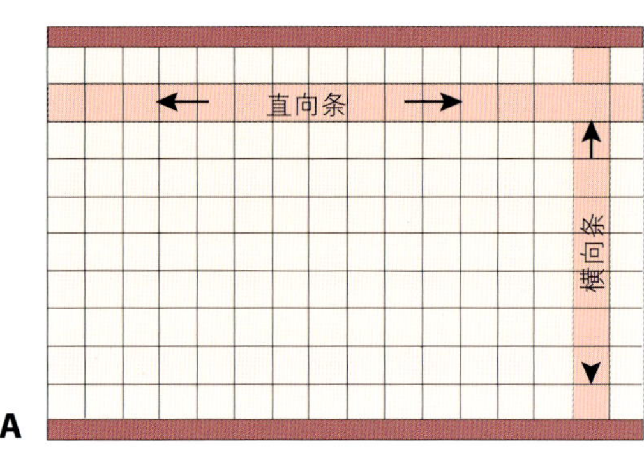

A

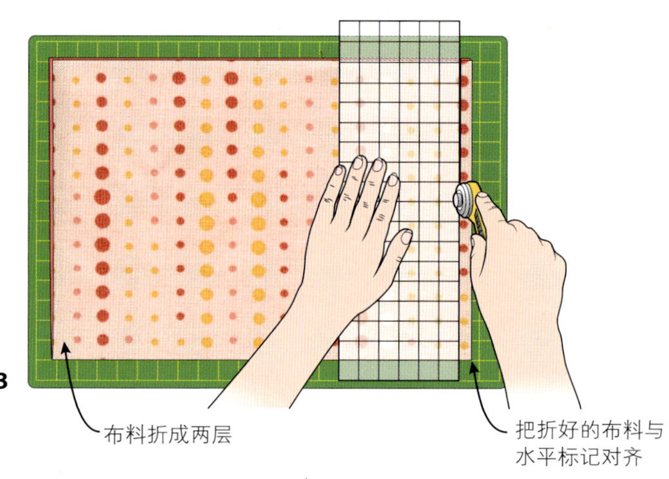

B

裁切直向布条——这样裁切的布条更牢固，因为直纹比横纹的伸展性更差些。另外，布料上印的图案是沿直纹走向的，所以这样裁切时图案更不容易偏斜。如图所示，可以把布料叠放成四层，然后裁切。先把布边裁下（C），然后裁切出所需宽度的布条（D）。▶

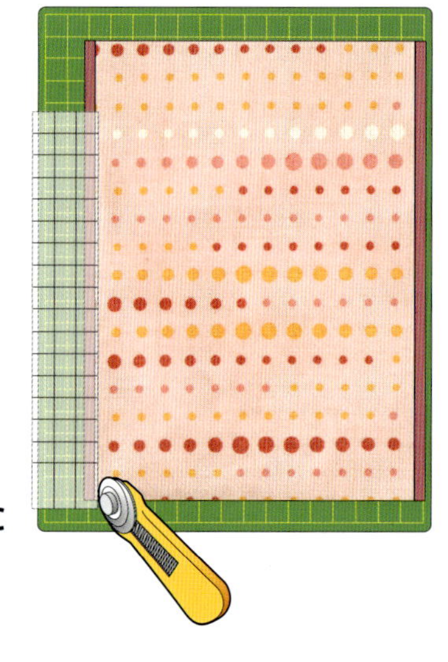
C

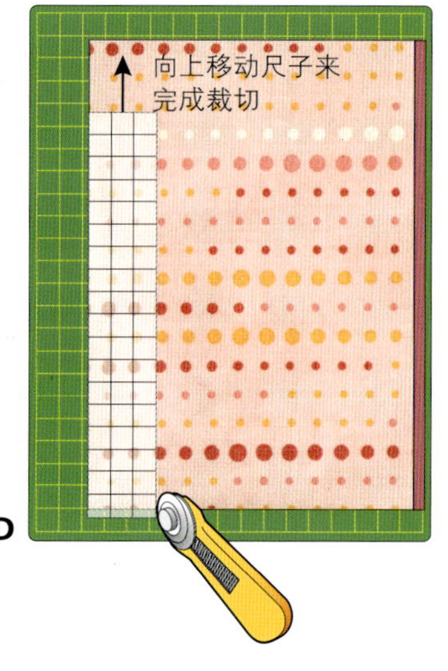

D

正方形和长方形

正方形是四边形，四边等长，四角均为90度。绘制有缝份的正方形=完成后尺寸+1.3厘米（A）。▶

长方形是四边形，有两组长度相同的对边，四角均为90度。绘制有缝份的长方形=完成后的宽度+1.3厘米和完成后的长度+1.3厘米（B）。▶

裁切——先把布料切成布条，然后重新放置尺子，把布条裁切成所需尺寸的正方形或长方形（C）。▼

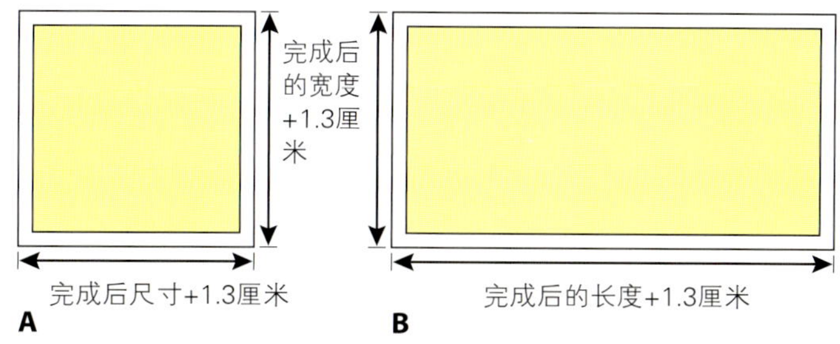

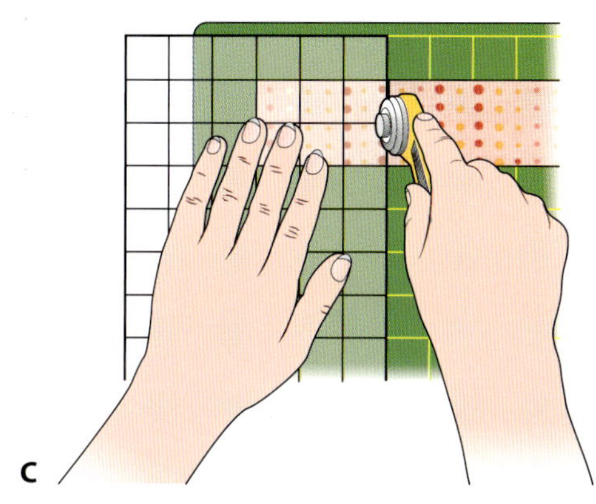

裁切单独的正方形——如果只需要一个或两个正方形，可以单独裁切而不用从一个布条中裁出好多个。把一个方形尺子放在布料的一角，沿尺子的两边裁切两下，裁切出的布块尺寸应比所需尺寸略大些（D）。拿着裁切下来的正方形，把它翻过来，重新放置尺子，使要裁切的边缘和尺子上所需尺寸的刻度保持一致。裁切正方形的另外两边，这样就得到所需的正方形了（E）。▼

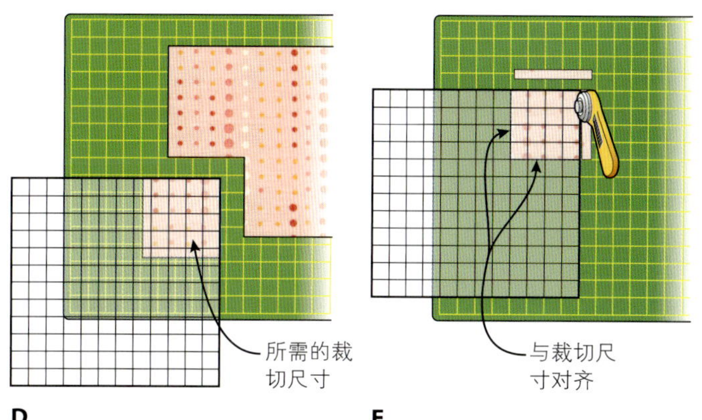

裁切多个布块——从叠放的布条中裁出布块更为便捷有效。当从多层布料中裁出布条时（如上文所述），把布条放在切割垫上适当的位置，并小心地把剩余的布料移到一侧。把垫子旋转90度，用轮刀把布条不平整的一边裁下少许，从而使布条变平整。重新放置尺子裁切出所需尺寸的布块，然后以这种方法沿布条的长度进行分切（F）。▶

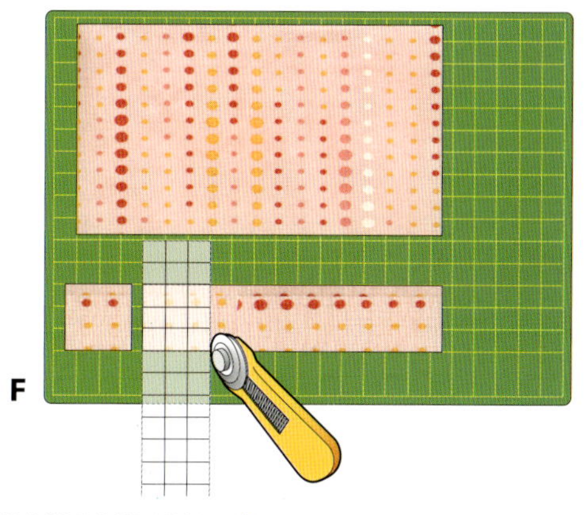

半矩形三角形（不等腰直角三角形）

半矩形三角形（不等腰直角三角形）是沿长方形的对角线裁开后得到的三角形。它有三个不等边和一个90度角。

绘制带有缝份的三角形=完成后的长方形高度+1.6厘米和完成后的长方形长度+3.2厘米。沿长方形的对角线裁开一次可以得到两个三角形。▶

也可以在纸上画上一个没有缝份的长方形，把它标示成两个三角形。沿着一个三角形的三边添加一条6厘米宽的缝份。按照这个尺寸裁切布料。

裁切——先把布料裁成布条，然后再裁成所需尺寸的长方形（如图标所计算）。重新放置尺子使45度边线和长方形的边线对齐，然后沿对角线裁切。确保对角线的裁切是沿着你所需的斜度进行。

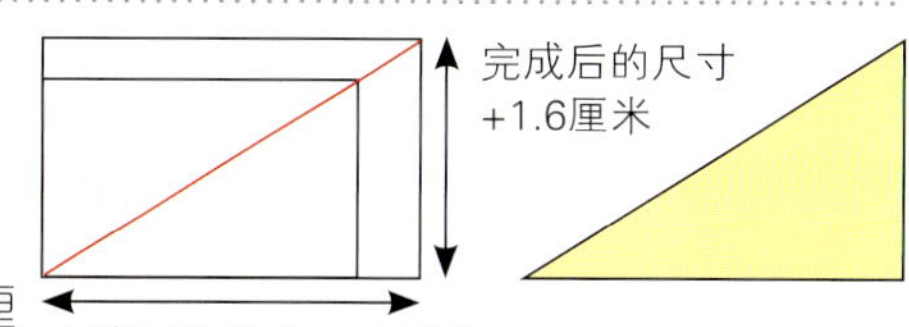

半方三角形（等腰直角三角形）

沿正方形的对角线裁开后就得到了半方三角形。这个三角形是等腰直角三角形（A）。

绘制有缝份的等腰直角三角形=完成后高度的正方形+2.2厘米，然后沿对角线裁切一次就能得到两个等腰直角三角形。▶

裁切——先把布料裁成布条，然后裁切成所需尺寸的正方形。重新放置尺子，使尺子的边线与正方形的边条成45度角，然后沿对角线裁切（B）。在拼布指南中，一个正方形要被裁切成半方三角形时会用到这样的一个符号⧄。▶

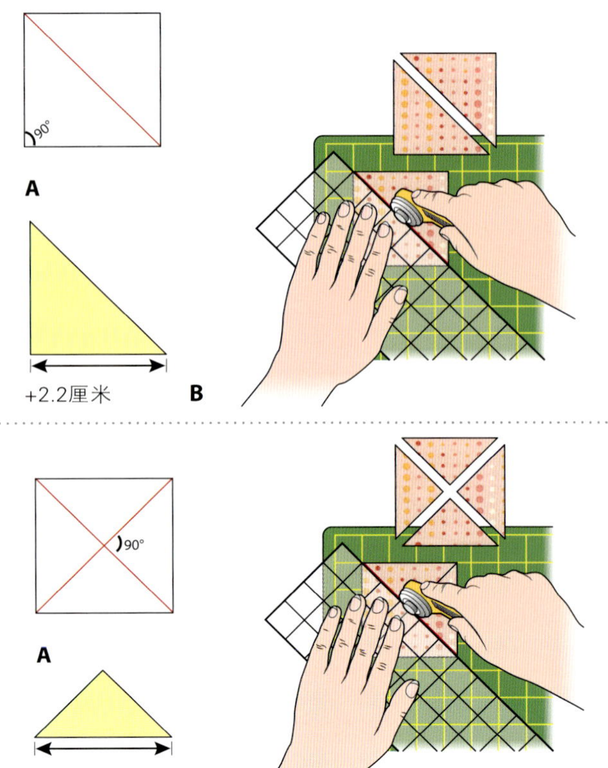

四分之一方三角形

沿正方形的两条对角线裁开后就得到了四分之一方三角形。它有两条等边和一个90度夹角（A）。

绘制一个有缝份的四分之一方三角形=完成后正方形边长+3.2厘米，然后沿两条对角线裁切出四个四分之一正三角形。▶

裁切——比照裁切半方三角形同样的方法裁切，但需要沿着另一条对角线再次裁切（B）。在拼布指南中，一个正方形要被裁切成四分之一正三角形时会用到这样的一个符号  ⊠。▶

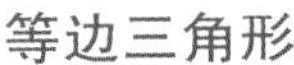

等边三角形

等边三角形的三条边等长，夹角均为60度。绘制一个有缝份的等边三角形=完成后的高度+1.9厘米（A）。▶

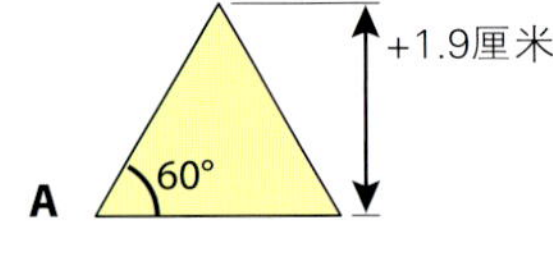

裁切——裁出一个所需宽度的布条。把尺子放在与布条的上边缘呈60度夹角的位置（B）。裁切，并丢掉尾部布片。重新放置尺子，这样可以是尺子与布条的下边缘呈60度夹角（C）。裁切第一个三角形。像B所示那样重新放置尺子并与布条的上边缘呈60度夹角，然后裁切（D）。沿着布条继续变化尺子的位置。▼

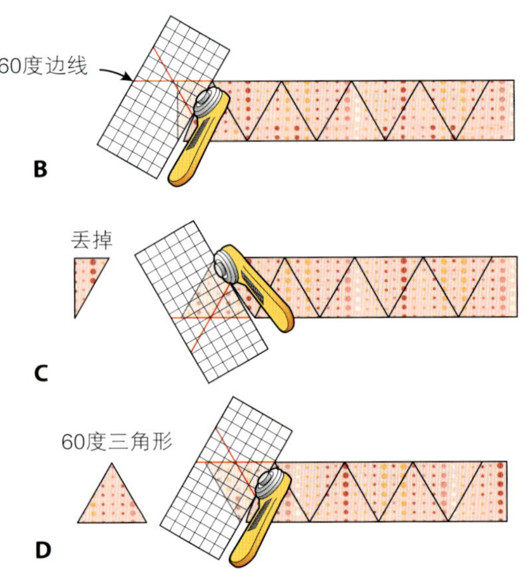

菱形

拼布中常用的菱形有45度角的长菱形和60度角的短菱形（A）。参见84页用菱形和多边形做成的拼布。

绘制有缝份的菱形=完成后的高度+1.3厘米和完工后的长度+1.3厘米。▼

裁切——菱形的裁切方式和三角形相似。先裁出比菱形完成后高度宽出1.3厘米的布条。用尺子上60度或45度边线裁出所需角度和长度的菱形（B）。▼

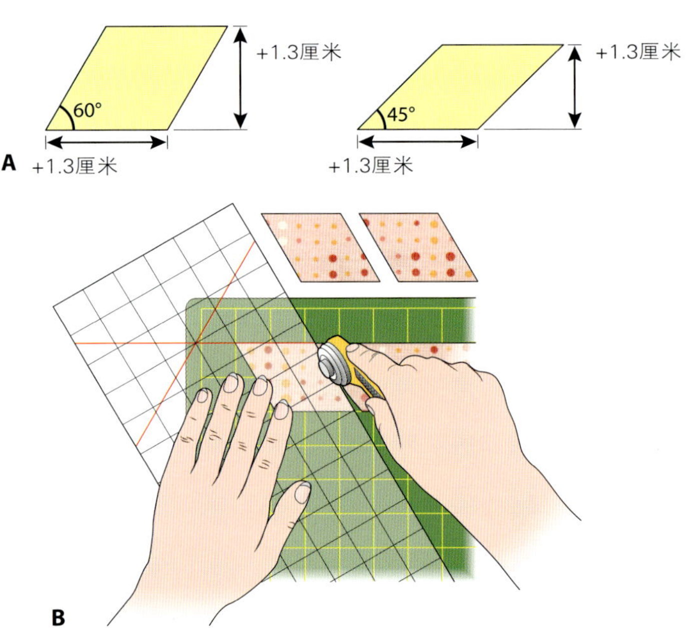

六边形

六边形有六条等边和六个等角。从一个45度角的菱形中裁切掉两个等边的三角形就得到了六边形（A）。参见84页用菱形和多边形做成的拼布。▶

裁切——首先裁出一个布条，比所需六边形完成后的高度宽出1.3厘米。把布条裁成45度角的菱形。如（B）所示，将菱形水平放置。从菱形两边各裁掉一个等边的三角形——这两个三角形的高度之和是菱形高度的一半（C）。▶

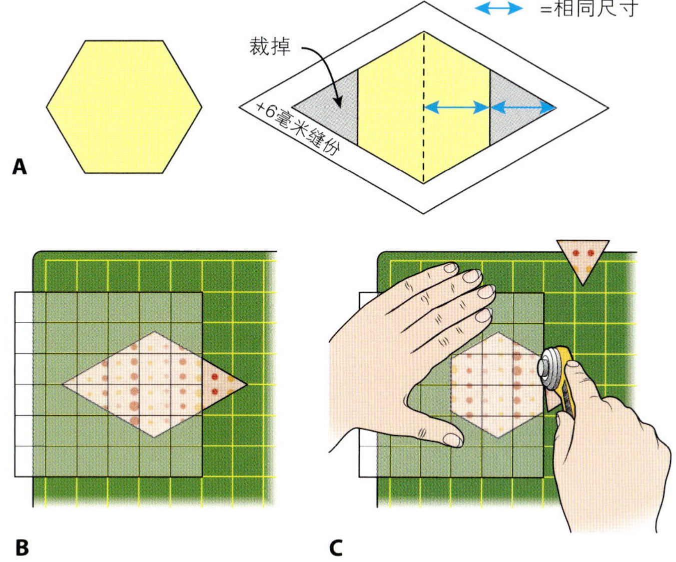

八边形

八边形有八条等边和八个等角。把一个正方形的四角裁掉后各边都等长了就成了八边形（A）。参见84页用菱形和多边形做成的拼布。▼

裁切——先裁出一个正方形，高度比完工后的八边形高出1.3厘米。在正方形的背面标记上对角线（B）。找出尺子上与正方形裁切高度的一半等长的线，把这条线与正方形上画的竖直线对齐，然后裁掉一角。转动正方形使它的位置放好，分别裁掉其余三角（C）。▶

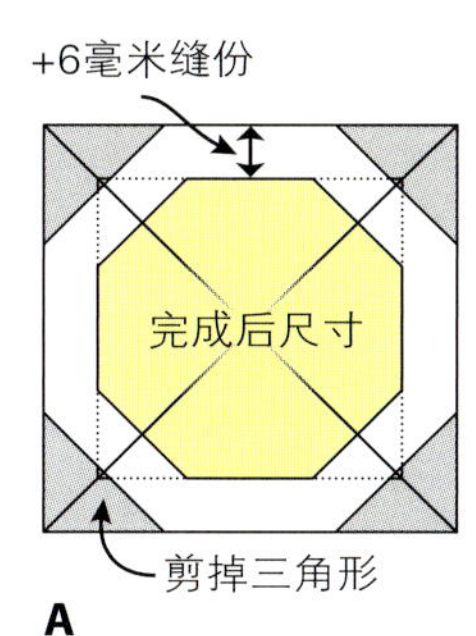

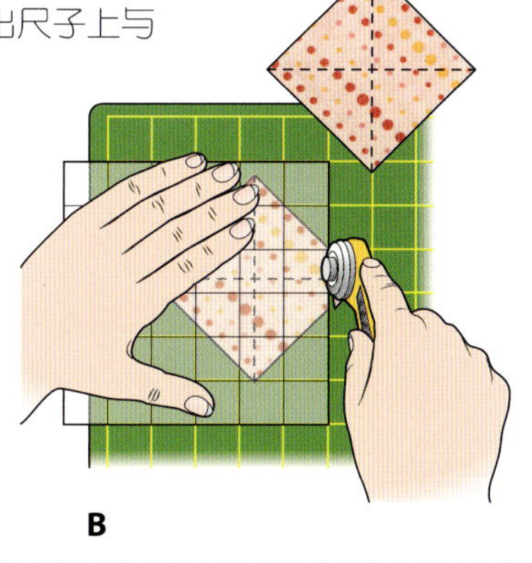

梯形

梯形或不规则四边形是一个在三角形基础上形成的四边形（有四条边）。参见84页用菱形和多边形做成的拼布。把三角形的顶端切掉就形成一个梯形（A）。▶

裁切——可以通过在方格纸上画出图A来决定要被裁切的三角形的尺寸，如图所示添加缝份，然后裁掉阴影部分的三角形（B）。▶

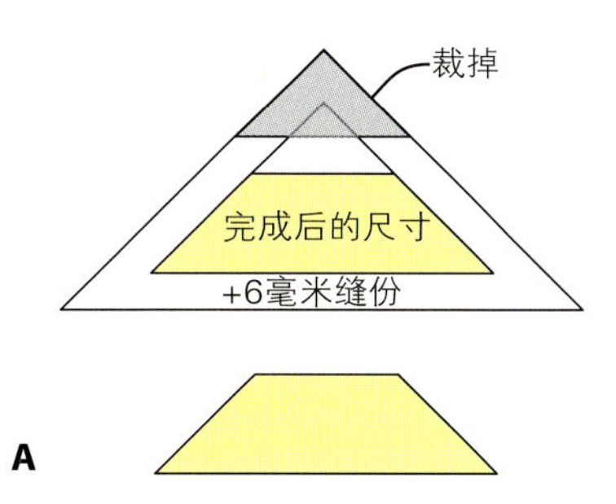

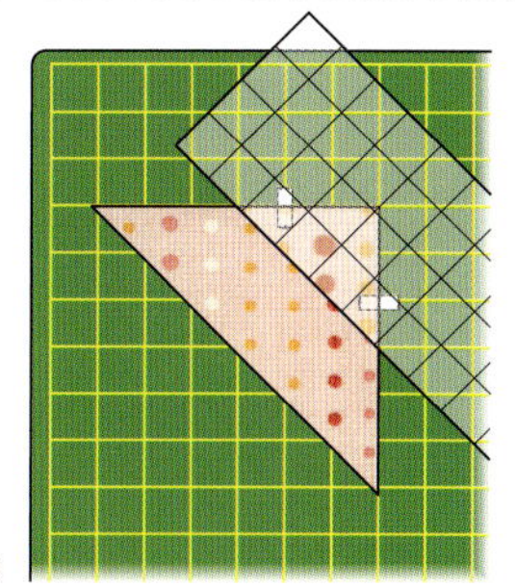

风筝形

风筝形是基于三角形的四边形。参见84页用菱形和多边形做成的拼布。裁掉三角形的一角就能得到一个风筝形（A）。▶

裁切——要想裁切风筝形先要裁切出一个半方三角形（见P32）。把带有缝份的图A画在方格纸上，然后裁掉阴影部分的三角形（B）。▶

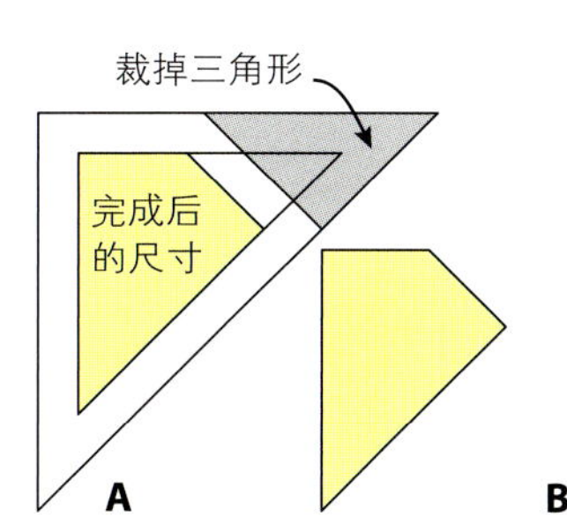

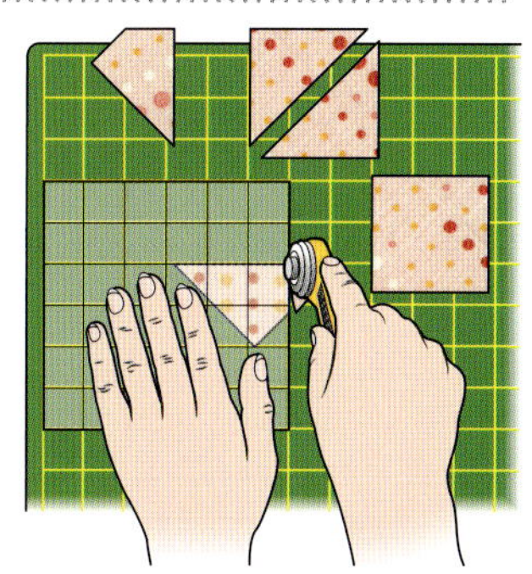

技巧的运用

USING TECHNOLOGY

我们每天使用的很多工具对拼布、贴布和绗缝也都有帮助，比如电脑、扫描仪、打印机、复印机、数码相机和手机等。也有一些程序软件在研发和设计拼布作品方面发挥着巨大的作用。

使用电脑、扫描仪和打印机

如果你有电脑、扫描仪和打印机，在设计或缝制拼布物体时你可以以多种方式使用它们。这里有一些建议。

- 使用电脑、扫描仪和打印机可以不用费力去复制设计图，还可以轻松快捷地放大和缩小设计图。不用把设计图拿到复印店也可以使它反向或翻转（像图中的泰迪熊一样）、旋转和重复（像图中的花朵造型一样）。

- 如果你无法断定一系列布块是否可以协调地组合在一个区块里，而你又不想浪费布料尝试制作一个这样的区块，那么就仿造一个。把每个布块扫描一下，打印出彩色的图纸。把这些纸张剪切一下，排列在一起组合成区块，并粘在纸上。
- 如果你要从纸上或冷冻纸上剪出多个模板，把模板复制到一个文字处理或绘图软件中去。在一个页面上你想复制几个模板就复制几个，然后打印出来。要是复印到冷冻纸上就直接复印到非光面上。打印机必须是台喷墨打印机，工作时不会加热，没有激光。

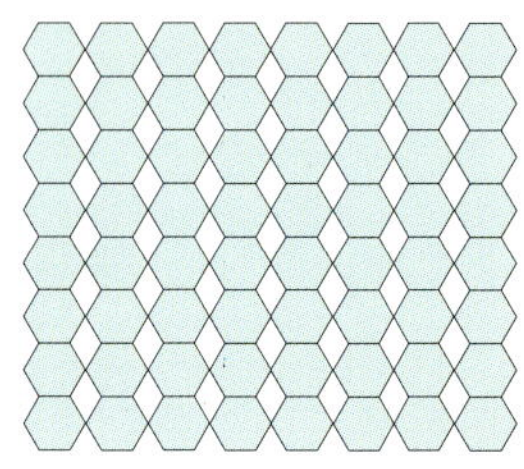

- 文字处理系统可以用来打印绗缝作品标签。把你想要的内容敲出来，并以优美的方式排版文字——“中心聚拢”的格式看起来不错。把标签打印在可以接受喷墨的布料上。

- 如果你会使用ADOBE ILLUSTRATOR 或COREL DRAW这样的绘图软件，你可以自己绘制绗缝图案并把它们印制到布料上。这适用于A4纸大小或更小一些的布块。在绘图软件里画出图案的实际尺寸，用一条灰色的虚线摹拟出你所需的绗缝尺寸。熨压布料，用暂时性的喷胶把布料正面朝上固定在一张硬卡片上。把卡片放进打印机中打印出图案。移开布料。查阅你的打印机手册来查看在材料上打印的相关问题。

- 特制的布料可以直接打印上图案，也可以打印上信息、图片和其他的图案。

使用拼布设计软件

拼布和绗缝设计可以通过像ADOBE ILLUSTRATOR 、像PHOTOSHOP和COREL DRAW这样的绘图软件来完成，但是像ELECTRIC QUILT这样专业的软件程序更全面，更适合于拼布、绗缝和贴布，值得学习使用。

使用数码相机和手机

除了在展览中拍摄精彩拼布作品的照片来寻求日后的启发之外，数码相机和手机也可以在家使用，帮你设计和缝纫。

- 设计拼布作品布局时，在床上或地上布置好布块后用相机拍照。重新布置布块设计成另一种布局后再次拍照。把两张照片放在一起比较，会更容易地挑选出最好的布局设计。
- 用数码相机拍摄出的拼布作品照片可以打印出来，也可以贴在网络文件里，方便与其他同好分享。数字文件也可以送达拼布杂志、参加比赛或是送达拼布组织。要是准备这样做的话，就把相机调到最高的分辨率，然后拍出照片打印效果会更好。文件的容量会大些，可能超过1MB。

使用网络

或许我们所使用的科技手段中，最具有戏剧性变化的方式就是网络，这样不仅可以增大我们接触到的信息量，也可以大幅度地增多我们浏览和购买的商品数量。

通过网络互动

通过网络和博客与其他的拼布爱好者互动、交换有用的信息是一种不错的方法，也能令人愉悦。网络越来越多地用于社交和交换观点、灵感和图片。绝大多数网站都允许你作为访客进入，而且注册也通常是免费。网络上可以找到成千上万个社交网址，其中很多是知名的网站如国际友情绗缝人（HTTP:/WWW.FRIENDSHIPQUILTERS.COM）。也可以在HTTP:/WWW.QUILTINGGALLERY.COM找到一系列的拼布论坛。事实上，凡是能想到的关于拼布、贴布和绗缝的部分都有各自的组别。

网址是获取建议、观点、免费图形、视频和更多资源的珍贵途径。大多数拼布作者都有自己的网站和博客，这些不仅便于你与其他作者沟通，而且可以获取关于工作进程、活动预告和书籍出版方面的信息。

网络安全

尽管网络很有趣，可以提供的资讯也很多，但是它也隐含有风险。电脑病毒可以通过网站传播，引起很大的损害，所以在浏览网站前确保你的杀毒软件是你能找到的防护功能最强大的一种，并且及时将这个杀毒软件升级。时刻警惕你提供的私人信息，在未确认安全前不要提供你的个人财产细节。

网购

我们利用网络进行购物已有一些时日了。虽然什么也替代不了查看和抚摸布匹实物，但是访问一些售卖布料和缝纫设备的网站还是很兴奋的。大多数网站都很安全而且信誉也好，但是还是建议时刻保持警惕，以下几点或许有用。

√总是挑选信誉好的卖家，确认他们有具体的联系地址，可以进行电话联络。查看他们的隐私条款和退换货条款，从而确保他们能够尊重你提供的个人信息，以及可以方便地对残次商品进行退换货。

√确保你的付款过程是受到保护的。通过一个安全的网站使用借记卡或信用卡往往是最安全的，因为信息会被诸如环球支付公司或威士卡公司这样的第三方认证。贝宝是另一种广泛使用的在线支付平台。当你要进入银行卡细节信息时，网络浏览器的边框上出现的小挂锁是安全的标志，但是还是要时常保持警惕。绝对不要把你的个人或银行信息提供给垃圾邮件。这就是要防止“网络钓鱼”。

√首次和一个卖家打交道，尤其是海外的卖家，控制你的订单量，这样即便是有什么地方出错了也不至于损失太大。一个少量的首次订单还能让你估算一下物流的时间和商品的质量。

√需要从海外订货时，在决定购买前一定要先估算一下邮资，因为它会高得吓人。国内的订单超过一定的数量后有可能免邮费。

√记录下你的订单和费用。虽然你会常用“支付平台”和“购物车”，但是自己算一下费用会更有保证，尤其是在你决定不买某一件物品而把它从购物车中删除掉后。一旦订单得到受理，网络经销商往往会给你发一封电邮，再次确认一下订单，那么把这封确认信打印出来。

√货品送达时，核对一下它们是否和原始订单一致：是否全部抵达，收费是否正确。如果有些物品由于缺货推迟发货了，那么关注一下卖方是否已经收费和它们预期送达的时间。

√有些网站会比其他网站好用些，所以当某一个网站上的信息混乱不清或是不能显示出你想要买的布料或物品的清晰图片时，关掉那个网站，再换一个更好的网站。

拼布

Patchwork

拼布很神奇：拿几块布料，把它们剪成布块，再缝在一起，瞧！一个独一无二而又美轮美奂的作品诞生了。拼布是最有趣、最独出心裁也是最实用的工艺形式之一。它极易使人上瘾，让人在设计布料、把布料组合拼排成完美而又有个性的组合物中获取无穷的乐趣和魅力。

本章首先介绍了拼布的多种布局和排列，以及如何使用区块制造出无穷的陈列设计。接下来，我们要了解的是如何使用一些形状拼出美丽的设计，这些形状包括正方形、长方形、三角形、菱形、多边形和曲线形。

本章还探讨了一些其他的独特的拼布技巧，其中包括塞米诺拼布、疯狂拼布、泡芙拼布和折叠拼布。另外还介绍了特别的织物技巧，例如裁布、收集布料和编织布料，这些技巧都能用于拼布和贴布中，制造出手感极好的作品。我们还着眼于如何使用边条和边框来完善设计。

无论你正在制作一个简易的碎布拼布还是代代相传的集锦拼布，你都可以在这里得到一些绝妙的技巧。

拼布的布局
PATCHWORK SETTINGS

布局就是指一个拼布作品的单元、区块或部分排列在一起的方式——极大的选择性让人兴奋。目前为止最常见、最容易的组合是使用基于网格的区块，几个世纪以来区块的造型已经发展成多种多样。区块造型在全世界的艺术和建筑作品中都能见到——从穆斯林的清真寺到维多利亚时期的瓷砖地板，已经伴随我们很久了，它们可以复制并组成更为复杂的排列。

拼布单元或区块可以组合的方式有无穷多，同时也可以实现色彩和色调的绚丽组合。形状变化越多，独特设计的视角越大。

有了区块，你不仅可以把一个拼布设计分割成更简单的部分，还可以把不同的区块、不同颜色和构造的区块混合在一起，制造出清晰的次生模式。大多数区块是方形的，这是最容易拼接的形状，但是无论区块的形状如何，布局一件拼布原则是一样的。本章描述的有一些最常见的布局。我们也关注并描述了一些最流行的类型，其中有些是你所熟悉的，例如集锦拼布和碎布拼布。

拼布布局可以既简单又能带来冲击，正如这个由朱莉亚·戴维斯和安妮·马克思沃西设计的绝美的拼布所示。每个方形都有一个边框，然后布置好整个设计后再添加上三角形，从而使方形回归为一个整体的方形。

常见拼布布局

关于拼布设计有很多书籍、杂志和在线文章进行介绍，其中很多书籍都致力于这个主题的研究。本章中列出了一些最常见的设计图以便于你的尝试。当然，单色的图表只能预示出可能会有的效果，只有使用华丽的布料才能使效果活灵活现地表达出来。

竖向布局
STRAIGHT SETTING

竖向布局的拼布是指把区块水平或竖向排列，它是最常见的布局方法。竖向布局，有时也叫边对边，是在整个拼布中重复使用同种区块或是突出不同的区块。区块的表现可以是以同种方式，也可以以一种或另一种方式轮换，区块的组合会产生次生模式。区块可以彼此拼接，也可以被边条或边框隔开。

照点布局
ON POINT SETTING

绗缝单元或区块并不是竖向排列，而是旋转了45度，从而叫“照点”。像右边第一个图所示，这种布局可以延伸到边缘或边条，并在边缘处拼接半个区块；也可以像第二个图所示，在边角处添加三角形从而使整个形状变成正方形或长方形。

交替布局
ALTERNATING SETTING

正如第一个图所示，这些绗缝布局是把一个主区块和另一个区块（往往是单色或更为简易的区块）交替。这就意味着拼接工作可以更少些，而且主区块也可以得以突出显现。如果使用单色区块就可以使绗缝的范围更广。四片式和九片式拼接的区块经常以这种方式和单色区块交替。像第二个图所示，绗缝布局可以分成四个象限，每个旋转90度。

棋盘花纹布局
TESSELLATING SETTING

棋盘花纹的绗缝布局是在整个拼布上重复一种特殊的单元或造型，从而使设计相互连接，产生正空间和负空间。棋盘花纹看上去绵绵不断，能带来视觉的冲击感。如图所示的“友谊星”区块和“T”区块，它们往往使用一个单一的形状，如菱形或方块。“积木造型”和“城区造型”是另外两种常用的区块（见193页）。

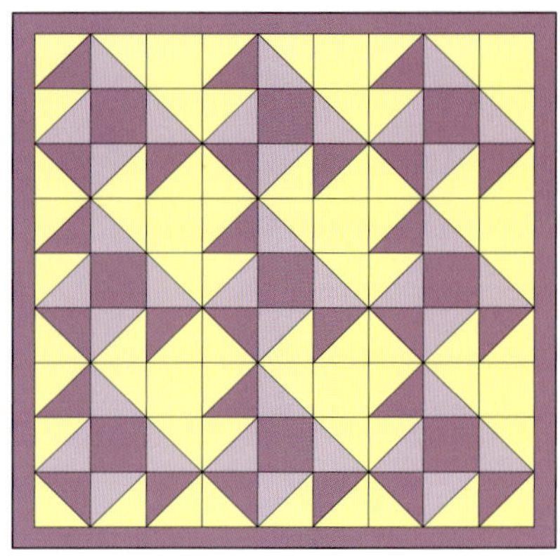

奖章布局
MEDALLION SETTING

奖章布局是在整个拼布的中心布局一个方形、矩形或圆形，然后沿着这个集中点向外铺设边框或“框架”。如第二张图所示的“科纳海湾”，印染布块可以在一个奖章形的拼布中营造迷人的视觉焦点。

倾斜布局
TILTED SETTING

很多区块可以很容易地平铺开来，这是通过在区块各边上添加拼接的部分，然后重新裁剪区块从而使中心形状有个角度。通过这种排列方式布局的“方形套方形”和“小木屋”区块看上去很不错。倾斜布局可以使一个拼布内部出现活动感。制作倾斜区块见134页。

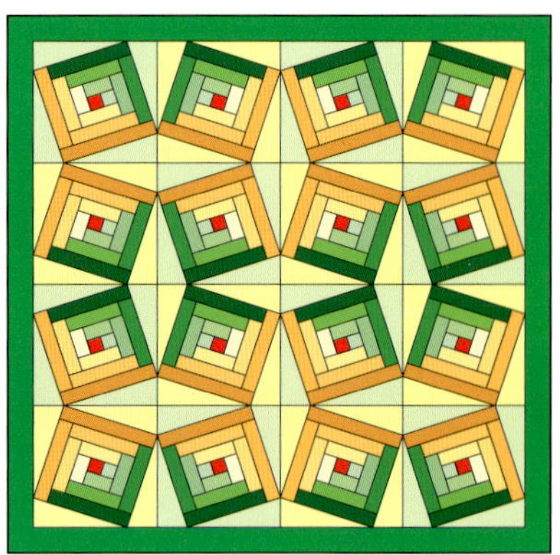

边条布局
SASHED SETTING

拼布内区块排列的方法可以通过使用边条加以改善。边条，有时也叫格架，可以用来给区块镶框、分隔区块以及影响拼布完工后的式样。边条可以是单色的或是拼接的，也可以添加角落布块和关键布块（见第二张图）。更多关于边条的细节见126~129页。

拼布种类

拼布往往冠有不同的名字来显示它们的构造或目的。或许你会在拼布书籍、杂志和网络上遇到一些下面的术语。

这个由佩特拉·普林斯制作的奖章拼布的中心缀缀的是星形布块，周围有六个边框包围，有的是单色边框有的是拼接边框。

相册拼布
ALBUM QUILTS

这些拼布都是私人的创作，往往由一些对于制作者来说意义非凡、各式各样的图像区块拼接而成，就像是一个回忆剪贴簿。区块可能是拼布、贴布或是组合，而且根据不同的制作者布局也会有所不同。

奖章拼布
MEDALLION QUILTS

奖章拼布是在整个拼布的中心布局一个方形、矩形或圆形，然后沿着这个集中点向外铺设边框或“框架”。这种拼布往往具有高度的平衡性和对称性。

集锦拼布
SAMPLER QUILTS

集锦拼布也叫样本拼布。这些拼布的特点是在一个统一的设计中有很多可辨识的区块，它能展现出制作者在处理不同技巧时的技能。更多信息见48、49页。

碎布拼布
SCRAP QUILTS

顾名思义，这些拼布是由碎布块拼接在一起形成比较随意的设计。因为它们使用的布料是手头现有的，所以色彩效果比较斑斓。更多信息见46、47页。

方块拼布
CHARM QUILTS

这些拼布使用的每一块布料都不一样——在过去的目标是使用1000块！方块拼布通常从头到尾只使用一种形状，往往是方形、矩形或三角形。如今很多布料生产厂家提供裁剪成方块拼布的系列布料，往往12.7厘米见方。人们常常利用网络搜寻志同道合的拼布者来交换布料。

友谊拼布
FRIENDSHIP QUILTS

友谊拼布起源于1840年的美国，当时人们向西部迁移定居。为了表达爱意和情感人们向亲人或朋友赠送拼布。这种拼布所使用的布料往往是由爱人赠与的，并由制作者签名。

循环接力拼布
ROUND ROBIN QUILTS

这是供娱乐用的拼布，由一群拼布人制作，往往是奖章拼布。这组人中的每一个人都制作一个拼布中心，然后传给组内的另一个人来添加边框，接着第三个人来添加第二个边框，以此类推。最终，拼布归位到第一个人手里，她就可以看到整个的发展进度了。

区块的处理
WORKING WITH BLOCKS

大部分区块是在几何图形的基础上设计的，所以很多区块可以归为不同的种类（这些类别下面还可以分出更多种类）。区块的名字有成千上万种，而且很多区块的名字不止一个，但是好消息是你不用知道任何一个名字也可以创作出完美的拼布作品。这本书中介绍了100多种区块足够实践的了！

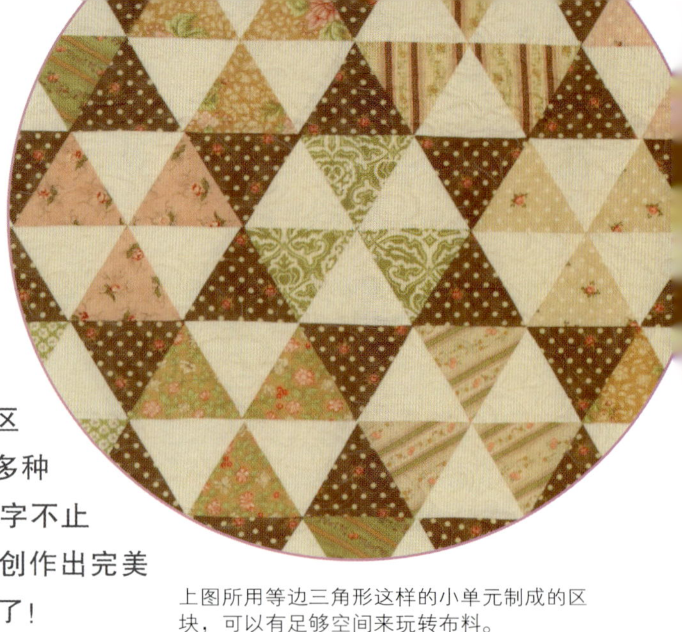

上图所用等边三角形这样的小单元制成的区块，可以有足够空间来玩转布料。

有些区块名称描述的是区块呈现出的形状，例如“八角星”、“蜘蛛网”和“枝状闪电”。有些是根据它们呈现的图案来命名的，例如“松树”、“蝴蝶结”和“纸风车”。其他的是以历史和宗教主题来命名的，例如“林肯坛”、“躯体的选择”和“耶利哥之墙”。有些名字很怪诞，它们的起源已无从追溯，例如“水坑里的蟾蜍”、“玉米和豆子”和“窗户上的鸽子”。19世纪30年代以来，随着美国杂志开始刊登拼布图案，新的区块设计和名称也开始涌现。为了让事情更加容易一些，区块常常可以分为不同的种类，见43、44页。这本书介绍了多种区块的制作，从简单的形状开始，如方形、矩形和三角形到更为复杂的形状，如菱形、梯形和多边形。通过钻研这本书你可以增进知识和技能，应对各种区块。

好主意

如果你在制作一个由不同区块组合而成的拼布或项目，而你又无法决定哪种排列效果最好，可以把区块排列在地板或床上，然后用数码相机或手机来拍张照片。变化排列然后再次拍照。每当需要时就这样做。然后你可以翻看照片来决定哪一张你最喜欢。

这个由帕姆和妮基·林托特制作的拼布被是用“杰利·洛尔”的布料绗缝而成的，只用了两种区块。这个拼布被通过区块布局的交替和色彩的融合显得充满生气而又有趣。

区块（图谱）种类

区块分类的方式是根据你阅读的书籍和你对主题钻研的深度而定的。区块的范围很广，从简单的单块设计到复杂的使用多种形状的多块组合。使用同种单块单元或区块组成拼布，想法会很局限，但是拼布的有趣之处在于单一的形状重复使用，只要颜色不同、布料图案不同，就能创造生气盎然的设计。随着经验的增多，把不同类型的区块组合在一起创造出图案套图案的兴奋感也会增强。当然，区块不必都是常规拼接而成的，它们可以由贴布图案组合而成。以下几大类常用来描述区块类别，下文和次页附有图样。书中后续部分展示了这些区块的制作方法。

单片式区块
ONE-PATCH BLOCKS

这些区块由不同的形状组成，包括方形、矩形、三角形、菱形和六边形。它们组合成图案并被命名。名叫棋盘花纹的相互连接的马赛克图案，通过很好地借用这些区块，把正负空间或深浅色调结合在一起，制造出迷人的视觉。

六角星

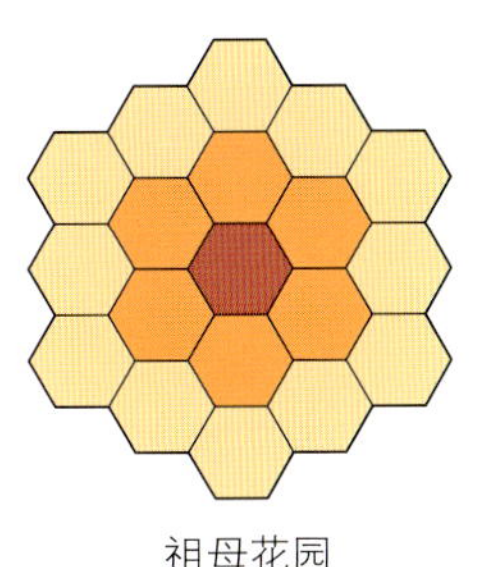
祖母花园

市区

四片式区块
FOUR-PATCH BLOCKS

这种区块缝纫方便，用途极广。四片式区块是由四个单元组成，但是这些单元可以细分从而制造出更多图案。如果一个由四个不同区块组合而成的区块在一个绗缝布局中反复使用时，它也可以叫作四拼区块。

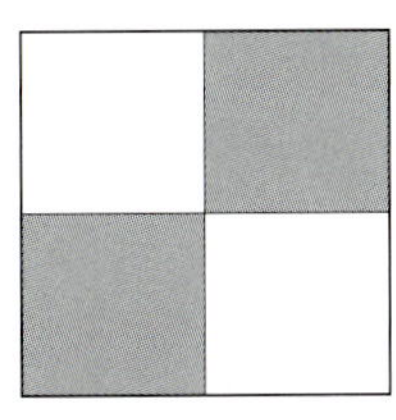
四片式

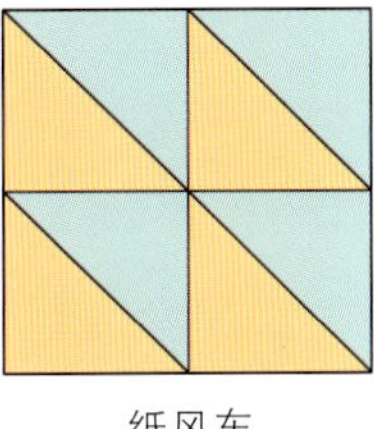
纸风车

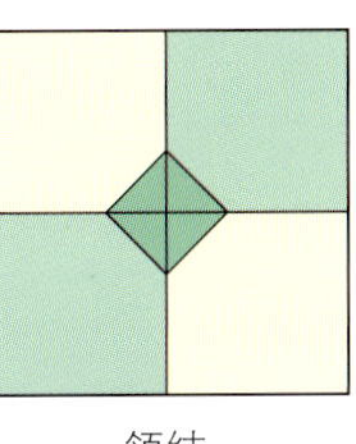
领结

荷兰人的迷宫

五片式区块
FIVE-PATCH BLOCKS

这种区块是建构在5×5的网格上的，所以每个区块共包含有25个单元。细分网格的元素可以制造出更多的变体。这些单元的尺寸不必要完全相同，中间的单元可以比侧面的单元窄些或宽些。

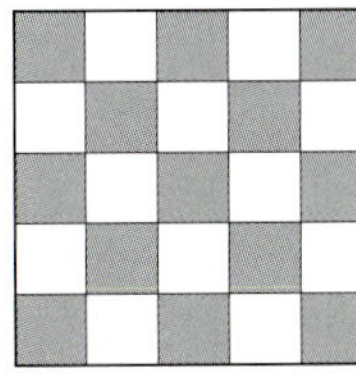
五片式

心灵手巧的安迪

鸭子和小鸭

七片式区块
SEVEN-PATCH BLOCKS

这种区块是建构在7×7的网格上的，所以每个区块共包含有49个单元，构造出非常复杂的图案。和五片式区块一样，七片式区块的单元也不必要是相同尺寸的。

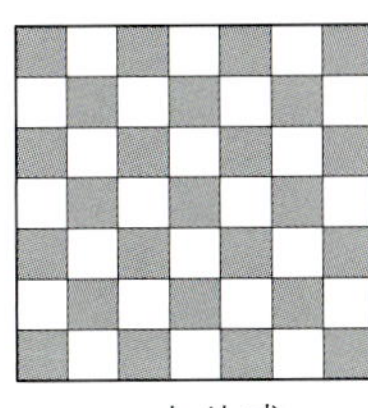
七片式

林肯坛

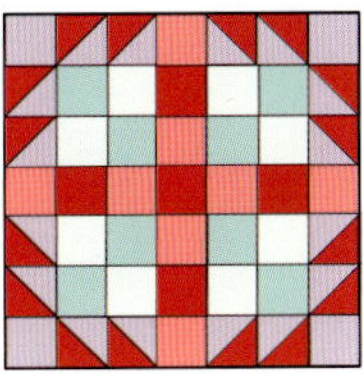
窗户上的鸽子

九片式区块
NINE-PATCH BLOCKS

九片式区块和四片式区块一起构成了众多绗缝设计的后盾。这些区块由九个单元组成，3×3，通常由方形、矩形和细分后出现的三角形组合而成。

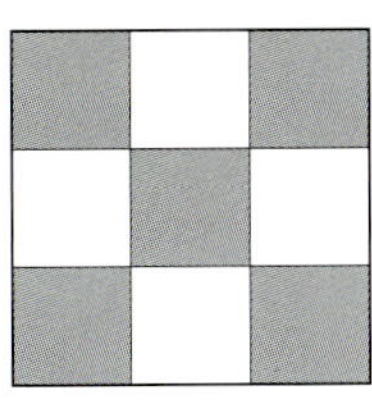
九片式

咻咻飞

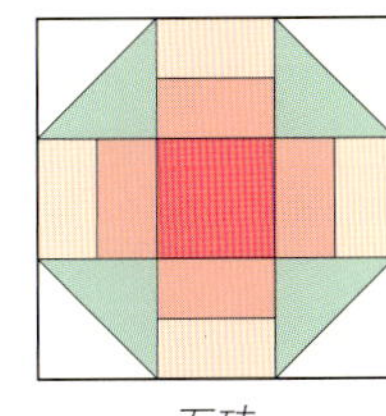
石砖

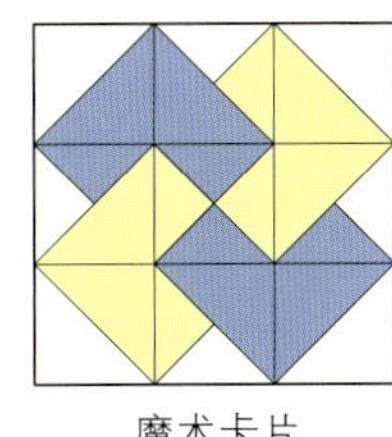
魔术卡片

方形套方形区块
SQUARE-IN-A-SQUARE BLOCKS

很多区块是由方形套方形组成的，里面的方形往往旋转45度。阿米什纺缝品就是使用这种类型的设计而具有大胆的特征。其他例如“小木屋”和“蜗牛壳”（见63页和89页）这样的设计也常常归类于方形套方形。

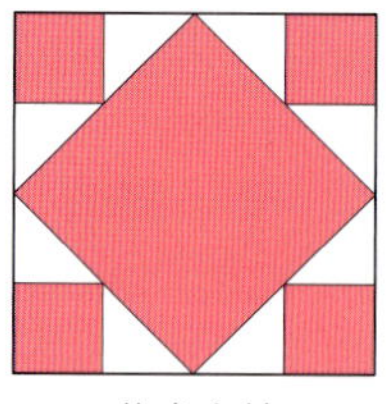
艺术方块

经济补丁

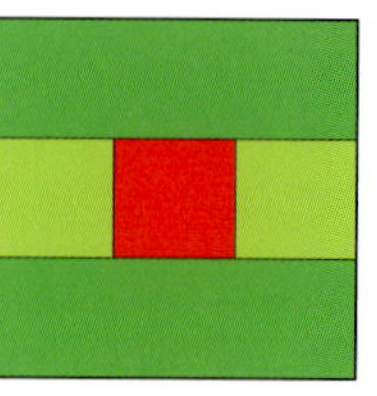
装箱广场

蜗牛的足迹

星形区块
STAR BLOCKS

星形区块有几十种，它的变异形式也很多，其中许多是基于九片式区块格式的。友谊星区块通常都是沿着方形绘制的，因此名称就可以被缝在中央部位。有些区块设计更是不规则和怪异，可以为英式硬纸拼接创造好的主题。

友谊星

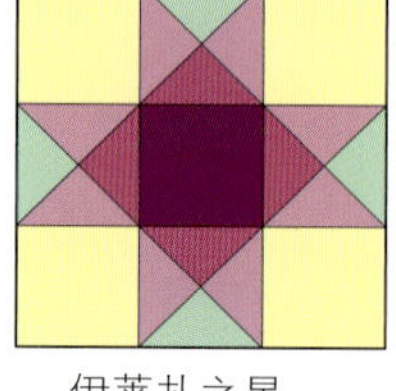
伊莱扎之星

柠檬星

八角星

曲线和扇形区块
CURVED AND FAN BLOCKS

曲线区块很常见，也能打造出一些有趣的连锁图案。一些经典的区块使用了曲线和扇形，其中包括“德雷斯顿盘”和“婚戒”。更多曲线区块的范例见93、94页。

德雷斯顿盘

德雷斯顿扇面

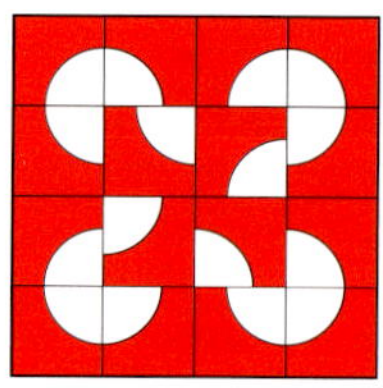
愚人谜面

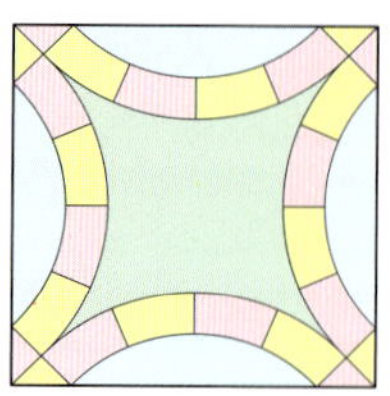
婚戒

多边形区块
POLYGON BLOCKS

任何一种多边形都可以用来作为拼布区块的底版，但是最常用的多边形是六边形和八边形，分别有六条边和八条边。这些形状打造出的图案往往由三角形、菱形和梯形构成，如图中例子所示。

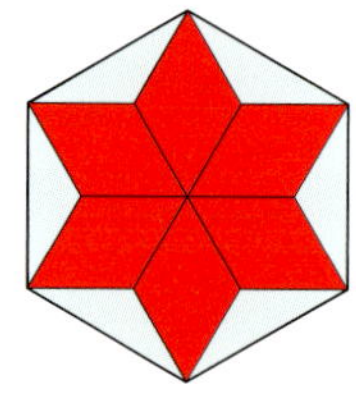
六边星

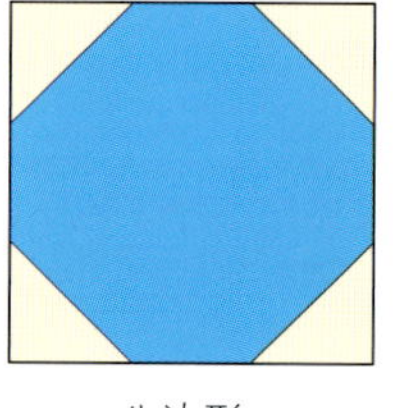
八边形

万花筒

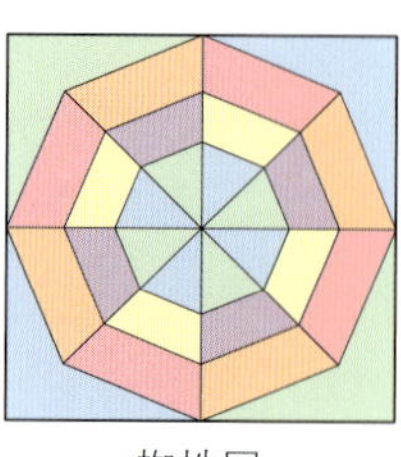
蜘蛛网

图片区块
PICTORIAL BLOCKS

这些区块包括建筑物、树木、花卉和动物，也叫现实图案、具象图案和最喜欢的图案。它们可以使用不同的形状但是最常用的是几何图形。很多物件可以还原为一个简单的网格。十字绣图案就是很好的灵感来源。

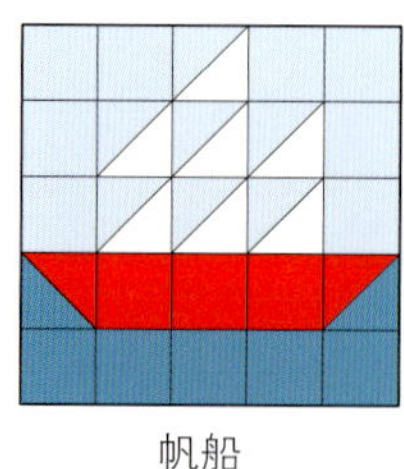
帆船

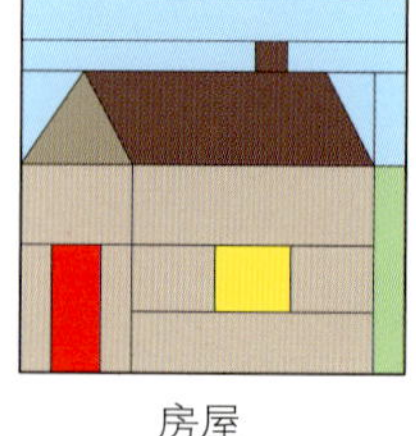
房屋

树

葡萄篮子

区块的布局

区块排列组合或布局的方式变化多端，令人陶醉，而且拼布的趣味在于决定如何组合区块。当区块开始缝纫在一起时会出现一些魔术般的效果。这里介绍了一些基本的排列。

区块重复布局
REPEATING BLOCK SETTINGS

或许最为简单的区块设计就是重复网格结构。即使是这种重复也会打造出有趣的次生模式。或者，区块可以水平或竖直重复，中间留有空白区域。

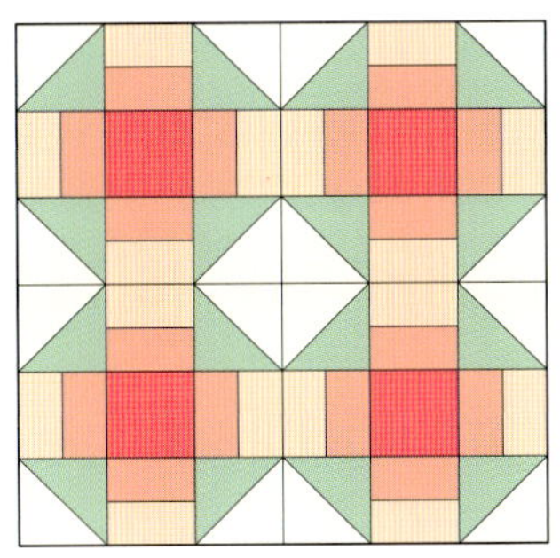

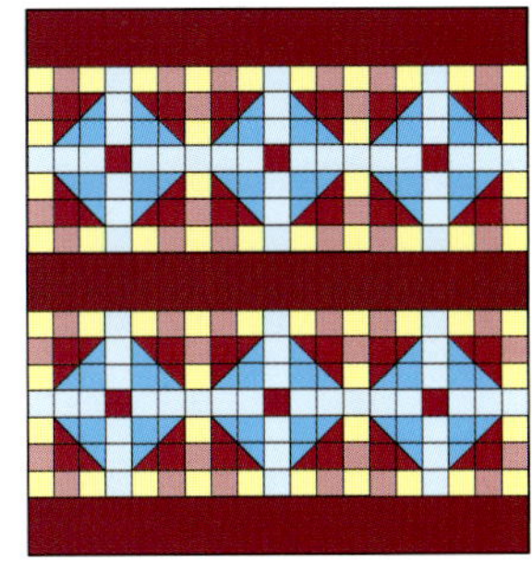

镜像布局
MIRRORED SETTINGS

区块映射和旋转后可以产生完全不同的效果。旋转45度就能出现愉悦的效果，尤其是在单色区块或简易区块混合时。

照点布局
ON POINT SETTINGS

当把区块沿对角线照点布局时，你会惊奇地发现它会有很大的变化，而且这种效果非常值得一试。以这种方式布局的区块需要在边角处添加三角形。沿区块的一半位移出一条线，这样就会出现犬齿状的背景图案。

区块组合布局
COMBINATION BLOCK SETTINGS

不同的区块设计组合时是没有限制的。有时仅是两个区块的组合就能创造出新的式样；只是添加单色的方形或简单的四片式区块也一样会很成功。

碎布拼布
SCRAP QUILTS

传统上讲，碎布拼布是由小块布和边角布料按照选择好的排列方式拼接在一起。这些拼布经常色彩多样，但是碎布的选择也有可能是限定在某一个色彩范围内的。有些人把碎布拼布定义为“不用或很少会为了项目购买布料”。线绳拼布（见76页）常被称为碎布工艺。制作碎布拼布是绗缝制作入门的便捷之路，但是即便你的经验很丰富，尽情投身于你的布料收藏或是用光残留的小布头也是一个放松的工作方式。除了提供很棒的办法让你用光剩余的布料外，碎布拼布还会打造出奇妙的效果。

颜色的选择

对于很多人来说，真正的碎布拼布使用的碎布和颜色都是随意的：把两堆布放在一起，一堆颜色深，一堆颜色浅，然后拼缝时依次从两堆布中选择布块。这种随意的方式经常会带来有趣的效果，颜色的组合也是用其他方式所发现不了的。

碎布的挑选

这种拼布所使用的碎布有很多不同的来源，可以来自新买的布料，也可以是制作其他项目后剩余的布料，还可以是从旧衣物或家庭织物上裁下的布块。使用旧布料时要注意，最好使用像后襟这些没有磨损的部位。你也可以使你的碎布拼布与先前已经做好但没有使用的单元或区块结合，然后缝上边条使它们成为一体。

布块的裁剪

你可以用轮刀裁切出很多布块。试试只用四分之一宽布块，每四个堆叠在一起，然后从这堆布块中纵向裁出一两个布条。选出另外四个四分之一宽布块，再次堆叠裁剪，以此类推。这些布条可以被分切出不同的形状，从而可以产生大量不同的颜色和印花供你摆弄。

色彩鲜艳斑斓的碎布优美地结合在这个由凯瑟琳·盖里尔制作的碎布拼布作品里。它只使用了两种星形，即友谊星和八角星，但是这些碎布的排列却让人错误地感觉到有更多的区块存在。

图案的选择

碎布拼布的图案布局可以是你喜欢的任何一件东西，最简单的办法是挑选一个单一的区块在整个拼布上不停地重复。可以使用到的单块区块包括方形、矩形、三角形、菱形和六边形。单块区块可以构成棋盘花纹图案，其中浅色调和深色调可以给设计带来有趣的视觉享受，见下面的图片以及43、44页的区块类型，可以给你一些提示。当然，碎布拼布也可以使用一些正式的排列，那些强调明暗色调的碎布拼布尤其如此，见39、40页的常见拼布布局。

浅色、中间色和深色的半方三角形组合在一起打造出的碎布拼布设计使人愉悦。

像友谊星这样的区块不断重复可以打造出满是棋盘花纹的图案，非常适合碎布拼布。

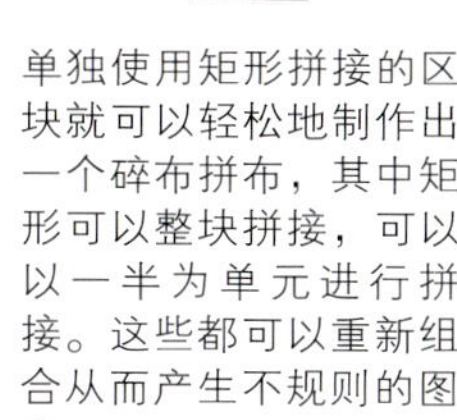

单独使用矩形拼接的区块就可以轻松地制作出一个碎布拼布，其中矩形可以整块拼接，可以以一半为单元进行拼接。这些都可以重新组合从而产生不规则的图案。

其他拼布项目剩余的小单元或区块可以用来组合成一个碎布拼布。如果问题是尺寸大小不同，那么就把这些单元或区块添缝上边条，从而使它们可以拼接在一起。

这件碎布拼布是由简妮·兰凯斯特制作的，它使用了明暗色彩来渲染效果，而且由少量半方三角形组合产生的图案也非常引人注目。

集锦拼布
SAMPLER QUILTS

集锦拼布很流行，不仅是因为它们有趣，值得一做，还因为它们能够提供学习新技巧和新技能的机会。一件集锦拼布是由不同的区块组合在一起构成的一个令人愉快的设计，往往还添加有边条和边框。区块可以是你喜欢的任何东西的大杂烩，拼接或是贴布都行。很多老师用集锦拼布作为教授技巧的方法，因为它包含了如此多的基本技巧。

集锦拼布给很多技术提供了发展空间，例如拼布设计、布料选择和颜色选择。它们可能是真正的碎布拼布，因为布料是从你的布堆中挑选的，或是精心计划的一个特定的颜色方案。它们可能是区块混合物的折中，或是专注于曲线或贴布区块这样的某个特殊主题。

这个集锦拼布是玛丽·赫勒韦尔在琳妮·爱德华兹的一节课程中制作的。它的色彩绚丽，设计平衡，展现了丰富的技巧。它由二十款不同的区块组成，包括拼接的和贴布的。这些区块边框有边条、设置的有角落布块，然后又有两个边框。

挑选区块大小

一件集锦拼布完工后的大小需要考虑一下，以便于各个区块达到视觉上的平衡效果——见下一页的例子。边条的使用往往可以解决这个问题，区块可以通过边框上边条从而使尺寸一致。要是使用边条的话要在设计初期考虑，这样挑选出的布料才会和区块里的布料很好地衔接。

区块的大小不仅决定了拼布完工后的尺寸，也决定了区块的使用数量。例如你想做一条单人床拼布被，也就是127厘米×203厘米，而且你选择制作30.5厘米见方的区块，那么留出的空间在添加上边条、边框和包边后刚好是三个区块宽、五个区块长。接着，你可能想减少区块的尺寸从而使拼布内包含有更多的区块。关于标准拼布尺寸更多的信息见250页。

布料和色彩的抉择

由于最好的效果是把深浅同色和单色布料的不同尺寸和主题的印花图案混合在一起，所以在做集锦拼布之前要查看很多布料。你最终的抉择可以给你很充足的范围打造有趣而又多变的效果，但是也不能多到让设计看上去很杂乱。更多挑选布料和颜色的建议见14和18页。

集锦拼布设计的选择

一件集锦拼布可以是你选择的任意一件东西，而且制作这样的一件拼布是你发挥设计创造力的极好机会。挑选出的拼布区块可以是你先前已经做好的爱物或是你想要尝试去做的新区块。你可以只是选择直线区块、曲线区块或贴布区块——或是各种类型的组合。

和区块一样，集锦拼布的布局也变幻多端。初次尝试制作这种类型的拼布时可以把区块排列成简单的网格状，这样你就可以专注于区块，可能还有一些简单的边条和最后的边框。把区块旋转45度可以使拼布充满动感，而且奖章布局效果也很不错。这里和38~40页的拼布布局中介绍了一些设计建议，供你参考。

一个简易的网格设计往往是最为简单的集锦拼布布局，而且能把所有不同的区块很好地展现出来。添加上的雁形边框营造出显著的效果。

你可以随意选择集锦拼布中用到的区块，或许是直线、曲线和贴布的混合，或者如图所示全部都基于曲线和圆。宽的横向边条为拼布提供了机会。

照点布局的拼布看上去很诱人，而且与拼布区域相平衡的贴布区块也效果不错。

基于奖章布局的集锦拼布看上去很醒目，而且使添加装饰性的边条和边框变得可能。

手工拼缝
HAND PIECING

我们太过于习惯用缝纫机来做拼布，以至于有时候忘记了手工拼缝是如何容易便捷，特别是对于英式硬纸拼缝这样的技巧来讲。有些区块，像是“祖母扇子”和“德雷斯顿盘”一直以来都是手工拼缝的，因为手工缝纫这些弯曲的缝份会更容易些。手工拼缝同样对贴布有用。本书这个部分和其他部分介绍的技巧都能用手工拼缝，相关地

当把这些布块缝在一起时，用简单的平针脚或是回针缝。针脚越小越密，缝份就越结实越安全。为了更保险，你可以在起缝处和止缝处打结或回针缝。如果是把放置的卡板或是纸板拼缝在一起，就像英式硬纸拼缝那样，那么粗针脚用起来会更容易些。

对于很多人来讲，“祖母花园”是他们拼布的处女作。这些明亮的当代布料拼缝出来的样子很美丽。

>>> 相关主题... 布料的熨烫定型23页 · 缝纫尖角52页 >>

技巧

布块的手工拼缝

1 把你的布料剪切成所需尺寸大小的布块，确保它们是方形的。把两个布块的正面相对放在一起，对齐边和角。用铅笔画出缝线，通常为6毫米，然后用珠针把布块固定在一起。▼

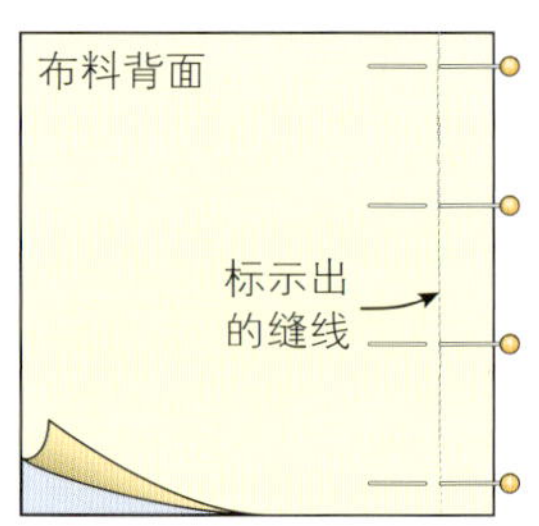

2 起缝时先打个结，然后用很短的平针针法沿缝线缝纫，为了结实，回针缝一下。缝完时回针缝一两针。▼

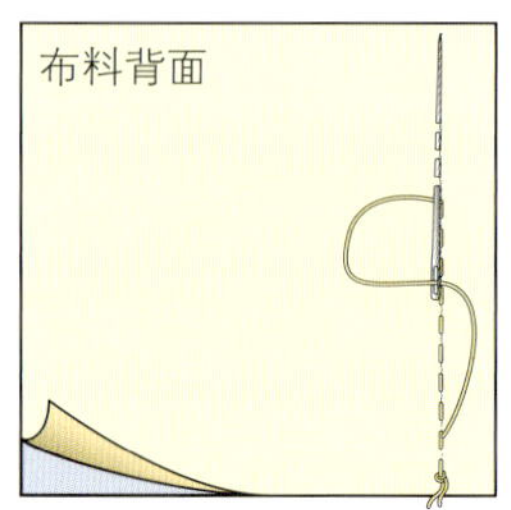

成排布块的手工拼缝

1 把拼接时用到的布块正面相对放在一起，对齐边和角。用铅笔（或珠针）标出6毫米的缝线。用珠针把这些部分别在一起。▶

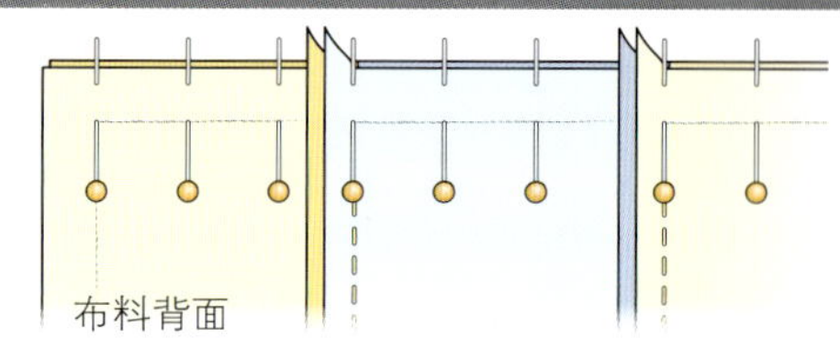

2 从离边6毫米处起缝时打个结，然后用很短的平针针法沿缝线缝纫。缝到缝份时，回针缝或打个结，然后用针穿过缝份在另一面接着缝纫——这样缝份熨烫起来就比较自由。缝完时在离边6毫米处打个结或回针缝。▶

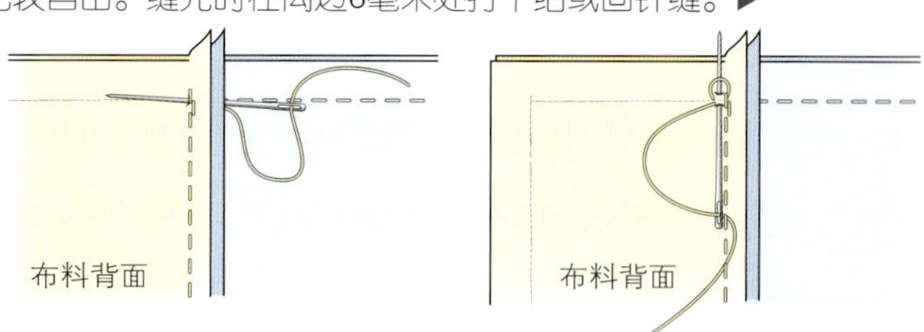

多个缝份的手工缝纫

缝纫多个缝份或装饰缝时，像上文介绍的那样把两个布块放在一起，然后依图所示把第三个布块固定好。沿一个缝份的边把针穿过角落扎进第三块布中，然后继续缝纫最后的缝份。▶

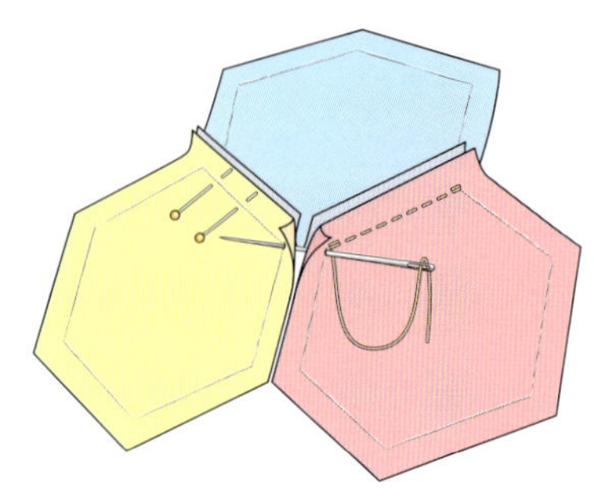

英式硬纸拼缝

ENGLISH PAPER PIECING

这些母板可以用来为英式拼布剪切纸样。当你想要凸显一个特殊图案的特征而使用“精致剪切”时，它们也能派上用场。

这种拼布也叫英式拼布，是初学者最先学到的技巧之一。这种拼布使用硬纸、薄板或冷冻纸做成的模板，布块往往包裹和疏缝（如果是冷冻纸的话则是熨烫）在模板的外面。然后用手工把布块缝纫在一起，往往使用长针脚疏缝，最后移去纸样模板。

这种技巧操作起来很慢，但是它最大的优点是可以随身携带。同时，也可以用这种技巧构建复杂的设计从而达到可爱的效果。你可以购买或自制（见27页）英式硬纸拼缝的模板。各式各样、各种大小和材质的模板都能派上用场。用树脂或金属制成的“母板”会比较耐用。使用由60度三角形构成的等角格子纸可以制出精确的形状。

制作图样

最好用也最有用的形状是三角形、菱形和六边形，它们可以让你制作出很多图样。这些形状可以和方形以及矩形组合在一起创造出很多创新的拼布设计。

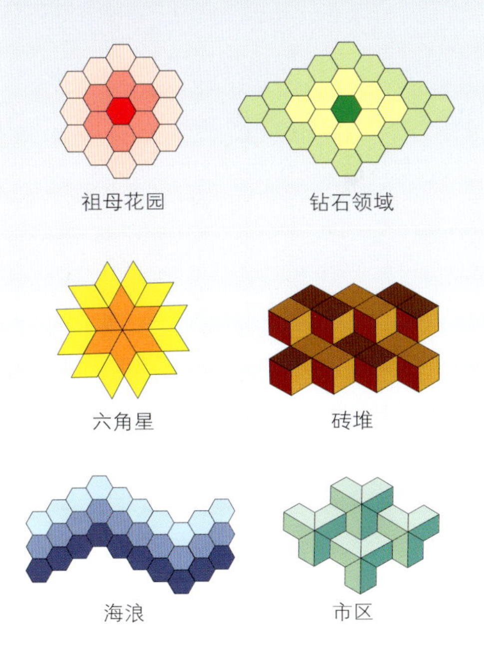

英式硬纸拼缝制作出的设计可以作为贴布，嵌贴在单色或拼接的背景布上。这个墙帷就是通过这种方法做成的，里面用的是细长的八边形。这些形状的边缘部分是细窄的花纹，但是也可以用机器刺绣针脚或手工锁缝针脚来替代。手工绗缝部分再次用到了八边形。

>>> 相关主题... 制作简单模板27页 · 技巧的运用34页 · 手工拼缝50页 · 冷冻纸贴布151页 >>

技巧

纸板拼缝的剪切和组配

如果你是英式纸板拼缝的新手，最好使用百分百纯棉布，因为它不易起皱。缝纫用线最好和主要布料的颜色匹配或者使用米黄色或中灰色，因为它们能和大部分颜色相容。

1 计算一下设计图中需要多少纸模板，并从你的母板中制作出来。用珠针把一个模板钉在布料的背面，然后为了留出缝份，目测着沿四周宽出6毫米处进行剪切。只要熨烫到位，冷冻纸也能用来做模板。需要时重复这些程序。▼

6毫米缝份
纸模板
剪切
布料背面

2 用珠针把一个模板钉在布块的背面，折叠缝份使之包裹住模板边，用针穿过所有的布层在适当的位置进行疏缝。▼

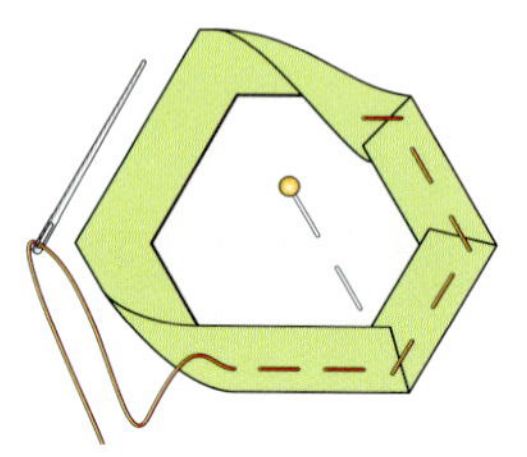

3 把设计组配起来。把两块布块的正面相对放在一起，对齐布边。沿着一边用针穿过折叠的布料，但是不要穿过纸板，把它们用小针脚锁缝在一起。不要把针脚拉得太紧，否则完工后作品就不会很平展。缝纫完毕后把布块翻过来，正面朝上。▼

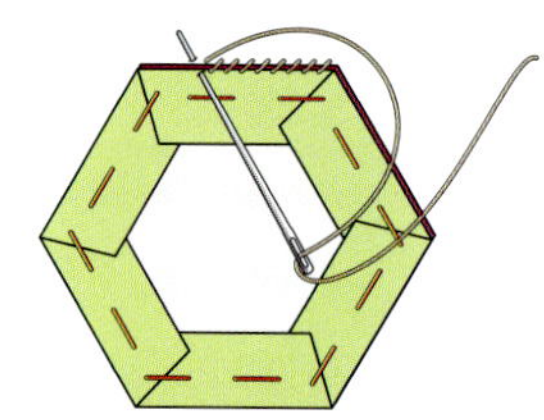

4 接着用这种方法添加布块，把完工后的布块翻过来正面朝上。一旦一个布块的各边都已缝好就拆掉疏缝线和模板。或者，把模板留在原位直到所有的工作都做完。▼

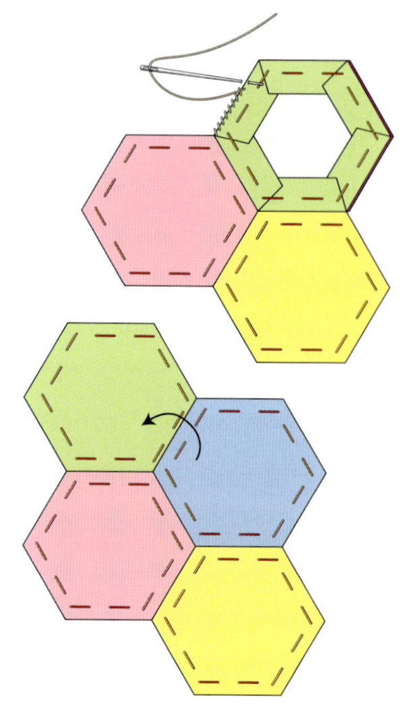

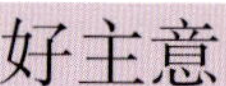

好主意

快捷的方法就是使用布条和轮刀来裁切布块。用布条裁切出比模板形状宽出1.2厘米的布块以备缝份使用。

缝纫尖角

像三角形、菱形和梯形这样的形状都有尖角，当在纸模板上面疏缝这些形状时你需要确保尖角处的缝份能够延伸到模板的外面，以便于接缝到其他形状上。

菱形的处理

剪切出菱形（A）并疏缝菱形（B）。数个菱形拼缝在一起组成一个单元（C）。

A

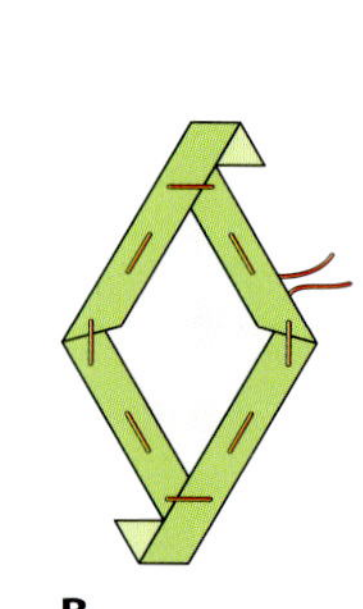

B

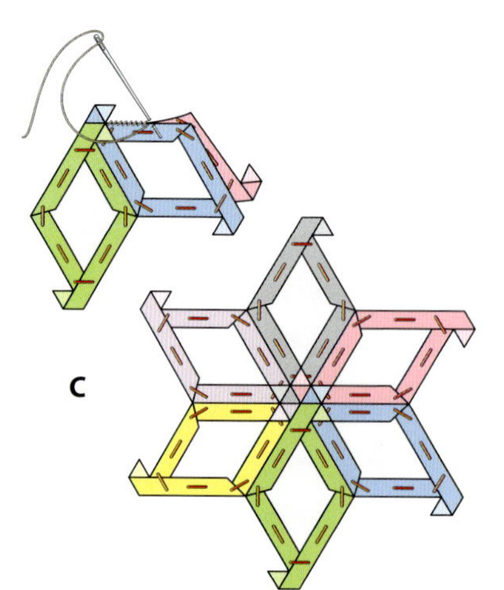

C

三角形的处理

剪切出三角形（A）并疏缝三角形（B）。

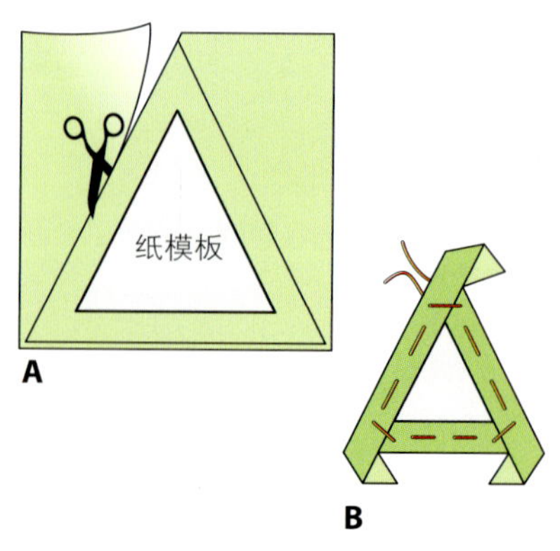

制作实践

夏季靠垫

这些时兴布料做成的靠垫色彩明亮，使用了简单的形状和英式硬纸拼缝的方法。这里介绍了两个圆垫的制作方法。模板的尺寸可以按照你的喜好扩大或缩小。

简介

应用技巧： 英式硬纸拼缝；手工缝纫；添加装饰物
作品设计： 六边形垫子使用了6个六边形；三角形垫子使用了8个三角形
成品尺寸： 六边形垫子的直径为30.5厘米；三角形垫子的直径为38厘米
布料： 亮色布料；2块1/4码宽布块的白布；铺棉
线： 手工缝纫线
装饰品： 镶边用的小绒球或蕾丝边

方法

- 使用251页的模板，并把它放大到所需的尺寸。为你的垫子用纸剪切出足量的模板。
- 把你的布料形状疏缝到纸模板上。把这些部分手工缝纫在一起，然后拆掉纸模板并熨烫。
- 把六边形拼布的四周折下6毫米宽的缝份，然后把它贴缝在比拼布大的圆形布料上。
- 在三角形垫子上添加一个白色的圆形贴布（见147页的缩边贴布），如果需要可以铺上铺棉。
- 把拼布当作模板为每个垫子剪出后面的布，四周多加上6毫米缝份。把前面和后面的布料的正面别在一起并且沿边缝纫，留出一个返口好把它们翻过来。
- 翻到正面，熨烫并且为每个抱枕填上铺棉或衬垫。缝合留出的返口。
- 三角形垫子边缘用的小绒球装饰是毛线团。六边形垫子的装饰边是手工缝上去的一些薄纱边。

机器拼缝

MACHINE PIECING

机器拼缝是拼接布块的一种快捷、精准又安全的方法。我们都过着忙碌的生活，虽然用我们的双手亲自制作东西的需求还是如往日一样大，但是机器拼缝能让我们在合理的时间段内完成物件的制作。这部分介绍了成功进行机器拼缝的一些基本技巧，还展示了如何处理各种缝份，从而让你拼接各种形状。

考虑用机器拼缝时缝份不一定都要隐藏起来。把布块的正面缝接在一起，这样缝份就显露在外面，缝份就成了一个特色。把缝份隔一段剪一下，并把它们弄蓬松，这样就营造出舒适的绳绒织品的效果。

装备好机器

当开始一项拼布项目时，花点时间准备好拼缝的机器从长远来看会节省时间。以下要点会有所帮助。

- 为每个项目安装一个新的缝纫针，直线机缝时使用型号为80/12的长缝针。
- 选择的直线针脚长度是每2.5厘米10~15针。这样就可以使针脚足够细密从而使缝线牢固，但也不至于太过密集以至于需要拆针脚时拆不掉。拼接更小的布块时把针脚长度减小到10~12。
- 使用的上线和底线的颜色要与布料的颜色相匹配，或者是选择灰色、米黄色这样的中性色彩，它们和大部分颜色都相容。
- 缝上几针查看一下机器的张力是否正确。
- 装上几个线圈从而减少拼接过程中的间断。

机器拼缝出来的效果比较专业，稳固性好。这个漂亮的小提包是苏珊·布里斯科制作的，她使用了小木屋图案，颜色则是精致的米色和咖啡色。

机器缝纫的开始和收尾

牢固地缝纫起头和收尾部分有多种方法，以下方法是最为常用的。

- 每条缝线的起头和收尾部分都先向前缝纫几针然后再倒缝几针。剪掉线头。
- 每条缝线的起头和收尾部分都把针脚的长度减为零，也就是说机器会在同一个点上缝纫。剪掉线头。
- 现代缝纫机都有内置的“固定”或“钉牢”功能，选择这项功能可以使线头牢固。像上文介绍到的一样剪掉线头。
- 当把缝份剪成更小的部分时，用更短距离的针脚缝纫可以有助于针脚的稳固。

相关主题... 使用布料纹理23页・缝纫机的基础知识24页・确定拼缝顺序87页

技巧

缝纫直线接缝

拼接用的缝份通常宽6毫米，而且想要把拼布单元和区块整齐地组合在一起，缝出一条精确一致的缝线是至关重要的。很多拼布老师建议缝份稍小于6毫米，以便为线的粗度和当缝份被熨烫到一边时它所占据的微小空间留出地方。有几种方法可以确保你的缝份是精确的。

- 使用压脚，也叫缝纫机的压脚。大多数缝纫机上都有这种压脚，宽为6毫米，它可以与布料的边缘对齐从而缝出一条精确的缝线。
- 使用一个普通缝纫机的压脚时，试着将缝纫针的位置从中间移到右边，这样可以缩短缝份的宽度。
- 使用针脚指导。最简单的办法就是在缝纫机板上贴上一条保护胶带，距离缝纫针6毫米，然后把布料边缘抵住这条胶带。
- 用这种测试方法来检验你的缝份是否精确。拿出一个6.3厘米宽的布条，并剪出三个3.8厘米宽的布块（A）。沿较长的边把其中两个布块缝在一起（B）并把缝份熨烫在一边。沿顶端缝上第三个布块（C）。它应该尺寸完全一致。如果它太长了说明你的第一个缝份太宽，所以你需要把缝纫针向右移动。如果它太短了说明你的缝份太窄了，因此你需要把缝纫针向左移动。▶

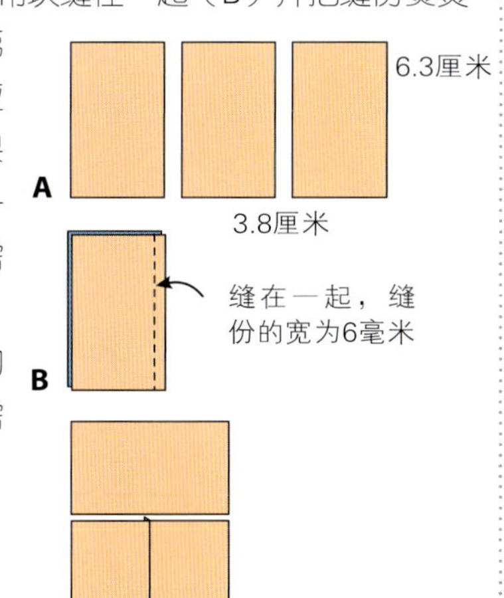

缝纫相互交叉的接缝

缝线接头处的完美对接是大多数拼布者的目标，如果打开一个刚刚缝制好的接缝，发现它完全对齐，那会让拼布者非常满意。从精确地裁剪所有的布块和拼布单元开始——即便是有3毫米的误差也会影响到接缝的对齐。如果布片应该是直角，那么就确保它们的角度是90度。把布片固定在一起，特别是缝线接头处要固定好，以防一层布料的移动会牵动另一层。只要可能就将这些接缝嵌套在一起，这样有助于制出精确对齐的缝线。按照这里的图表顺序进行制作。

1 当把两对布块拼在一起时，把接缝按相反的方向熨烫，这样当把拼布单元拼接在一起时会有助于接缝更加精确地嵌套在一起。▶

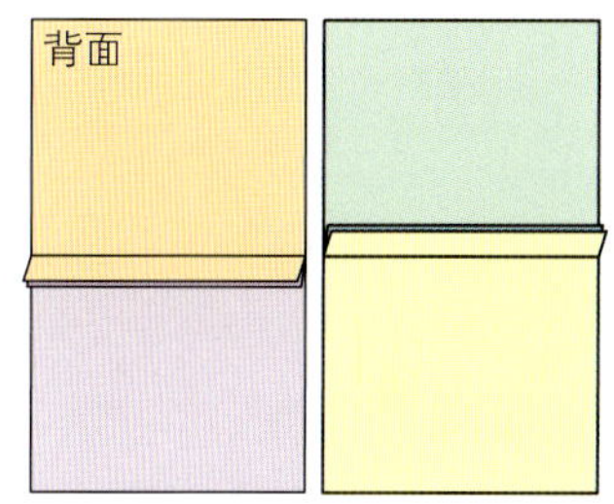

2 把拼布单元的正面相对放在一起，接缝嵌套起来并确保缝线一致。在交叉处别上珠针。缝纫接缝。▼

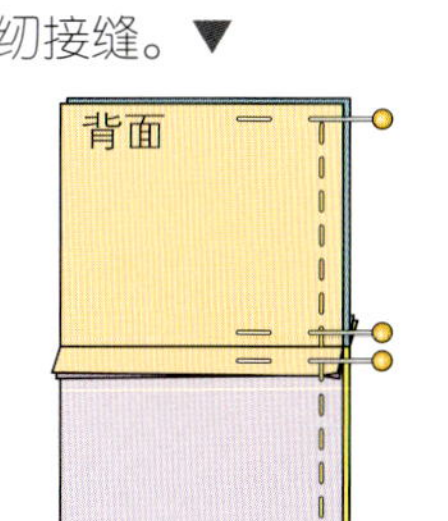

3 打开整个区块并把接缝熨烫到一边。▼

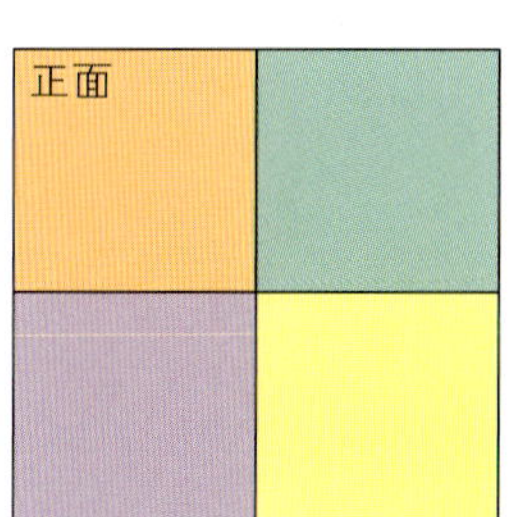

缝纫带有尖角的交叉接缝

在把带有尖角的接缝与其他接缝缝纫在一起时，关键是不要把尖角弄没了。

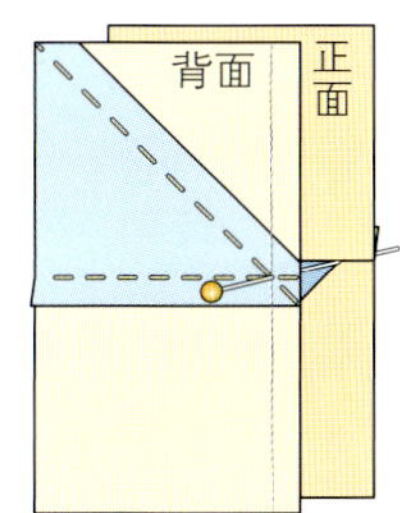

1 把拼布单元的正面相对放在一起，接缝的方向相反放置，这样它们可以嵌套在一起。在最上层布料的接缝交叉处插进一根珠针，让它穿透过底层布料的同一交叉点。◀

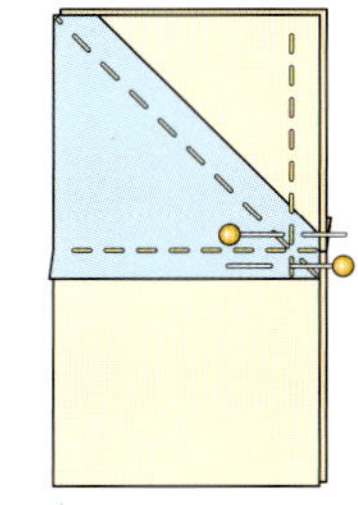

2 把两个拼布单元固定在一起，确保边缘对齐，然后缝纫接缝。缝纫出的线需要通过第一根珠针标示出的点。当缝纫机接近这个点时把珠针去掉。◀

3 打开区块并把接缝熨烫到一边。▼

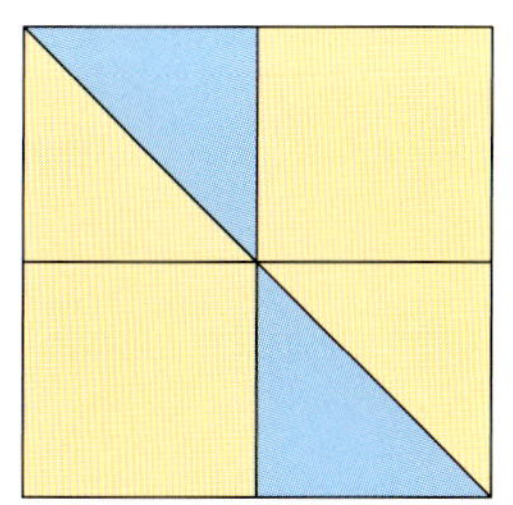

缝纫局部接缝

这种接缝也叫直角接缝或局部接缝，在拼缝直角布块时使用。这些接缝也可以在拼布上制造出编织效果，因为很难看出缝纫的开头和收尾的地方。按照这里的图表顺序进行制作。

A把第一个长方形的正面和正方形的正面相对放在一起，并对齐一条边。把接缝只缝到正方形边的中央，并把接缝向外熨烫使之远离正方形。

B如图所示，把第二个长方形的正面和放置在中央的正方形的正面相对放在一起，并缝出完整的接缝。像上次一样把接缝朝外熨烫。第三个长方形也照此步骤缝纫，再次缝出完整的接缝。

C把最后一块长方形沿着正方形剩余的一条边放置，并缝出完整的接缝。

D现在只剩下局部未缝的接缝需要缝纫。从布块的背面操作，把悬着的这一部分用珠针固定在区块的剩余部分，然后缝上剩余的接缝。

E熨烫整个区块。

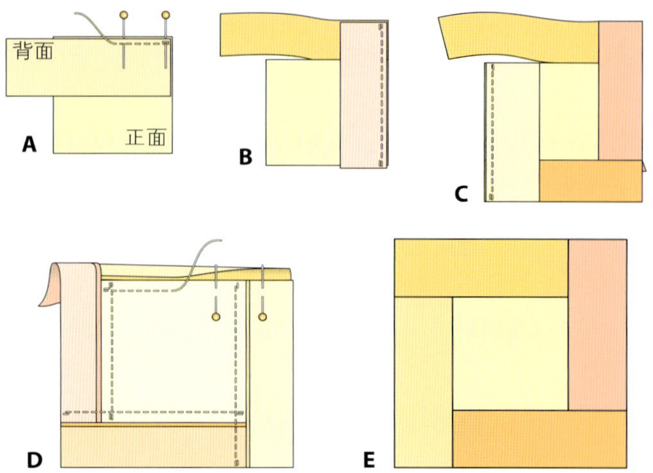

缝纫偏置的接缝

当布块需要与像长菱形、菱形和三角形这样的斜角拼接时，接缝需要偏置，否则的话接缝将不能完美搭配在一起。

如图所示（A），一个长菱形的接缝需要把两头偏置，然后展开熨烫（B）。

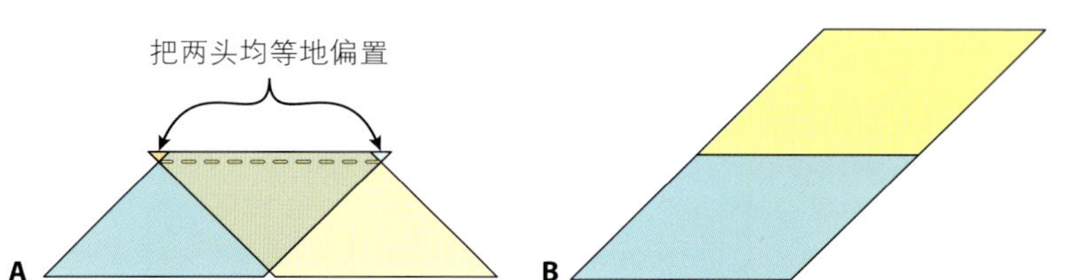

等边三角形的拼接

把等边三角形拼接成排，需要把添加上的每个三角形轮流偏置以确保完工后的布条是直的。这条原则也适用于其他有锐角的形状，如梯形。

1 把三角形1和2缝在一起，边缘对齐并留出6毫米的缝份（A）。把接缝熨烫到一边。把三角形3放置在三角形2上，对齐边缘的顶部，但是三角形3的底部需要稍微突出一些（B）。在恰当的位置缝上接缝并熨烫。放置三角形4，但是这次要把它与上一个三角形的底部对齐，顶部处稍微突出一些（C）。缝上接缝并熨烫。继续以这种方法拼接，轮换三角形偏置的位置。

2 把成排的三角形拼接在一起需要把两个布条的正面放置在一起，边缘对齐，然后缝出6毫米的缝份（D）。把接缝熨烫到一边。

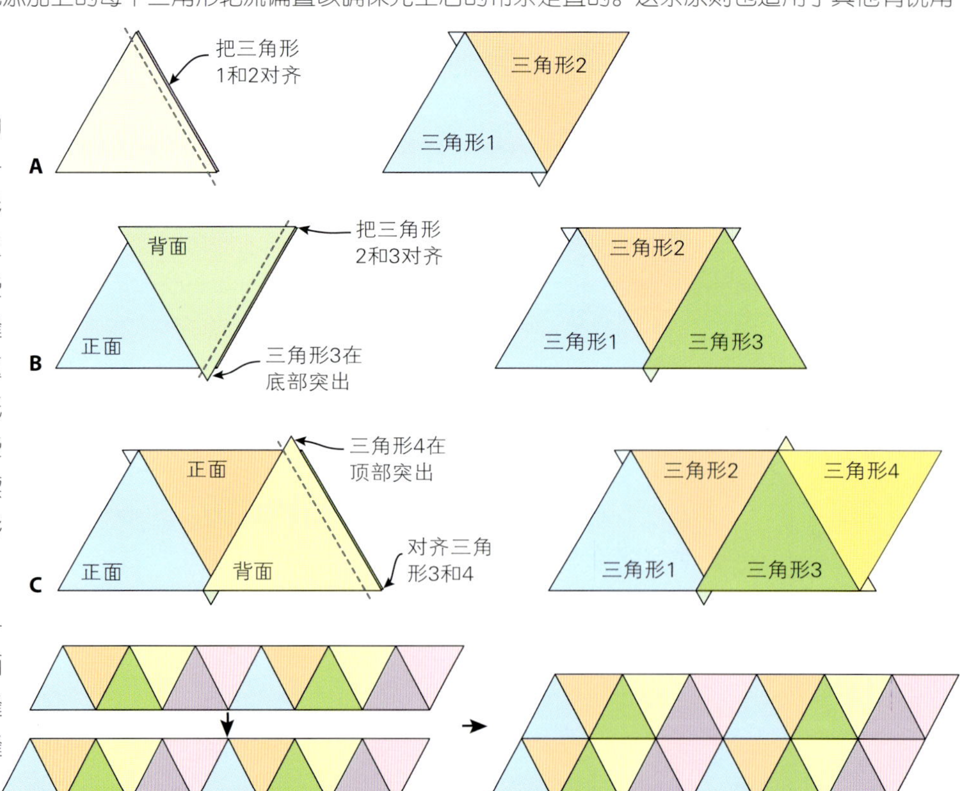

缝纫嵌入式接缝

阁楼的窗户——这个区块是把两个呈45度角的布块拼接在一起，并把一个正方形布块嵌入到这个角度里。按照这里的图表顺序进行制作。

1 使用宽度为6毫米的缝份，并在所有布料背面用铅笔在接缝的各个角落处画上圆点（如A红点所示）。

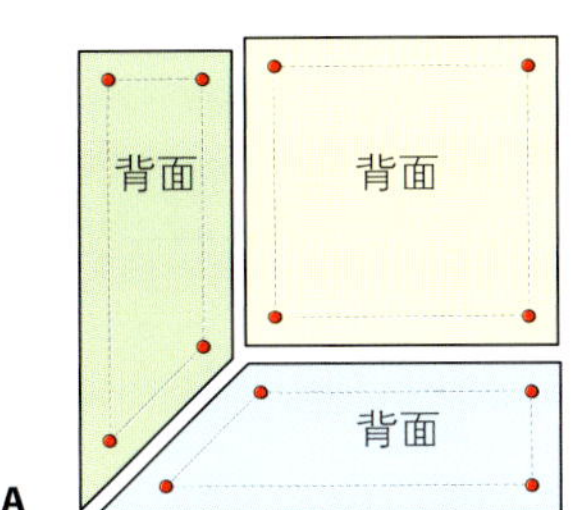

2 把一个长布块的正面与正方形布块的正面固定在一起，对齐边缘和圆点。从边到点缝出一条直的接缝（B）。到圆点处停止，并使用倒缝或原地缝纫的方法使针脚牢固。把接缝熨烫到一边。

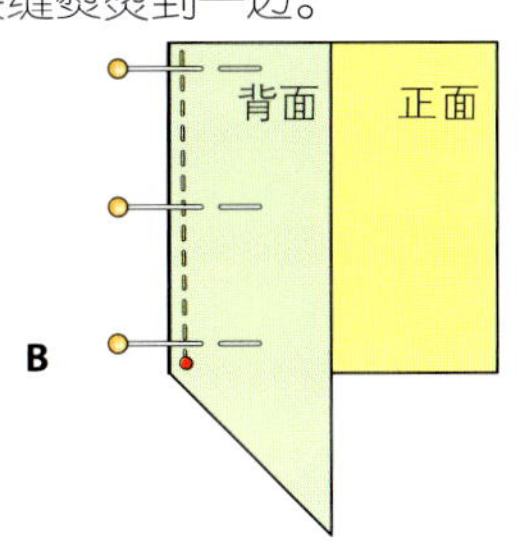

3 把第二个长布块固定在正方形布块的另一边，正面对正面，对齐边缘和圆点。从边到点缝出一条直的接缝（C）。用倒缝或原地缝纫的方法使圆点处缝纫牢固。把接缝熨烫到一边。

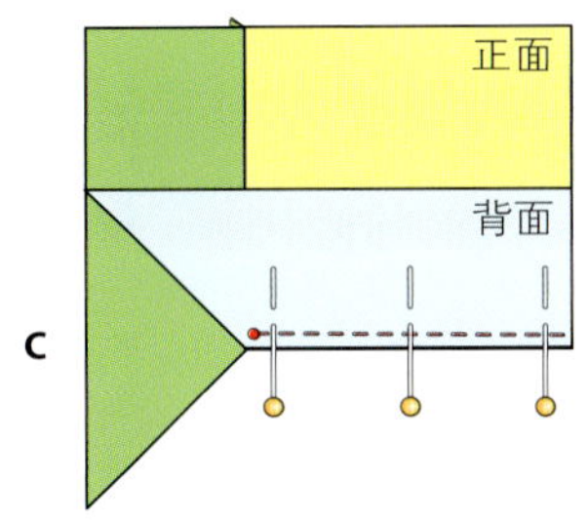

4 把拼布单元沿对角线折叠，正面朝里贴在一起，并把缝份和当作窗户的正方形布块折起以防碍事。把两个角的边缘对齐并固定在一起。从边到点缝出最后的接缝（D）。熨烫已做好的单元（E）。

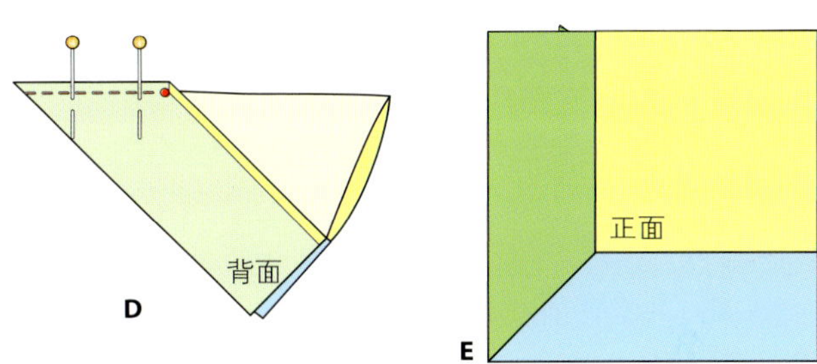

歪斜的方块——这个区块由三个菱形组成。按照这里的图示顺序进行制作。

A使用宽度为6毫米的缝份，并在所有布料背面用铅笔在接缝的各个角落处画上圆点（如A红点所示）。

B把两个菱形的正面固定在一起，沿点对齐。

C从点到点缝出一条直的接缝。在线的收尾处用倒缝或原地缝纫的方法使针脚牢固。

D把接缝分别展开到这两块布块上并熨烫。

E把第三块菱形的正面放置在已经缝纫好的布块上，如图所示对齐标识的点并固定在一起。从一角的点缝到另一角的点，缝到中间的点时稍微转换方向。

F打开单元并熨烫。

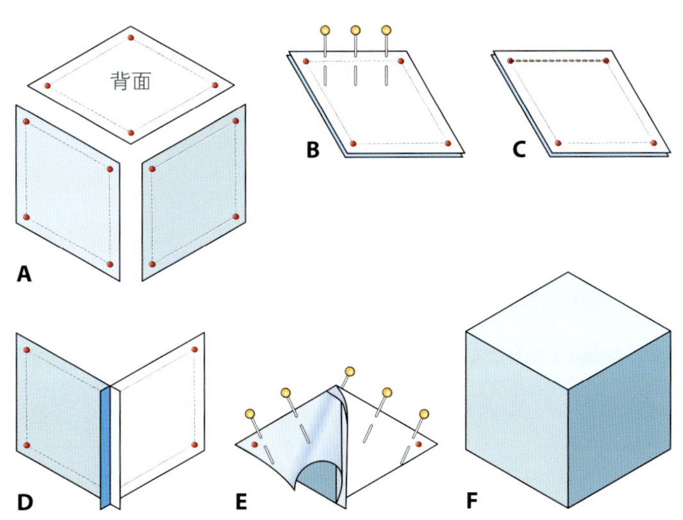

八角星——这个区块由8个菱形组成。按照图表顺序进行制作。根据同样的拼接方法，在八角星上添加上三角形和正方形可以把它变成正方形区块。

A使用宽度为6毫米的缝份，并在所有布料背面用铅笔在接缝的各个角落处画上圆点（如A红点所示）。

B把两个菱形的正面相对放在一起，对齐圆点，然后从点到点缝出一条直的接缝。倒缝几针让线头牢固。用这种方法制作其他三组菱形。把接缝展开熨烫。

C把两组布块的正面固定在一起，对齐圆点，然后从点到点缝出接缝。展开接缝并熨烫。重复这种方法制作另两组布块。现在你已制成了星星的两半。

D把毛边修剪掉，并把星星的两半正面相对放在一起。用一根珠针竖直插进两个布块的中间接缝里，与圆点对齐。把两块布块固定在一起，使第一根珠针保留在原位。朝着这根珠针缝出接缝，快要接近珠针时把它去掉。继续缝完剩余的接缝。展开熨烫。

E现在完工后的八角星中所有菱形的各个角都与中心对齐。

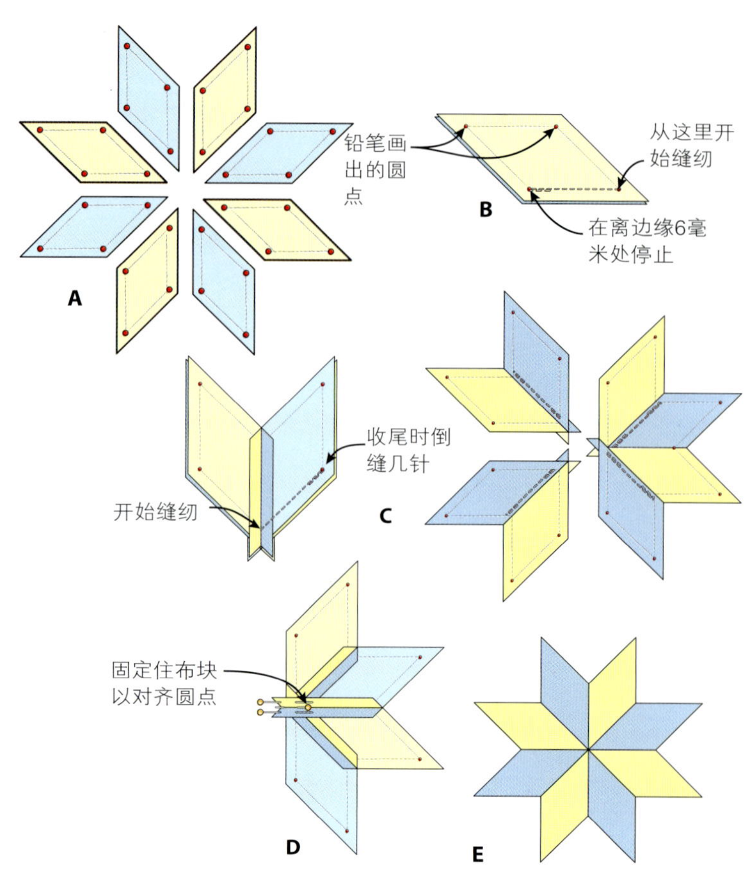

缝纫曲线接缝

很多区块都需要缝纫曲线接缝，其中包括“醉汉小径”、“橘皮”和“烟叶”。你需要使用一个曲线模板——见27页制作简单模板和90页关于更多的缝纫曲线的细节。按照下文图示顺序进行制作。

A使用曲线模板的标示裁剪布块。如果可能的话，把布料的直线布纹放置在边缘。标出两个曲线的中点——通过把每个布块对折来找出中点。你可以沿曲线再添加几个标示点。

B把两块布块的正面相对放在一起，把凹状（向内弯曲）布料放置在凸状布料上面。在中点处把它们用珠针固定在一起，并对齐标示出的点。对齐两块布块的直边，并在这些标示点上用珠针固定起来。继续把这些布块用珠针固定在一起，适当拉伸上面的布料以便它能与下面布料的曲线贴合。

C把布块缝在一起，缝份宽为6毫米，你可以一边缝一边去掉珠针。可以机器缝纫也可以手工缝纫。

D缝好接缝后，把它朝着凹状的布料熨烫。如果曲线太紧或成了一个圆，那么每隔一定距离就修剪一下接缝以便使它平整。

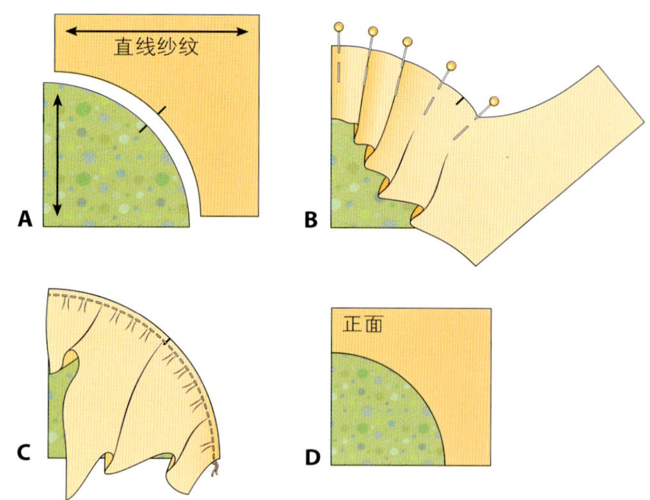

链状拼接

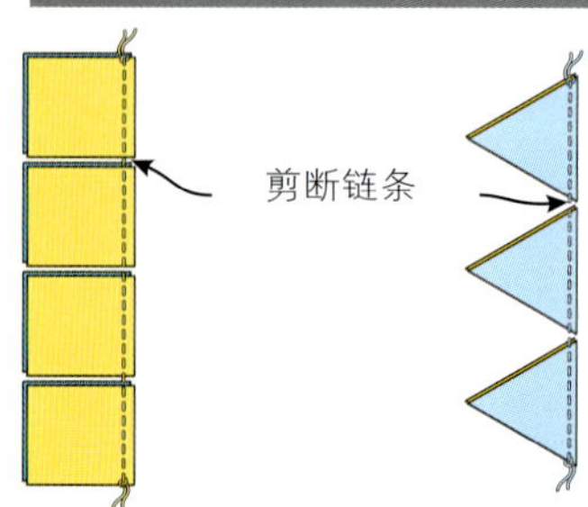

链状拼接是用缝纫机操作的一种快速拼接，它可以省时省线。拼布用的布块一个接一个地穿过缝纫机并被缝在一起成了一个链条。把一组布块缝在一起，在布料缝完时停住。不要剪断线头或升起压脚，继续放置另一组布块并接着缝纫。按照需要的块数重复操作。缝完后把链条剪开。当链状拼接类似于三角形这样的形状时，就可以更为轻松地稍稍抬起压脚并且重新放置下一组布块。

快速拼接

拼布区块一般由重复的单元组成，所以找出更为快捷的方法制作出这些单元会使拼布的效率更高。为此所使用的技巧被称为快速拼接。如果首先把较大块的布料缝在一起，然后裁剪成更小的单元，会节省时间和精力。这里展示出一些范例。比如制作多个九片式区块，可以首先准备好拼接的布条，然后进行快速拼接。▼

夹层拼接可以快速做出半方三角形。用这种方法会制作出两个拼接好的单元。把两个正方形的正面相对放在一起并画出对角线。把正方形用珠针固定在一起，沿着标示出的对角线在每一边缝出6毫米的缝份。用轮刀或剪刀沿对角线把两个三角形裁剪开，并且展开熨烫。▼

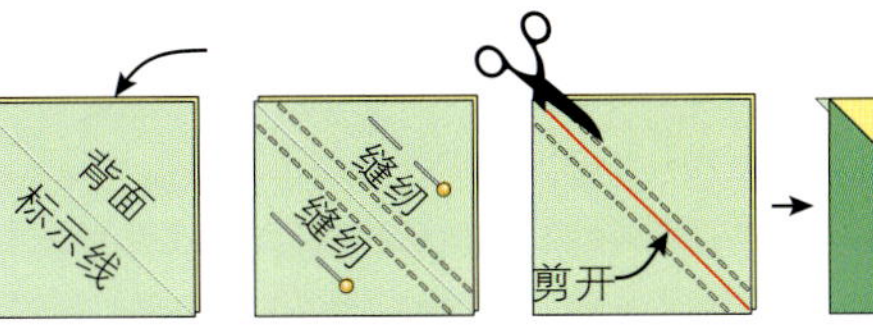

四分之一方三角形也可以使用相似的方法进行快速拼接，从而制作出两个拼接好的单元。把两个半方三角形单元正面相对放在一起并使它们的对角线走向一致，然后在放置在上面的正方形上画出相反走向的对角线。沿着标示出的对角线在每一边缝出6毫米的缝份。沿标示线剪开两个三角形并展开熨烫。◀

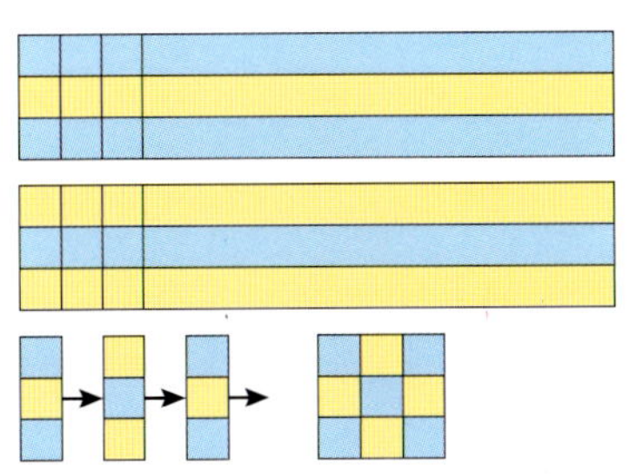

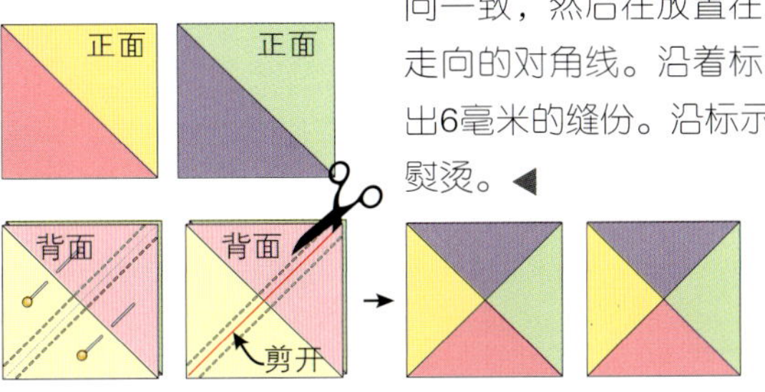

拼接区块

区块往往是按照特定逻辑顺序拼缝在一起的。大多数图书和杂志都解释了拼接的顺序，它们通常使用箭头来标示拼布单元组合的方式。区块拼接的方式取决于组成部分的形状。只要可能，先把小的单元拼接在一起，然后再把这些拼接好的单元缝纫在一起。根据区块的不同，这些小的单元可能被拼缝成正方形格局、拼缝成排或是扇形体。这里展示出两个示例："风车星"区块有四个相同的单元，所以它比有三种不同单元拼成的"天堂之路"区块要简单些。缝纫前，把区块里出现的所有不同形状的布块摆放出来。更多拼缝顺序的信息见87页。

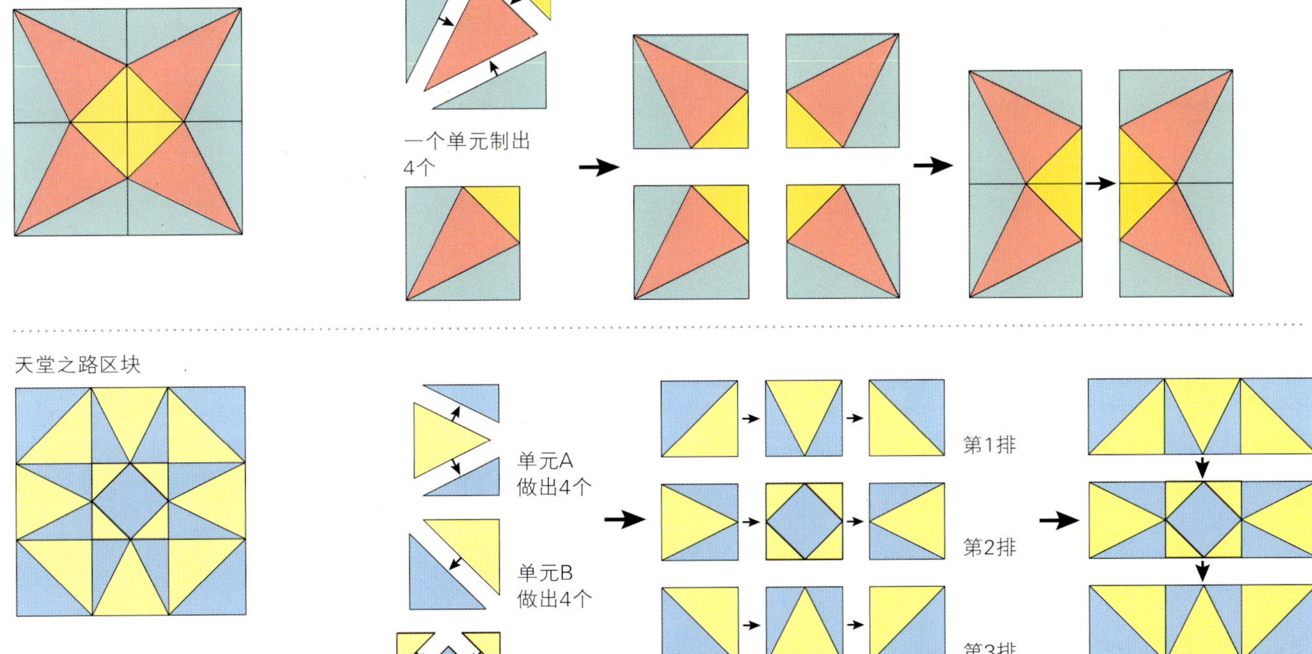

正方形和长方形拼布
PATCHWORK WITH SQUARES AND RECTANGLES

为什么大多的初学者会从缝制正方形和长方形图案的拼布入门，这个答案很明显——长方形和正方形是最易于绘画、裁剪和缝制的图案。它们特别能表现出一些华丽面料的特点，而且相当万能，可以使用它们组合出大量不同的图案。它们还可以作为间接块被很好地用在大量复杂的设计当中。许多面料被事先裁剪成边长12.7厘米和25.4厘米的方块布，就是为了使缝制和设计工作进行得更容易（见21页）。

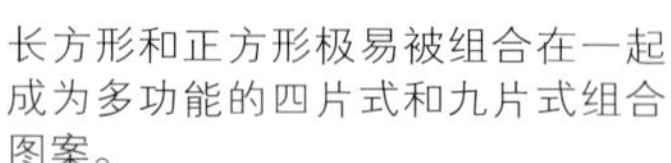

长方形和正方形极易被组合在一起成为多功能的四片式和九片式组合图案。

本章主要介绍使用长方形和正方形做成的拼图设计，向大家展示如何将这些图形拼接在一起并创造出有趣的图案。我们也介绍了一些使用这种方法而创造出来的组合图形。本节也会详细地介绍十分流行的小木屋图形，许多拼布被大量使用的这种图案。

窄长方形事实上就是条形，使用一种称之为带状接头的方法加以拼接缝制。这种极具发明性和万能的拼接方法，会在66页的条形拼布和70页的塞米诺拼布部分详细讲解。

最简单但却很高效的使用正方形拼图的方法就是四片式和九片式组合。这些组合图形是镶边和缝制的基础。把条形缝在一起相当容易，形成诸如栅栏图形的适应块。然后我们可以开始使用正方形和长方形组合成小木屋和方平纹，并从中体会无尽的乐趣。

这条相当华美的拼布被是由鲍林·巴格制作的，他使用了在一种大正方形块中套小正方形的图案，向我们展示了正方形和长方形图案是如何创造出迷人的效果，尤其是在选好颜色的时候。如果你在有限的颜色限制下创作的话，那么这种图案是相当有用的。

正方形和长方形组合

本页全是使用正方形和长方形组成的图案例子。根据你所采用的面料、颜色、尺寸，这些图案会表现出不同的特点。图案组合的缝制技巧见62页。

正方形

不论是尺寸相似的还是大小不一的正方块，最普通的正方形组合方式都是那么多样。正方形总能和其他的一些形状很好地组合搭配。见39页的常见拼布布局和43页的区块种类。

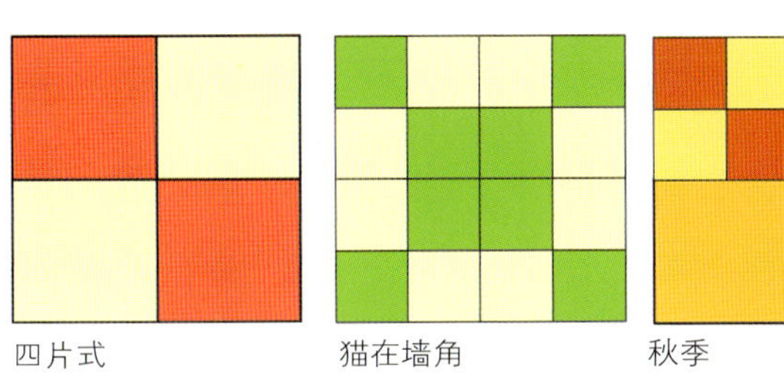

四片式　猫在墙角　秋季

九片式

耐心角落

双九片式

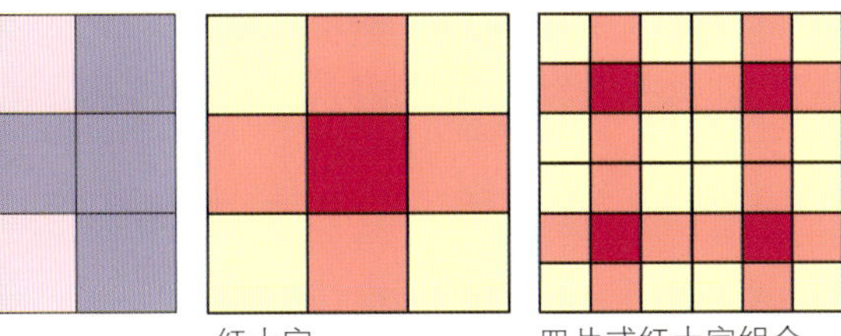

H形　红十字　四片式红十字组合

十六片式

象棋盘

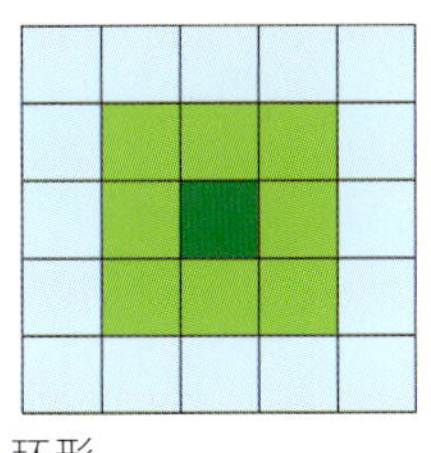

环形

砖墙

四块砖组合

长方形

由长方形或矩形组成的组合图案不仅可以创造出重复的形状，也可以拼出具有运动感或方位感的图形。

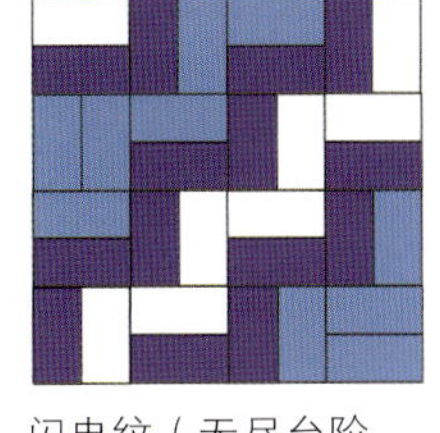

闪电纹（无尽台阶形状）

四组闪电纹组合

罗马方块

四组罗马方块组合

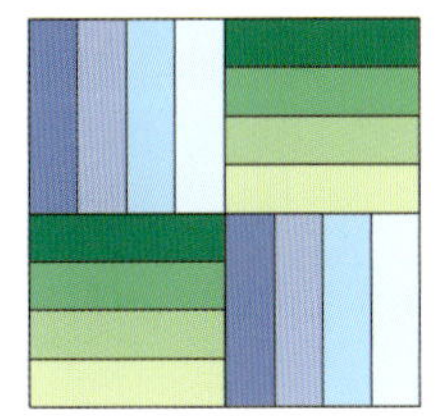

栅栏

四组闪电纹组合

正方形和长方形混合图案

当正方形和长方形混合在一起使用时，能创造出更多的设计图案。试试以下的这些吧。

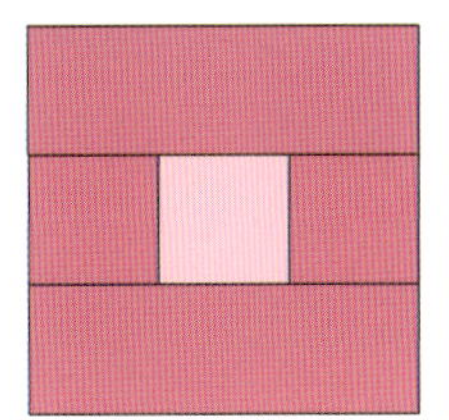

盒子方块

木屋

法院台阶

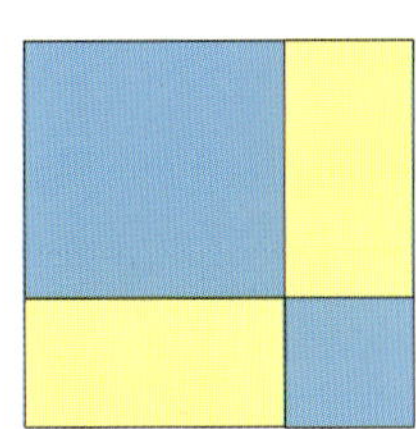

方平纹

四组方平纹组合

>>> 相关主题... 正方形和长方形 31 · 直条缝制67 · 使用边条126 · 使用边框130

技巧

连接正方形和长方形

把这些形状连接起来是拼图中的最基本的技巧，可以帮助我们完善重要的技术，比如准确剪图并形成直角以及完美地对缝。这一技术也适用于组合块之间的拼接。我们在这里用一个四块图做例子，以此类推，其他的多块组合也是这么完成的。

1 剪出四个所需尺寸的正方形，把其中两块的右边对在一起，完全叠加后留6毫米缝份缝制。把缝好的两块布打开，使劲将缝份压向其中一边（一般是颜色较深的那块）见下图。▼

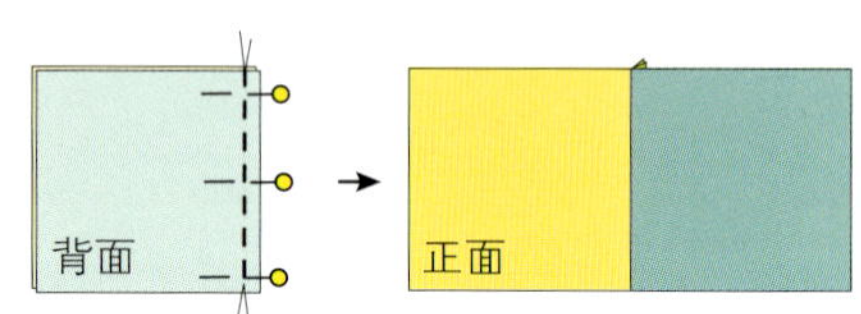

2 重复上面的步骤将剩下的两块布缝在一起，但是要把缝份压向另一边。现在把这两组已经缝好的布块正面相对，确保缝份是对在一起的，用珠针加以固定后缝制。之后展开压平（见下图）。▼

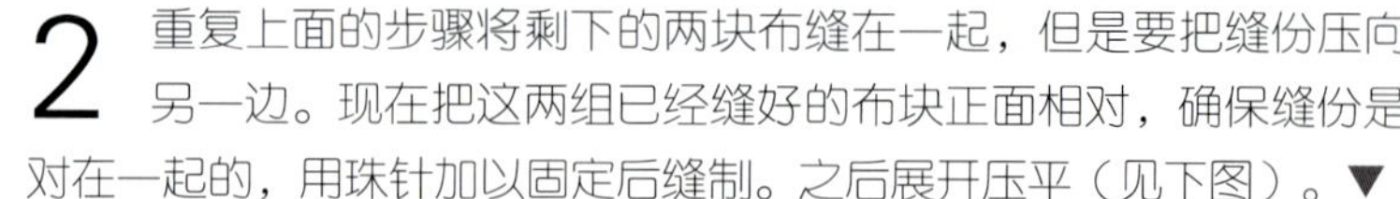

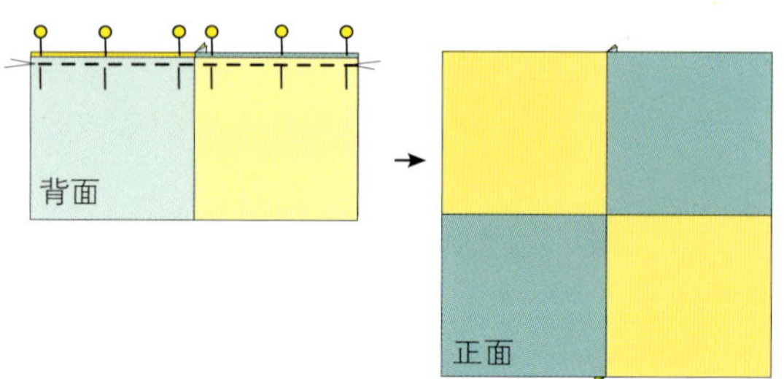

制作闪电纹

我们可以使用长方形或者三角形（见80页）来制作具有闪电形状的图案。像图中这种简单的组合可以通过重复的方式取得，制作出相当大胆的设计图案。另外，我们也可以使用渐变色来取得更微妙的效果。

制作方平纹

一些很有趣的方平纹是通过组合四组方块形成的。并且把组合的边稍微转一下就会完全改变其形状。

制作盒子方块

这种简易的组合需要三个正方形和两个长方形。首先把三个正方形缝制在一起，再把两个长方形分别缝在上下两边。为了突出大正方形中间的小正方形，围绕在这个小正方形周围的图块要使用同色的布料。色彩设计可以是很细微的也可以是大胆的，而且多色彩设计是将剩余布料用掉的好方法。

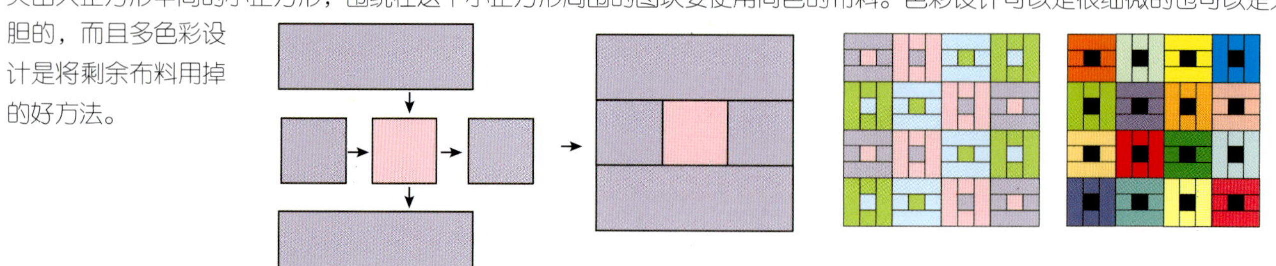

小木屋

小木屋是最简单也是最出彩的图案之一。根据它能做出无数种不同的变化，64页中举出几例。该图案的制作是围绕着中心的一个正方形开始，然后在其周围添加条形布块，一般是一侧用深色另一侧用浅色。这种图案已有几百年历史了，很有可能是早期到美洲来的英国和欧洲殖民者带来的。根据传统，中心的正方形往往都是用红色，代表壁炉中燃烧的火焰；也有使用黄色的，代表透过窗户的灯光；而周围的木块则可代表房子。

仅仅使用这种图形组合就能做出十分漂亮的桌布（见65页）。中心的图形也可以不是正方形、长方形，三角形、菱形或拼接块都可以。其尺寸也可以是任意尺寸或者规定好的尺寸。

这种图案的缝制是由内往外进行的，可以是机缝，也可以手工缝。还有许多从木屋图形衍生出来的别的图形，比如法庭阶梯（64页）和菠萝（97页）。裁剪小木屋条形布时要使用专业的尺子。

所裁剪的条形布可以是任意尺寸，条越宽，最终的成品越大。你可以先把条形布缝在一起然后修剪到你所需的长度，或者事先就计算好尺寸，这样的话就需要你在缝制之前先画出一个模板标好所需的各种尺寸。

小木屋图案设计所需的布料

小木屋图案设计是通过深浅色的组合使用来获得相应的效果。你可以使用同一种布料来做浅色的部分，用另一种布料做深色的部分；也可以使用渐变色来取得所需的效果。其色差对比可以通过使用互补色来达到，比如蓝色和金色或者红色和绿色。这种搭配可能很具活力也可能很微妙，试试看吧。色彩的搭配见 20页。

技巧

制作小木屋图案的方法

下面这些说明是通过12块条形布组合来演示的，但我们推荐大家尝试8块组合。64页是一些对小木屋组合排列的建议和一些小木屋的变体。

1 选择适合做中心的布料和两组颜色不一样的条形布。一组深色一组浅色的，排列好条形布。量好并剪出中心的正方形块，然后把条状块裁剪成所需的宽度。

2 第一圈（见下图的第一块）从深色堆中选，裁剪成与中心的正方形一样的长度（或者稍微长一点，等缝好边熨烫后再修剪）。将其与正方形块的右侧缝制在一起，留6毫米缝份，之后从中间压开或者压向深色的那边。◀

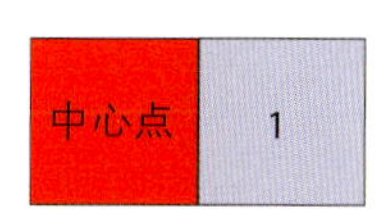

3 第二圈，从深色布堆中选出第二块布条（见下图），剪成所需尺寸并与之前缝好的布块右侧固定缝制。压边。▼

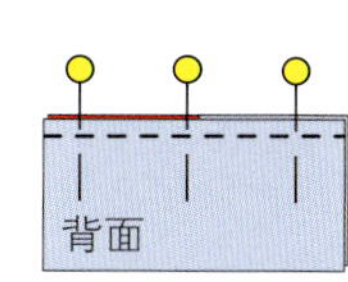

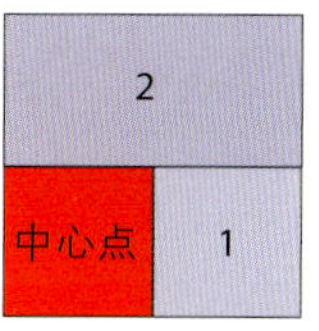

4 第三圈要使用浅色系的布条，剪成所需尺寸并与之前缝好的布块左侧固定缝制。压边。▼

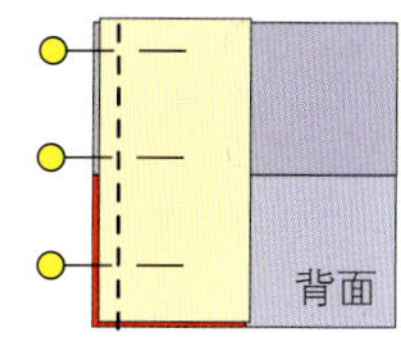

5 继续添加布条，根据你的设计图来变化颜色。进行过程中，要检查尺寸确保是呈直角的正方形。由于缝份的要求，最外围的一圈布条要稍宽于内侧的布条。▶

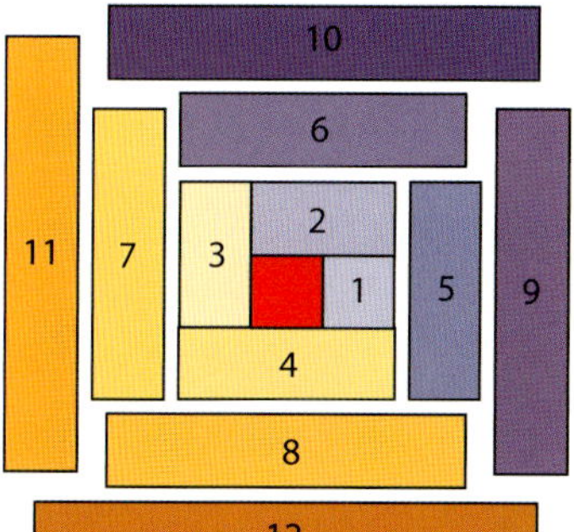

组合小木屋

小木屋组合往往是四个为一组的，通过不同的方式将它们组合在一起就会形成不同的式样。将两个小木屋正面相对，两边对齐，留6毫米缝份，缝制之后缝份从中间压开或者压向深色的那边，另外两个也重复以上步骤。再将分别缝好的两组左右对齐，留6毫米缝份，缝制之后将缝份压向深色的那边。

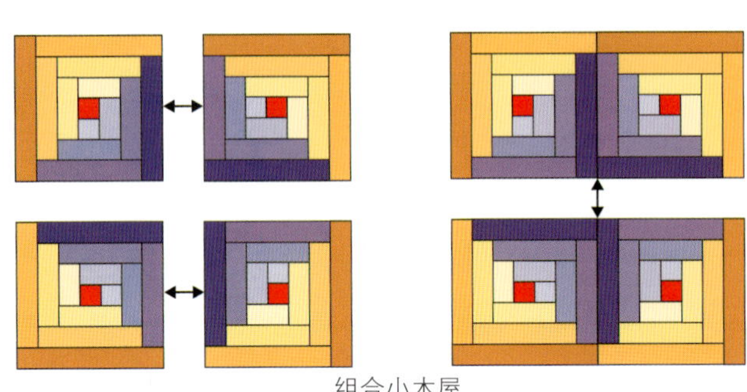

组合小木屋

摆放小木屋

按照组合块的方向和深浅色，小木屋的组合可以按不同方式进行摆放。以下就是一些常见的示例。

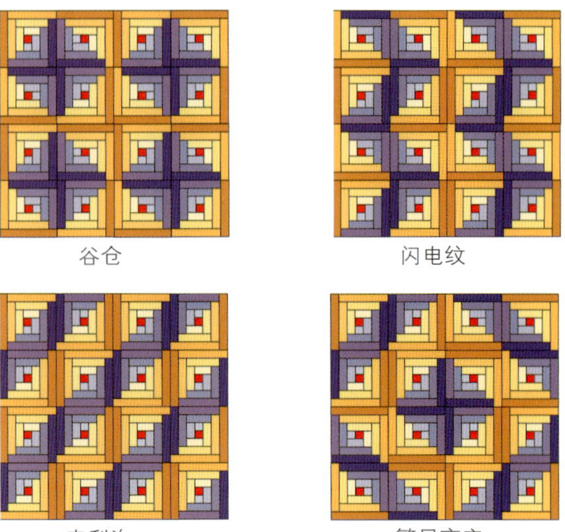

谷仓　闪电纹

直犁沟　繁星夜空

小木屋变形

小木屋可以衍生出很多的变形。本节举出其中的一些例子，但是还有很多其他的图形有待开发。比如，97页所示的菠萝就是其比较复杂的变体。

半屋
HALF LOG CABIN

在这个变体中，原来中间的四方块被放在了角落处，然后条形布顺次向外延展（见右图所示）。通过改变不同的颜色组合可以取得不同的效果。图2的组合方式制造出了相互嵌合的效果。图3则是四组合成了一个整体。

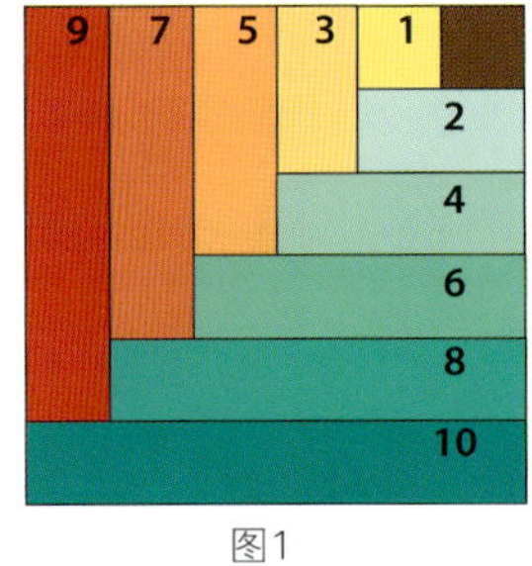

图1

图2

图3

偏离中心
OFF-CENTRE LOG CABIN

在这种图形中，条形布依然是围绕着正方形块缝制的，但是两边使用宽度不同的条形布，右侧的较宽，这样一来，就会制造出曲线的感觉。中心的四方块可以是三角形或者菱形（见97页菱形小木屋）。

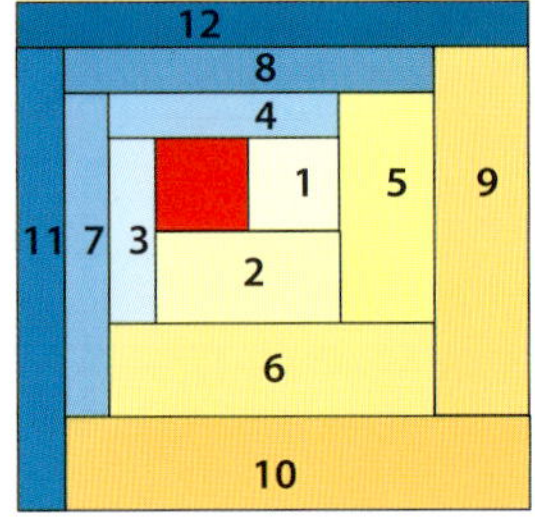

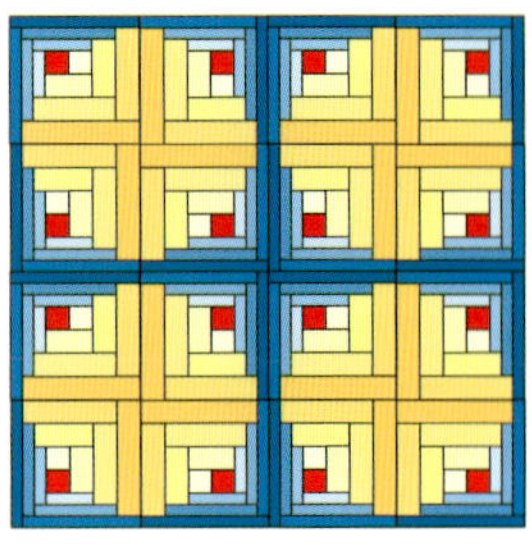

法庭阶梯
COURTHOUSE STEPS

这种图形与小木屋十分相似，使用条形布依次在两边添加，制造出阶梯状。中心的那块窗口上采用黑色，代表法官的袍子，其形状和尺寸可以有所变化。当斜对角组合时，这种图案看起来更加灵动，见右图。

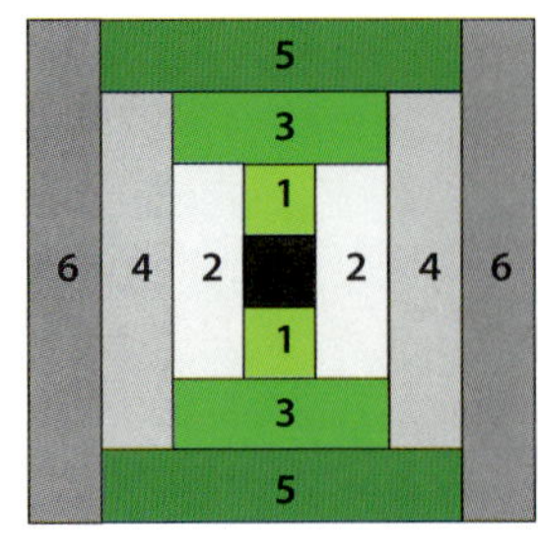

制作实践

制作小木屋桌布

这种漂亮易做的桌布可以让你很好地实践小木屋制作技巧。而且能充分利用你手头的碎布。你同样可以用这种图样制作一块大大的地垫。它的斜接边用机器很容易缝制。

简介

应用技巧：小木屋图案，简单机缝；斜接边条；包边
作品设计：四块小木屋图案，每个边长为29.2厘米，带有一个5厘米宽的边框
完成尺寸：68.6厘米见方
布料：小木屋图案——中间正方形块为金色，周围条形布用两组对比色的布块；边——四个长76.2厘米、宽6.3厘米的黑色布条；包边布料为295厘米×6.3厘米的布条
线：隐形浅金色机缝线

制作方法

- 每个小木屋区块中心正方形为7.6厘米宽，六条深色布条、浅色布条规格都为5厘米宽。按照63页所示方法制作四块，并将其缝制在一起。
- 裁剪出四条长为76.2厘米的条形布，作为斜接边框（见135页）或直接边框（见134页）缝制在图块上。
- 在其上面加上铺棉和里布，做一个三层绗缝夹层（见188页）。使用隐形或者与之相配的颜色的线在图块间隙和其周边用机器压线。用浅金色的线在其上面压上圆形图案，如上图所示。
- 包边后完成（见236页）。

条形拼布
PATCHWORK WITH STRIPS

条形拼布是将条形布料缝制在一起的非常简单的一种缝纫技巧，根据布条是按直纹裁剪还是斜纹裁剪，这种缝制技巧又会变得多彩多样。相当多的拼图组合和设计都可以通过条形拼布来达到，我们会在下面几节中加以介绍。如果使用轮刀这种裁切方法是又快又好。条形拼布需要机器缝制，因为手工做出来的针脚容易开线。简单地找出一些布料，裁剪成不同宽度的布条将它们缝制在一起，使用条形拼布很快就可以制成一个拼布被。

使用旧布料沿布幅裁剪成的布条可以做成速成拼布被。事先裁剪好的条状布是最适合用来做条形作品的，比如在JELLY ROLLS中发现的那些（21页有更多相关说明）。

这条华美的拼布被是由琳妮·爱德华兹制作的，配合使用神灯团组合，她将布条的使用发挥到了淋漓尽致的地步。手染绒布料效果的使用营造了一种可爱的秋日色彩景象。

条形拼布不仅可以创造出栅栏纹和V形图案，也可以更快地缝制九片式图案，它们可以与别的图案组合在一起形成更多复杂的组合方式。条形拼布是很多拼布图案的基础，包括塞米诺拼布、“之”字形拼布和九片式拼布所有的这些图案都会在70~77页详细介绍的。条形拼布技术可以被用来制作成一整块布料，然后把它裁剪成各种不同的形状，拿来做背景、做拼接图、贴布和边条。一旦将各种条形布条缝在一起，就可以将它裁剪成曲线状来形成一个不规则的外观。

当以45度角缝制并裁剪时，条形拼布就可以制出许多组菱形图案，这些菱形布块可以被缝制在一起做成其他的形状组合和设计，包括V形图案和孤星图案。

斜条拼布是一种将斜角方式裁剪下来的条形布缝制在一起的方法。一旦将斜边对斜边缝制在一起，从缝好的布块中剪下来的正方形其外边就成了直边。这十分适合用来做美丽的羽状星形设计。

相关主题…裁切布条30页·缝制斜条状三角形81页

技巧

直条缝制

1 如有需要在裁剪前先将布料压平。按照布料的直行纹理使用圆盘式裁刀将布料裁切成所需宽度的布条，从一边到另一边，尽量避免拉伸造成的斜边。可以将布块叠放在一起，这样就能一次裁切出更多的布条，但是为了精确要注意一次可叠放布料的数量。▶

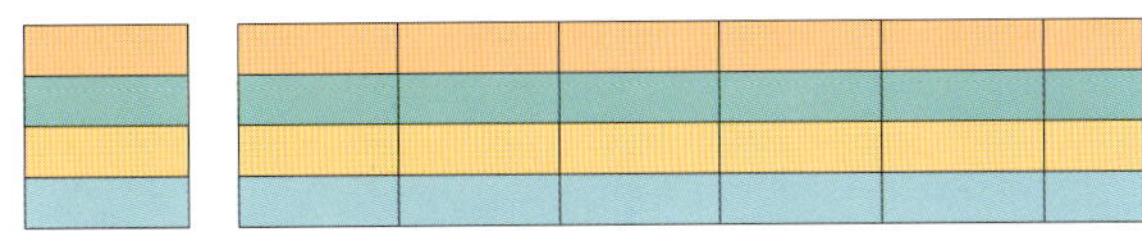

2 将两条布条右侧边对齐缝制，留出一个6毫米的缝份，每缝一组就要使劲地压平，因为在缝制过程中会出现缝好的布条卷曲打皱的情况，缝好后使劲按压缝份可以避免此种情况的出现。反向缝份也可以起到一定的作用。把缝份分开压平会提高精确度。将每组缝好的布条压平后缝制在一块，这样就制成了一大块布料。▼

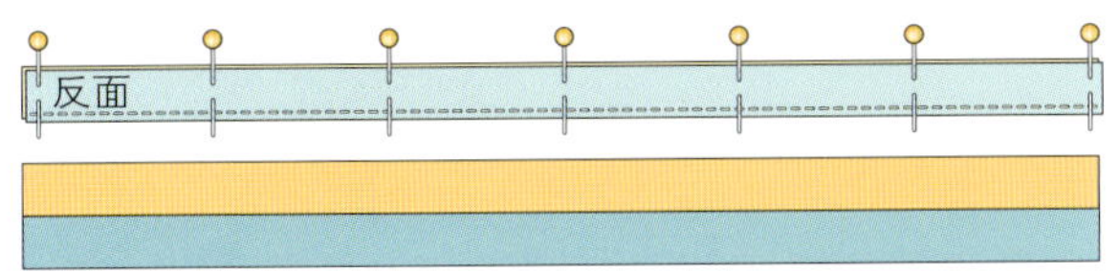

3 一旦所有的布条都缝在了一起，就可以拿来将其组成一块块的小布块了，使用它们做成图形组合，或和别的图块一起使用组成更加复杂的图形。▼

好主意

在缝制条形布时针脚要比平时的更小，这样避免裁剪后开线。

制作栅栏形图案组合

使用由条状布之称的布块很容易就能做栅栏形图案组合，如下图示例。更多的条纹布会组合出更多的图案组合。▼

将角度转换后加以组合，就会形成新的图案。▼

制作九片式组合图

使用不同色彩的条纹布制作是做九片式组合的方便途径，比将九块正方形组合在一起要快得多。▼

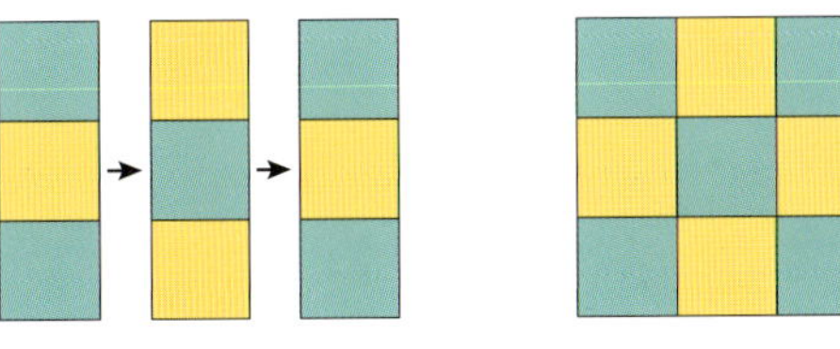

九片式组合十分多变，即使是简单的色彩搭配变化也会产生完全不一样的视觉效果。▼

使用条形布做布料

一旦条形布被缝制成为一整块布，你就可以像使用其他布料一样，用它裁剪成所需的形状、尺寸，用于各种拼布图形和贴布上。可以使用颜色的搭配来显现图案的形状。也可以用冷冻纸：准备所需的形状，将其印在条形布上，然后沿边将其裁剪下。如果需要留缝份，就多剪出6毫米。▶

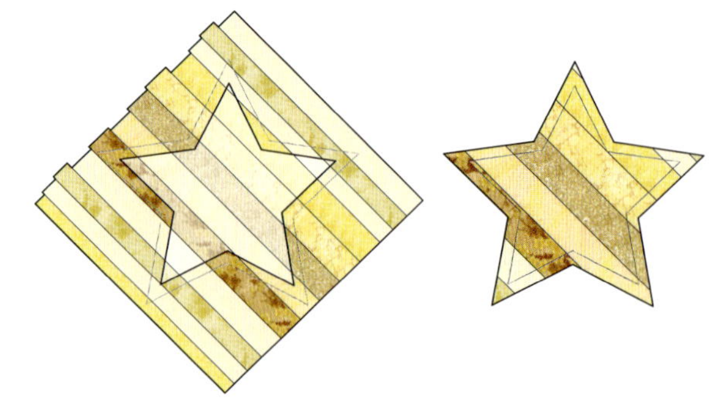

斜条缝制

条形布制成后还可以斜着裁剪，这种裁剪呈现一种角度，一般是45度角。但是你也可以试试30度和60度角的裁剪方式。这些角度大多数尺子都有。

1 按照前面所讲的方法准备好各色条形布块，宽度按照自己需要而定。选好45度角裁剪。▶

2 用所裁剪的带角度的布条组合成喜欢的图样。将它们缝制在一起，留出6毫米缝份，仔细地熨烫平整。▼

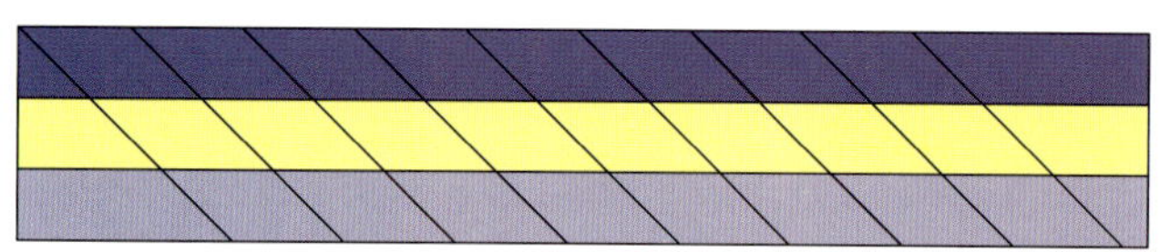

V形组合

使用45度角的条形布很容易就能制出V形图案组合。如果能够认真配色用心搭配，还可以取得很好的三维效果。▶

引入第三种色彩会使原有的两种色彩形成的V形图案更加明显，会使所做的拼布图案更加吸引眼球。▶

条形缝制是一种快速拼制图案组合的方法。这块拼布是由希拉・罗伯茨制作的，显示了其制作细节，它使用几种不同的条形布拼制了一个立体感很强的几何图案。

制作孤星组合

孤星组合是由斜角裁剪的条纹布块加四块正方形和三角形制作而成的。需要嵌入式接缝（见57页），这种组合也可以由斜条缝制手法制作（见81页）。▶

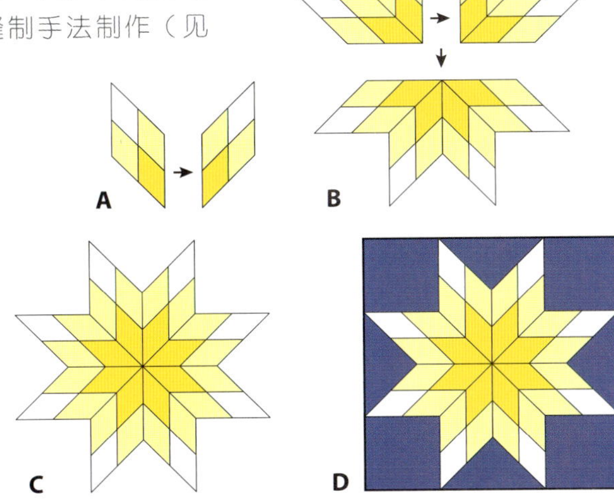

孤星组合被用来做徽章拼布的中心花色，按照3×3或者3×4的排列方式分布。▲

这块拼布是由克里斯·波特设计制作的，由罗斯玛丽·阿切尔缝制，展现了斜角裁剪的条形拼布最终做出的效果是多么的出色。这里的V形花纹和精心设计的递进色共同创造出了这件引人注目的作品。

塞米诺拼布 SEMINOLE PATCHWORK

塞米诺拼布是一种极富创造性的条形拼布的形式，名字取自美国佛罗里达州的塞米诺尔印第安人。到19世纪晚期，他们已经创新了这种拼图方法，就是使用条状布做出与众不同的图案。塞米诺拼布看上去很复杂，实际上十分直观，制作起来也很快，尤其是借助轮刀裁切布（见66~69页）。

塞米诺拼布营造了一种清新明快的图案，有很多组合形式去尝试。

塞米诺拼布是使用条形布组合在一起成为一个“条形组”，然后将条形组裁剪成各种尺寸长度的布块，之后再重组在一起。根据这些布条的宽度、裁剪的角度和组合缝制的方式可以创作出数量可观的其他图案。塞米诺图案大致可以分为四种：楼梯形拼接、错位拼接、斜角拼接和悬浮拼接，每种图案的例子在71、72页都有说明。塞米诺作品中的色彩对比可以很强，营造出醒目的图案；也可以很弱，创造出更微妙的图案。图案的幅度和重复也起很大的作用。平纹和带有图案的布料都可以使用，但是立方体的图案可以营造出最大的视觉冲击。棉质的布料为首选。

这个塞米诺拼布组合是在琳妮・爱德华兹所教授的采样拼布课程期间由海瑟・杰克森制作的。它体现了两种不同拼接特点，其中重复了一次。再加上使用逐层裁剪法和边条，制造出了华丽且具有镜像效果的图案。

相关主题...颜色的使用19页・轮式裁切29页・直条缝制67页

技巧

缝制塞米诺拼布

此处讲述的方法是针对直角裁剪楼梯形拼接。

1 顺着布料幅宽剪出所需条形块的宽度。将它们缝制在一起，留出6毫米缝份。使用轮刀和尺子把缝好的条形布直角剪成合适的布块。布块宽度需要使其中间色块的形状为正方形。▼

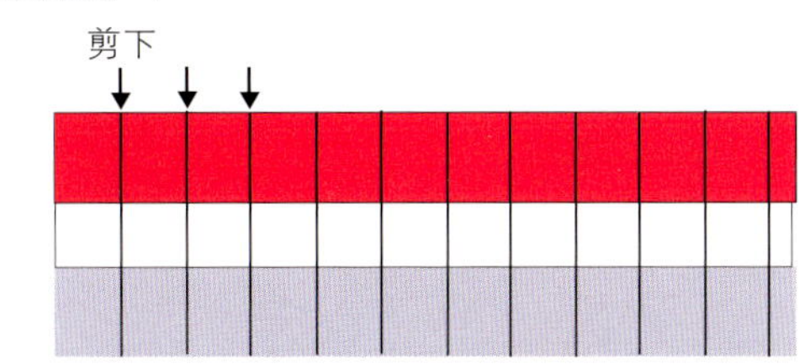

2 将这些裁切的布块重新排列，按照颜色依次向下递减，注意对好缝边（如图），将它们缝在一起，留6毫米缝份，压平。▶

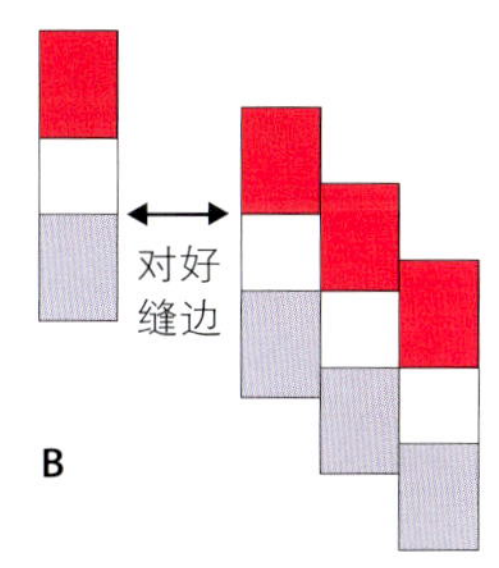

3 把拼接布块放在切割垫上，右上角的各点排成一行与切割垫上的水平线平行。将尺子垂直放在拼接布块的中心，裁开布块（图C）把右半部分的布块移至左边，对齐（图D）并将其缝合在一起（图E）。这样一来，拼接图的两边缘都是直线了。▼

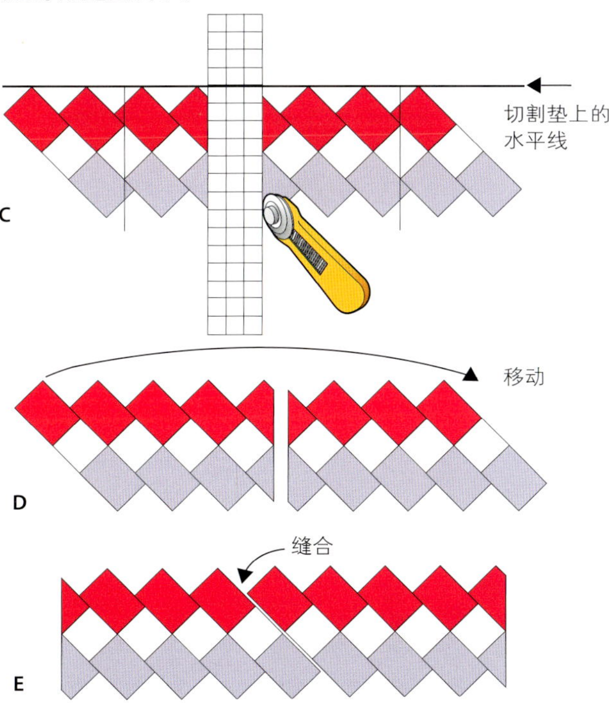

4 转动布块，把上下两端的三角形边缘剪下修齐，但要留出6毫米的缝份。▼

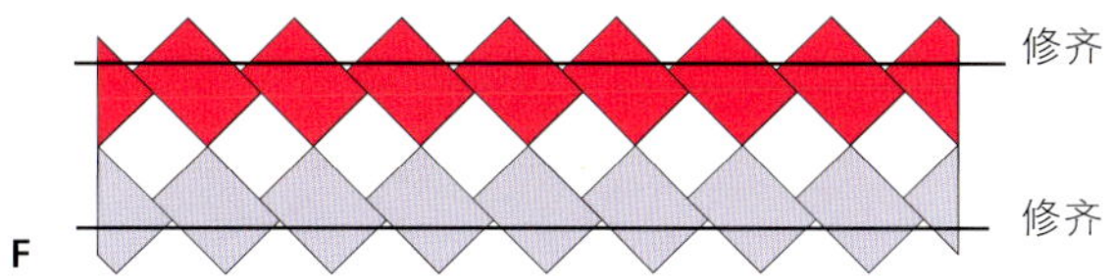

5 量好布块的长度，再剪两块同样长度的素面布条，把它们缝在拼接布块的上下两端，缝份为6毫米，见图G。▼

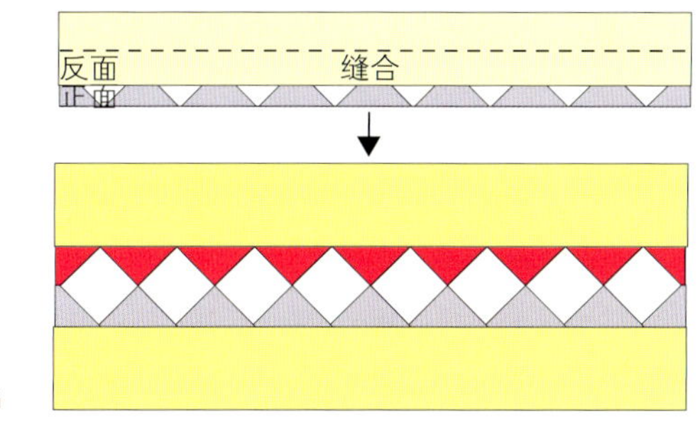

即使是本章所讲的最基本的拼接图，也可以组合设计成最引人注目的塞米诺拼布，而且其图形变化是不计其数的。下面的织品就是一个例子，你也可以大胆地尝试，使用图中的色彩搭配设计出独一无二的拼布。

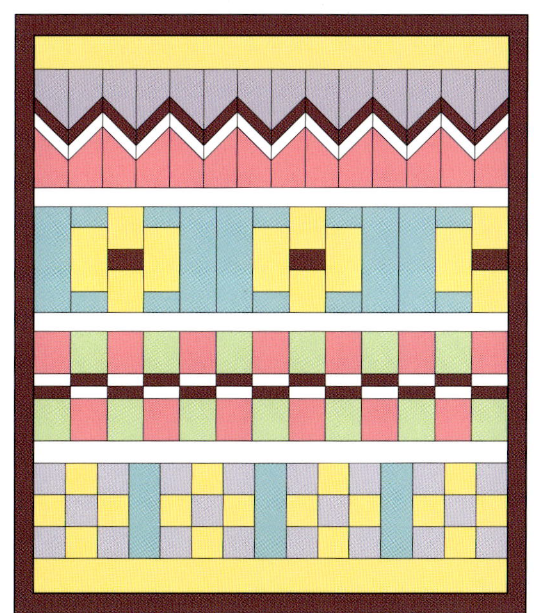

塞米诺拼接

本节主要讲解三种错位拼接、一种斜角拼接和一种悬浮拼接。一些条形布条宽度和拼接块比例也有提及。

错位拼接1——将条形布缝成一组整块再剪成直条。旋转180度后缝在一起。条形布的宽度比例为4:1:1:4，剪下的分割块宽幅比为3。见下图。▼

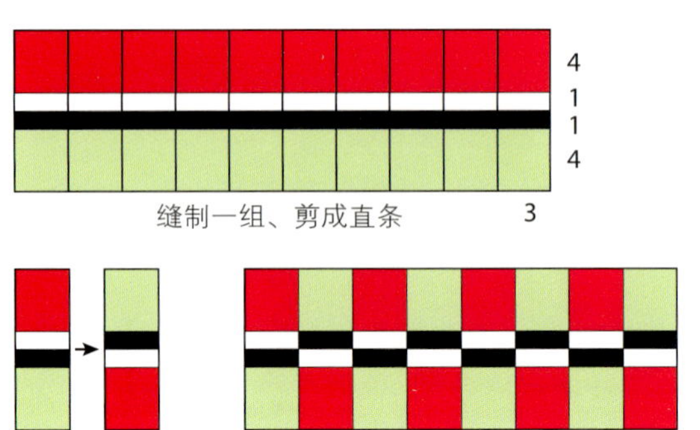

缝制一组、剪成直条

错位拼接3——缝制两组条形块做成九片式组合。按图裁剪后再缝制在一起。见下图。▼

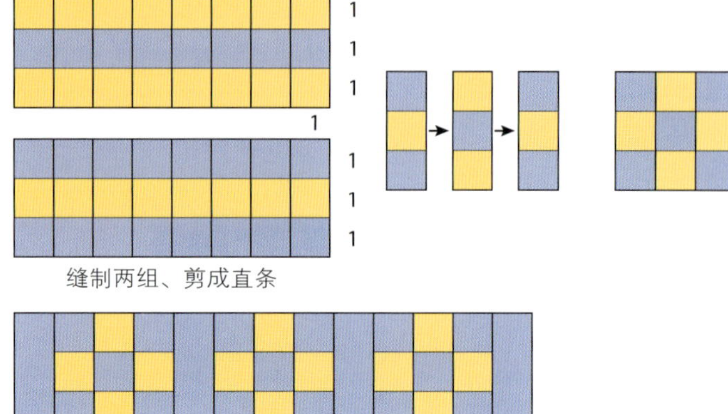

缝制两组、剪成直条

错位拼接2——缝制两组条形块，然后裁成分割块。把从第一块条形块上剪下的分割块，放在从第二块条形块上剪下的两条分割块中间。也可以在另一端再加上一个间隔块。见下图。▼

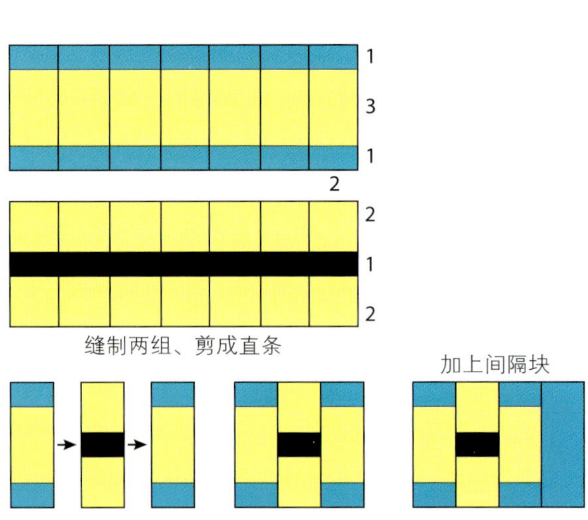

缝制两组、剪成直条

斜角拼接——缝制两组条形块，如图按45度角裁剪成分割块。把它们组合成V形图案后缝制在一起。将上下两边的边缘修齐或者各加一条隔离块。见下图。▼

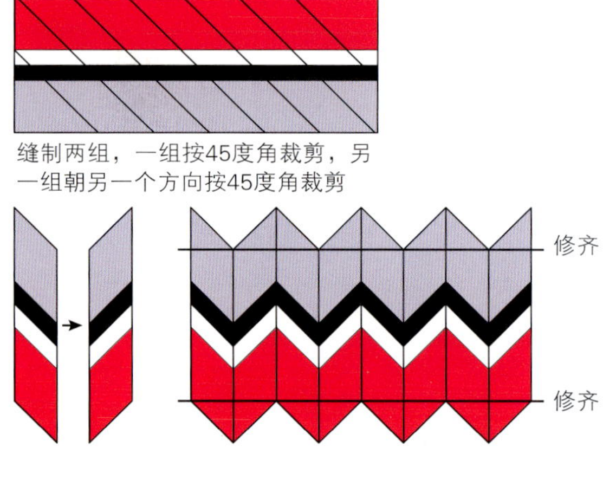

缝制两组，一组按45度角裁剪，另一组朝另一个方向按45度角裁剪

悬浮拼接——缝制两组条形块成九片式（见67页），剪下一些间隔块，高度和九片式组合块相同，长度要是其2倍，将它们缝制在一起成为分割块。按45度角将拼接块剪成小块。如图所示。将最后的一块移至最前面。将布块转向后排列好缝制在一起。如最下图所示。▼

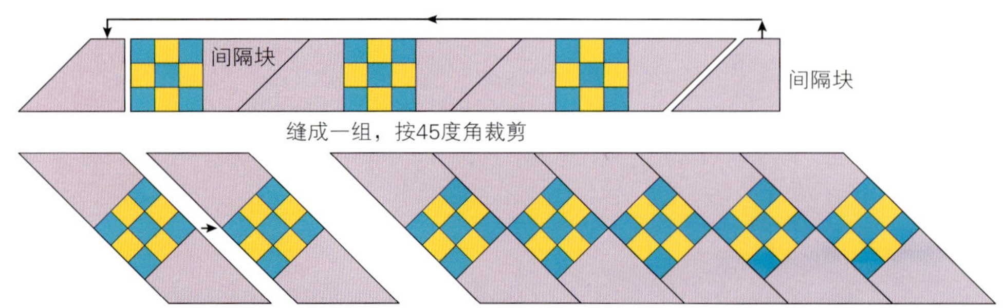

缝成一组，按45度角裁剪

制作实践

塞米诺围巾

这款围巾有四种不同的塞米诺拼接图案，两端图案相同，并用犬齿饰做装饰。这个围巾没加衬垫，因为是夏天使用的；如果是冬天用的围巾你可以再加上衬垫。

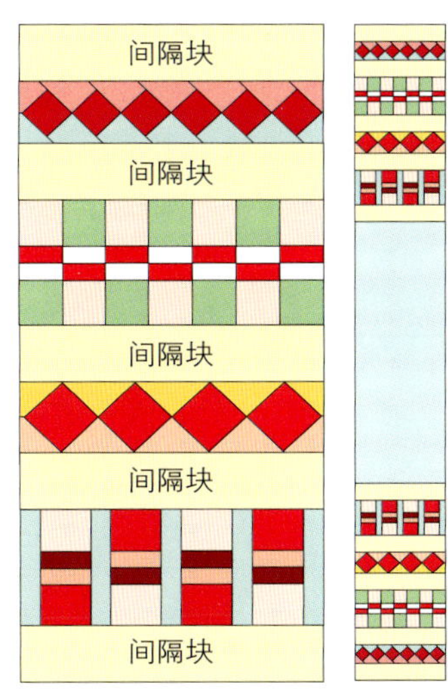

简介

应用技巧：塞米诺拼布图案；犬齿饰
作品设计：四种不同的塞米诺拼接图案，有间隔块分隔，两端图案相同
完成尺寸：170.2厘米×20.3厘米
布料：各种印花布、条纹布、素色布；间隔块用调色布；里布
线：机缝线

方法

- 拼接块做成的宽度为45.7厘米，缝好后剪成两窄条。拼接图案根据个人爱好（方法见71、72页）。缝份为6毫米
- 裁剪间隔块并使用塞米诺拼接将它们连在一起。其最终22.9厘米。制作围巾时宽度可以稍宽一些，因为最后为了看上去更协调还需要修边。
- 定好围巾的长度并剪出足够的间隔布，两端的间隔布长度为48.3厘米，连接两端的中间块长度为73.6厘米，围巾最终长度为170.2厘米
- 围巾两端的末梢为犬齿饰（见112页），每端7个。见248页。

巴杰罗拼布
BARGELLO PATCHWORK

巴杰罗（“之”形花纹）拼布是一个和佛罗伦萨刺绣联系在一起的名词，佛罗伦萨刺绣中使用针线在画布上制出火焰状、波浪状的图形。善于创造的拼布人很快就意识到他们可以将这一想法用在拼布上，并且创作出了大量令人炫目的作品，并且这种创作发明还在不断地延续着。

巴杰罗拼布采用正方形和长方形以及渐变色来表现图案的上升和下降，从而完成一些复杂又令人赞叹的图案。缝制数量众多的正方形和长方形需要相当精确的缝边技巧，为了出效果边缝需要对得十分齐整，这些条状缝制就起了相当大的作用（见67页制作技巧）。

巴杰罗图案所用的布料和颜色

所用布料可以是花纹的也可以是净面的，花纹可以是大花也可以是小花。蜡染布是最好的选择，因为它的颜色是叠加的且在每块布上都有变化，选布会比较耗时。一开始要决定好整体的颜色范围。先检查手头所有的存布会对你有所帮助，看看哪种颜色最多，在这个范围里选出一打甚至更多的布块来，颜色有浅有深。75页所讲的基本技巧只用到了6种颜色，一旦你掌握了这种技巧，你就可以大胆尝试更多的颜色。

这幅充满生气的拼布，是由玛丽安·布莱恩设计的，使用手头布料制作出了十分惊人的效果，拼布上的波浪图案很具动感。

>> **相关主题...** 颜色的使用19页 · 轮式裁切29页 · 裁切布条30页 · 直条缝制67页 >>>

技巧

拼接巴杰罗图案

下面所展示的图案相对比较简单，使用到同宽的条形布和正方形加以制作。巴杰罗图案可以比较多变但是基本的技巧是通用的。所裁的条形布宽度依据你最终要做作品的尺寸来定。在所举案例中，其最终成品是86.4平方厘米的正方形。每个条形布为6.3厘米×51厘米。

1 选好布料，按照颜色深浅依次排列开。每种颜色布都要裁两条。条形布尺寸为6.3厘米×51厘米，或者宽度自己把握。将这些布条按照颜色从1到6记上标号，如图所示。按照条形布缝制方法缝在一起，缝份为6毫米。另一组方法相同，制作好后，将两块缝制在一起。▶

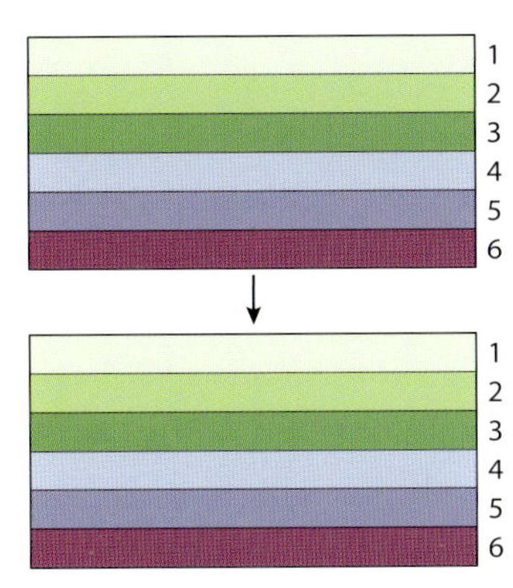

2 现在可以使用轮刀和尺子把拼接块裁切成所需的宽度。本图中的宽度为6.3厘米，但是其他的巴杰罗图案可能会使用到正方形和长方形，宽度也会随之变化，所以要仔细阅读说明。▶

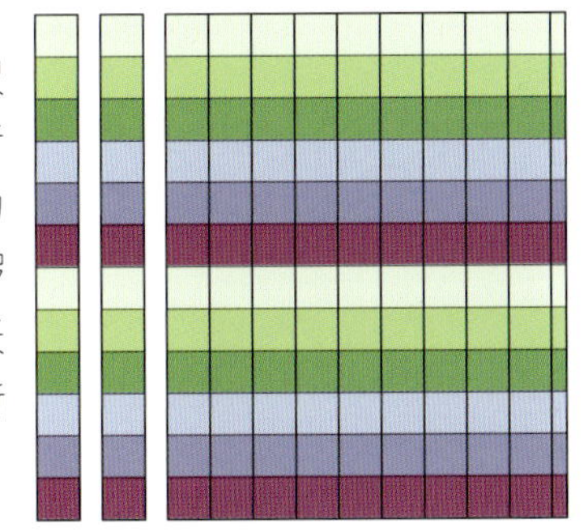

3 依据图示，从第一列开始进行准备，把这些彩色的窄布条按正确的顺序放好，在指示处对接好，缝在一起，缝份为6毫米。在某些地方还需要把这些布条分开，依图将缝线拆开。保留好拆下的部分——在本图中它们可以做另一列的顶端部分，按照图示把各条组合在一起。见右图。▶

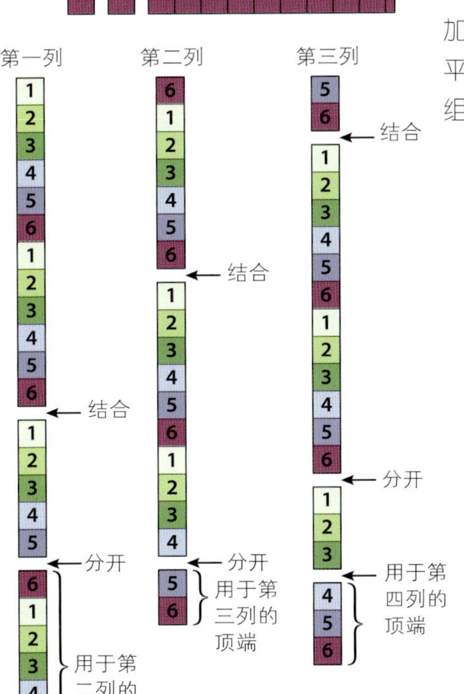

巴杰罗图案设计

R=列

R1	R2	R3	R4	R5	R6	R7	R8	R9	R10	R11	R12	R13	R14	R15	R16	R17
1	6	5	4	3	2	1	2	3	4	5	6	5	4	3	2	1
2	1	6	5	4	3	2	3	4	5	6	1	6	5	4	3	2
3	2	1	6	5	4	3	4	5	6	1	2	1	6	5	4	3
4	3	2	1	6	5	4	5	6	1	2	3	2	1	6	5	4
5	4	3	2	1	6	5	6	1	2	3	4	3	2	1	6	5
6	5	4	3	2	1	6	1	2	3	4	5	4	3	2	1	6
1	6	5	4	3	2	1	2	3	4	5	6	5	4	3	2	1
2	1	6	5	4	3	2	3	4	5	6	1	6	5	4	3	2
3	2	1	6	5	4	3	4	5	6	1	2	1	6	5	4	3
4	3	2	1	6	5	4	5	6	1	2	3	2	1	6	5	4
5	4	3	2	1	6	5	6	1	2	3	4	3	2	1	6	5
6	5	4	3	2	1	6	1	2	3	4	5	4	3	2	1	6
1	6	5	4	3	2	1	2	3	4	5	6	5	4	3	2	1
2	1	6	5	4	3	2	3	4	5	6	1	6	5	4	3	2
3	2	1	6	5	4	3	4	5	6	1	2	1	6	5	4	3
4	3	2	1	6	5	4	5	6	1	2	3	2	1	6	5	4
5	4	3	2	1	6	5	6	1	2	3	4	3	2	1	6	5

4 当把所有的布条按照正确的顺序准备好时，就可以把它们缝在一起了。一组一组地进行，从右边加以固定，要小心对齐边缘。缝份为6毫米，缝好后压平，直到所有的布条都连在了一起。它可以与其他图案组合，进行修剪、镶边、加衬里做成拼布。▼

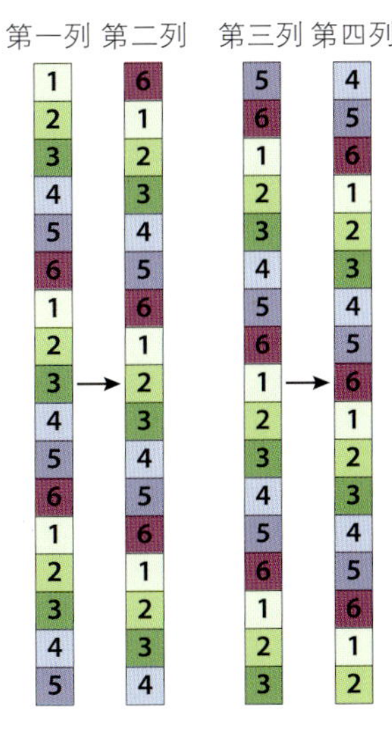

线绳拼布
STRING PATCHWORK

线绳拼布是将很窄的布条缝在一起的技术，它往往是在一块底布上进行，且将图形不断重复。这个底布可以是永久性的也可以是临时性的。起初，这种缝制方式是为了将家里所有的剩余布块全都用起来，尤其是缝制衣服后剩余的窄布条。一些旧布也可以拿来使用，按这种方式做出的拼布才是真正意义上的废布再利用。串形图可以被修剪成对称的也可以是不对称的形状。底布用细纹的或者较薄的布比较适合。

这种拼布制作比较适合初学者，因为它方法随意，不需要大量的测量和接口。布条要足够长可以盖住底布，至于其宽度则根据需要改变，最多2.5cm。由于做其他的拼布时都会剩下很多的布条，所以废布再利用是解决这些布头的好办法。也可以再买些新布料剪下一两条后收起来。串形缝制和条形拼布类似，只不过串形缝制是缝在一块底布上，而条形拼布是用条形布块再做一块布出来。

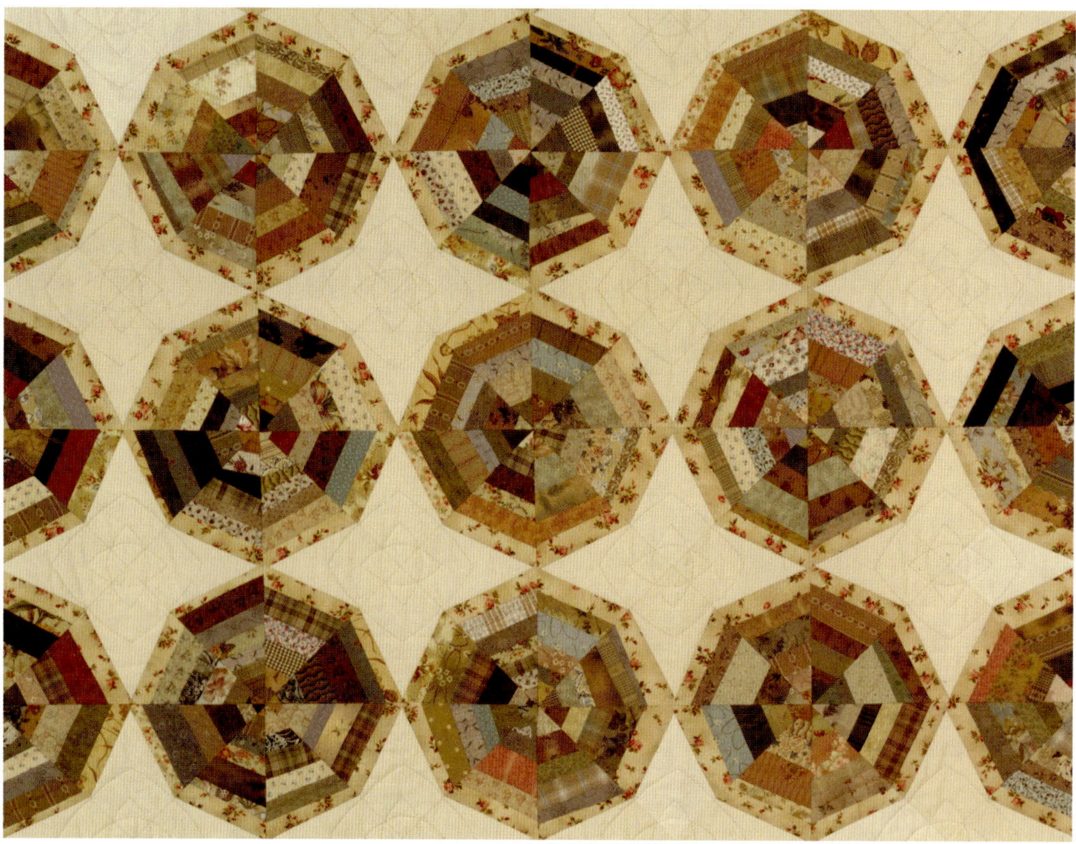

这幅由卡洛琳·福斯特制作的作品使用了线绳拼布的手法，制作出了蜘蛛网状的图案，这些图案组合使用，又构成了一种星状图案。米色的布料做底布，其他布料都在其上面进行拼接。

使用临时性底布

临时性底布是指那些只是在制作图案时暂时使用一下的底布。其材料可以是报纸、冷冻纸、卫生纸和水溶性打底纸。临时性底布不需要留边，因为最后也不会和图案缝在一起。它最终会按照其形状被剪下来，被缝在图案组合上。

使用永久性底布

这种底布会被留在拼布上，所以其面料以轻薄质地的为宜，土布、薄棉布、质地轻薄的内里布，它们是由人造纤维和聚酯混合物制作的。这些永久性底布也会被仔细挑选，因为在成品中可以露出来是成品的一部分——见77页蜘蛛网状线绳缝纫。这种情况下你最好选择土布或者薄棉布做底布。

>> 相关主题… 裁切布条30页 · 衬底拼布96页 · 疯狂拼布100页 >>>

技巧

缝制线绳拼布

这种方法和我们使用的“翻缝”一样。它有许多不同的变化，本节中只是列举其中的一些。

1 每个布条要足够长可以盖住底布，末端还能稍稍长出来一点，把它固定在底布右侧。▼

2 把第二条沿着第一条的左侧固定，要保持平行。边缘部分留6毫米缝份。▼

3 把第二条翻过了，露出第一条，将缝份压平，在第一条的另一侧固定第三条，像之前那样缝好，压开。以此类推。▶

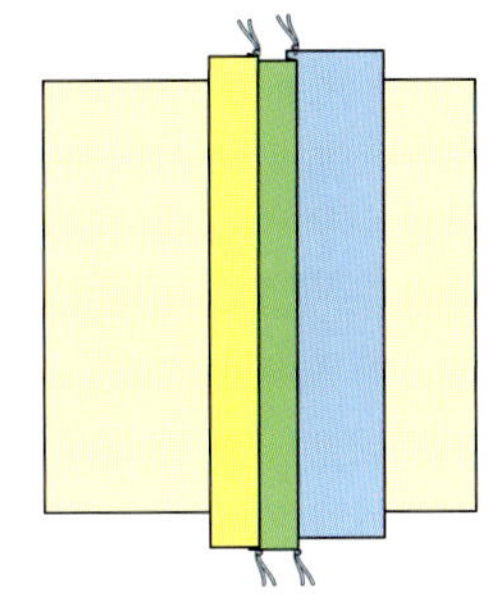

底布

正面

如果使用永久性底布，
四周要留6mm缝份

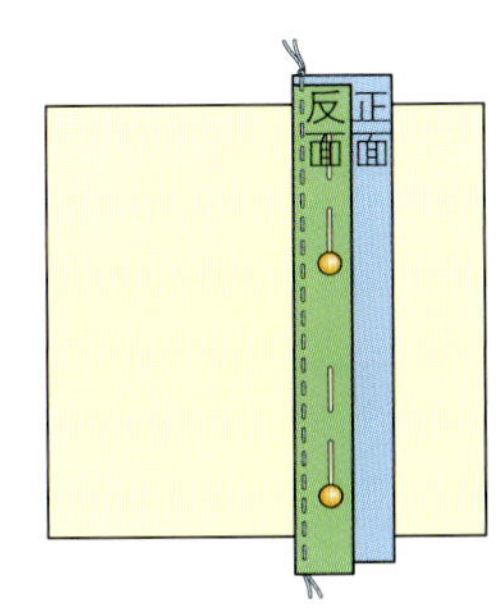

4 一旦整个底布都铺满了，就把它剪成所需的尺寸和形状，从毛边的一侧进行修剪。如果用的是永久性底布，就沿边缘修剪；如果用的是临时性底布就留出6毫米缝份。整个图形组合成型后，去掉临时性底布。拼布表布完成后，就可以像作品一样进行填充、加里和缝制了。▶

不同的线绳拼布

线绳拼布有许多不同的变化。下面就是一些例子。

A 底布形状可以自己选择。

B 布条角度可以有不同的变化。

C布条的拼接方向可以进行变化。

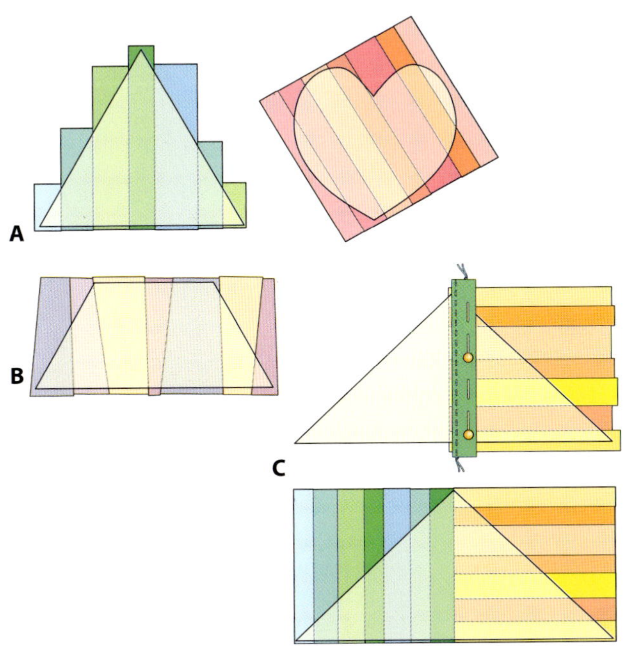

蜘蛛网状线绳拼图

条形拼布中蜘蛛网状图案是十分流行的。颜色搭配随个人喜好而定。

A 用以上所学技巧做出一个直角三角形。

B 再做三个并把它们缝在一起。

C 按照以上方法多做几组并将它们缝在一起形成蜘蛛网状的图案（如下图）。

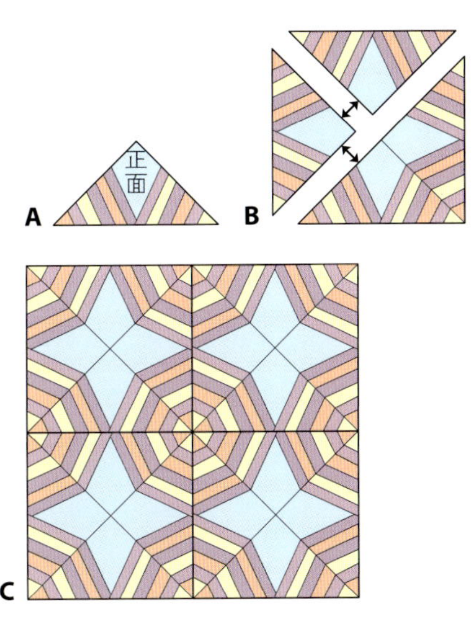

三角形拼布

PATCHWORK WITH TRIANGLES

继正方形、长方形和条形拼布之后，三角形是另外比较容易缝制的图形了，使用它们可以做成十分漂亮的拼布，单独也行和别的图形组合使用也可。三角形构成了许多拼图素材的基础，包括半方三角、四分之一方三角和飞燕式。它们也可以被大量用在绣带和包边上。

这一部分讲述的方法可以让你以三角形为基础制作各种各样的图案组合，包括半方三角形、斜三角、四分之一方三角形、等边三角形、缝制飞燕、拼接三角形到正方形上、从折叠角上制作三角形和使用三角组合。99页选择了一款组合图让大家尝试。

三角形可以用轮刀和尺子裁剪，一般是将几块布铺成几层一起裁——见31、32页剪切三角形的细节。也有需要专业用来裁切三角形的工具。一些商业模板和事先画印好的缝制套组也可以用在三角形缝制和组合制作上，如制作菠萝形图案组合。

认识三角形

学习几何知识也许不足以让我们制作出可爱的拼图，但是认识一些不同的图形是很有帮助的。下图中就介绍了一些我们在制作拼图时经常碰到的图形。也可以参见29页图形绘制和裁切。

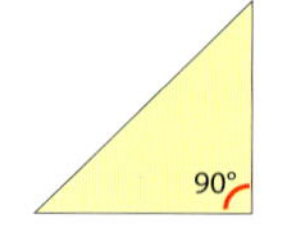

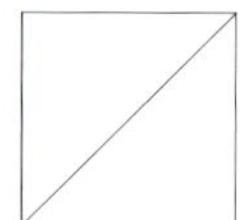

直角三角形（半方三角形）

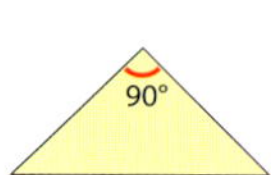

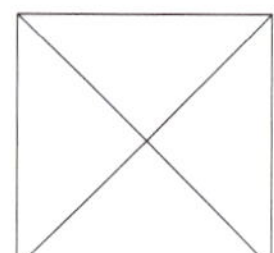

直角三角形（四分之一方三角形）

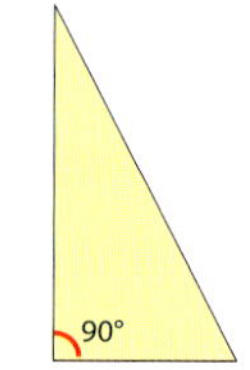

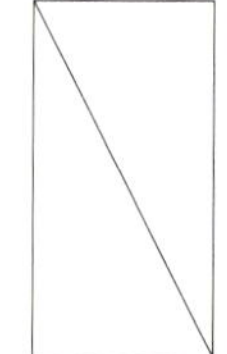

直角三角形（半矩形三角形）

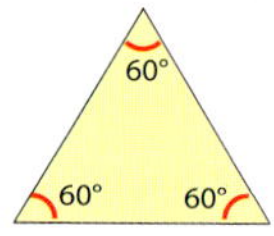

等边三角形（三边相同，三个角都是60度）

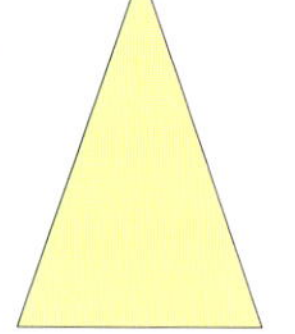

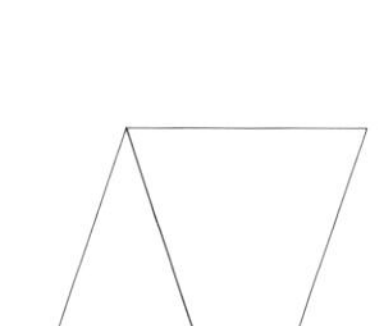

等腰三角形（两边相同，两角相同）

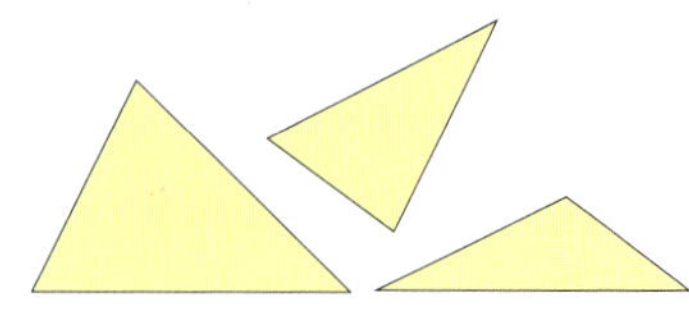

不规则三角形

在这个由KATHATINE GURRIER制作的拼布被中我们可以看到漂亮的图形组合和迷人的色彩选择。三角形图案是其主角，出现了不同尺寸的友谊星、八角星和俄亥俄星组合。

半方三角形单元
HALF-SQUARE TRIANGLE UNIT

这些基本的拼图单元是极有魔力而且多功用的，因为它们可以和正方形、长方形以及其他多角形组合使用，并创造出许许多多拼图组合。半方三角形也有许多其他名字，包括像拼凑三角正方形、两个三角正方形、劈开正方形和斜正方形。它们可以由许多方式获得，包括三明治式和斜条式缝制（见80页方法技巧）。单独使用时其变体就有许多：简单的有风车组合，重新组合后就可以有碎盘图案、谷仓图案、闪电形图案及其他许多种图案。

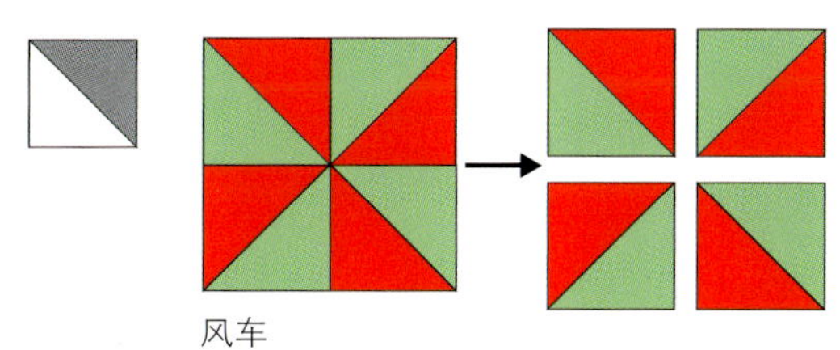
风车

四分之一方三角形单元
QUARTER-SQUARE TRIANGLE UNIT

四分之一正三角形组合在一块拼布上自身就很抢眼，能表现出吸引人的色彩搭配效果。它们也可以和半方三角形，正方形和长方形一起组成很棒的图形，包括俄亥俄星、银河以及巧手安迪。四分之一方三角形组合由四个三角形组成，搭配好颜色能够在一个拼图中创造有趣的次生模式。

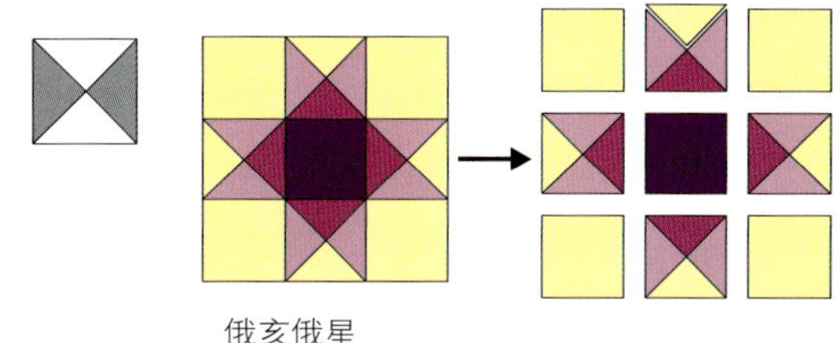
俄亥俄星

飞燕单元
FLYING GEESE UNIT

这是又一种简单易学的拼图单元，有多种用途。它可以在图案组合中单独使用，比如荷兰人迷宫；也可以和别的图形组合使用，比如印第安星、艺术广场、林间小径和叠星。飞燕单元也广用于绣带和包边中，能够在一块拼布中形成视觉导向。

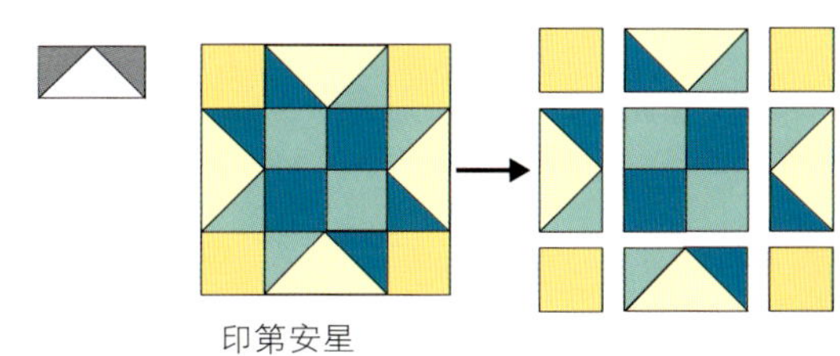
印第安星

正方形中的三角形单元
TRIANGLE-IN-A-SQUARE UNIT

这一单元是许多星形组合的基础，包括深受喜爱的八角星。这种基本的单位形式还可以画得不那么规则，从而形成一些不同形状的三角形。这一单元还可以和正方形中的正方形配合使用。

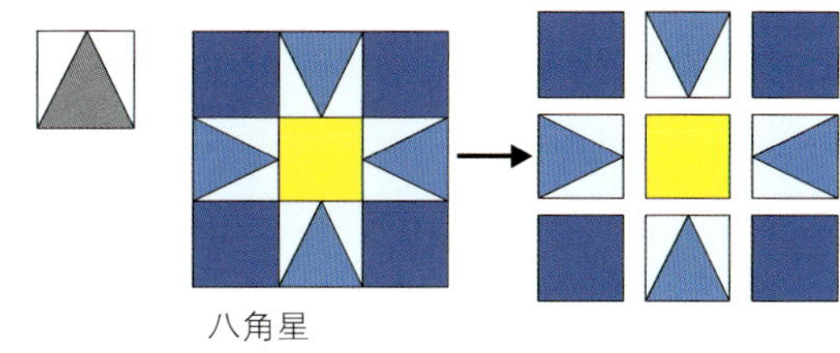
八角星

奇形单元
ECCENTRIC UNIT

三角形能组合成各种形状和尺寸大小，也能以不同寻常的方式被组成有趣的组合。比如交错星星图案，这样的组合图案看上去很令人迷惑，实际上还是使用了三角形。这些三角形没有安排连接在一起，而是将四块拼接的三角形对在了一起（如图）。奇形单元很容易迷惑我们的眼睛，当交错的星星组合综合使用时就形成了有趣的万花筒效果。

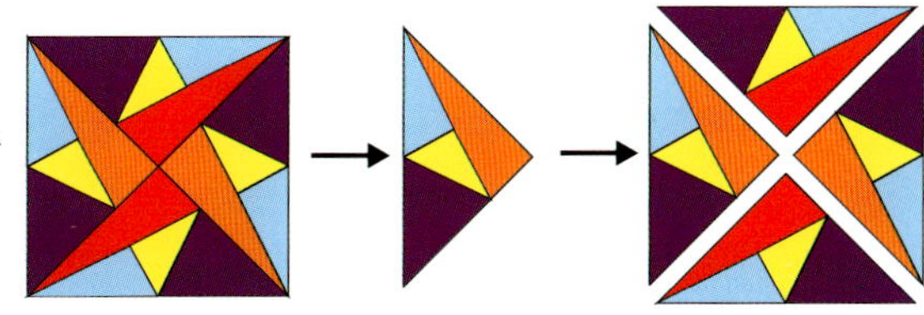
交错星星图案

使用三角形的区块
BLOCKS USING TRIANGLES

一旦掌握了缝制三角形的技术，三角形组合的范围就更加无限增大了。下面讲解的是其中的一部分，有的是与正方形、长方形组合而成的。最简单的那些就是四片式和九片式组合，许多都可以使用本章介绍的方法技巧成组或成排缝制。

>>> 相关主题... 图形绘制和裁切29页 · 机器拼缝54页

方法技巧

缝制半方三角形

一个正方形由两个直角三角形组成，是将两个三角形缝在一起得到的。但有一种更加快捷的方式，即一开始就使用两个正方形，按照三明治式缝制方式缝制，做出两个缝好的基本单元。这两个正方形的边长要比最终完成的边长长出2.2厘米。

1 将两个正方形正面相对叠放在一起，画出其对角线，之后把两个正方形加以固定，在对角线两侧各缝一道线。如有需要也可以把线标出来。如下图。▼

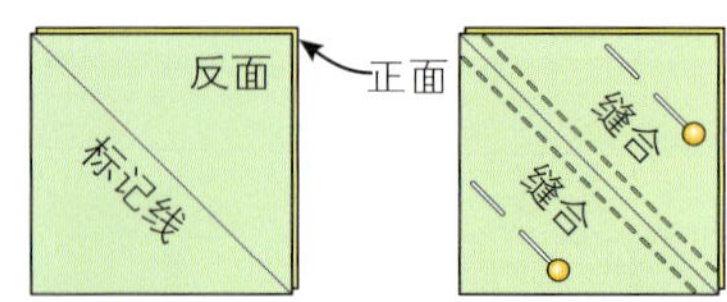

2 沿对角线剪开，再把两个三角形分别展开，把缝份压向深颜色布块的一边，使劲压平。见下图。▼

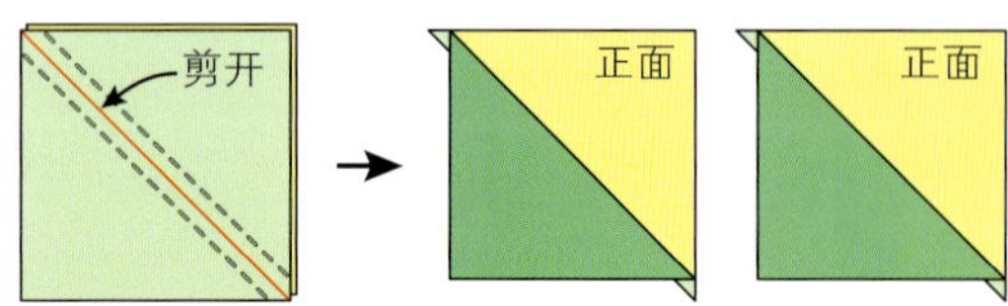

缝制斜条状三角形

这是由玛莎·麦克克劳斯基（一个羽状星形图案专家）推广开的另一种制作半方三角形的方法。它使用许多需要精确缝制的半方三角形单元。条形布需要从一个大的正方形中斜向剪出，再将其缝制在一起。从中剪出的正方形外边应是直的。最终得到的单位的数量取决于最开始使用的正方形的大小以及所裁斜条形布的宽度。

1 确定正方形的尺寸以及所裁条形布的宽度。取两块正方形正面相对叠放，其纹路如A所示。使用轮刀和尺子裁切出斜条块，从对角线开始往角落依次裁切，如B。▼

3 使用标好有45度角刻度线的正方尺开始从缝好的条形布上取正方形块，45度角刻度线要正对着边缝线，如D。完成第一轮的裁切后，进行第二轮的裁切，依此类推，见E。▼

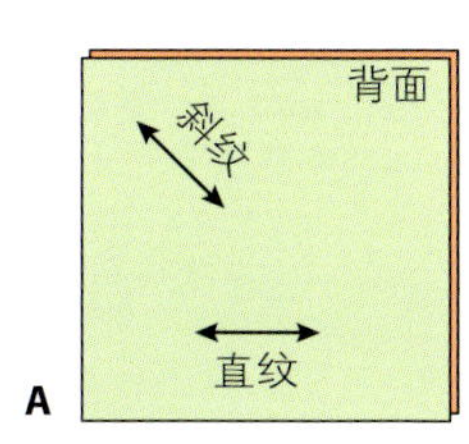

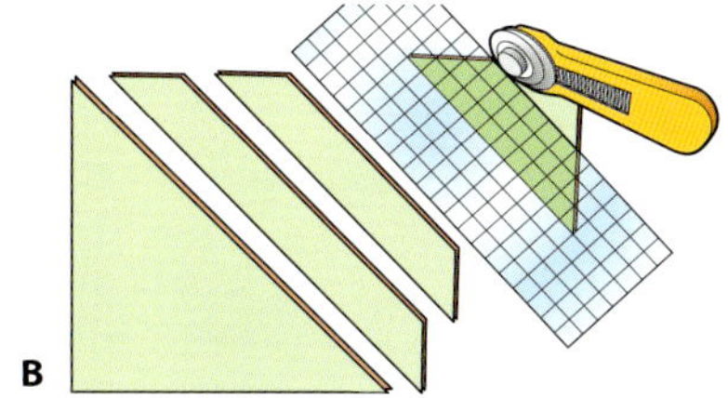

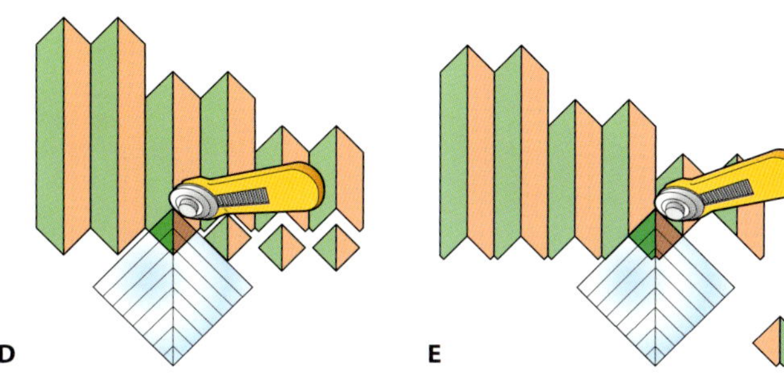

2 不要弄乱所剪下的成对的条形布，依次由大到小排列好，并缝合在一起，缝份为6毫米。再将连接在一起的条形布放回到裁切垫上，底部的V形对齐呈直线，如C。▼

4 把所有的正方形块修剪成同样的大小，将其对角线和尺子上标出的45度角刻度线对准，见F。这样斜角缝制所需的三角形就准备好了，只需进一步的缝制即可。▼

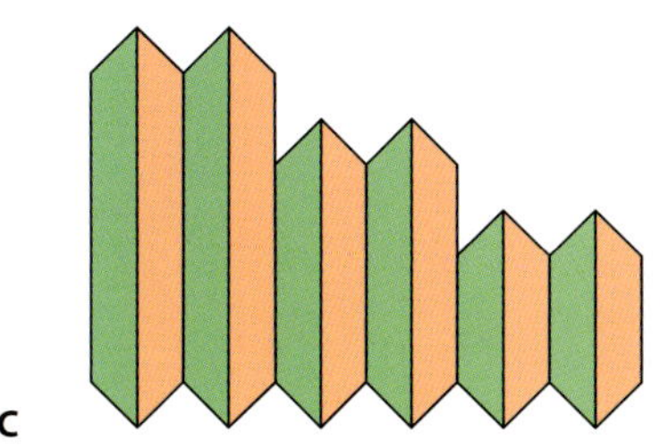

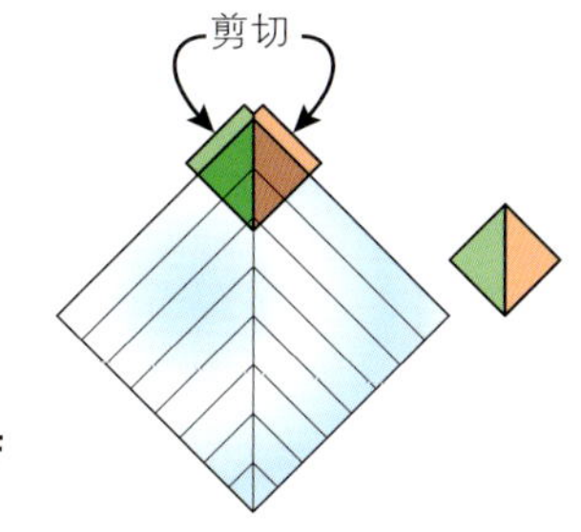

缝制四分之一方三角形

有了半方三角形，使用三明治式缝制法就能更快地得到四分之一方三角形了。要做两个四分之一方三角形，首先使用两个正方形，其边长要比最后所需的长度长出3.2厘米。这种方法首先从制作半方三角形单元开始。

1 拿出两个半方三角形单元。将其正面相对，叠放在一起，对角线对齐，再在表面画出另外一条对角线。并在这个新标出的对角线两侧各缝一条线，缝份为6毫米。见右图。▶

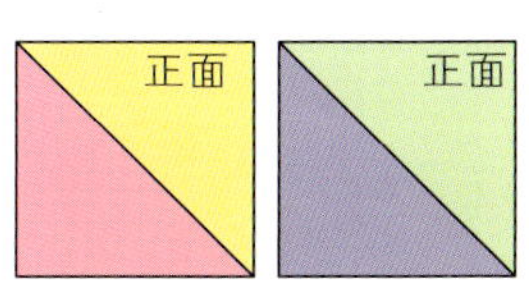

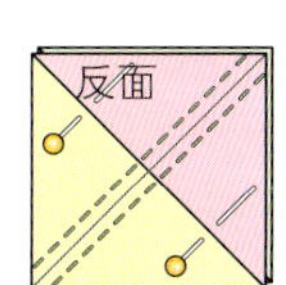

2 沿对角线将其剪开。展开后将缝份压平，缝份朝向颜色较深的布块。见右图。▶

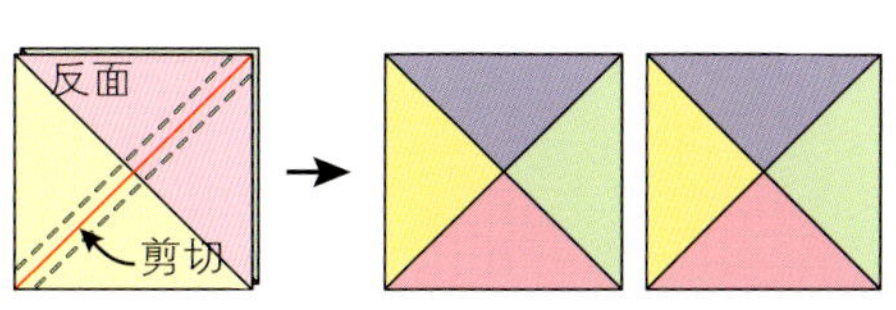

好主意

把一个半方三角形单元和一个正方形拼接起来就会得到一个由大三角形和两个小三角形组成的单元，把这些新的单元连在一起就会形成新的图形，见下图。

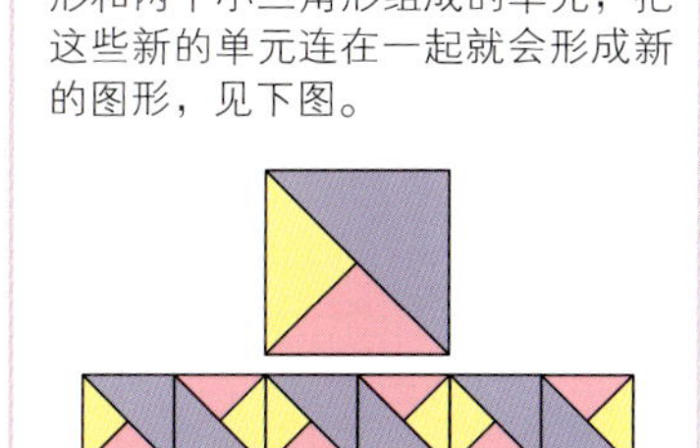

将三角形和正方形拼接在一起

有时三角形的角会使缝制变得比较麻烦，尤其是三角形的边是斜边的时候。要想把三角形和正方形拼接在一起，就要使其中的一边对齐并找好中心点（A）。把多出的角修剪掉（B）。将其缝在一起后，把三角形翻出来，压平边缝（C）。剪角器是一个很好的工具，可以在缝制之前使用。

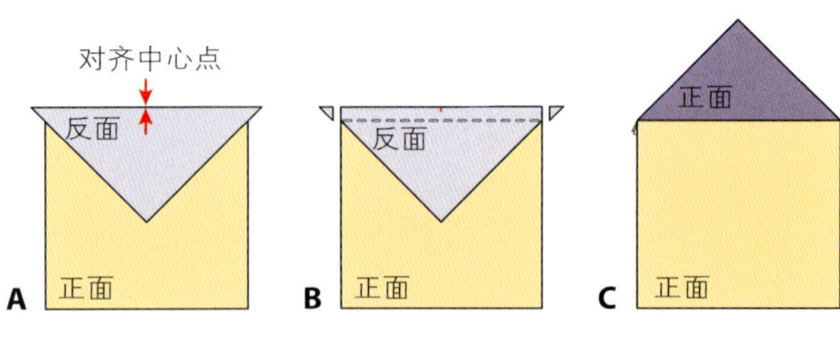

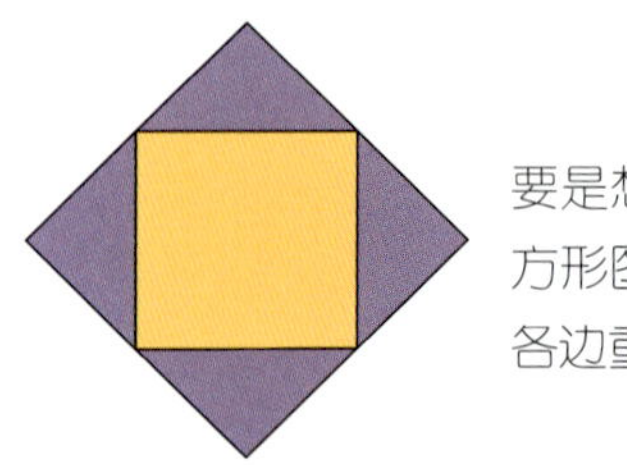

要是想做出正方形中的正方形图案，只要在剩余的各边重复以上步骤即可。

缝制边角三角形

一个快速将三角形缝在正方形或长方形上的方法：就是将一个小正方形缝在大正方形边角，沿这个正方形的对角线折叠，就成了一个三角形。按照这种方法就可以在很多组合块上添加边角三角形。

1 剪一个小的正方形，小正方形尺寸应为大正方形的一半多6毫米。也就是说如果你要剪一个边长为12.7厘米的大正方形，小正方形的边长应为6.35厘米+6毫米≈7厘米。把小正方形正面朝下放在大正方形一角，两边对齐后用铅笔画出其对角线，并将两个正方形固定在一起。沿对角线缝线，之后把另一角翻上来，压平缝合，在背面将多余边缘剪下。见下图。▼

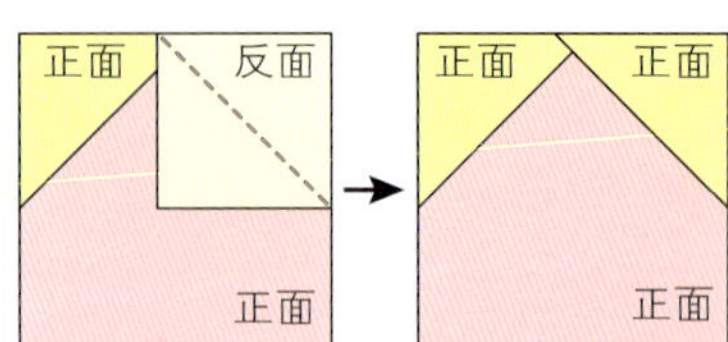

2 要在另一角也缝上三角形就重复上面方法。第二个缝上的三角形会与第一个三角形的一部分重合。见下图。▼

要做出正方形中套一个竖立正方形的图案，在各角重复以上步骤。▼

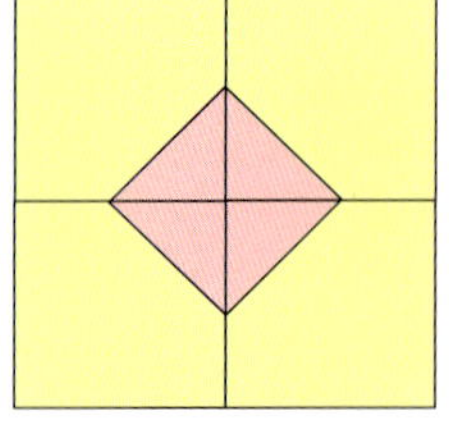

把边角三角形组合放在一起就会形成次生图案，如217页拼布所示。▼

好主意

制作其他正方形中的三角形图组合。比如大海上的风暴和其他一些万花筒图案。可以使用衬底拼布（见96页）或专业量尺。

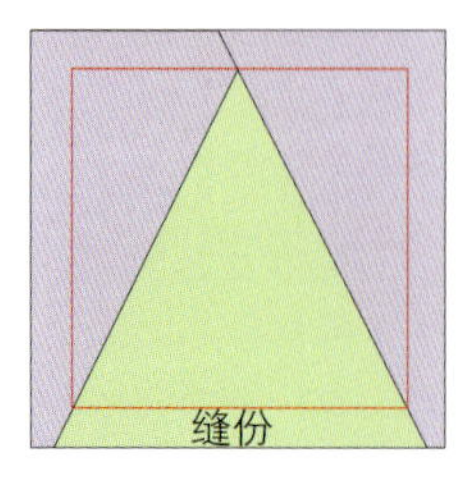

制作单个的飞燕单元

飞燕单元的制作可以和边角三角形的制作方式相同，不过起始用的正方形换成了长方形。

1 剪一个长方形，其长和宽都比所需的长和宽多出1.3厘米。再剪两个正方形，其边长与长方形的短边相同。即如果需要的尺寸为11.4厘米×6.3厘米，长方形的尺寸应为12.7厘米×7.6厘米，正方形边长应为7.6厘米。

2 把正方形正面朝下放在长方形上，对齐边角，画出正方形的对角线，将其固定并沿线缝好，把另一个三角翻上来，熨平，在背面将其固定并把多余部分修剪掉。见右图。▶

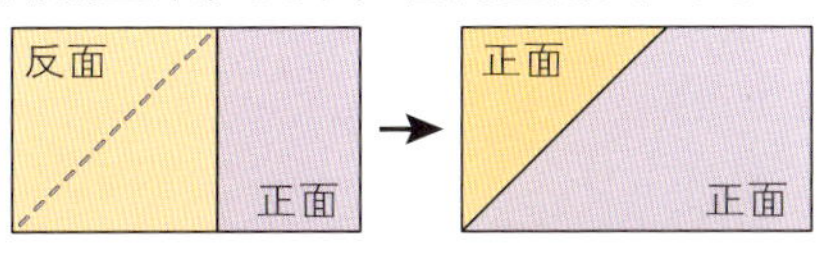

3 以同样方式将相对的一角也缝上三角形。方法同步骤2。见右图。▶

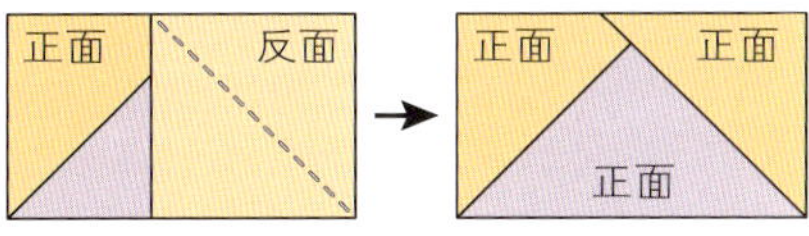

制作多个飞燕单元

这个方法可以同时制作四个飞燕单元，对需要一组四个飞燕单元的组合非常有用。

1 定好最终成品所需的尺寸，剪一个大正方形出来，其边长要比最后成品最长的边多出3.2厘米。从另一块不同的布料上剪四块小正方形，其边长要比成品最短的边长出2.2厘米。比如最终完成的单元是12.7厘米×7.6厘米，大正方形的边长应为15.8厘米，小正方形的边长为9.8厘米。

2 在小正方形上都画上对角线。正方形正面朝上，小正方形正面朝下放在大正方形上，如图。对齐边角和对角线。在所画对角线两侧分别缝边，缝份为6毫米。▶

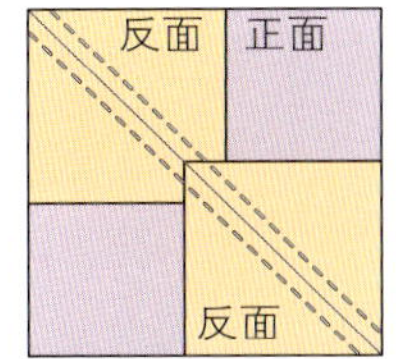

3 沿对角线（图中所标红线）将其剪开。展开，分别熨平。见右图。▶

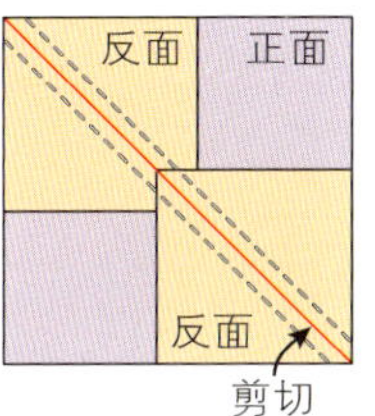

4 把剩余的两个小正方形按照所画的对角线和刚才的布块固定在一起。沿对角线两侧缝边，将其剪开后打开分别熨平。现在就有四组在手了。见右图。▶

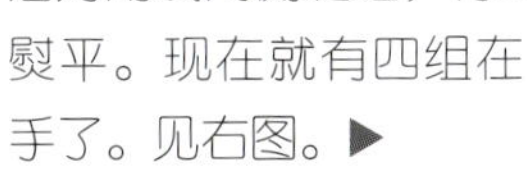

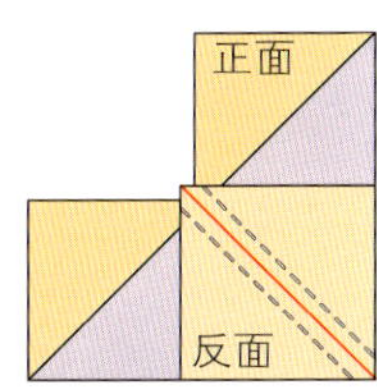

使用设境三角形

设境三角形需要将拼布的图形放回到一个正方形或者三角形中，而且是在对角或某个点上的拼布情境下进行的。这些设境或填充式三角形有两种形状——边角三角形和倒三角形。

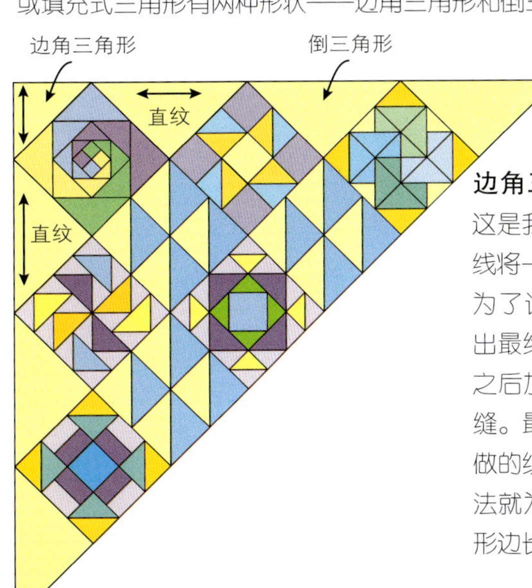

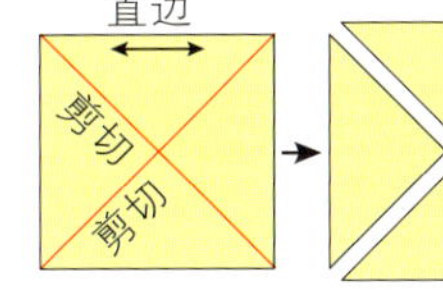

边角三角形

这是我们需要四个边角三角形。沿对角线将一个正方形剪开，成两个三角形。为了计算正方形的大小尺寸，需要量出最终图形的尺寸，然后除以1.414，之后加上2.2厘米这个长度是预留的边缝。最后的数字进成整数。比如最终要做的组合图形为30.5厘米，那么计算方法就为：30.5÷1.414+2.2。所以正方形边长应为24厘米。

倒三角形

倒三角形的尺寸要看拼布的大小。沿正方形的两条对角线将其剪开得到四个三角形。其尺寸的计算方式为最终图形的尺寸，乘以1.414，之后加上3.2厘米这个长度是预留的边缝。最后的数字进成整数。比如最终要做的组合图形为30.5厘米，那么计算方法就为：30.5×1.414+3.2。所以正方形边长应为46.3厘米。

菱形和多边形拼布
PATCHWORK WITH DIAMONDS AND POLYGONS

拼布和贴布的美丽可以由任何形状组成，规则的或不规则的，直线的或曲线的，都可以用来做非常漂亮的拼布作品，本书中大篇幅地介绍此类技巧也给我们展现了使用这些形状的多种方法。本章讲解的是由菱形和其他的不常用的形状，如风筝形、梯形、六边形和八边形构成的图案。不同的形状结合使用，会形成更多的奇异、不规则的图案，更具有创造力。

一些很漂亮的拼布都是由菱形创造出来的，就像这幅由潘和尼基·林陶特缝制的拼布被。这个大的八角星就是由菱形组成，使用条形缝制方法制作的。每个大的星星图案组合周围设计有围绕。

使用斜格纸得到不常使用的形状

使用斜格纸可以很容易就画出许多形状来，这些形状可以被分成60度角三角形。如果按比例增大，纸上的图形可以被剪下，粘在薄卡片上用来做模板（见26页）。斜格纸对制作英式硬纸拼缝也很有用（见51页）。

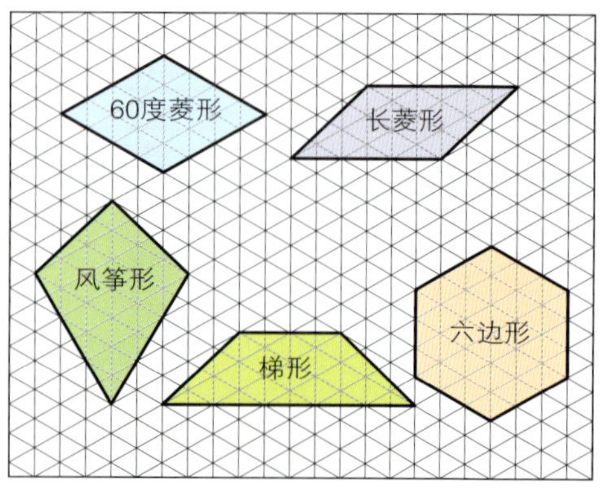

菱形和长菱形

继三角形之后，菱形和长菱形是另外比较适合制作星形图案的图形了，不管是单独使用还是和其他四边形（风筝形和梯形）甚至多边形（五边形和六边形）组合使用，都可以制作出极好的拼布图案。

菱形——45度角菱形是对称的，四边相等对边平行。如果要这些菱形大小一致，精细的裁剪和缝制是必须的，如果边歪斜，就会使整块布扭曲而影响缝制效果。正因为如此，很多菱形都是从模块上取得的。如果大量使用菱形做背景布块，再加上布料纹理是经纬交织的，那么这种图形会更加稳固。

菱形有时也被描述为短菱形和长菱形。短菱形是以90度角裁剪的，如果将其各角转个方向就成了正方形。长菱形是按45度或者60度角裁剪的。更多图形裁切知识请参阅29页。裁剪菱形有专业的裁剪工具和各种尺寸的模板可用。菱形也可以通过将两块取自同一布料的三角形缝制在一起得到。

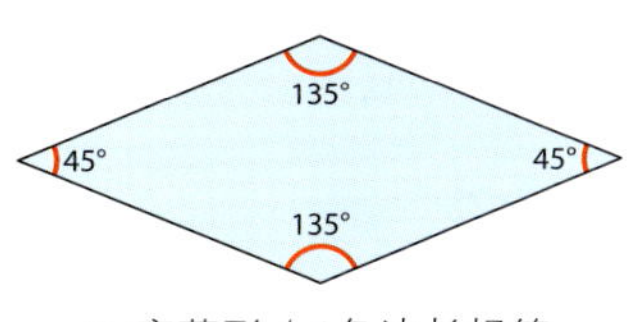

45度菱形（4条边长相等，对边平行，对称）

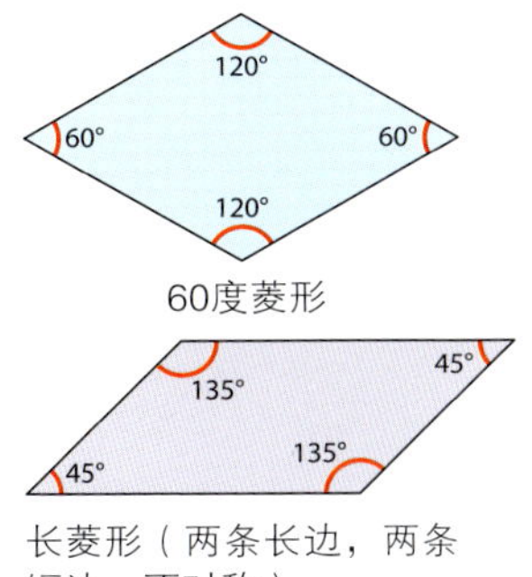

60度菱形

长菱形（两条长边，两条短边，不对称）

长菱形（平行四边形）——这种图形和菱形相似但又不是真正的对称，两边长两边短。缺乏对称性意味着为了某一图案裁剪大量长菱形时，有些图形是需要颠倒过来使用的。一般会标明“剪四个正的和四个反的”。长菱形在这就是用来指这么一种和平行四边形相似的图形，但可能在几何学上是不准确的。

菱形和长菱形都是可以通过将取自同一布料上的两个反向的三角形缝制在一起得到的。

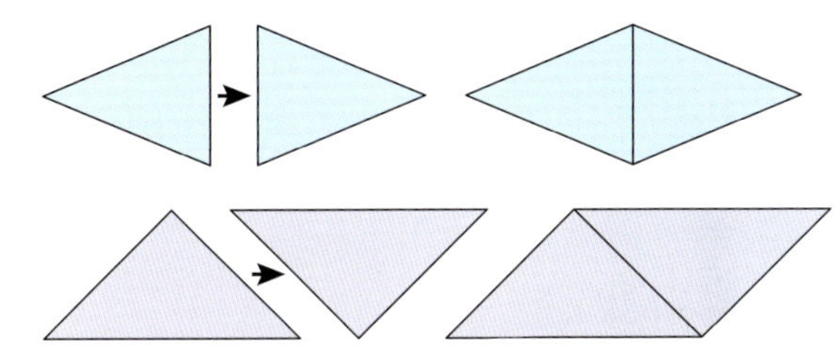

风筝形和梯形

风筝形和梯形都是四边形，有四个边。这两种图形都是基于三角形而来的，如图所示，它们都可以和三角形组合使用而且出来的图案组合效果很好。风筝形和梯形的裁切见33页。

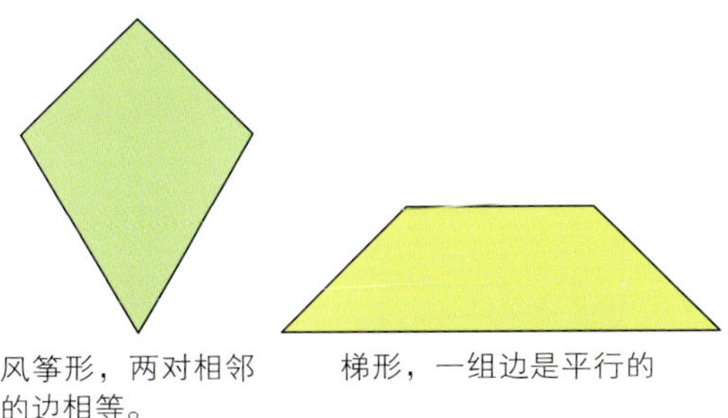

风筝形，两对相邻的边相等。

梯形，一组边是平行的

梯形可以通过从正三角形上剪下一个角取得，风筝形可以通过剪下一个等边三角形的两个角取得。

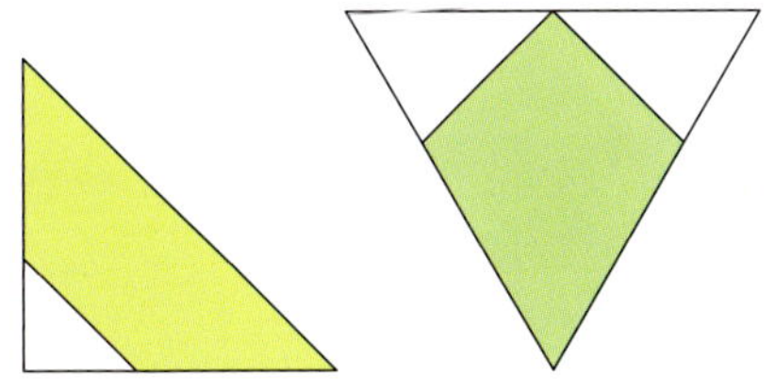

六边形和八边形

六边形和八边形也都是多边的图形。多边形有许多种，但是在拼布中六边形和八边形是非常有用的图形，它们经常以一整块形式的图案出现，但却会产生嵌合的效果。了解更多六边形图案的知识参见51、52页的英式硬纸拼缝。

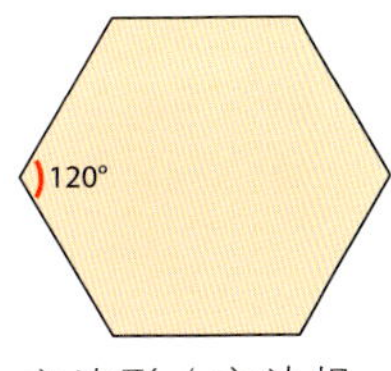

六边形（六边相等，各角相等都为120度）

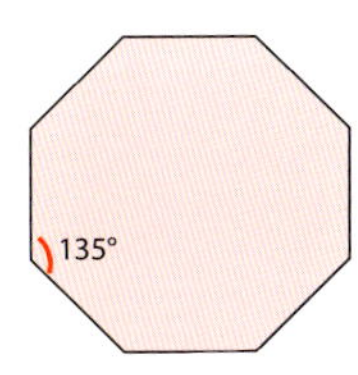

八边形（八边相等，各角相等都为135度）

一个六边形可以从一个60度的菱形上取得，八边形可以从一个正方形上取得（见下图）

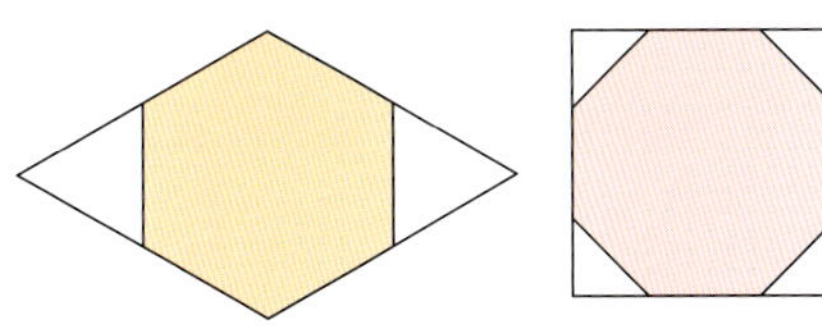

不常用的图形组成的区块

下面选取的图案组合反映了菱形、风筝形、梯形、六边形和八边形的特点。有些通过重复组合的方式获得了次生图案的效果。可以尝试着旋转45度角试试效果。

菱形

柠檬星

六角星

快乐风筝

立式四组快乐风筝组合

得克萨斯仙人掌

V形

窗户上的燕子

星链

立式四组星链组合

风筝形和梯形

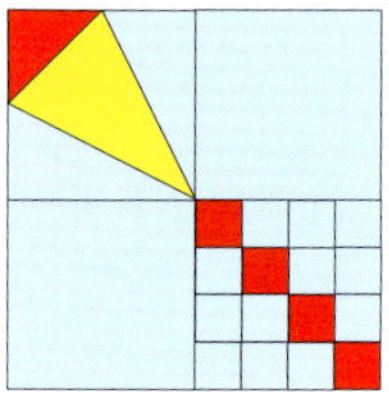

风筝

蜘蛛网

考验与困难

考验与困难组合

双星

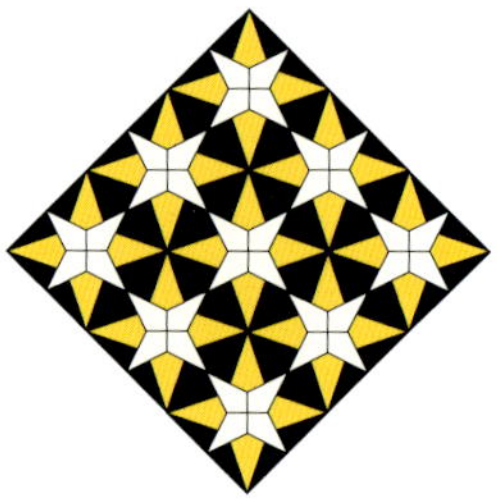

立式双星组合

四面碰壁

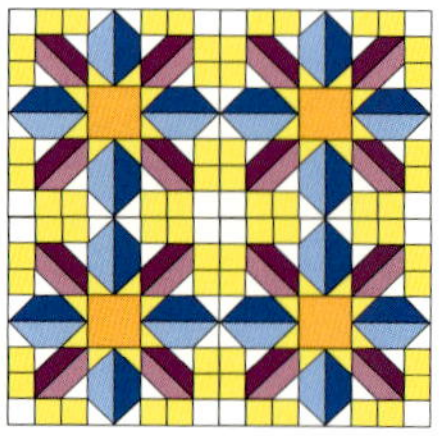

四个一组的四面碰壁组合

六边形和八边形

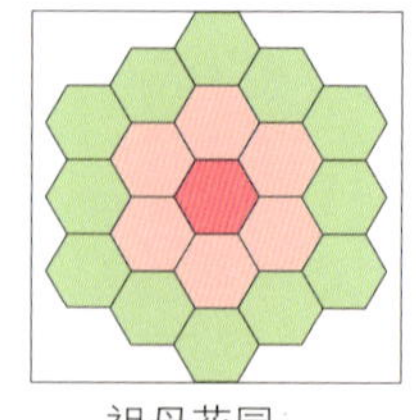

祖母花园

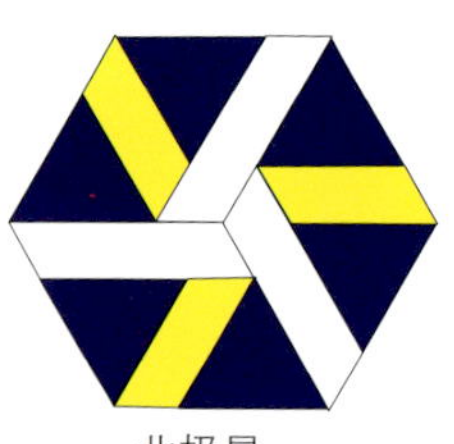

北极星

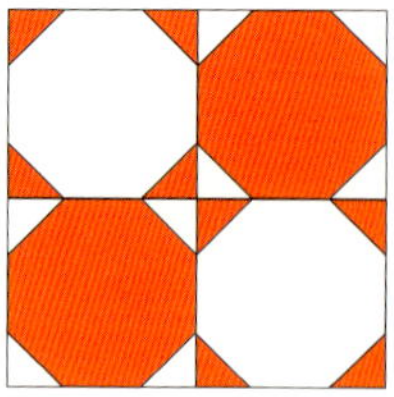

雪球

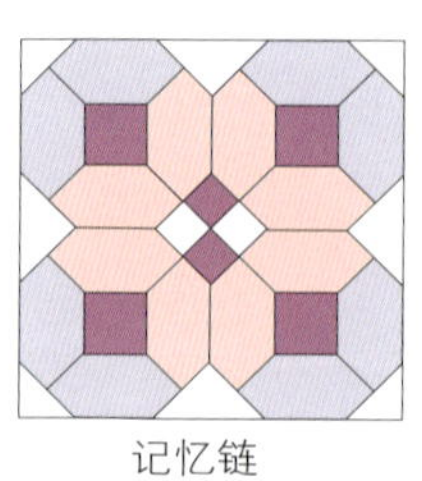

记忆链

夏威夷

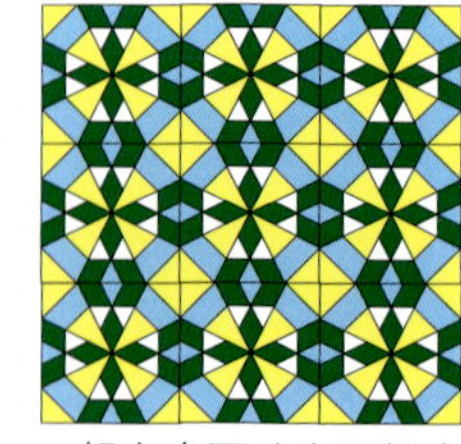

一组九个夏威夷形组合

相关主题...图形绘制和裁切29页 · 棋盘花纹布局40页 · 机器拼缝54页

技巧

拼缝不规则图案

这一章主要讲述如何把不同形状的布块拼缝起来的技巧。本章中的拼布图案需要使用多种技巧。

- 手工拼缝（见50页）——复杂的图案有时使用手工拼缝更容易。
- 英式硬纸拼缝（见51页）——用于重复的图案。详见52页菱形和三角形的拼缝要点。
- 模板的使用（见26页）——适用于要求精确性高，特别是诸如菱形和风筝形图案。
- 机器拼缝（见54页）——缝制不规则图案时多使用交互式拼缝、入式拼缝和部分式拼缝。在缝制三角形时这些技巧非常有用（见80～83页）。
- 条形拼布（见66页）——用于快速缝制多重图案，比如菱形，或是V形臂章，六角星、蜘蛛网等。
- 衬底拼布（见96页）——许多图案要用到很多的布块，用衬底拼布就会使缝制容易也精确得多。可以使用这种方法制作磨难、北极星和夏威夷等图案。

确定拼缝顺序

对许多图案来说用网格体系来安排拼缝顺序相对容易。先把布块缝成正方形或长方形，再把它们一组组地缝起来——见69页样例。有些图案很复杂，很难界定其不规则的图案。通常，我们仍然把布块缝制成小的组，这些布块组可能不是方形，可能是三角形或是不规则四边形。下面给大家演示了两个图案，最下方演示了一个八角星图案。

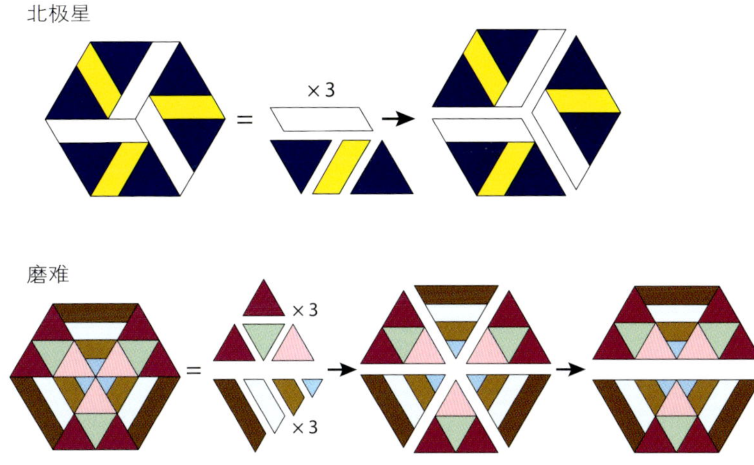

拼缝八角星

八角星又叫柠檬星，是很流行的图样。通常用作绗缝被的中心图案，也常用于绗缝被的其他图样中。下面介绍的是用四组半方三角形图案缝制的八角星，也可用正方形布块来制作。详见57页嵌入式接缝。

首先制作A的四组半方三角形。用两个菱形和一个三角形制作B，注意，要对好各个布块的边，并预留6毫米缝份。把A和B组合起来为C。再把两组C缝在一起形成D。最后，把两组D缝制在一起，作品就完成了。▼

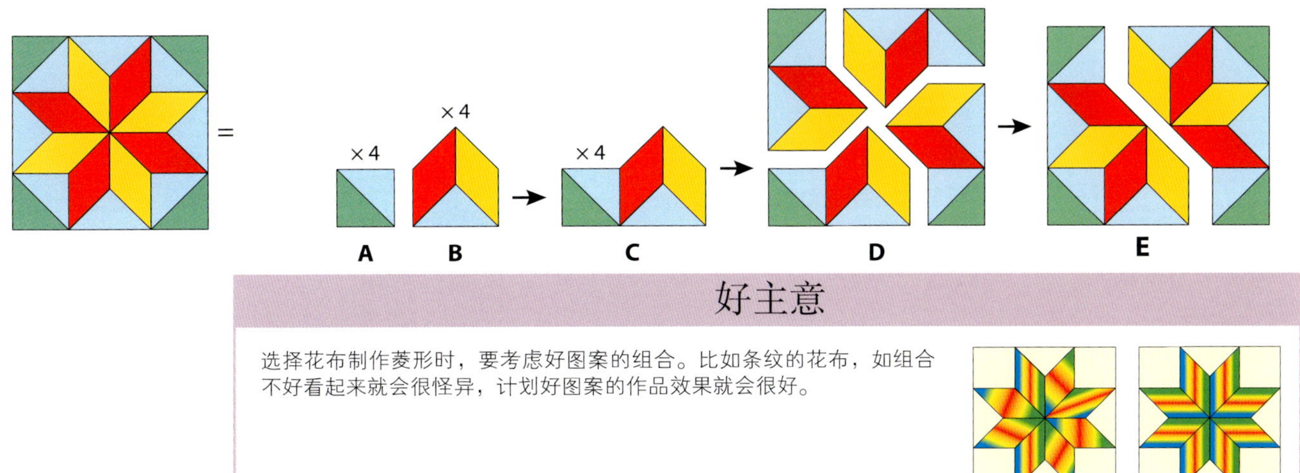

好主意

选择花布制作菱形时，要考虑好图案的组合。比如条纹的花布，如组合不好看起来就会很怪异，计划好图案的作品效果就会很好。

曲线拼布
PATCHWORK WITH CURVES

圆形的奇妙的图案可以嵌入背景布块中形成一幅图画。

拼布作品不一定都是由直线或是几何图形构成的。许多很好的设计作品也有用曲线和圆形构成的，其中的许多区块都是由曲线元素构成的。曲线拼布需要稍加练习，一旦你了解其中的原则，这个技术就很容易掌握了。曲线布块的裁剪还比较容易，但把这些曲线布块正确拼接起来就不那么顺手了，这需要把相邻布块先反向折过来，再按接缝线缝制。当然，只要放松心情，用上珠针，小心缝制，你就会发现用曲线会制作出更让人惊异的好作品来。作品可以使用拼布技巧结合贴布技巧。

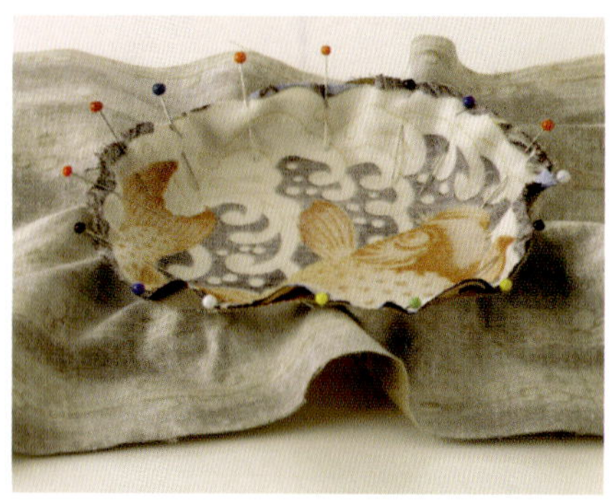

用珠针在背景布块中嵌入圆形布块很有难度，但你会很快上手的（见91页技巧）。

曲线拼布可以用手工或是机器缝制。如果你是新手，那么手工缝制可能会相对简单一些，在手工缝制过程中，你可以充分感觉一下布料的肌理。曲线和圆形可以用模板、圆规和软尺等多种工具标记（见11页工具信息）。把曲线图形缝制在拼布上的简单方法就是使用折边贴布和双面贴合衬贴布（详见144页、152页技巧细节）。

这节的技巧将教会你如何缝制各种曲线区块、如何拼缝；如何用手工或是机器缝制曲线接缝；如何徒手裁剪和缝制曲线、如何做圆形拼布和扇形拼布。93、94页所给出的拼布区块供你一试身手。

裁剪曲线图形

最好使用锋利的布料剪刀裁剪曲线图形，也可使用轮刀来裁切。同样也可使用模板。

- 用剪刀裁剪时，要沿裁剪边轻轻转动布料裁剪。
- 用小型的轮刀裁切拉紧的布料更加简单准确。
- 尽可能再准备一个裁剪曲线的裁剪垫，因为裁剪直线时可能会对裁剪垫造成细小的伤痕，这样会阻碍曲线的顺利裁剪。

左边这个漂亮的手包是由苏姗·布瑞斯科创作的。其中使用了基础拼布法和圆形贴布法，也可使用把曲线边缝合在扇形上的方法。

创造视觉曲线

有许多拼布区块是由直线或重复的区块构成的，这样会形成视觉上的曲线。下面列出了四种区块——天堂之路、风车、蜗牛壳和海上风暴。有些区块，比如海上风暴，用基础拼布技巧和专用尺就可以很容易缝制出。

这个色彩斑斓的床罩是由凯瑟琳·格瑞尔使用重复的蜗牛壳区块缝制而成的，视觉上充满曲线。这种效果是靠交替使用中色调和深色调的布料形成的。

>>> 相关主题... 使用布料纹理23页 >>

技巧

曲线拼缝

沿标记好的缝纫线缝制曲线，拼缝就会容易得多。在裁剪布料之前就要画好拼缝线。要沿拼缝线的引线来裁剪、固定、缝制两部分拼布（A）。也可以画一条约6毫米的拼缝线。曲线越不规则，就要标记越多的缝纫线，尤其是在缝制小半径曲线时（B）。▶

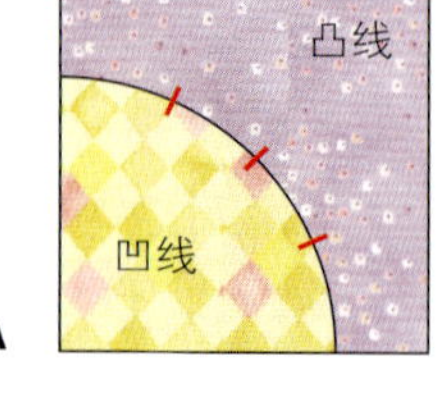

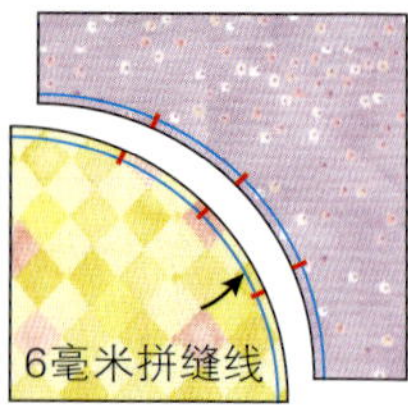

A

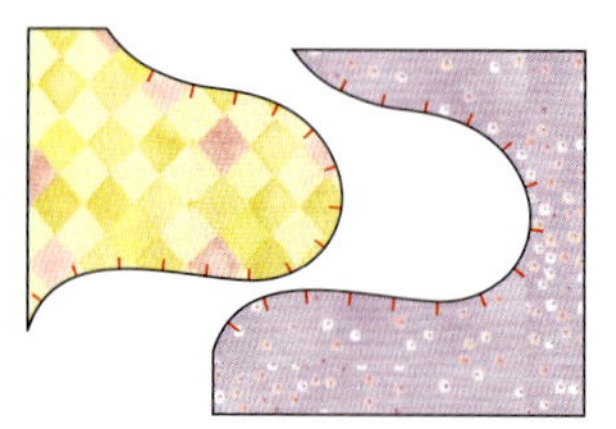

B

好主意

在缝制曲线拼布时，要缓缓地移动拼布，这样才能制作出更好的拼布作品。

手缝曲线拼缝

和机缝一样，此技巧适用于醉汉小径、爱之戒、周游世界、愚人之谜、祖母扇（见93页图表）等图案的缝制。下面详解如何在布料上缝制圆形图案。

1 如图，标记好所需布块和拼缝缝纫线，裁剪。把凸形布块翻过放在凹形布块上，正面相对放在一起。如下图，用珠针沿标记线把两块布块固定在一起。▼

2 把两块布块的曲线边固定好，灵活转动多余的部分，使曲线部分对齐。▼

3 沿6毫米的拼缝线缝纫。要用密针细缝，把布块缝牢。边缝纫边去掉固定的珠针。如果曲线太紧，可间隔性剪牙口使布块平整，然后用熨斗压平拼缝。熨平布块，确保没有褶皱。▼

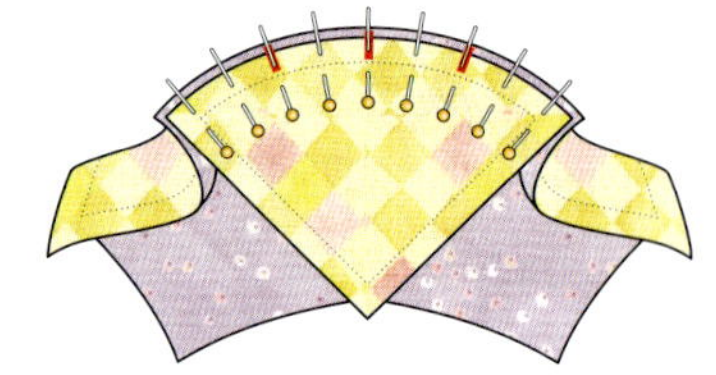

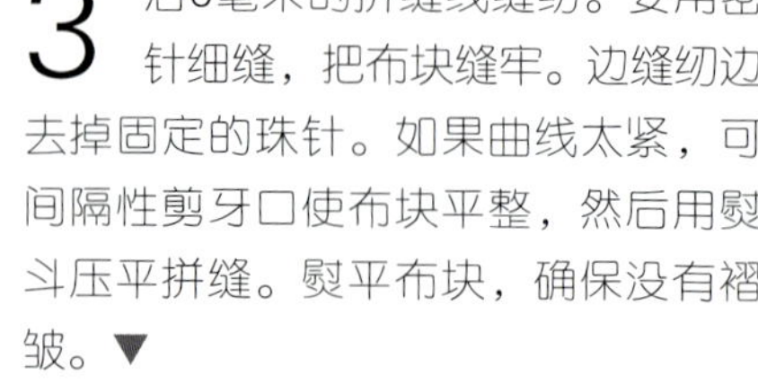

好主意

使用和第一步中相反的手法固定布料会更加简单，即将凹形布料放置在凸形布料之上。

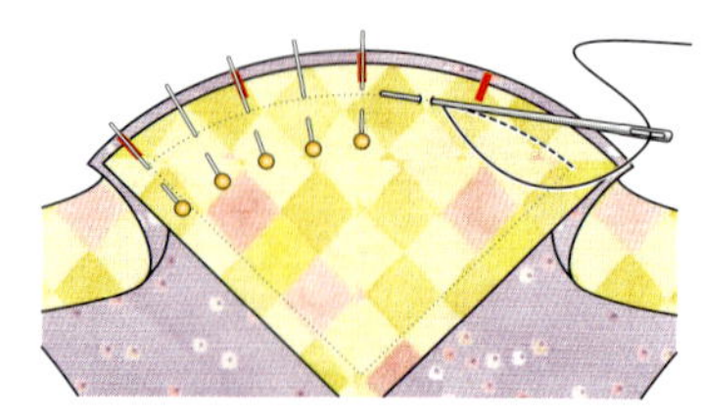

机缝曲线拼缝

如果不熟悉用机器缝制曲线的操作技巧，先在废料上练习一下。

1 如图，标记好所需布块和拼缝缝纫线、裁剪、固定。沿6毫米的拼缝线用机器缝纫。要更灵活地使用机缝，要边缝纫边去掉珠针。▶

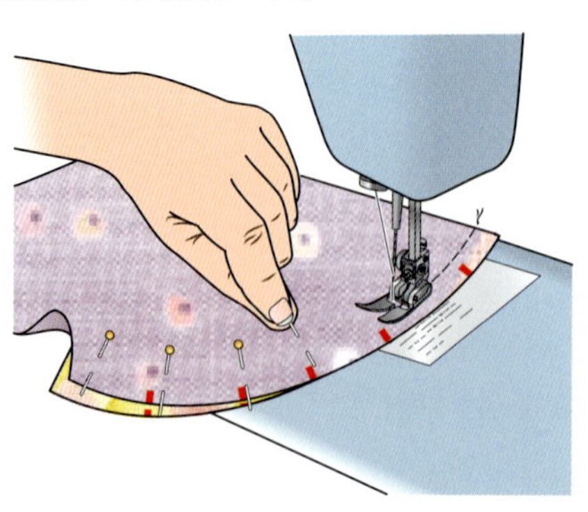

2 用熨斗压平拼缝。如果曲线太紧，可间隔性剪牙口使布块平整，熨平布块，确保没有褶皱。

手工裁剪和缝制曲线

手工缝制也有许多乐趣，用手工完成不规则的拼布也很流行。用手工可以缝制长条行的图案，把它们组合起来形成新的设计作品。入门先从简单的曲线开始缝制。下图是两种相反的花样。

1 选取两块布料，裁取的布块要比需要的长度稍微长些。两块布块相叠，反面向上，徒手用小尺径的轮刀裁切出所需的曲线布块。这样你就可以得到四块曲面布块。两种花色各取一块，然后如下图拼好。沿曲线边标记缝纫线。▼

2 按照缝制线用珠针固定，然后沿曲线边把两个布块缝制在一起。留出6毫米的缝份，边缝制边去掉珠针。▼

3 反面熨烫，再正面熨烫，防止产生褶皱。▼

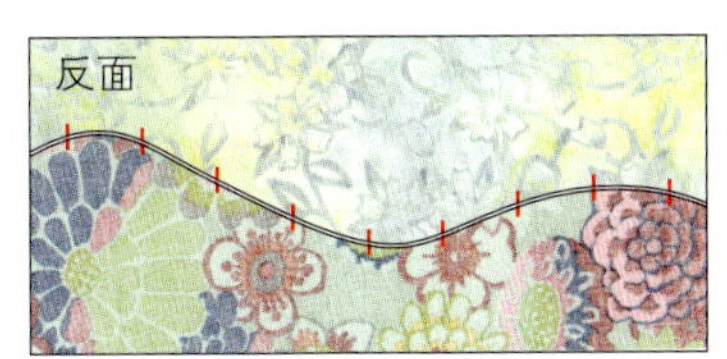

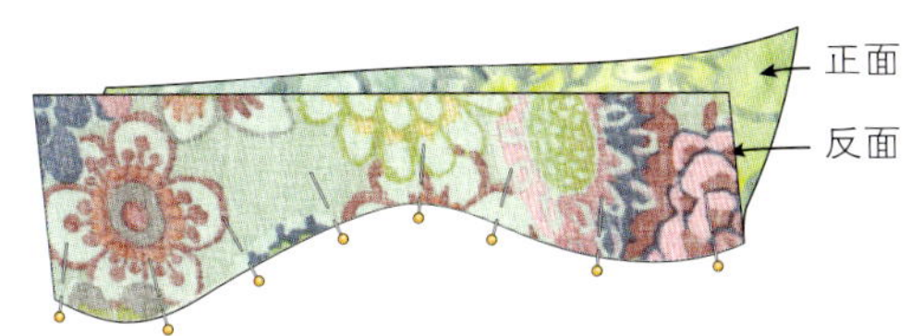

在布料上缝制圆形

在布料上缝制圆形时，不要用贴布法，使用手工和机缝技巧都很好用。

1 首先在纸板或塑料上剪出一个比所需圆形直径大13毫米的圆形。分别从东南西北四个方向在圆形上做8个等分标记(A)。再做一个比第一个直径大25毫米的圆形，同样做8等分标记（B）。▶

2 把小纸板放在背景布上，描出圆形，标出缝纫线（C）。把大纸板放在所选圆形的布料上，同样描图，标出缝纫线（D）。▶

3 把背景布上的圆形剪下（E），放在一边，使用剩下的部分。要注意保留标好的缝纫线。▼

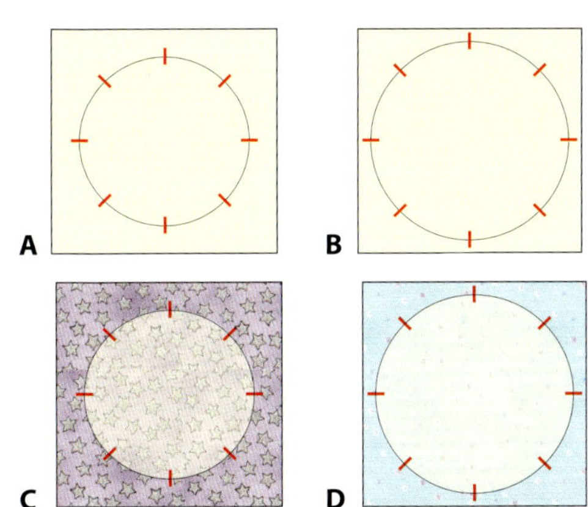

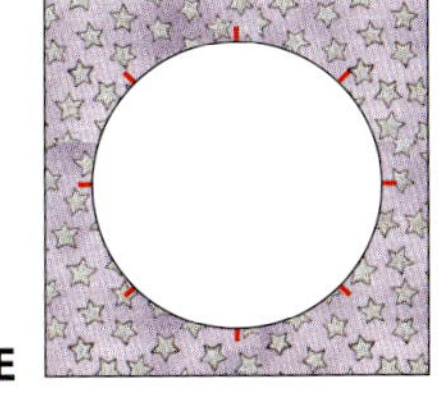

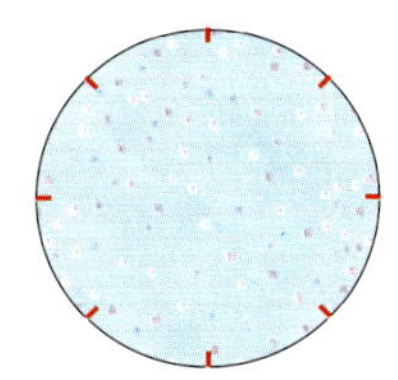

5 用手工或机器缝制6毫米的拼缝，边缝制边去掉珠针。慢慢缝制，要保证作品的平整（G）。缝好后，用熨斗尖儿把圆形熨平，然后整个背面熨烫。展平拼缝，待平整后，再正面熨烫（H）。▼

4 反面朝上，把两个布块放在一起，注意要对齐毛边的缝纫线。按东西南北8个缝纫线固定（F），也可参见88页图片。再多用些珠针固定牢。▶

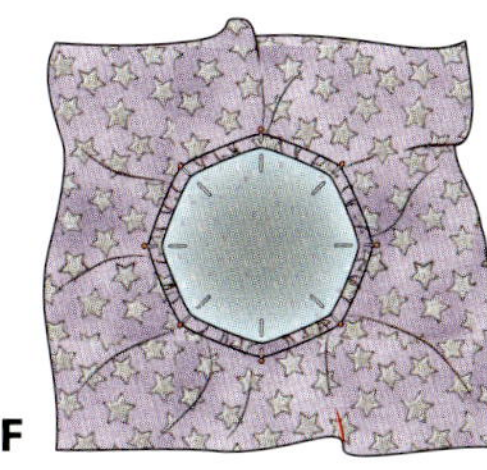

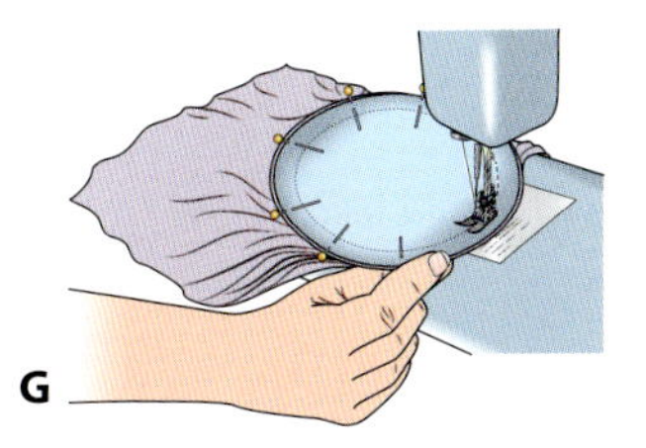

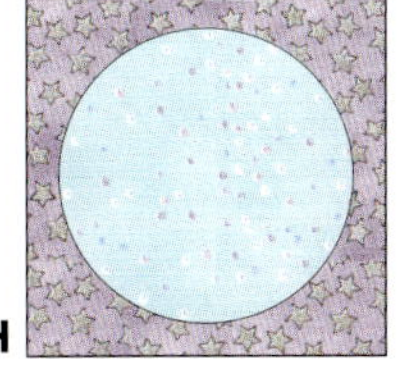

缝制扇形拼布

扇形和鱼鳞形拼布很吸引人，可以用于多种拼布图样中，也可重叠做出新的图样。下面要用到纸样，在扇形顶部缝一条边就可以做出贝壳图样。

1 准备两组纸样，纸样1为成品大小，纸样2要比纸样1的边大6毫米。你可以用本书中提供的纸样，也可根据需要放大纸样。▼

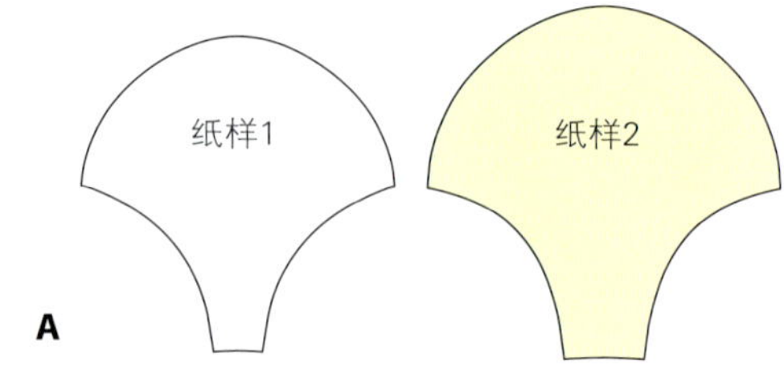

3 在布块的反面，沿描线向内折一个褶皱边，从右边缝起，要确保曲线边缘的平整。用此方法重复做多个所需的贝壳形。▼

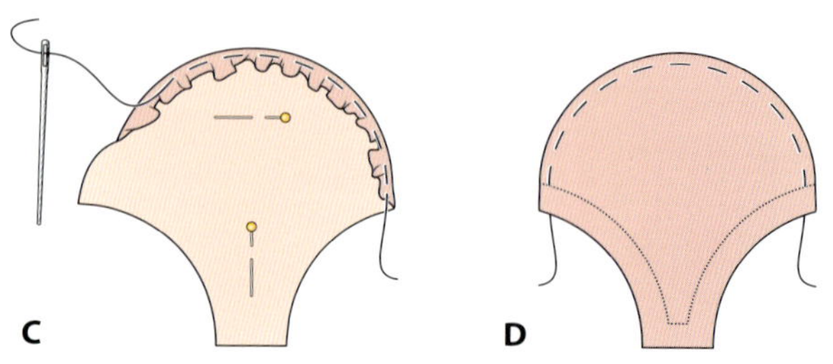

2 把纸样2放在布料的反面，用铅笔画一条边缘线，剪下。把纸样1用珠针固定在布块的中心，再沿其边缘描线。▼

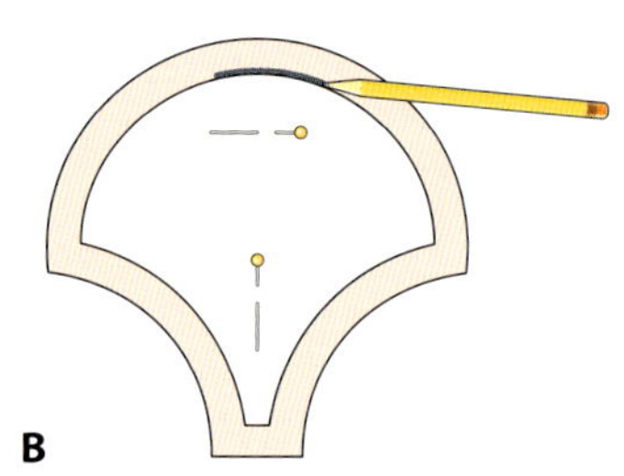

4 把做好的贝壳形布块用珠针固定在背景布上，组合好颜色，就可以开始你的设计了。用小缭针法把第一行贝壳形沿曲线边缝在背景布上。如图，摆好第二行贝壳形，同样把它们缝在背景布上，用相同方法制作接下来的几行。▼

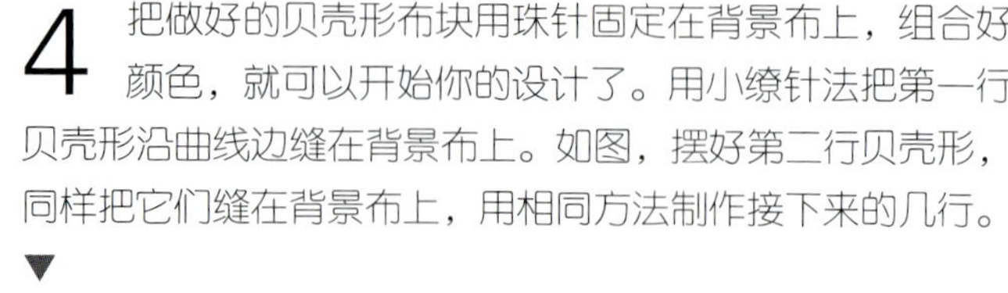

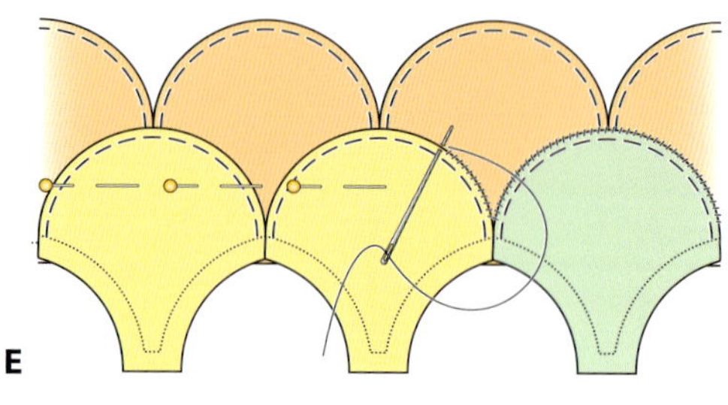

5 都缝制好之后，用轮刀或是剪刀裁剪出你所需的图样。▼

好主意

可以多缝制几行贝壳形布块，这样，你所需裁剪出的图案就会更整齐。

曲线拼布图样

在拼布和贴布中使用曲线图样已有很久历史，发展出了许多的曲线图样和无数的演变图样。流行的样式有扇形、盘形、贝壳形和环形。本页和94页将用图表给大家介绍几种图样。许多种类的图样都可以用不同的方法缝制，比如说基础拼布法、贴布拼布法等。在制作时要用到模板。

醉汉小径——这是一个多变图样，可以用不同的排列组合方式制作出不同的曲线单位。可以手工或是机器缝制，制作这个图样是个练手的好机会。把曲线单位排列组合起来又可以创作出许多的图样，比如风滚草、爱之戒、周游世界、愚人之谜等图样。四组以上结合起来，又可形成有趣的次级图样。

两个图形一组

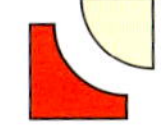

风滚草

爱之戒

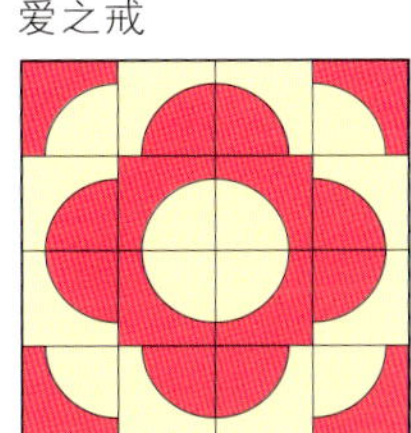

周游世界

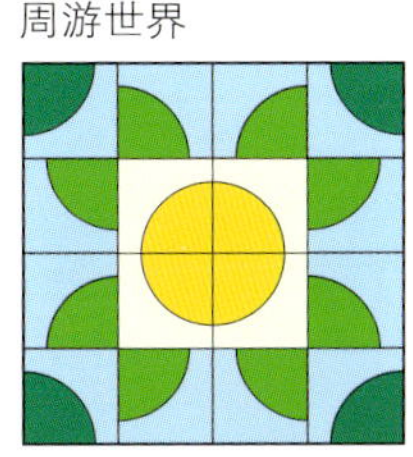

愚人之谜

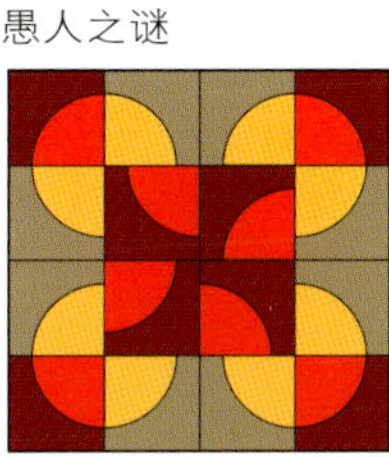

祖母扇——这个图样也广受欢迎，也可变化出许多图样，并可有效利用废布料。图样包括三种基础图形：四分之一圆、扇骨、背景块。如图，首先用直线拼缝 8 条扇骨，形成扇形；接着，把四分之一圆缝在扇形的曲边上；最后，缝上背景块。

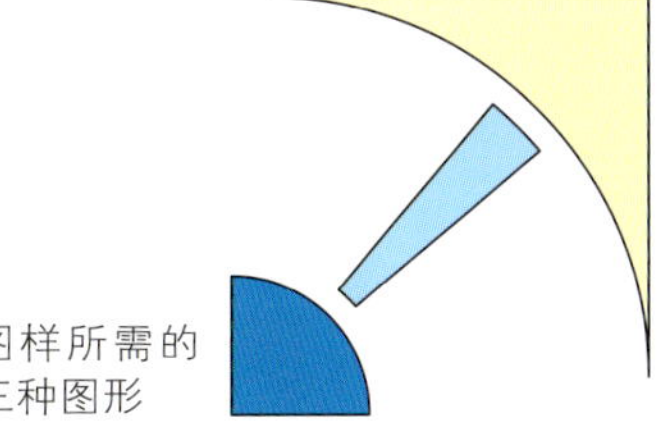

图样所需的三种图形

德雷斯顿扇——本书中多处都谈到了扇形和太阳形的作品。最基本的图样就是从中心点或是一角开始制作，同样你也可以发现许多奇妙的变化图样。下面介绍的这种简单图样叫作友谊之扇或是艺术扇。它由三种图形构成：正方形、花瓣形和背景块，制作时最好结合使用拼布和贴布的技巧。使用折边贴布和双面贴合衬贴布的技巧把花瓣贴在正方形的背景布上（见144和152页）。最后，把背景块贴上或是缝上（如图）。

图样所需的三种图形

德雷斯顿圆盘——同样有很多变化图样，组合的布块可从八条到十六条不等。组成盘形的图形可以是花瓣形、几何形或是旋涡形。下面介绍的图样由三种图形组成，和先前的德雷斯顿扇很相似，也就是重复德雷斯顿扇的做法拼成整个圆形。

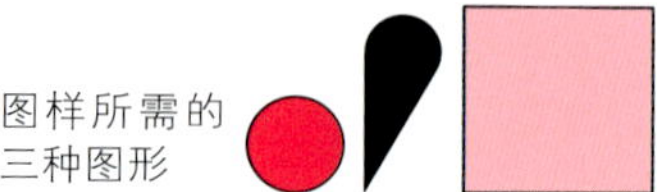

图样所需的三种图形

蛤形——贝壳形和鱼鳞形很受欢迎，而作品中总是充斥着蛤形图样，有直线形、螺旋形，或是这里介绍的把圆形作为中心图形拼出特殊图样。见92页贝壳形的制作方法。

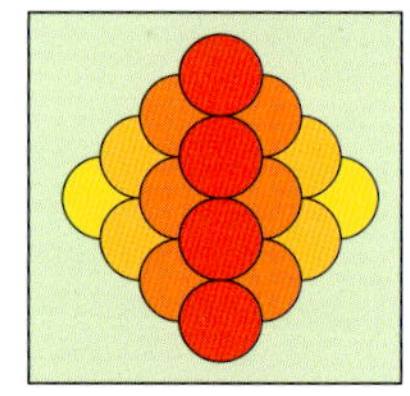

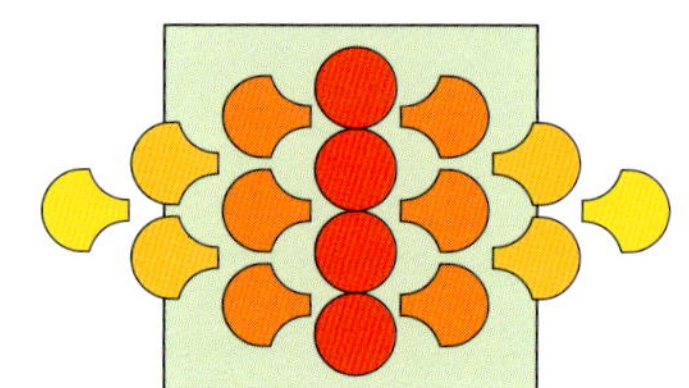

图样所需的两种图形和背景布

烟叶——诸如烟叶和瓜田等作品突出了花瓣形，可结合使用拼布和贴布技巧。烟叶图样的制作：先在正方形内缝上一个小正方形（见82页技巧），然后贴上花瓣。

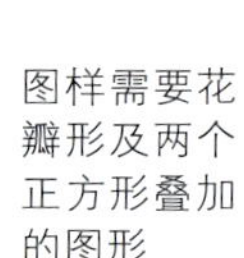

图样需要花瓣形及两个正方形叠加的图形

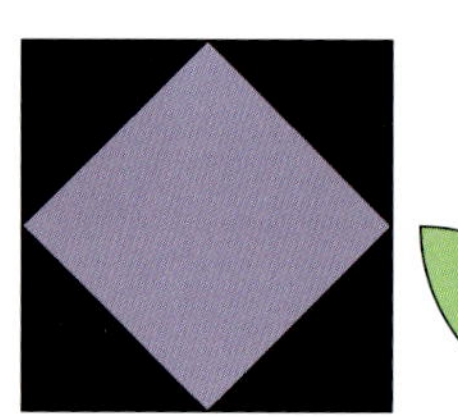

瓜田——这个图样，需要一个四片式拼布图样，然后将花瓣用双面贴合衬贴布或是折边贴布的方法缝在其上。

图样需要花瓣形及四片式拼布图样

结合旋转瓜田图样形成次级图样

图案拼布
PICTORIAL PATCHWORK

图案拼布的区块所表现出来的图案常用作绗缝被的制作，尤其是儿童绗缝被的制作。图案通常都是日常生活中经常出现的，诸如房屋、轮船、花朵、树木和动物这些具象图形。字母也常常用于图案拼布。图案拼布的制作需要制作者掌握一系列的拼布技巧，这样才能用单独的布块或布块组来制作几何状、曲线状、不规则或是复杂的图案。这些布块组的缝制在几章中都有提到，本章中主要列出了几种大家乐于尝试的图案区块。

当然，图案绗缝被或是其他作品的制作需要制作者摒除单一的思维、拓展具象思维，并同时运用贴布等技巧创造出趣味十足的绗缝作品来。家庭里的特殊节日或是有意义的事物都可以作为绗缝被的创作主题。不要忘了可以给作品加上你的标签——见243页。

如图所示，很多最简单的图样基本是由正方形和等边直角三角形所拼制成的。也可根据需要放大或是缩小这些图样。

下图是由珍妮·哈特切森所创作的海边木屋绗缝被，图案虽然展示了特别的海滩元素，但却很容易制作。其中用到了杰利·罗尔的图样——更多裁剪好的布料的用法见21页。

好主意

许多图案可以用网格来表现。十字绣作品就给图案拼布带来很多好的灵感。用这种方式表现的图案拼布就很容易放大你所需的作品元素。

衬底拼布
FOUNDATION PIECING

很多形式的拼布作品都用到衬底拼布来快速有效地把图形组合起来。衬底拼布对复杂的区块制作很有效，比如像菠萝、海上风暴、指南针等，同时衬底拼布也适用于任何拼布。基本方法就是使用临时或是永久性的基础布料或是衬底材料。衬底拼布用到了两种主要的技巧——底压法和顶压法，两种技巧各有优点，要根据您的作品来选取。底压法在本章中介绍，这是一种极其有用的技巧，可以帮助您精确完成复杂的区块制作。顶压法则是相对更随意的技巧，在不太需要准确缝合拼缝线的条形拼布和疯狂拼布作品中常常用到。

在衬底拼布中要尤其注意缝制顺序，因为布块的毛边需要用另一块布来遮盖。例如小木屋、菠萝这些区块要从中心开始向外缝制。曲线作品比如指南针，就可先缝制小扇形，再缝制在一起。而有些由多种图样组合而成的，像海上风暴，就需要先把每个部分缝好，再缝制在一起。

上图这个漂亮的桌垫是由曼蒂・肖恩制作的。她使用衬底拼布法制作了小鸡的身体和小鸡的翅膀，喙和中间的花朵则用了锁边贴布法制作。

衬底拼布法

底压法——这是一种精确的拼布缝制方法。把布料放在衬底材料下，在背景布上标好图案，再把布块的标记面向下用珠针固定在背景布上。要严格按照做好的标记进行缝制，标记线就是拼缝线。注意，你所用的布块的图样实际上与你所需的图样是相反的。这种反向缝制法听上去很复杂，实际上却很容易操作。

顶压法——顶压法有时又叫“跳针法”。这种方法要把布料放在衬底布块上。这种方法一般选取的是永久性材料，比如没有图案的棉布。而条状或是块状的布块在缝制时要留6毫米的缝份。把布块翻到正面，就制作完成了。同样，接下来的步骤也是按照此法进行的。

衬底材料

临时衬底——区块完成后这些材料就可以被去掉了。临时材料包括报纸和其他纸类，如冷冻纸、易撕固定剂、水溶纸等。临时材料不需要预留缝份，也不需缝制拼缝线（因为如有缝份，就不容易拿掉临时材料）。把材料裁剪成你所需布块的大小，缝在指定区域即可。缝制好后就可以去掉临时衬底。为了方便移除材料，可选用大针（比如90/14号针），缝制长度也可略短。

永久衬底——作品中会保留这种材料，所以要选取比较轻的布料，这样不会影响绗缝被的总重。永久衬底包括土布、薄棉布、夹衬纸、可买到的涤纶或人造棉床单。

标记图样

可以用多种方法把图样标记在衬底材料上。

- 拓图是最简单的方法，用尺子、削尖的铅笔和记号笔就可把图形拓在材料上。
- 用缝纫机针刺法来做标记。把图案放在衬底材料上，用缝纫机沿标记线缝纫（注意，缝纫机不要穿线），这样就在材料上打出了孔线。
- 还可把图案印在报纸或冷冻纸上。注意，此法不适用于永久性材料。

布块裁剪

选取的衬底材料的大小要足够图样使用，还要留出拼缝边——至少要比图样大13毫米。即便有材料固定剂的帮助，裁剪时仍要尽量沿布料的纹理裁剪。布条和布块都缝制好后，多余的材料可以用剪刀或是轮刀裁去。

衬底材料可以帮助制作许多精确的区块。用98页介绍的技巧试着制作下列区块。

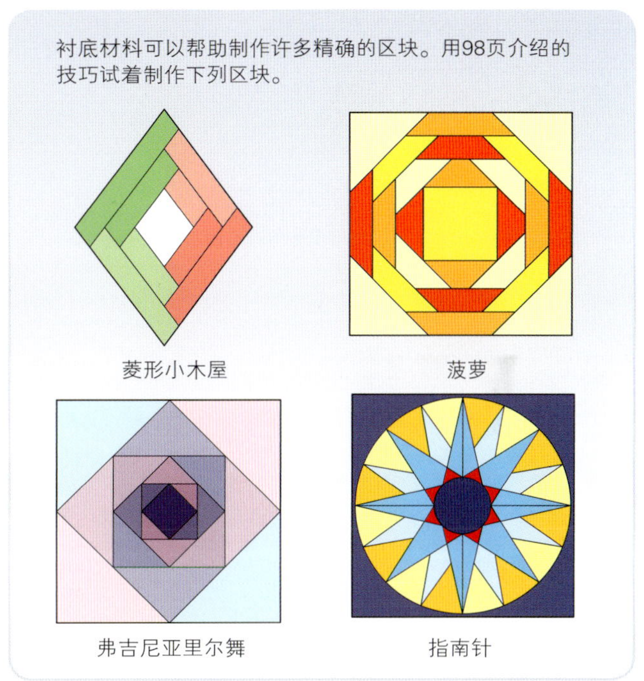

菱形小木屋　菠萝　弗吉尼亚里尔舞　指南针

好主意

你可以用影印机来复印图案。注意影印机的缩放比例，要保持和原比例相同，否则会影响作品的整体制作。

戈尔·劳瑟用衬底拼布法制作的小木屋图案的首饰袋，其中简单的长针法和钉珠为作品润色不少。

>>> 相关主题... 模板的使用26页 · 图形绘制和裁切29页 · 线绳拼布76页 · 疯狂拼布100页 >>

技巧

制作衬底拼布图案

你可以使用现成的基础图样，但自己制作也很简单。相比市售的图样，自己制作可以创造更丰富的图样。

选择你所需大小图样的布块（A）。可用影印机来放大和缩小。选择适合的衬底材料。把图样翻转放在材料上（B）。如果有灯箱的话，可以用来拓印图样，没有的话也没关系，可以把图样放在玻璃上，这样也能把图样拓下来。使用尺子、削尖的铅笔和记号笔把图形准确地拓在材料上。

A

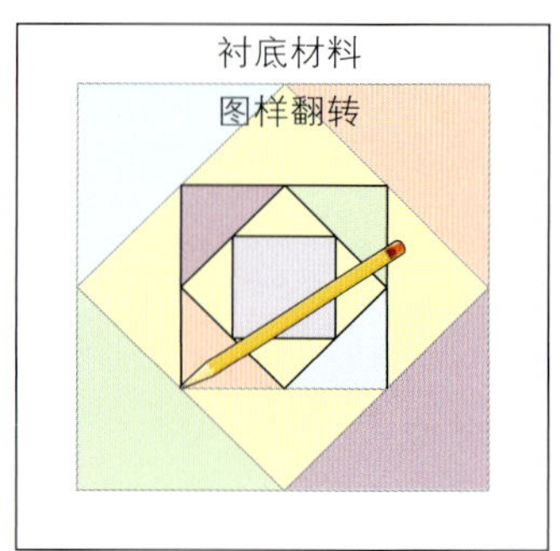

B

底压法

把图样放在衬底材料上就可开始制作了。

1 先确定缝制顺序，在衬底材料背面用数字做好顺序标记。▼

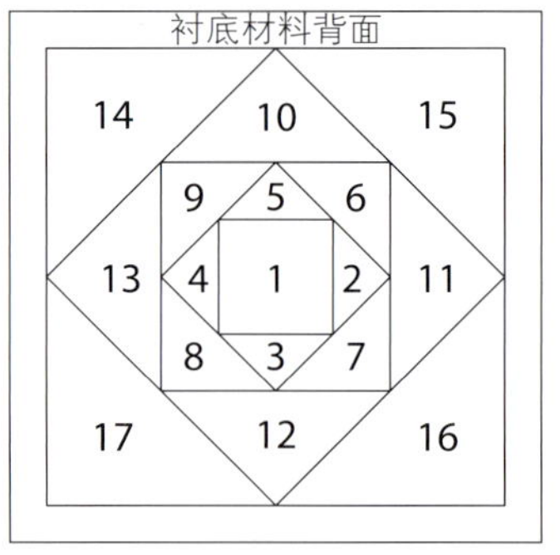

2 衬底材料正面朝上，固定布块1（正面）确保覆盖1号区域，如果看不清楚，对光比照。▼

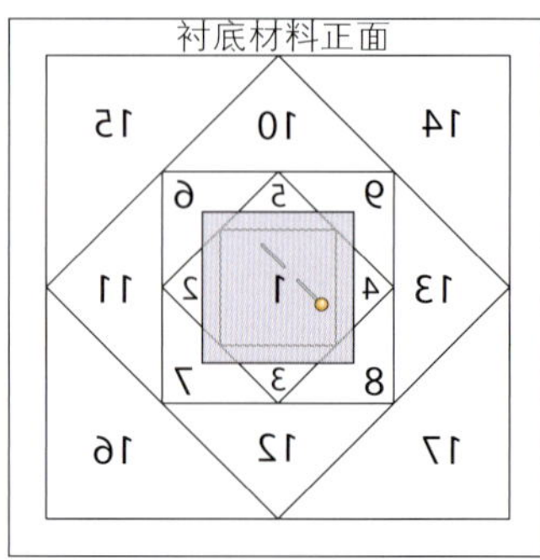

3 把布块2正面朝下放在布块1上，用珠针固定。按下图的虚线标记缝好。▼

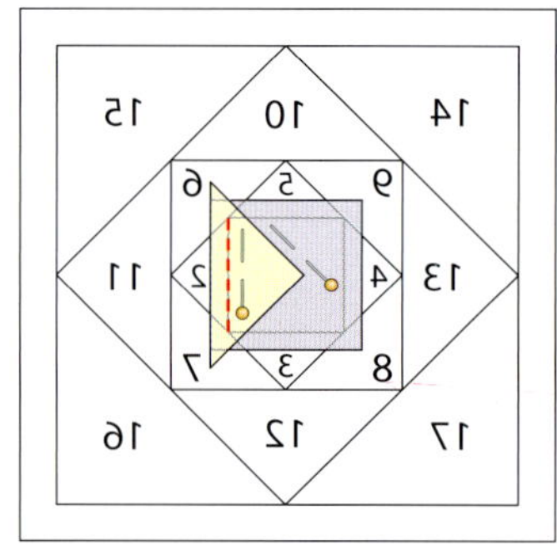

4 对光比照，确定准确缝制。去掉珠针，把布块2翻到正面，熨平。留出6毫米缝份，裁去多余布料。▼

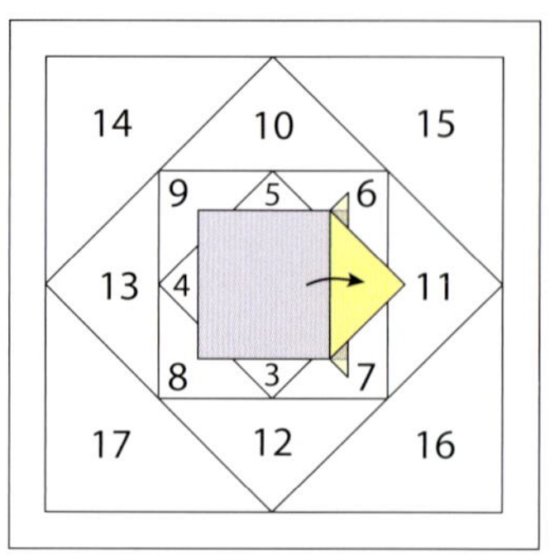

5 用相同方法缝制好布块3、4、5。以此类推，把所有布块都缝好。最后熨烫、修整作品。▼

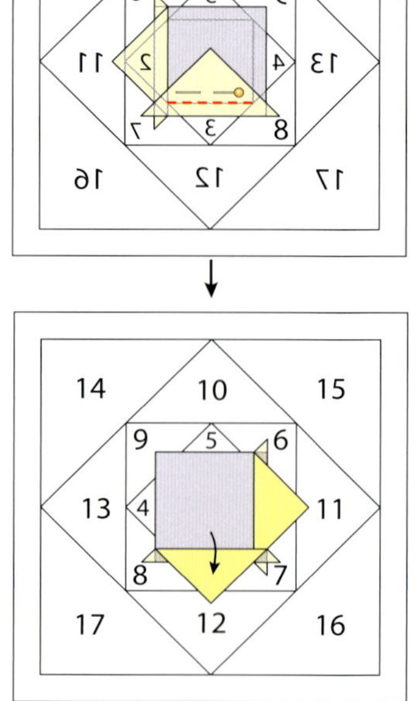

衬底拼布法缝制指南针

指南针是个传统图样，现在有许多的演变图样。用模板或是衬底拼布法都是制作指南针图样的理想方法。下面介绍的是衬底拼布法制作。

1 制作24.5厘米的成品，可以把模板图样放大到你所需的尺寸（放大3.05倍大约可以得到直径为17.8厘米的圆形）。▼

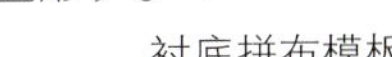

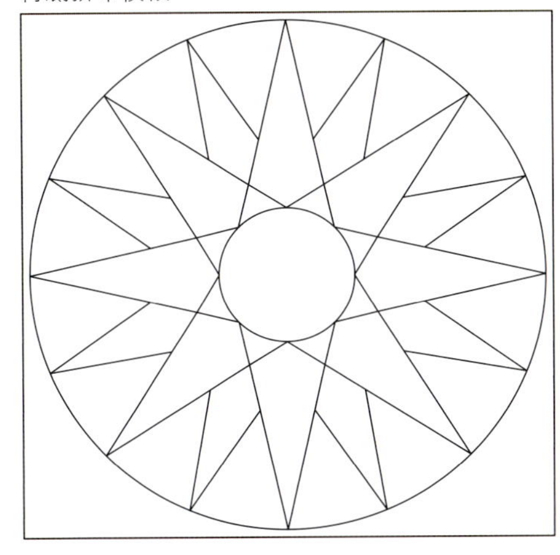

2 使用98页介绍的底压法制作四个部分的布块组。下图中给出了缝制顺序。图中深绿色的布块作为指南针的东南西北指针。因为在最后的缝制中，指针有部分要被中心的圆形布块覆盖，缝制的时候缝直边就可以。注意要在每个布块组周边留出6毫米的缝份。▼

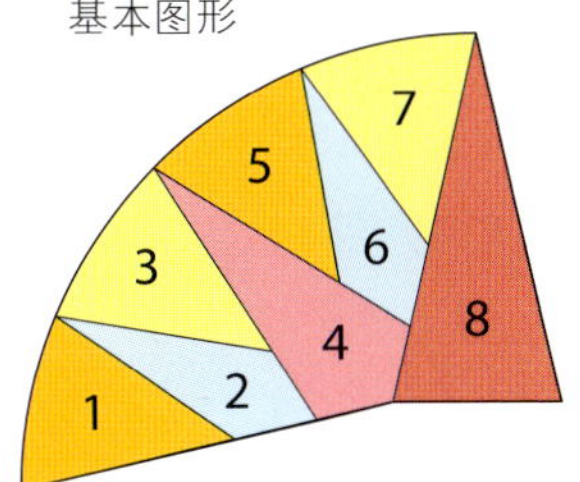

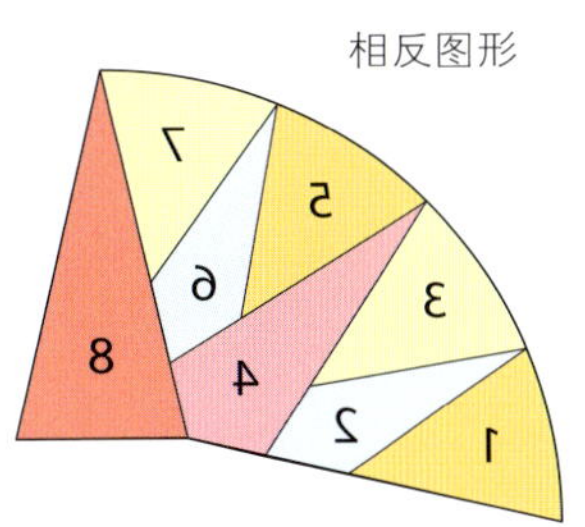

3 四个布块组都制作好之后，两两缝制在一起（留6毫米的缝份），最后再把两大块缝合在一起。▼

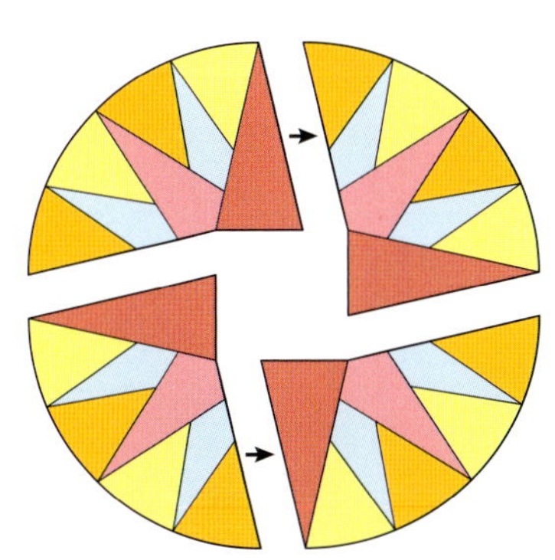

4 制作好之后，裁出中心圆形布块，注意留6毫米的缝份。最后用贴布法把圆形布块固定在指南针的中心。▼

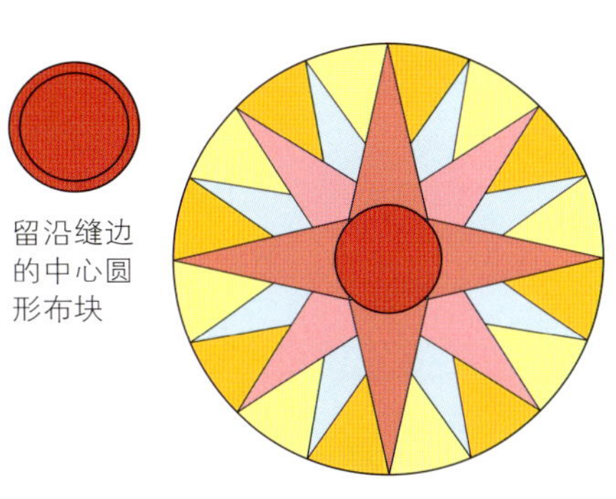

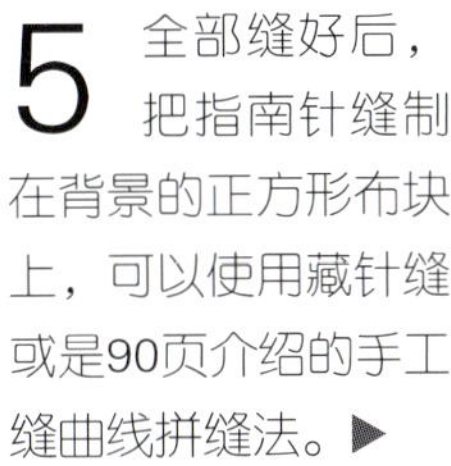
5 全部缝好后，把指南针缝制在背景的正方形布块上，可以使用藏针缝或是90页介绍的手工缝曲线拼缝法。▶

疯狂拼布
CRAZY PATCHWORK

疯狂拼布的特点是把一些形状不规则的布块随意地缝合在一起。它是一种非常美妙的剪贴式的拼凑技巧，特别适合对一些织物和布块的边料充分利用。这一风格来源于日本工艺品设计理念，在19世纪的欧美人眼中，日本的工艺品看起来与众不同，设计风格几乎是很随意的。在维多利亚时代，拼布成了一种时尚的手工，被广泛地用于被单、家居用品以及服装上。各种种类、颜色和质地的布块都可用来拼，其中包括天鹅绒、丝绸、锦缎以及用于制衣和室内装饰的布料。与其他手工相比，拼布手工的特点在于其刺绣的针脚，以及使用大量的小边条和点缀物于布缝之间来装饰布块。

仅仅使用有条纹或方格纹的布料和小边条就能创造出一种具有乡村气息的手工品，重点在于使用波浪形花边、英国刺绣和饰带。不同的布块修剪后拼凑在一起，然后再把饰带先用胶水粘牢，再在恰当的地方缝上几针。

通过疯狂拼布，我们也可以制作出一些精美的绗缝被。其方法很简单，首先准备一些区块，然后再把这些区块和其他花纹较少的区块或小边条缝合起来。布块的形状是不规则的，这也给拼布增加了疯狂的元素。在疯狂拼布绗缝被上我们经常会发现一些装饰性的缝合都是在上面打的结，而不是传统的绗缝（见223页）。

疯狂拼布大都是在底布上进行的，底布一般是土布或是其他的薄棉布。四种主要的手法即布块拼接、卷边、毛边和贴布，在接下来的技巧部分都有描述。还可参见96页的衬底拼布。

使用黑白两色布料制作的疯狂拼布作品极具现代风格。图中所示作品使用了布条拼接的技巧，布条被裁开，并进行了随意组合。同时在接缝处缝出了红色和金色的装饰线。

布块的选择

布块选择是无限的。闪光的印花布、锦缎和卢勒克斯织物、有条纹或方格纹的布料、小边条、传统的粗花呢、格子呢绒、奢华的丝织品、天鹅绒和饰带都是可选的原料。试着从下面开始。

√你的家里——我们都会积攒一些旧衣物，这些旧衣物就可以用来拼布，而且由其拼接而成的绗缝被将会成为你家的传家宝，包含着浓浓的记忆。

√布块的边料——在你拼布中把那些大于7.6厘米见方的布块边料都收集起来。当你积攒的足够多时，把它们拿出来想想能拼接出一个什么。

√家人和拼布的朋友——一旦知道你需要布块，他们都会给你提供帮助。即使是一个花边手帕或者是一条真丝围巾都会给你的。

√二手市场——旧货拍卖店、宅前销售、跳蚤市场等都是你寻找一些不寻常布块和饰带的最佳地方。

√集市——在很多城镇里定期都会有集市，不管是圣诞集市还是跳蚤集市，在那里你总会发现有卖各种衣物和小摆设的货摊儿。

√慈善店——当逛这些店时，要用新的眼光去看那些旧衣物。比如，一件女衬衫也许烂得不能穿了，但你会发现上面的饰带还很完好；一件旧羊毛衫也不能穿了，但是上面贝壳扣也许有用。

√布店——那些卖制衣布的商店通常都会有成袋的边布料和样品，这些有时会被扔掉，有时会便宜卖掉。不妨问一问你附近的店。

疯狂拼布装饰

与传统的精细的拼布相比，疯狂拼布给我们带来了一个解放性的变革。拼布可以用多种不同的方法来装饰，在接缝处加上刺绣或装饰是最常用的方法，但是布块本身也能展示贴布主题或是刺绣设计。在拼布中，拼缝的装饰是令人激动的一步，能创造出意想不到的效果（见228页的装饰绗缝）。在由平纹和单色布块组成的拼布中，缝线和装饰物的选用就显得尤为重要。

任何布料都可以用来进行疯狂拼布。使用的布料可以鲜艳耀目，也可以柔和浪漫，或是介于这两者之间任何布料都可以。先选出自己非常喜欢的两种布料，在其四周使用六种其他的布料。选用和布料搭配的缝线和饰物。使用花纹复杂的布料时会难以凸显出缝线的颜色，请先做好计划。

刺绣——疯狂拼布是展示装饰机器缝线和手工刺绣用线的一个很好的技巧。可以选用不同颜色的线来与每一布块形成反差，也可以选用同一颜色的线与整个设计和谐一致。金黄色就是一种经常选用的缝线颜色。

- 刺绣用线是不错的，包括人造丝、亚光和斑棉线、闪光的金属丝。
- 毛纱、钩编毛线和细缎带的使用也可以给人以醒目的感觉。
- 经常使用的手工针法包括：人字绣、毯边绣、羽状绣、链式绣、十字绣、飞鸟绣和箭头绣等（见245~247页）。

装饰物——包括以下几类，但是装饰物的交叉搭配是疯狂拼布一大特点。

- 缎带、条带、穗带、波状花边以及其他众多的装饰带子。
- 蝴蝶结、花边、英格兰刺绣品。
- 小金属片和小珠子。
- 纽扣和贝壳。

好主意

可以和朋友们交换布料，以丰富自己布料的种类。

相关主题… 条形拼布 66页 · 线绳拼布76页 · 双面贴合衬贴布152页 · 装饰绗缝228页

技巧

缝合并翻转

这是一种比较容易的手法，也常见于线绳拼布和条形拼布。布条可以一个接一个地缝合起来，也可以围绕一块中心布块缝合在其四周。使用这种方法可以很容易地做成一些基本的拼布区块，比如小木屋。这种方法可以单独进行，也可以在像印花棉布或其他棉布的底布上进行。此手法在一些直边的布块上用起来较为方便，所以对于一些非常不规则的布块材料，布块拼接就显得没有其他手法简单。

1 首先准备一块多边布块，再把一块其他颜色的条状布块置于上面，正面相对，沿边缝合缝份为6毫米（A）。然后，把刚刚缝合在上面的条状布块沿缝合线翻折起来，用手指沿缝合线翻面刮压（B）。以同样的方法把另一条状布块也固定于多边布块上（C），将其翻折或用手指翻面按压（D）。▶

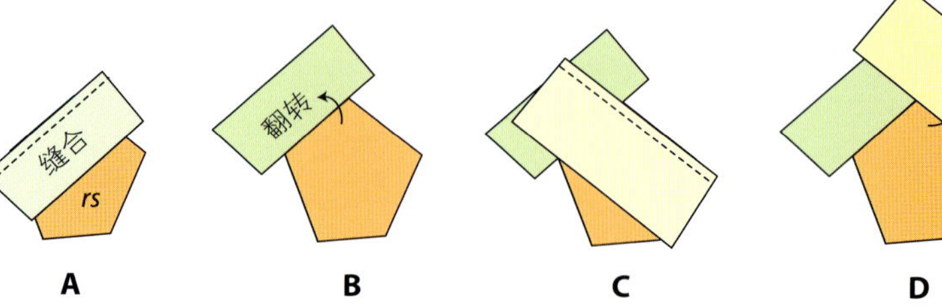

2 继续此项操作（E~J），完成后用一把尺子和轮刀按照你所需的尺寸将其修剪成正方形或是其他形状。▶▼

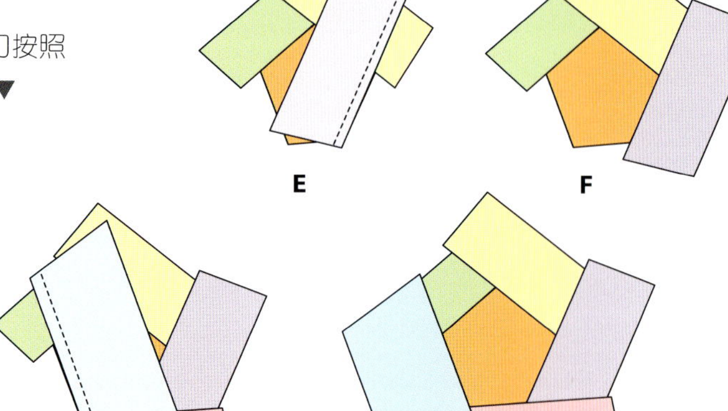

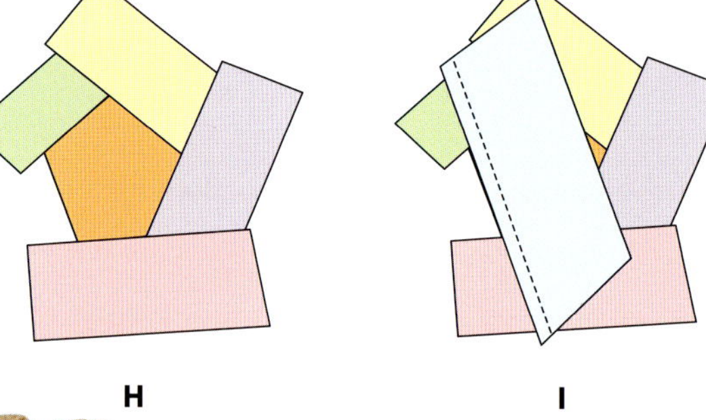

好主意

如果使用的饰带有磨损，可以将其折叠，把折叠的一端缝合在布艺上，另外两个有磨损的端头放置于布艺的边沿和随后的边条缝在一起。

这个小小的系带小包使用的就是缝合并翻转的技巧。苏珊·布里斯科用丝布、印花布和印第安布料制作了包体，并加上了漂亮的贴布。粉红色的装饰线缝被安排在了图案的中央而不是接缝处，从而很好地将整个设计融为一体。

卷边

在卷边手法中，所用的小贴布必须修剪成可以用于缝合的小布块，这些小贴布相互之间有叠加，可以手工或机器缝合起来。这样既可以使缝合处十分紧固也可以使布艺成品更经久耐用。使用这种手法时，对小贴布形状没有要求，可以更加不规则。

1 按照成品的尺寸裁剪一块底布，把第一块小贴布选择靠近底布一角的合适位置正面向上用珠针固定在底布上，然后把另一块小贴布也正面向上用珠针固定在底布上，边缘与第一块贴布的边缘重叠至少1.3厘米。▼

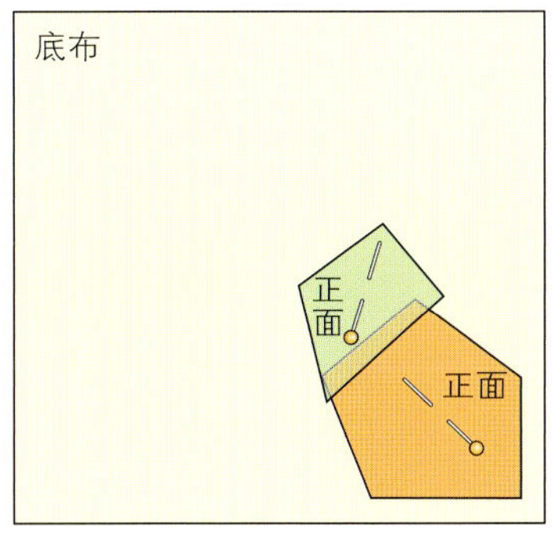

2 按照这一操作，继续在这块底布上用珠针固定更多的小贴布，确保每两条边缘要重叠至少1.3厘米。▼

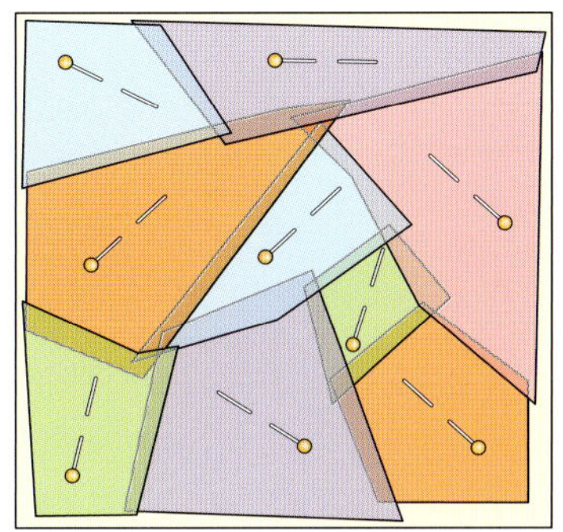

3 沿重叠边缘内侧至少1.3厘米处疏缝这些每个小贴布，确保每个小贴布上的缝线不会疏缝到有重叠边缘的另一小贴布上，然后把珠针取走，用胶水暂时固定小贴布。▼

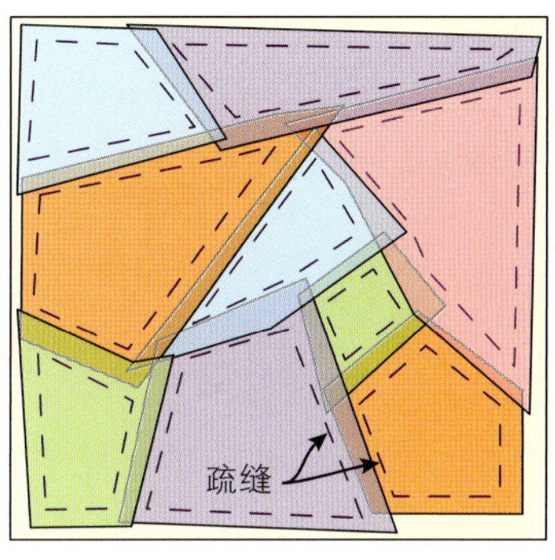

样品使用了多种材料，包括丝绸、缎子和绣花布。使用双面贴合衬把小贴布粘在底布上，在缝合处用手缝线和一些其他饰物来点缀。

4 把小贴布上面的接缝处向下折，有些地方还需要用熨斗压熨一下。因为有些贴布是和其他贴布重叠的，或是区块的边缘要和其他边条缝在一起的，所以不是所有的接缝都需要翻转。这一步要做到不能使任何一处底布的颜色和任何一块小贴布的毛边露在外面。然后用小针脚或机器透明线沿疏缝处缝合一遍。当缝合完成后，小贴布紧固了，才能拆掉疏缝线。接下来可以沿缝合处装饰一些刺绣或饰带之类的点缀物。当一切完成后，不要忘了沿边儿细心地修剪一下。▼

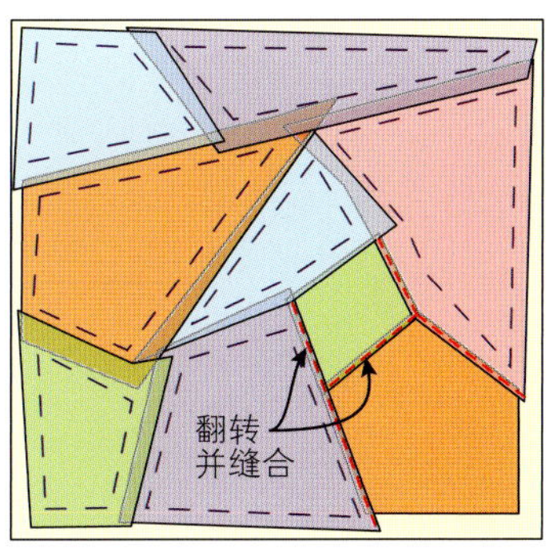

毛边

这个方法特别适用于那些磨损不是很严重的布块，接缝处的饰带和装饰性刺绣也都会对毛边起到保护作用。这个手法与疏缝手法不同的是小贴布没有像疏缝手法中重叠的那样多，缝合处也无需向下折。

1 首先准备一块底布。裁剪出一块小贴布用珠针固定于底布一角适当位置，正面向上。第二块小贴布也正面向上紧靠第一块放置于底布上，与第一块刚刚有重叠。这时，用疏缝或是临时胶将小贴布暂时固定于底布上。也可以使用冷冻纸作为底布，将小贴布暂时粘贴在上面（见151页）。▼

好主意

如果使用的饰带或其他装饰物端头有磨损，在缝线之前将其端头向下折。或者，在缝线之前用快速工艺胶将其端头粘起来。

2 继续使用这个方法把小贴布裁剪成你喜欢的形状用珠针固定在（或粘在）底布上。▼

3 然后使用手工刺绣或机器缝合的方法沿边儿缝线，把重叠的两块小贴布都要缝起来。如果需要装饰，要把这些装饰物埋于线下。完成后需要按压和修边。▼

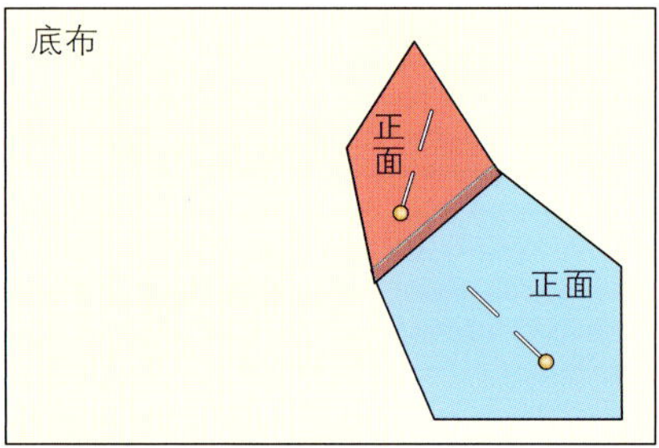

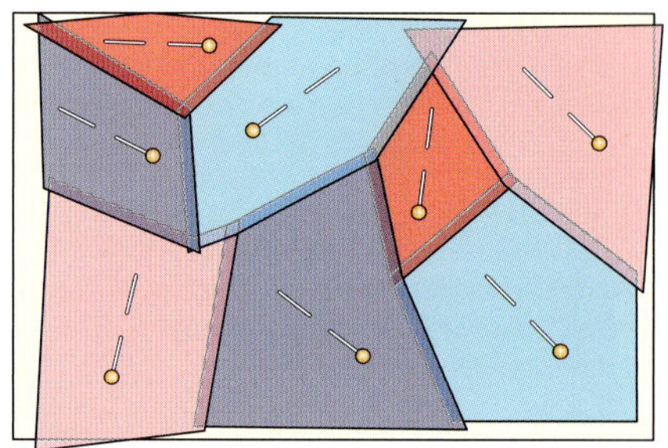

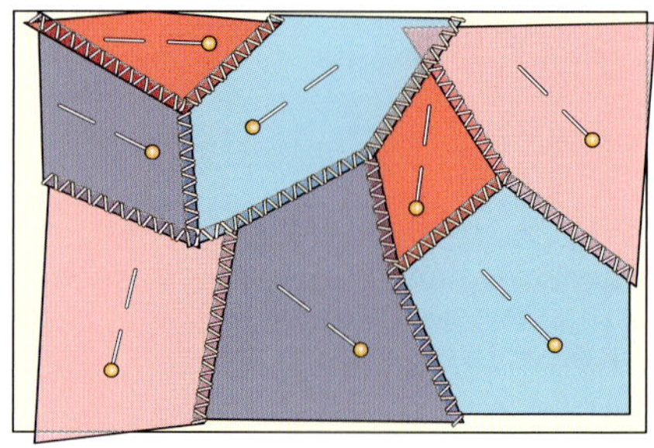

贴布

在贴布手法中，一块块的小贴布靠黏性网状物粘在底布上。与前面毛边手法不同的是，双面贴合衬的使用可以使整个布艺成品更加紧固，而且对剪切边也起到了保护作用。

把双面贴合衬紧贴于底布上，再把裁剪出来的不同形状的小贴布放置于上面，小贴布每相邻的两条边以拼图形式随意地缝合起来。一旦决定好这些小贴布的图案排列，接下来就按照前面描述那样，小贴布彼此稍稍重叠粘在底布上，等黏性物质冷却下来再开始表面的装饰。完成后需要按压和修边。

好主意

按压最后成品时要特别小心，因为你可能会使穗带或其他装饰物起热不利于黏合。有些含有尼龙或是人造纤维成分，所以需要冷却。如果不行，可以借助一个按压垫。

将疯狂拼布布料贴合在底布上能使成品更加结实耐用，也使拼布作品更适合添加牢固的饰边和小珠。

制作实践
存储盒

生活中各种形状和尺寸的木质或纸质盒子到处可见，但是一个装饰精美的手绘盒子是最能够完美展示疯狂拼布了。各种材质的碎料子，丝绸的或是锦缎的，都可以借助双面贴合衬固定于底布上。但是，除了前面所说的方法外，你也可以尝试以下其他方法。

简介

应用技巧： 双面贴合衬贴布；疯狂拼布；装饰线迹
成品尺寸： 22.9厘米×20.3厘米
布料： 不同材质的碎布
线： 能够和布块搭配的刺绣线
装饰物： 饰带

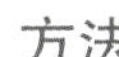

方法

- 用尺子量一下盒盖的尺寸，裁剪出一块比盒盖至少宽5厘米的布块当作底布，用铅笔比照盒盖在上面画出其形状，如果需要也可以在上面绘出颜色。
- 轻轻折叠所画底布上盒盖的边沿，用绣花线迹、装饰性的机器线迹和一些饰带来装饰缝份。
- 沿画线处剪下布块，然后用布用胶将其粘于盒子的某个位置，最后再用胶水将饰带粘于盒盖边缘盖住饰带接头，保护整个盒盖。

泡芙拼布
PUFFED PATCHWORK

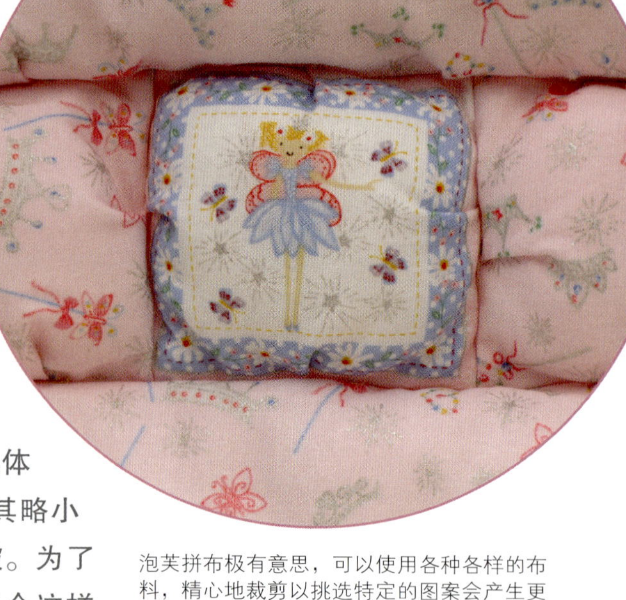

泡芙拼布极有意思，可以使用各种各样的布料，精心地裁剪以挑选特定的图案会产生更加奇特的效果。

泡芙拼布是一种很有意思的布艺手法，它看上去可爱、蓬松，会让你有一种想去触摸的冲动。泡芙本身看上去就十分招人喜欢，而且这种布艺也可以和其他比较传统的布艺形式混搭，效果更佳。这种方法极易掌握，虽然传统上都是靠机器缝合，但手工缝合也可以做到。具体的做法就是把一块正方形布块和一块同样形状但尺寸比其略小的布块缝在一起，在上面那块方布的四周做出些小的褶皱。为了使最后的形状更好，要在里面填充一些聚酯的铺棉，把多个这样的泡芙缝合在一起就做成了一个拼布被。

这种布艺形式至今超过150年的历史了，因为这些蓬松的形状像饼干，所以这种布艺也叫作饼干布艺。所做出来的拼布被舒适、温暖，特别适合冬季的晚上用。

泡芙的尺寸

这种布艺中泡芙尺寸的大小要取决于上面一块正方形布料的尺寸。一般来讲，上面正方形布料的尺寸要比底块的大1.3厘米，如果要想更加饱满，上面的那块可以更大些（比下面的大2.5厘米）。下一页要谈到的技巧中所用的尺寸会略小一些，缝份大约有6毫米。因为泡芙的背面不会露在外面，所以你可以选用一些普通的、便宜一些的布块。

从泡芙游戏垫的细节中可以看到，将泡芙布艺和平纹区块组合使用，再装饰上悠悠拼布，即可制作出漂亮且具质感的作品。

泡芙拼布的设计

依靠布料的颜色和布块排列的不同，泡芙拼布能够产生奇特的效果。以下是我所给的一些建议：

- 布料精心裁剪以挑选特定的图案，主体效果就会得以实现。也可以使用你之前做其他布艺时留下的拼布布块或是贴布布块来达到泡芙的效果。
- 从你储存的布料中找出那些碎布料来拼凑成一个泡芙拼布被。
- 试着用一些其他形状，如长方形或是三角形，别总是用正方形。

试着用一些素色和深色的布料，组成一个色调有极大反差的图案。

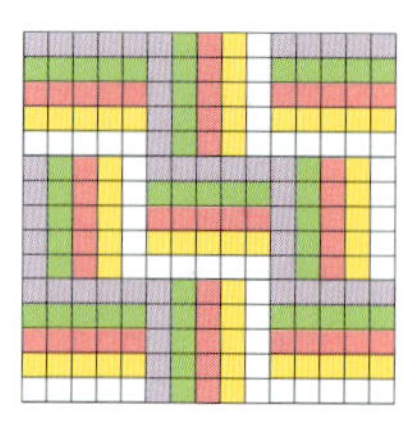

试着用有图案的布料，可以仿照传统的布块排列方式，比如栅栏式样。

试着把泡芙布块和普通的布块搭配起来组成不同的形状，比如星星形状。

>> 相关主题... 链状拼接58页 · 系带绗缝 223页 >>>

技巧

缝合泡芙拼布

把两块正方形布块叠加起来，上面那块要比底块每边宽1.3厘米。比如，如果你想要一个10.2厘米见方的泡芙，那么你需要将上面那块裁剪成边长为11.5厘米的正方形，下面那块边长为10.2厘米。当把这些泡芙块连接在一起，因为需要6毫米的缝份，所以就变成了9.0厘米了。

1 根据需要裁剪出大小两个正方形布块，四角对齐把大块置于小块之上，用珠针沿三条边对齐别起来使大块布料膨起来。然后再沿这三边6毫米处缝合，留有一条边开口。▶

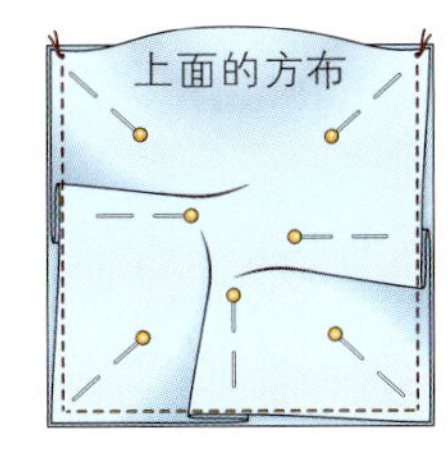

4 以同样的方法将做好的组块连接起来，这一过程中要交替变换缝线的方向，这样可以使这些组块更加紧固。等到这些泡芙块都缝合完毕，一个拼布被就算完成了。见下图。▼

2 当把泡芙块成排连接时，你可以使用链状拼接方法（见58页）把它们缝合在一起，这样不至于每次都要截线。这一步一旦完成，接下来把每个方块都填上聚酯铺棉，最后将每块泡芙块上的最后一边折起来，用珠针别上。▶

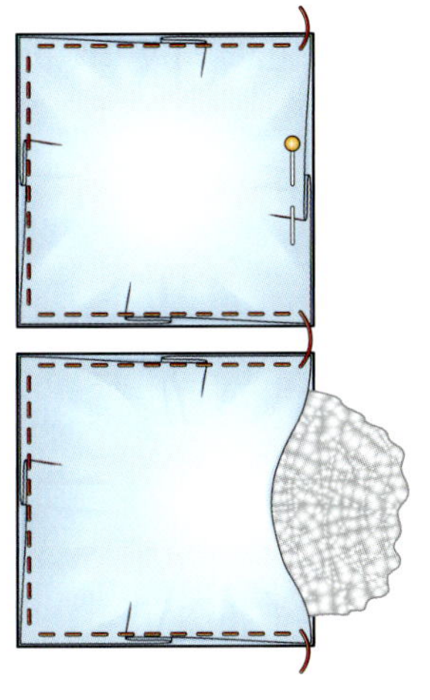

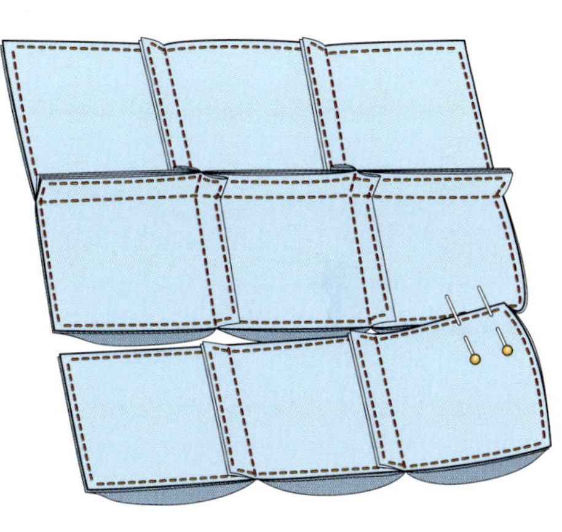

3 把所有都填充好的泡芙块的最后一边缝合，当一组缝合完成后将其与其他组块分开。接下来开始拼凑这些泡芙块，首先将成对的正面相对连接在一起，要留比之前稍宽的缝份以便于将以前的缝迹遮盖住。▼

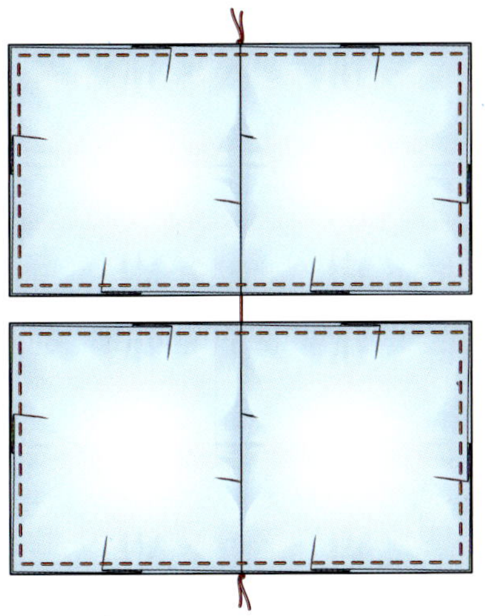

好主意

每个泡芙块不要填充得太实，这样会给缝合带来麻烦。相反，如果在连接完毕后你发现这些泡芙块不是很实的话，那么在泡芙块的反面划一个小口，再补填一些铺棉，然后再将其缝紧。

泡芙拼布的收尾

当拼布被正面完成后，你可以在里面加上铺棉和里布。一般情况下，泡芙拼布是不用里布的，所以最好是把铺棉固定在上面。在把铺棉缝上之前，你可以把被边做成几种不同的式样，如在四周也加上膨松边、厚的边条或是褶皱之类的东西。最后，可以使用235页所介绍的方法。一旦拼布被制作完成，用结实的线在不同地方将三层串系起来，把系结放在蓬松的泡芙里。或者，你也可以用简单的倒缝或十字缝的方法将三层缝在一起。

制作实践

泡芙游戏垫

这种拼布棉垫全部由泡芙方块组成，既可爱又松软，非常适合幼儿在上面玩耍。

简介

应用技巧：泡芙拼布；悠悠；缝合边缘
作品设计：四块组的泡芙棉垫和普通的方垫交错连接
成品尺寸：71厘米见方
布料：各种印花布（大约75厘米）；白布料（50厘米）；淡色布（50厘米）；12块15.2厘米见方的铺棉；76厘米见方的里布；做褶边用的碎布
线：机器缝合线和结实的组合线

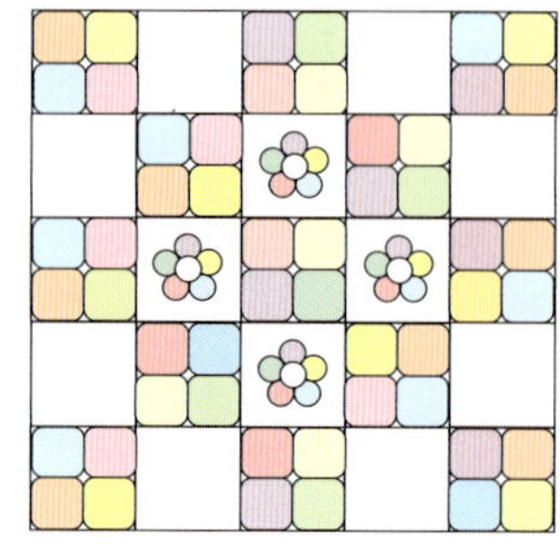

方法

- 从各种各样的印花布上剪下52块8.2厘米见方的正方形布块，再准备52块9.5厘米见方的正方形布块。按照107页所讲的方法将它们做成小的泡芙，再四块一组缝合在一起共得到13个四块组泡芙垫。
- 剪下12块15.2厘米见方的白布料、12块同尺寸的里布和12块同尺寸的铺棉。先把里布正面朝下放在地上，然后把铺棉放在上面，再把一块正方形白布正面朝上放于铺棉上，按6毫米的缝份将其四边缝合。注：缝合口是向外的，重复再做11个正方形布垫。
- 将做好的泡芙垫和普通布垫正面朝上放置，把四块组的泡芙垫和普通布垫交错地组合缝在一起。
- 剪出24个直径8.9厘米的圆形布块将其做成24个悠悠（见121页），然后6个一组缝在四块无图案的方形布块上。
- 用褶边在四边装饰一下。

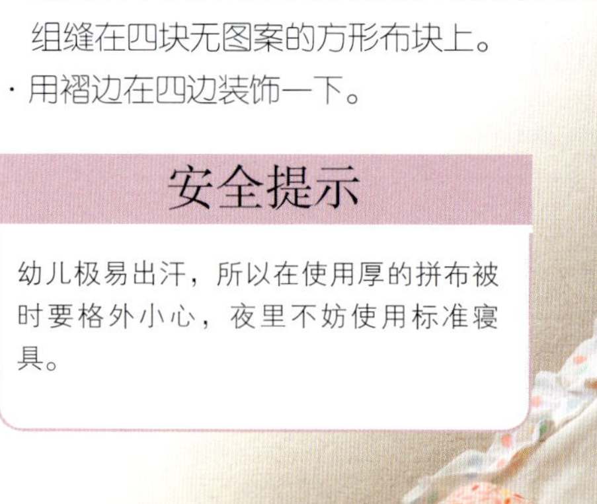

安全提示

幼儿极易出汗，所以在使用厚的拼布被时要格外小心，夜里不妨使用标准寝具。

折叠拼布
FOLDED PATCHWORK

通过把布块折叠成不同的形状，然后再叠加起来做成的拼布纹理清晰、图案精美。把正方形的布块折叠成三角形是做成犬齿饰和星星图案的第一步，而日式的折叠布艺、教堂之窗和神秘花园都是彩绘玻璃窗工艺的一种怀旧。一旦布块被折叠成若干个组块，我们就可以将它们缝合在一起，而且很多种折叠拼布也不需要在里面加衬。本节介绍折叠拼布的五种方法。

教堂之窗是折叠拼布中一个重要的拼布手法，能够产生美妙的效果，这种效果来自于窗布和圆形窗框的对比度。

犬齿饰拼布
PRAIRIE POINTS

三角形的布块可以用来做成犬齿饰的拼布，它能使整个拼布富有纹理、形式新颖。犬齿饰又被称作犬齿边、鲨鱼齿，是由正方形布块折叠而成，可以是一块布、一种颜色，也可以由多种颜色拼成。如果是由多种颜色组成，它既可以和整个拼布色调相匹配又可以把碎布块尽可能都利用上。犬齿饰可以是一折而成，也可以是折两折从而形成一个中心褶皱，一般都要排列成排固定于拼布的接缝处，以起到装饰作用。根据个人喜好，齿的高度不等。

要想知道需要一块多大尺寸的正方形布块，你可以先量出犬齿饰的高度，把它放大一倍，然后再加上足够的缝份尺寸。比如，犬齿饰的高度是5.1厘米，那么需要正方形布块的边长将是5.1+5.1+1.3=11.5（厘米）。

盖尔·劳斯使用颜色明亮的双宫蚕丝织品折叠成双折的犬齿饰，然后把它们排列着缝在晚宴包的接缝处。这些犬齿饰不仅纹理鲜明、美观，而且又加以珠子点缀。

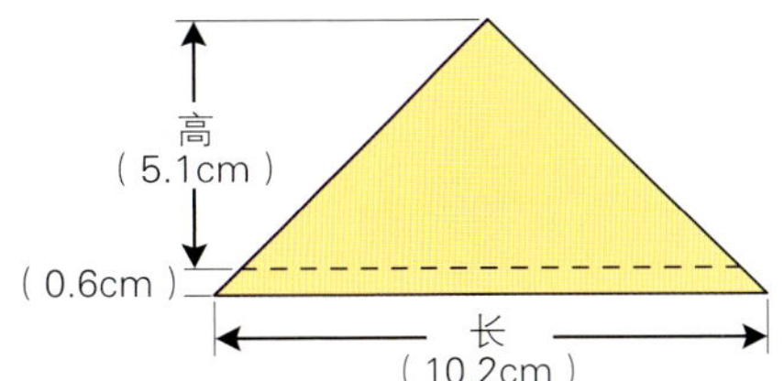

折叠星拼布
FOLDED STAR

这种拼布也叫作斜拼接拼布或靠垫拼布。折叠星看起来很复杂，其实制作起来相当容易。把犬齿饰拼布的尖角朝向中心排成一个圆形，另一端可以插入环形布块中，也可以用黏合剂将其粘牢，还可以在圆周缝边儿。要达到好的效果，配色至关重要，与四周颜色反差越大，效果会越好。

这个靠枕就是盖尔·劳斯利用折叠星拼布作为中心装饰物，边沿配以银色边儿。蓝色和白色两种颜色的反差更凸显了星星的效果。

日式折叠拼布
JAPANESE FOLDED PATCHWORK

折叠拼布与折纸手工——古代日本的一种折纸艺术有很多相似之处。在这种拼布中，可以使用铺棉来形成更多的纹理和各式各样的形状。首先是把一个圆形的布块折叠成一个正方形的，每一个正方形的布块都是一个独立的单位，接下来再把这些单位连接起来。这个方法也适合于六边形的拼接。原先都是用手工来缝合的，先将圆形布块排列好，然后手工把相邻两个缝在一起，不过现在用机器，速度更快一些。

折叠拼布是包包拼布的常用方法。这些包包就是由琳妮·爱德华使用日式折叠拼布做成的。中心图案的布料与外围框架形成了强烈的反差，中间花形图案处纽扣的使用更加凸显了效果。

教堂之窗拼布
CATHEDRAL WINDOW

教堂之窗拼布会创造出一些令人震惊的图案设计，这种拼布目前为止已出现了很多变化形式。教堂之窗涉及对正方形布块的折叠和重复折叠，以及用一块多种颜色的布块作为内嵌物，看起来虽然复杂，但做起来十分简单。完成后的单位要一件一件地串联起来，不需要铺棉，不需要里布，也不需要传统的特殊缝合。这种拼布可以由手工完成也可借助机器来进行，见115、116页。

墙上所挂的这件拼布由珍妮特·科维尔使用丝绸和棉布拼出教堂之窗图案，有彩色玻璃的效果。渐进的色调使得整个布艺有种缥缈的感觉。

神秘花园拼布
SECRET GARDEN

这种拼布是教堂之窗拼布的一种变化，它形似四片花瓣。教堂之窗拼布在每个组块中心是一个扭曲的菱形，而神秘花园却是一个四瓣的花朵（见左图的四角）。这两种折叠拼布能很好地搭配在一起。

这件作品是由马尔诺·丹奇使用华丽的蜡染布拼成的。中心使用的是教堂之窗拼布块，四个角是四个深色的神秘花园拼布块。

>>> 相关主题… 手工拼缝50页 · 织物特效118页 · 犬齿饰240页

技巧

单折犬齿饰的制作

简单的单折犬齿饰可以一个一个地制作，然后再成排地缝合在一起，见下图。

1 将一块正方形布块沿对角线对折，沿折缝用手指刮压（A）。然后再将所折成的三角形布块两边对折，沿折缝用熨斗熨平（B）。▶

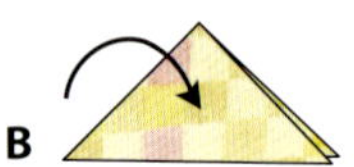

2 按照需要的数量将做好的犬齿饰内嵌式地排列在一起，用珠针两两固定在一起（C），然后缝合起来，去掉珠针。▼

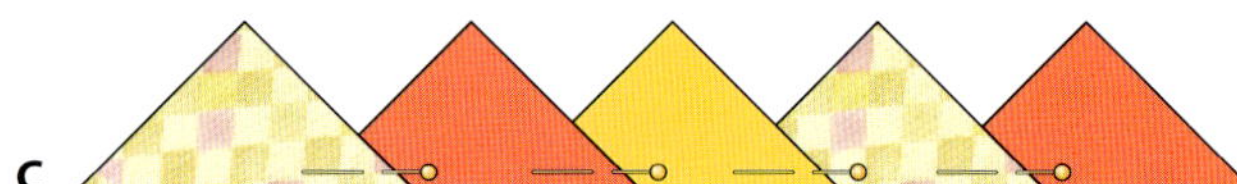

双折犬齿饰的制作

双折犬齿饰需要将正方形布块的双边对折，如果布料颜色不同的话视觉效果会更好。

1 将正方形布块沿边对折成一个长方形，用手指沿折缝按压（A）。然后再将折叠过的两个角分别折向长方形的中间，这样就折成了一个三角形，沿折线用熨斗熨平（B）。▶

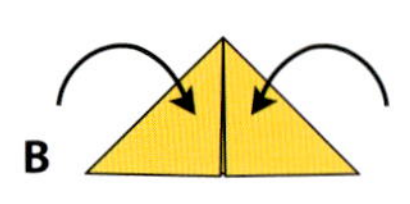

2 如图所示，将所折成的双折犬齿饰互相重叠地排在一起，用珠针固定。每个犬齿饰的两个锐角都在相邻犬齿饰底边的中点（C）。把成排的犬齿饰疏缝起来，去掉珠针。▼

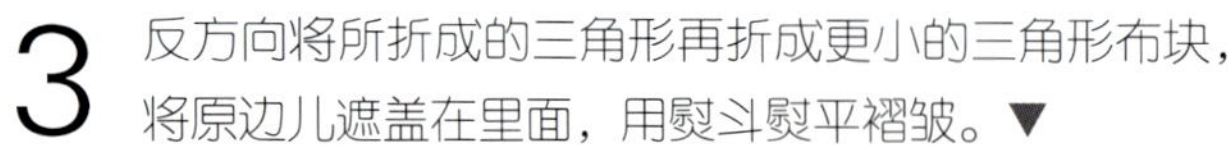

长条状犬齿饰的制作

犬齿饰也可以制作成长条状，这样的犬齿饰可以做大型拼布的边缘。下面介绍的是宽5厘米的长条状犬齿饰的制作。

1 准备一个长度适中、宽10.2厘米的布条，沿中缝反面纵向对折。然后打开反面向上展开铺平，用铅笔沿折线画上标记线，接下来在折后的每部分上每隔5厘米用铅笔画上标记线，沿这个标记线剪到中心标记线处。▼

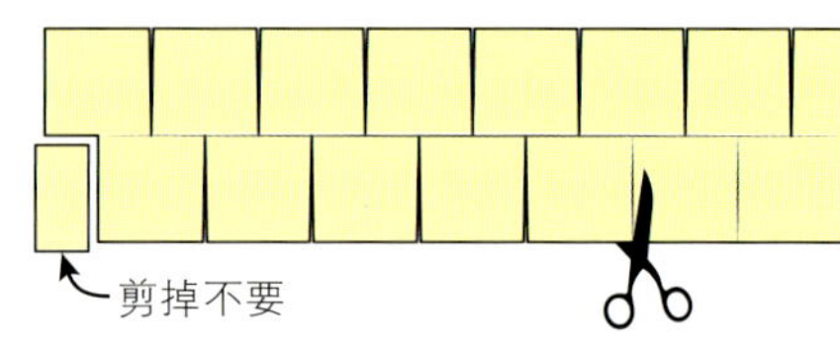

2 每一小块正方形布块都沿对角线向一个方向折成三角形，然后用熨斗熨平。将上下两部分所剪成的小正方形布块都折成三角形。▼

3 反方向将所折成的三角形再折成更小的三角形布块，将原边儿遮盖在里面，用熨斗熨平褶皱。▼

4 最后，把上下两部分所折成的小三角形布块交叉叠在一起，用珠针固定好后进行疏缝，这样一个长条犬齿饰就做好了。▼

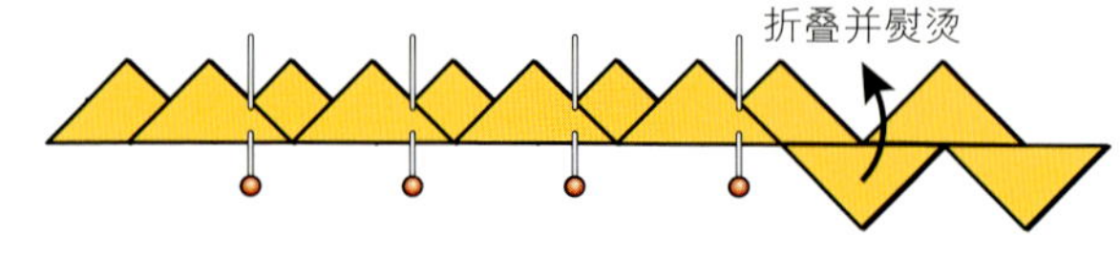

折叠星拼布

这里介绍的折叠星需要由三圈双折犬齿饰组成，当然也可以根据你的配色设计使用更多的色彩反差大的双折犬齿边饰边。将底布固定在绣花圈上会使你的拼布更牢靠。

1 先来决定你想要几圈的折叠星，需要多少犬齿饰。第一圈需要4个犬齿饰，第二圈和第三圈都要用8个，第四圈就要用到16个。按照上节介绍的方法准备足够多的双折犬齿饰备用。▶

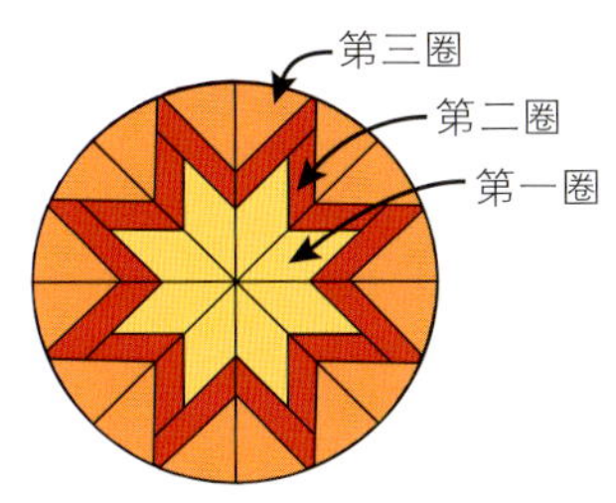

2 裁一个正方形布块做底布，尺寸要比成品的折叠星多5厘米。将此布块分别沿横、竖中线和两条对角线对折，在对角线的四个夹角处放上4个双折犬齿饰，用机器或手工沿四条边缝合，再用颜色匹配的线在四角汇合处缝上几针。▶

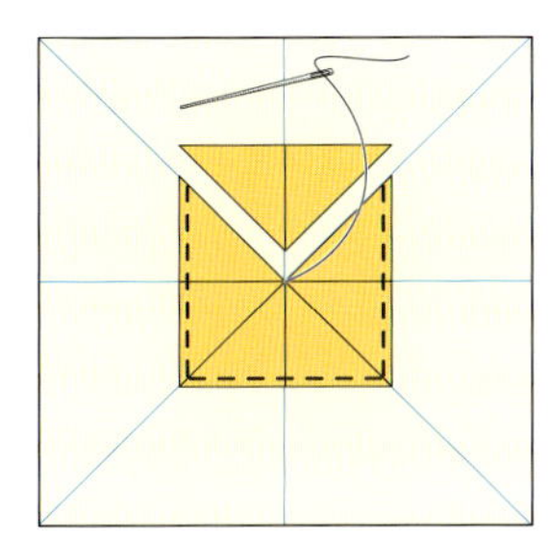

好主意

把底布固定在绣花圈上可以使你在疏缝几圈犬齿饰时起到稳定作用。

3 取8个颜色反差的犬齿饰放在第二圈。犬齿朝向中心，分别放在四条对折线上，每条对折线都穿过2个对应犬齿饰三角形的中心线，而且犬齿饰距离中心应该在1.3~1.9厘米。▶

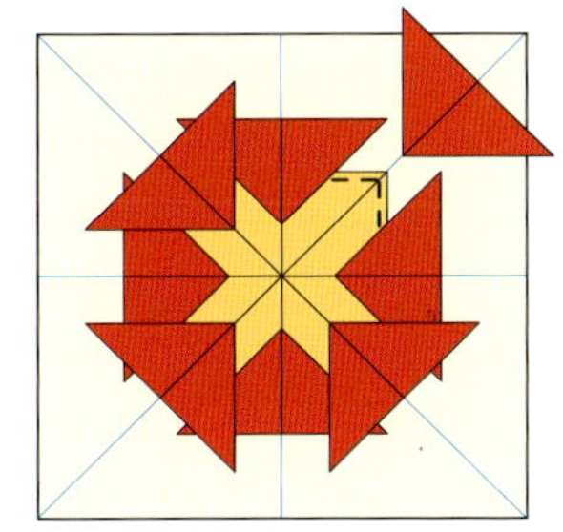

4 再取8个犬齿饰以同样的方法放置于第三圈，颜色与第二圈的犬齿饰形成反差（可以与第一圈的一样）。根据个人喜好，可以添加更多圈的犬齿饰，加完之后，用剪刀剪掉所有多余的底布。▶

5 在透明纸上画出一个比折叠星小一点的圆，将其放于铺上折叠星的底布上，沿圆周做下标记后将其剪掉。下面，我们使用机缝Z形线迹或是黏性斜纹带将折叠星与底布固定在一起。▶

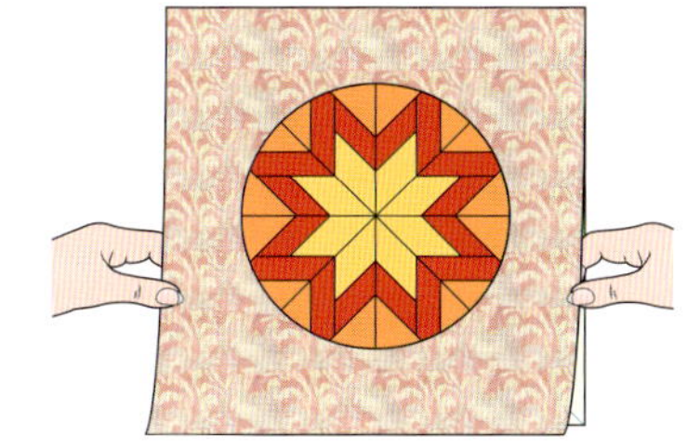

如果颜色搭配得当，而且让每个犬齿饰都从底布上隆起，那么整个折叠星拼布将会非常漂亮。这件靠枕，盖尔·劳斯将整个折叠星拼布放置于一个圆内，效果奇佳。

日式折叠拼布

两块底布的颜色反差越大，用这种方法做成的拼布的效果越好。

1 按照最终成品方块的尺寸用薄板做一个同尺寸方形模板，再准备一个以正方形布块对角线为直径的圆形模板，然后加上6毫米宽的缝份。比如，一块边长为7.6厘米的正方形布块的对角线长10.8厘米，因此，做一个直径为10.8厘米的圆形模板，外加两边的缝份共1.2厘米，所以外圆直径为12厘米（A）。▼

日式折叠拼布做起来非常方便，在你闲暇时做一些组件，然后把它们缝在一起就成了像包包或是垫子之类的东西了。“窗户”的颜色可以是相同的也可以形成反差的，就如同这个样品。

2 计算共需要多少个圆，分别用两种不同颜色的底布各做这么多圆。两种颜色各取一块圆正面相对叠在一起，在靠近边缘6毫米宽处缝合一周（B），再用一个有犬齿的剪刀进行周边修饰。在一侧圆的中心剪开一条小缝（C），翻到正面。将缝份展开铺平进行按压，剪开的小缝可以搭接缝合也可以先不缝。▼

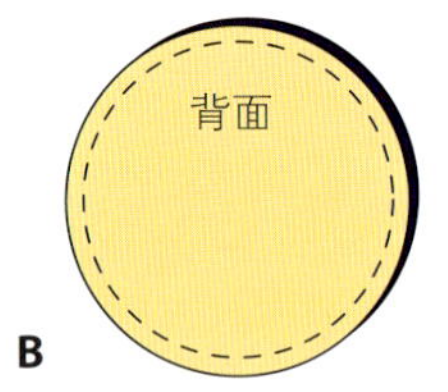

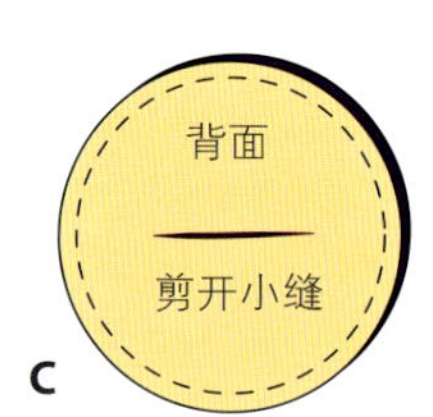

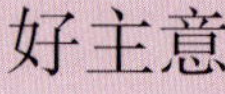

好主意

在把圆形沿模板折叠时，可以借助轮刀切垫来确保正方形布块的稳定。

3 将事先准备好的模板放在做好的圆上（D），沿模板四周折叠圆布（E），将模板移开，用珠针固定住折起的四条曲边，挑针缝缝合，做成方形组块。▼

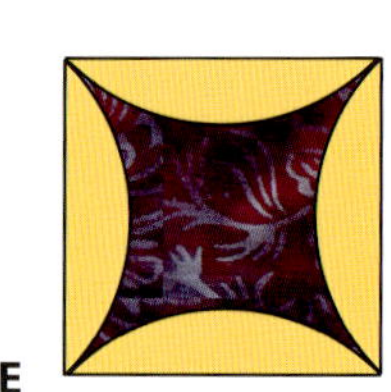

4 使用此法缝完余下的圆，当所有的方形组块做完后，从背面将它们缝合在一起（F）。展开铺平进行按压（G）。根据需要可以用铺棉进行填充。▼

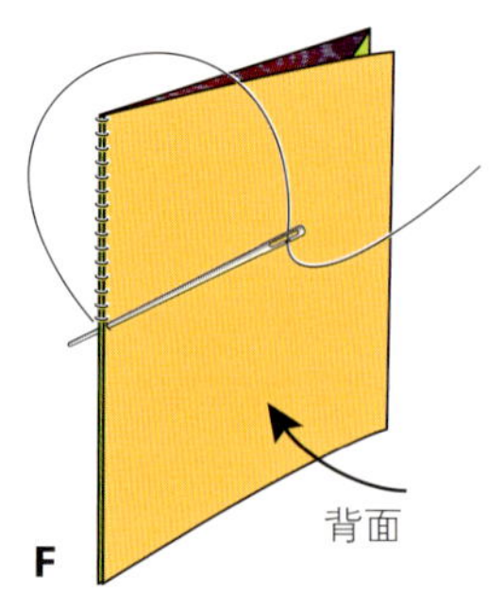

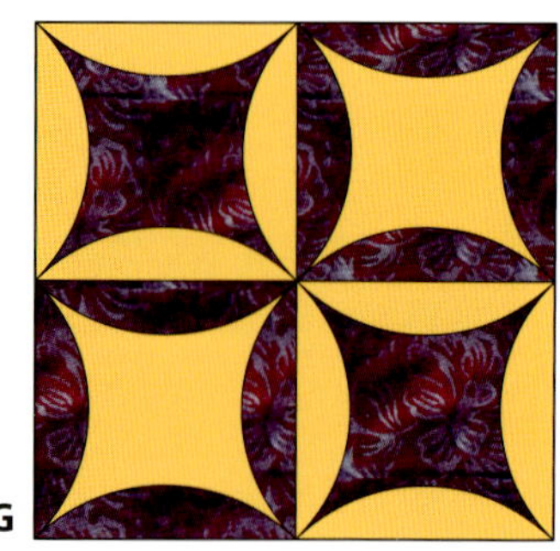

手缝制作教堂之窗

本节所介绍的教堂之窗需要由四个方形组块组成，当然你也可以根据需要使用更多一些。一块四个方形组块的尺寸还不到初始正方形布块的一半，因此一个边长为10.2厘米的方形组块需要一个边长21.6厘米的正方形布块才能做成。教堂之窗的窗口块可以是长方形的，也可以是正方形和长方形都存在。

1 用直纹纱剪一个正方形，沿四条边缝一个6毫米的边缘，压平。▶

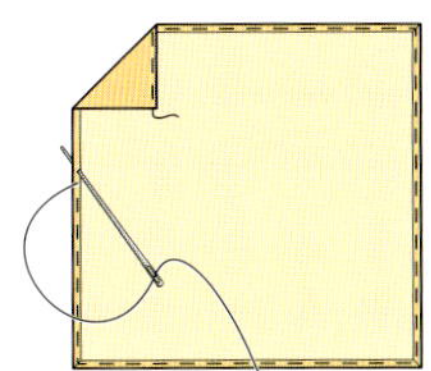

2 在正方形中心轻轻做一个标记，反面向上，沿对角线将正方形的四个角对折至标记处，固定好后进行疏缝。▶

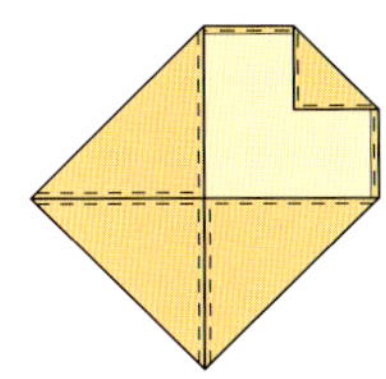

3 再将正方形的四角向中心折叠，然后用十字针法将所有层都缝合起来。▼

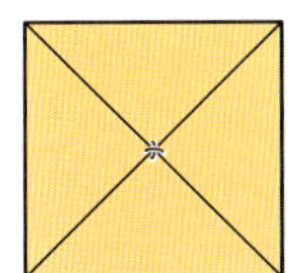

4 重复步骤1～3再做3个正方形，将四个正方形布块两两正面相对为一组缝在一起，组成一块四个方形组块。▶

5 量出一条垂直缝线的长度，接下来剪出四个对角线比这个长度略短的正方形，布块颜色要不同。把一个正方形用珠针固定在中缝线上。▶

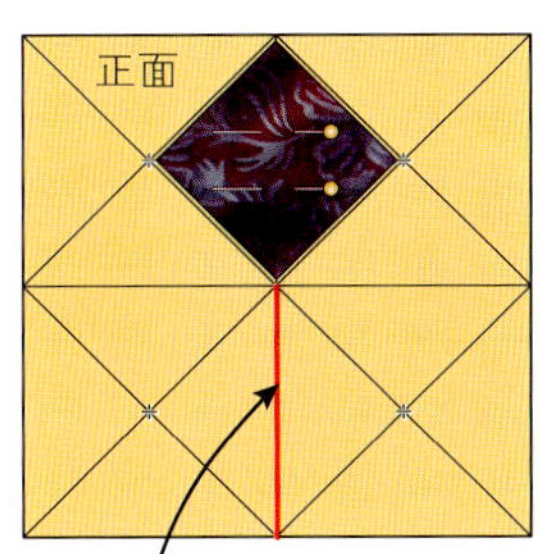

6 从正方形上面的一角开始翻卷其周围的边，将翻卷所形成的曲线缝起来固定。其他各边都照此法做。▶

缝起来固定

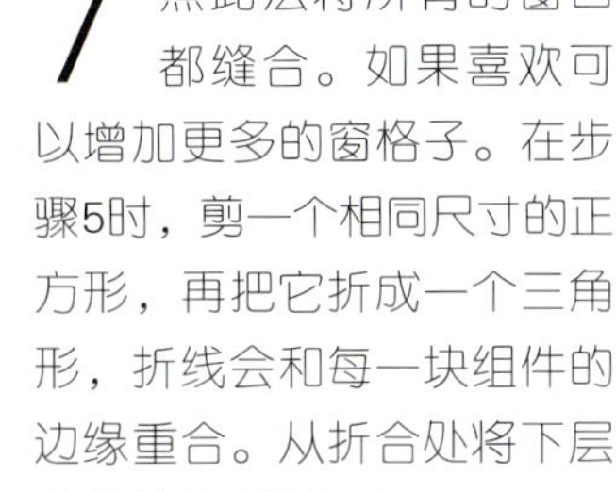

7 照此法将所有的窗口都缝合。如果喜欢可以增加更多的窗格子。在步骤5时，剪一个相同尺寸的正方形，再把它折成一个三角形，折线会和每一块组件的边缘重合。从折合处将下层布块剪去6毫米。▶

这个由艾琳·哈蒙德制作的结婚相册的封面就说明了即使是一个很小的教堂之窗的组件也会带来意想不到的效果，一些窗格子用来展示一些小的黄金吊饰。

机缝制作教堂之窗

教堂之窗制作的前几步可以借助机器缝来完成，一旦正方形组块完成后，接下来的步骤就要手工完成了。

1 将一个正方形布块沿中线对折成一个长方形，然后用机器沿两条短边缝合6毫米，修剪两个对折的角。▶

2 将对折后没有缝合的两条边向外拉开，使得刚缝合的两边对接成为新折成正方形的一条对角线，固定后将两条原边缝合，留一条中缝。将四角修剪，并将开口缝合。▼

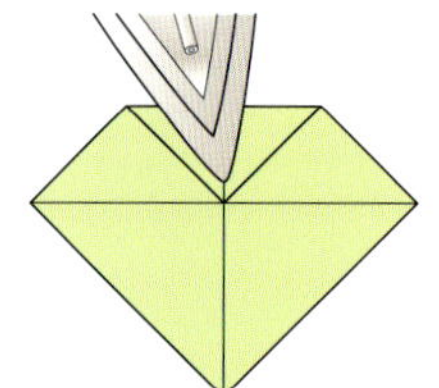

3 将每一角都折到正方形的中心处，按压使其起折痕。重复步骤1~3操作，制作更多的正方形组块。▶

4 按照下列方法将正方形组块缝合在一起。把两个正方形块光滑面相对放在一起，打开每一方块上方的对折面，使其折痕重合。然后用珠针将它们固定在一起，用机器缝线沿折痕将方块缝合起来。用这种方法将做好的方块连成排，并且按压方块中心的缝合边角。▼

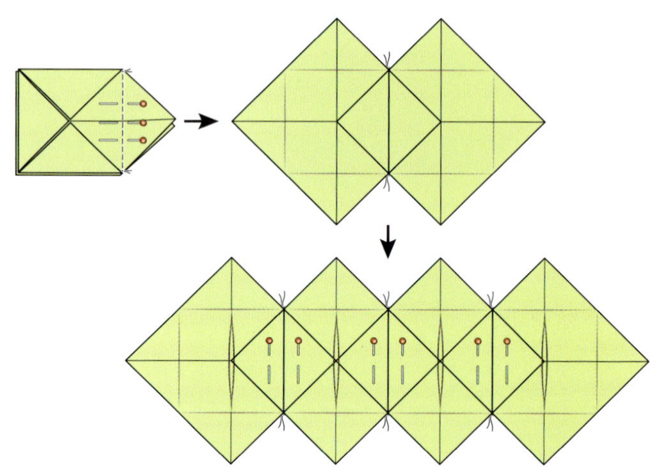

5 现在要将成排的方块连在一起。先把上面两排用珠针固定在一起，中点相重合。然后使用同色的线将这两排缝合，缝合过程中要确保连接处不能断开。按压方块的四角至中心，并且在适当地方缝合。剩下的几排方块也这样完成，然后重复115页步骤5~7就可以完成窗格子的制作了。▼

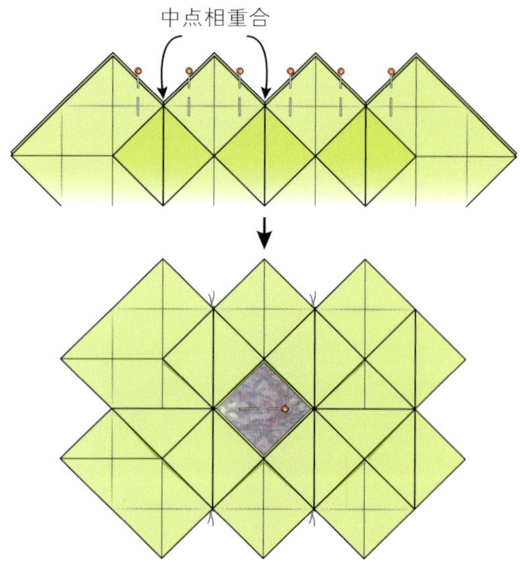

这件教堂之窗是由莱恩·爱德华使用蜡染印花布制作而成的，里面正方形和长方形布块一并使用，使得整个图案十分复杂。

神秘花园

神秘花园是由教堂之窗变化而来，因此它们的拼布过程有很多相似之处。因为神秘花园的最后成品尺寸也没有原始布块尺寸的一半大，所以要做一个边长为10.2厘米的方形布块组件，原始布块的边长需要21.6厘米。

1 按照教堂之窗拼布制作的步骤1~3，手工制作出折叠的正方形布块，不过不要将折叠后的四角缝合。▼

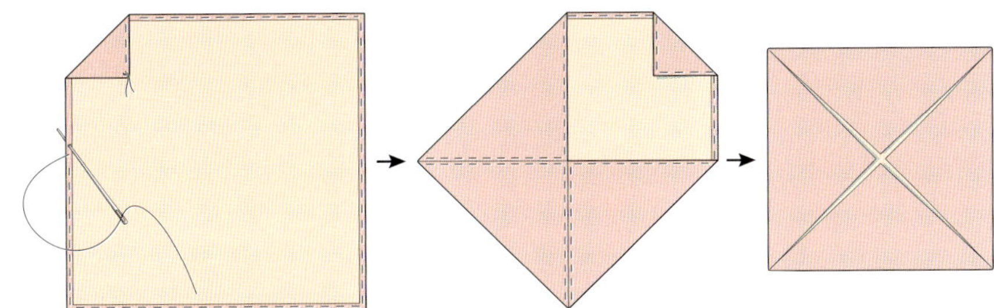

2 用一块不同颜色的布剪出一个正方形，边长为折叠后正方形布块对角线长度的一半，将其与折叠后正方形交叉放置，并沿四边用珠针固定住。▼

3 将露在外面的4个三角形布料向中心折，用十字缝缝住4个角，并且在每个折叠后的角处要打个套结。▼

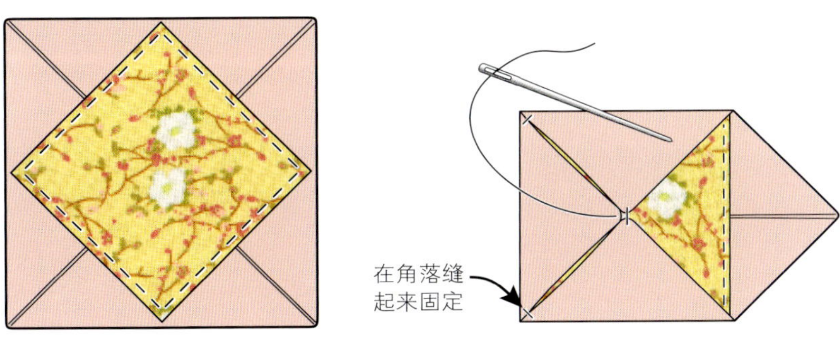

这是芭吉塔·班纳特制作的一个墙上挂饰，主体部分是用教堂之窗拼成的，而垂下的小挂坠是用神秘花园做成的。

4 从方形布块的一角开始翻卷其周围的边，轻轻拉开形成折痕，露出下面的块布。用珠针固定住折痕处，然后用刺穿法或倒缝法将其固定。在其他几部分进行同样的操作，在窗格角落处用套结将窗布固定牢。其他几块组件上也进行同样操作。▼

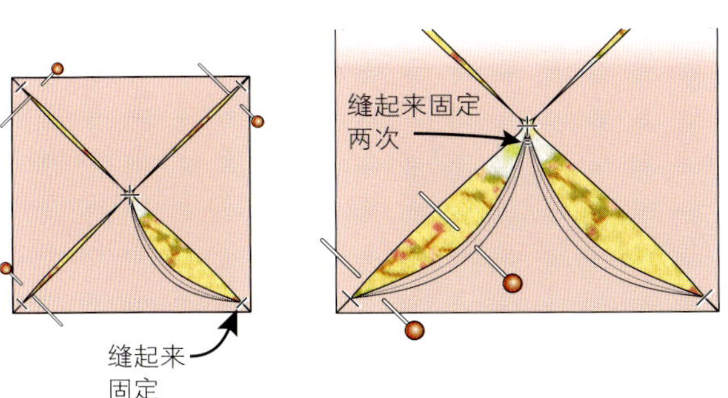

5 按照教堂之窗制作步骤5，将多块组件成排缝合。▼

织物特效
FABRIC SPECIAL EFFECTS

除了传统拼布作品中的缝合方法外，我们也可以把布料做成缩碎褶、褶带、大褶边、活褶、褶裥、绳绒织物等，这些都是可以使布料产生精美纹理的立体效果的方法，越来越多地用于拼布、贴布以及绗缝，一些会收缩的布料也渐渐成为了主流。本节将向你推荐一些比较受欢迎的织物特效的制作方法。

悠悠可以单独作为装饰品，也可以组合到一块形成它独特的效果，做成一个悠悠拼布。

缩褶和褶边
GATHERING AND RUCHING

缩褶和褶边有很多种做法，都能产生可爱的效果，越来越多的拼布爱好者都在尝试着这一方法。不过不管哪一种缩褶都比传统的拼布使用的布料至少多一倍。

缩褶——在普通的缝合中，我们常用缩褶的方法来将长短两条布条接到一起做成裙子的腰带，或是为一件装饰用衣褶做准备。不过在拼布或贴布中，缩褶也有装饰的作用，比如泡芙就是一种用作拼布嵌入物的缩褶方法。当沿着布块的一条长边进行缩褶的话，这种缩褶叫褶饰边，用作被子的边缘。使用圆形小块布缩褶可以做成悠悠，是拼布和贴布的装饰物。

褶边——褶边是缩褶的一种，也叫犁沟或华夫格。缩褶是将块布横竖反复折成网状，折出皱纹的效果，缩褶过的布块可以作为装饰备用。褶边可以做成圆环的形状，将布块做出花朵的效果。如果做褶边时用到了松紧带，这种方法叫作束褶法，这也是制作衣褶的第一步。你也可以使用松紧布料做出褶边的效果。

悠悠——悠悠有时也叫萨福克泡芙或圆花饰，制作很简单，将一圆形布块沿周边缩褶使中心形成膨泡，膨泡的效果可以借助聚酯填充物使其更加突出。悠悠有多种形状，圆形的、心形的或者花形的，也有专门制作这些不同形状悠悠的产品。悠悠的中心可以进行缩褶，也可以用纽扣、珠子或是装饰线进行装饰。不同材料的布块缩褶出来的效果是不一样的，因此可以多试几种布料。悠悠经常用来装饰拼布、贴布和绗缝，也可在拼布被或壁饰的制作中使用。如果用在组合设计中，可以将悠悠固定于背景布上，然后沿边两两缝在一起。

将简单的褶边放进拼布组块中就能产生有趣的纹理效果，你可以尝试用折叠和褶边来做一个拼布。用一块松紧布料很快就能做出褶边的效果。

割裂和割绒
SLASHING AND CHENILLING

这些方法可以和传统的拼布、贴布一起使用，是制作包包和室内装饰品（像靠垫和桌布）的常用方法。

割裂——用割裂的方法把一块布料划出许多小的裂口，露出下面布料的质地和颜色。这一方法是一种古老的拼布方法，可以上溯到文艺复兴时期。当时英国的图多尔服饰就是用了割裂法，透过小的割裂口把里层的布料拉出来，做成膨泡状，造成里外布料在纹理和颜色上的巨大反差效果。

割绒——割绒是一种长条形的绒状。它那毛茸茸的外表是通过将布块切割出裂口，并将布边弄毛的方法形成的。“Dagging”一词经常用来形容沿布块边缘割裂出图案，有时是一个长形的V字或是叶状图案。

制作割裂和割绒的方法很简单，但是制作出来的效果却是很惊人的，经常会创造出一些富有变化的纹理和颜色。将布块叠加3~6层，沿布块纵向缝合出凹槽的效果，然后沿凹槽切割出小裂口，不能切割到最底层布块。裂口可以是直的也可以是弯曲的，切割的边缘可以通过洗过后进行烘干的方法使其产生毛边效果。也有一些切割和割绒的专业工具，如轮刀和切割垫，可以使制作过程更简单、更快捷。

在割绒的制作过程中，我们可以通过加入一些随意拼凑出来的小布块来提升整件作品的视觉效果。如果所加小布块的颜色、图形或是纹理和周围布块形成反差的话，效果会更好。小布块所添加的位置也很重要，越往上边放，看起来就会越明显。

像丝绸、人造纤维、劳动布以及稀棉布等这些表面容易起毛的布料是最适合的布料。因为起毛的效果要通过洗涤和烘干来达到，所以在进行此步之前最好先检查一下布料的质地，如缩水性、褪色程度等。底布最好是选用一些质地稳定、结实的布料。

这个可爱的包包是盖尔·劳斯使用绳绒线的方法制作的，小范围的绳绒线做起来其实很简单，这个包就是一个很好的尝试。颜色明亮的布块叠加起来的层次感更加凸显了效果。

好主意

洗涤切割布时要至少洗三遍才会有理想的效果，而且要和质地稍硬一些的布料一块洗，如牛仔布。烘干时要在滚筒烘干机中用烘干球进行烘干。烘干完成，用一个硬的刷子在布料的边缘反复刷出纹理。

褶和裥

PLEATS AND TUCKS

活褶和褶裥是布料的折叠，越来越多地用于拼布、贴布和绗缝的点缀和装饰。使用缝纫机可以更快地制作出这个效果。像缩褶一样，活褶也比普通的拼布用料要多。

褶——活褶是一种在布料上有固定尺寸的褶，活褶有多种形式，包括刀形褶、盒形褶、倒转盒形褶、挤压形褶和管状褶等。对于拼布和贴布而言，活褶是做出纹理的很好的方法，尤其是扭曲的活褶。布料的折叠的方式和固定的方法不同就能做出不同的图案，波浪形的布垫可以用作拼布组件的填充物。如果使用颜色对比度较大的布料，做出来的效果会更好。

裥——裥其实是细长的活褶沿长边缝合在一起而成的。像活褶一样，裥也有多种形式，不过拼布当中经常用到的是宽活裥、窄活裥和绳索活裥。绳索活裥中包有一个制作精美的绳索。把活裥正反两方向反复折叠就能做出波浪的图案来。

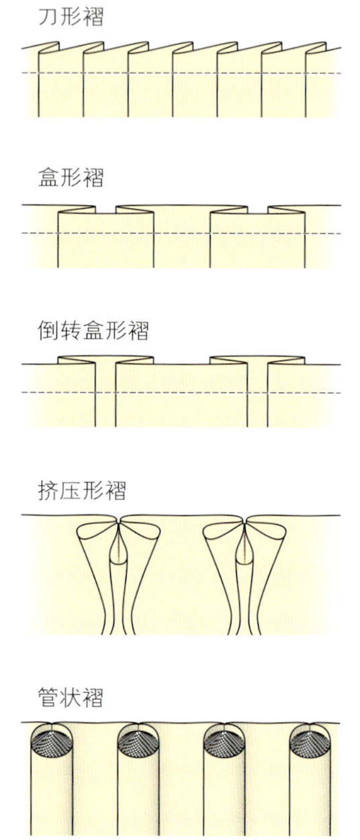

波林·艾森是一个机器缝纫和布料拼凑的行家。在她制作的“祖传拼布被”中，褶裥的应用增加了艺术效果。这件作品向我们展示的是扭绳状的褶裥，用珠子做装饰，并且中心还有流线型的教堂之窗。

编织

WEAVING

编织极具乐趣，3条很普通的布块可以编织出非常奇特的效果来。为了能有对比效果，你可以选深、中、浅三个颜色的布条，将它们编在一起。编制的成品可以用作整个拼布的背景底布，或是拼布组件中的一个小块。

有大理石花纹的布料或者蜡染布都是可以编织出奇特效果的布料。开始之前，你可以用机器沿毛边进行“之”字缝，也可用透明线缝边。

相关主题…折叠拼布109页・立体贴布148页

技巧

悠悠的制作

盘子、碗和杯子都是快速制作圆块布很好的模板，如果你要做多个悠悠，可以使用塑料模板。基本的方法很简单，就是平针缝合、抽褶然后弄平。要想知道需要用多大的圆形布块来做，只需用悠悠的直径乘以2然后再加上1.3厘米就行了。因此，如果想要一个直径5厘米的悠悠，那么最初的圆块布料的直径应该是11.3厘米。

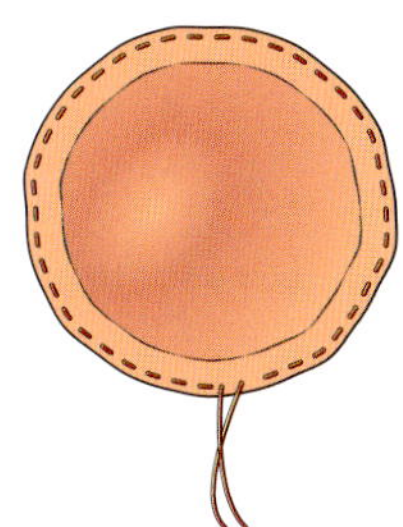

1 取一块圆形布块，沿边用手指折一个宽度为3~6毫米的折边，如果布的质地较厚的话，那么就折一个6毫米的折边。然后用与布料颜色一致的结实的线或者双股线沿折边均匀地等缝平针。针脚的长短将决定开口度，针脚越大开口越小。◀

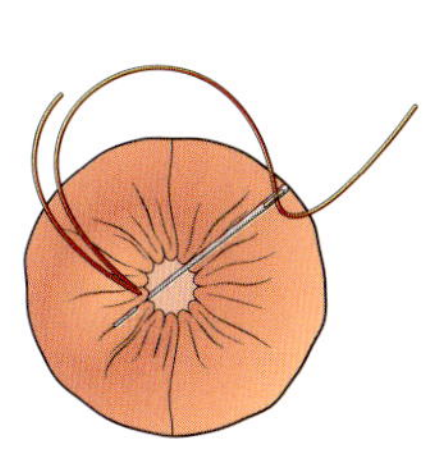

2 缝完后，缝线的尾端要留长一些，拉缝线的两端使布块形成缩褶皱，这时将线的两端系成一个活结，剪去多余的线，留下5厘米的长度。然后用针将线的端头放进悠悠中，最后剪去多余的部分。◀

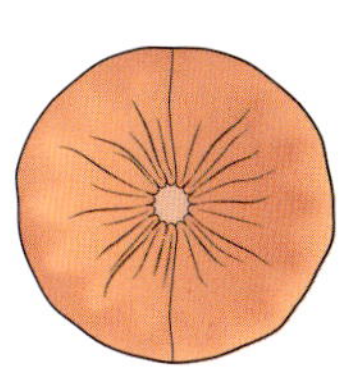

3 用你左手的大拇指和食指捏在悠悠的中心处，右手转动悠悠把褶皱拨均匀，再用手掌把褶皱按平，这样就可以把做成的悠悠缝在你拼布的恰当位置了。◀

悠悠花的制作

悠悠花是悠悠制作的一种变化形式，四条线可以做出四个花瓣的形状，不过五条线做出的花瓣更逼真一些。直径为12.7厘米的圆形布块做起来更容易些。

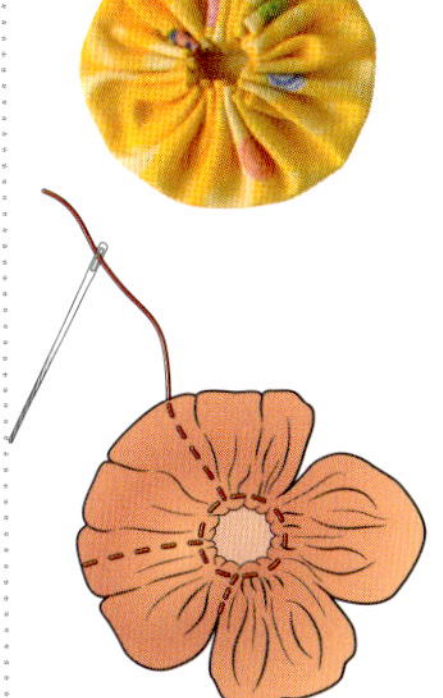

1 按照悠悠的制作步骤1~2做出一个悠悠。◀

2 从悠悠的中心缝上一根线，将这根线拉向悠悠的边缘，再向悠悠的背面中心拉去，从而形成缩褶，最后系在悠悠的背面中心处。然后再用另一根线按照同样操作来制作另一个花瓣。◀

好主意

如果要做一个有五六个花瓣的悠悠花，你可以事先用珠针均等地在要缝的地方做个标记，缩褶完成后再将其拿开。

悠悠的其他形式

一旦你了解了悠悠的制作方法，那么你就可以尝试很多种悠悠的其他形式。下面向你推荐一些。

・对缩褶的中心进行装饰。可以用法式结粒绣或是十字绣装饰其中心，也可以用成串的珠子或纽扣来装饰。

・用另一块布料填充悠悠的中心。质地厚的布料不会像软布料拉成的缩褶那么紧，在中心处会留有一个“洞”，这时，可以用另一种布料进行填充。

・心形悠悠的制作。把原始布料的形状由圆形变为心形就可做出心形悠悠。

・悠悠的修饰。使用不同的装饰手法和材料可以做出不同形状的悠悠。沿边缘缝线，然后拉线的两端使其形成缩褶，再将线的两端系成结来装饰悠悠的中心。

褶饰

做成褶饰布块的尺寸会比原布块的尺寸小得多，所以，要用一块褶饰布块2倍尺寸的原布块来做出褶饰。

1 取一根结实的尼龙线，颜色与布块相搭配，剪一块矩形布块。将线的一端缝在布块上，并打上结，然后沿直线横向缝在布块上，正面的针脚要比背面的小一些，缝到布块另一边后，留一个稍长的端头，截断。然后在距离这一条线宽2.5厘米处进行同样的操作。▶

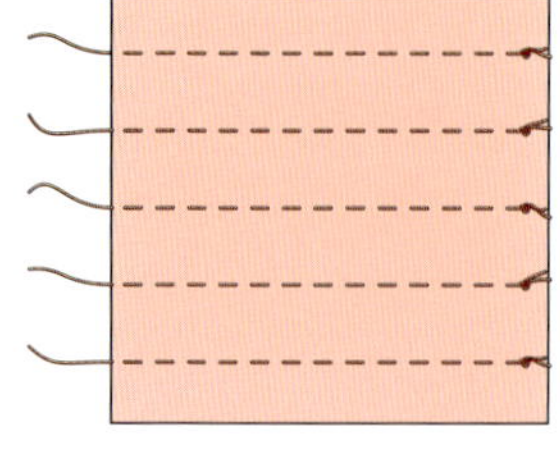

2 将布块旋转90度后进行另一个方向布线。▼

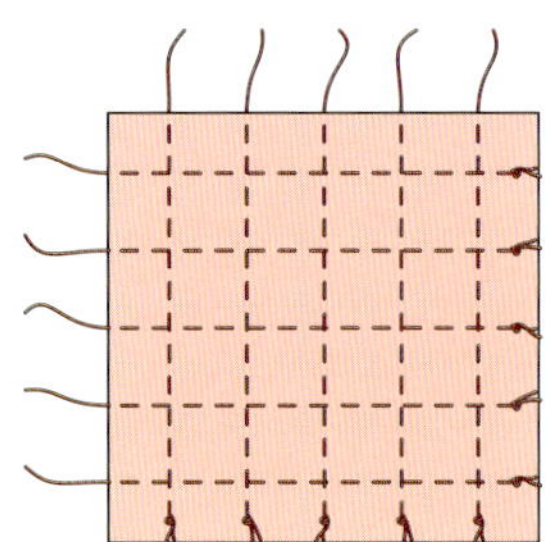

3 先从布块的一边开始，一边拉住线的端头，一边将布块缩褶到你喜欢的程度（A），然后在缩褶的末端处将线打上结。同样的方法在布块的另一边进行操作，褶饰就做成了（B）。把做好的褶饰固定于同样方形的布块上备用。▶

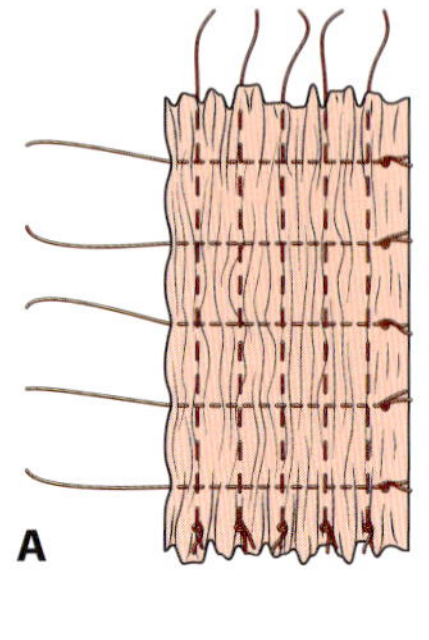

A

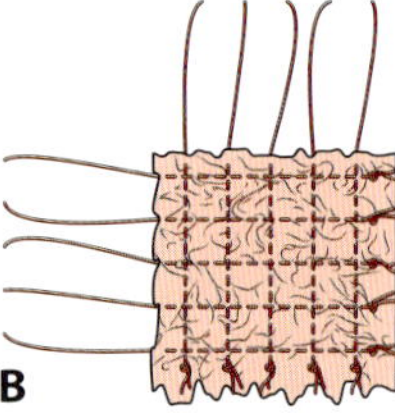

B

割绒

1 将5块布料正面向上叠在一起，打底布块要比其他布块至少大2.5厘米。沿对角线用机器缝线，每两条线间隔宽度在1.3~2.5厘米，可以是直线也可以是“之”字线。质地好的布料，两行之间距离可以是1.3厘米；粗糙的布料可以再宽点。相邻两条线可以反方向缝，这样可以更好地固定布层。▶

2 使用尖头剪刀在两条缝线之间剪开布层，不能剪到底层布，每次剪一条。▶

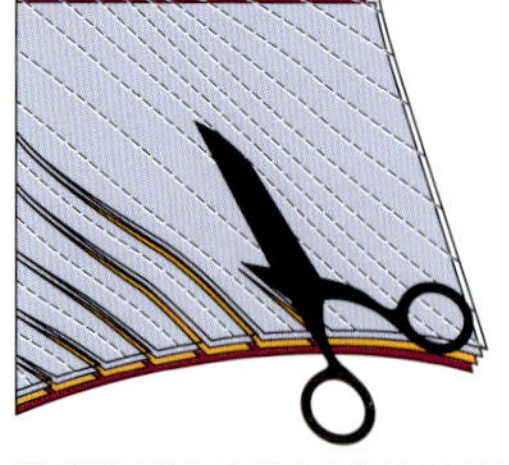

3 接下来开始起毛。使用指甲刷或是牙刷摩擦剪开的边缘，也可以先用洗衣机进行洗涤，然后烘干。如果你想把这块布用作拼布的组件，最好再用另一块布将其包边，或者在洗涤之前缝合在另一块布上。▶

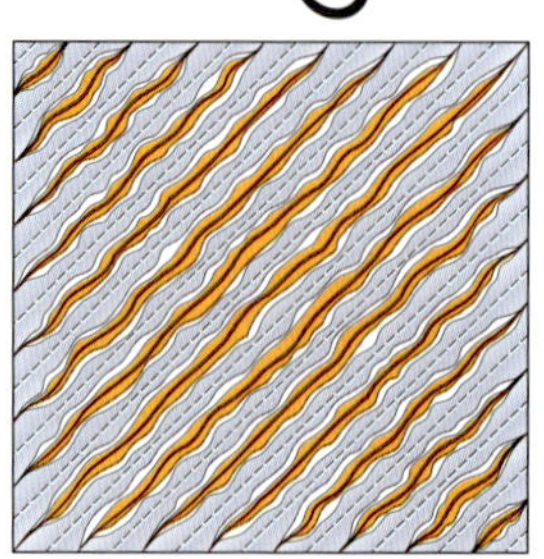

割裂

当割裂布块产生起毛的效果时，在将多层布缝合在一起之前，要为机器选用一个结实一点的针。

1 将5块布料正面向上叠在一起，打底布块要比其他布块至少大2.5厘米。用机器将布层缝合在一起，缝线形成格网状（2.5厘米×3.8厘米），使用平针缝可以让布层压得更紧。▼

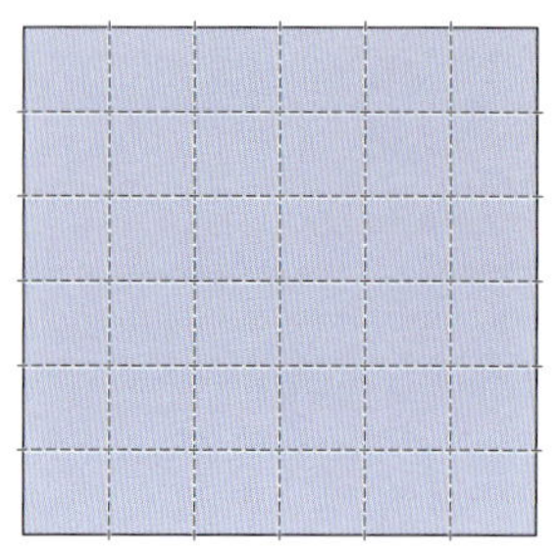

2 使用尖头剪刀剪开布层，但不能剪到底层布，剪口可以是矩形的也可以是十字形的，但必须是一个方向或一个图形。如果不小心剪到底布，要用双面贴合衬再粘上一块。▼

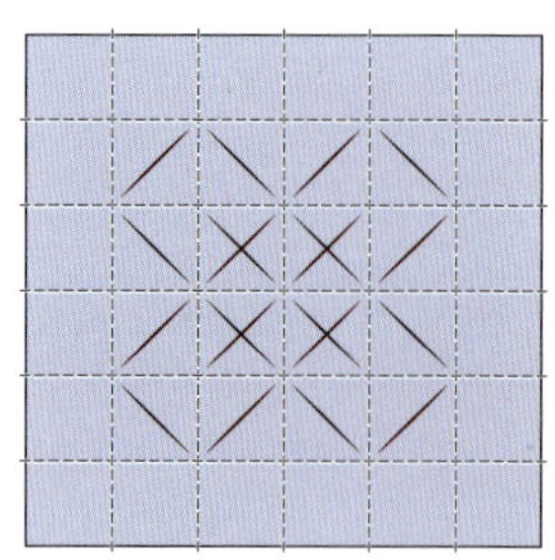

3 使用指甲刷或是牙刷摩擦剪开的边缘，也可以先用洗衣机洗涤，再烘干。▼

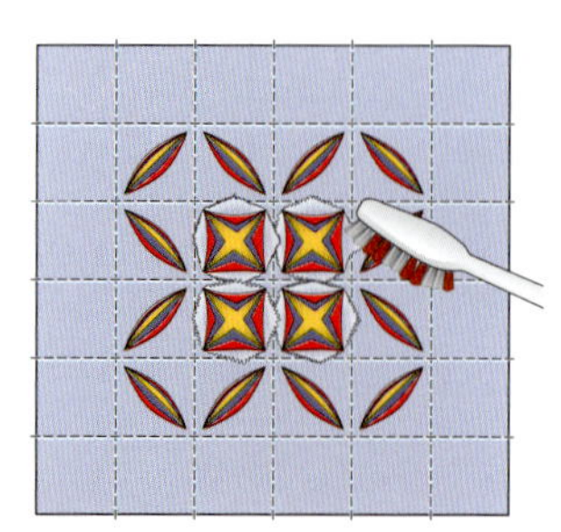

活褶的制作

活褶有多种，在120页我们已经展示了一些，本节所要描述的是刀形褶。刀形褶是向同一个方向折叠出的效果，其制作的基本方法和其他种活褶的方法相似。

1 按照每一个褶子的宽度，在布块的上下两边上用短线做出临时标记，这些标记的地方就是要折的褶。▼

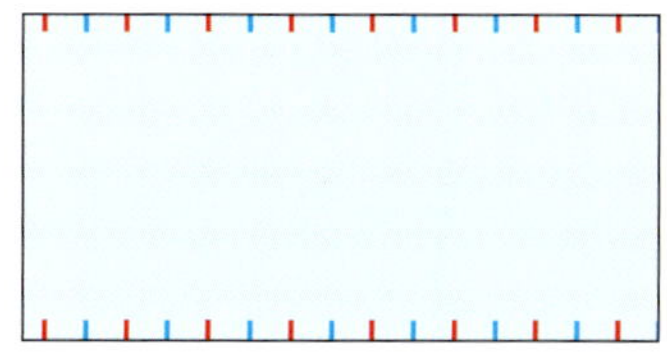

2 从布块的右边开始，沿第一条标记线折叠布块与第二条标记线重合，并用珠针固定。然后沿第三条标记线折叠布块与第五条线重合，再用珠针固定。按照这一方法在这一块布上继续做下去。▼

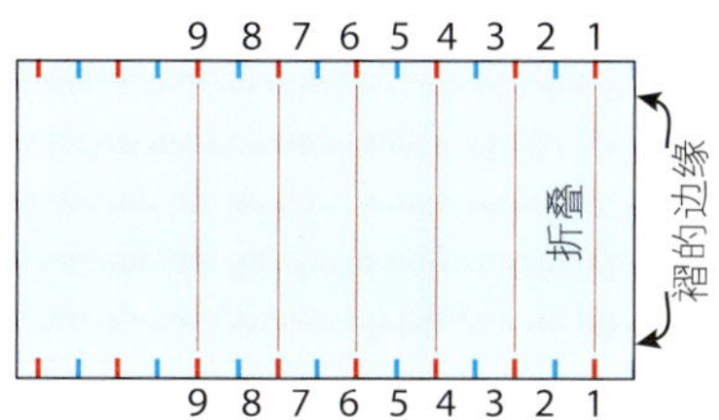

3 固定所有褶子的两端，然后用缝纫机缝合。如果要使褶皱柔和，就不要按压；如果要使褶皱更有立体感，就用熨斗压熨。▼

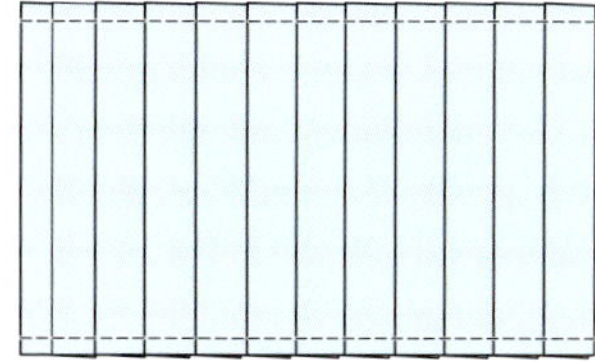

好主意

使用带有图案的布料做出柔和的活褶会更有视觉效果，使用不同颜色的布条或颜色反差的布料也能制作出很好的图案。

这个优雅的包包是莱恩·爱德华使用两种颜色的布条拼在一起，然后再做成活褶，两种颜色的布料的拼凑使这个包包有了两种色调的效果。

缝制褶裥

沿褶裥的长边缝合得越匀称，效果越好，因此在缝合时可以在缝纫机上放一个导针板然后使用直针脚进行缝合。

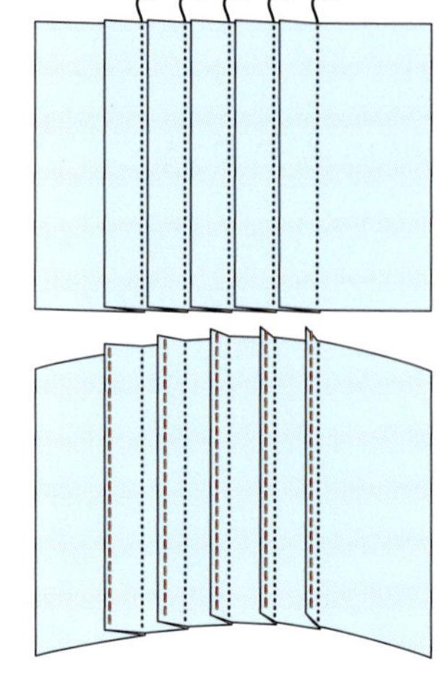

1 按照前面介绍的方法制作活褶，不过可以让褶皱的宽度窄一些，大约1.3厘米。使用颜色搭配的缝合线沿每个活褶的根部将两层布料缝合在一起，上下成一条线。▶

2 根据喜好，接下来也可以在沿每个活褶的隆起处再缝一条线。用珠针固定好每一个活褶，其他的也按照这一方法进行折叠，然后沿边儿进行缝合。▶

缝制扭转褶裥

按照普通的方法制作出褶裥，用珠针固定缝住一端，沿褶边向相反的方向扭转这些褶裥，然后在另一端用珠针进行固定。这样，整个褶裥就形成了一个波浪图案，纹理突出。每个褶裥可以做出多个扭曲，用缝合的方法或其他修饰物进行固定。

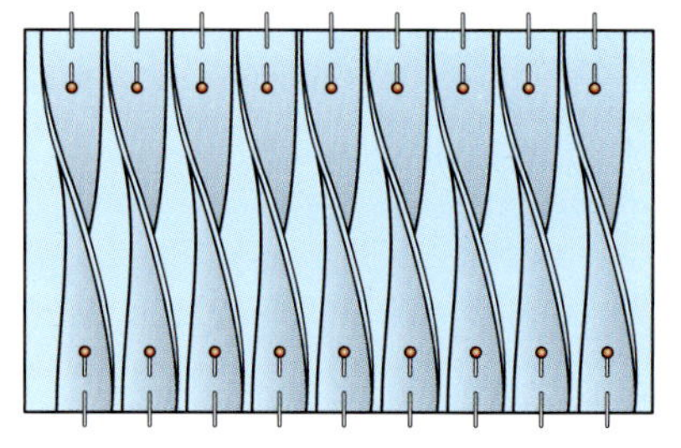

缝制绳子褶裥

由于滚条缝芯线的使用，这种褶裥更有立体感。按照前面介绍的方法制作活褶，不过可以使褶皱的宽度窄一些，大约6毫米宽，或者宽度刚好可以作为绳子的滚条用。沿活褶在适当地方固定滚条，用合适的线沿活褶的根部将双层布块缝合，形成滚条以包住绳子。

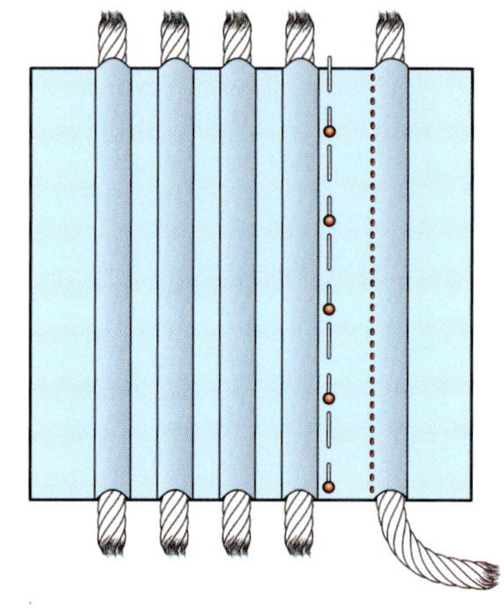

编织布条

这里所介绍的布条编织的方法是使用同一宽度的布条，但也可尝试在同一件作品中使用不同宽度的布条。

1 选择3块搭配协调的布块，然后沿布的直纹将其剪成宽度为2.5~5厘米的布条。接下来，将两种颜色的布条正面向上交替放在一块底布上，先用珠针将布条两端固定于底布上，然后用机器缝合。按压布条使其舒展平整，而且两两对接紧密，缝合另一面。▼

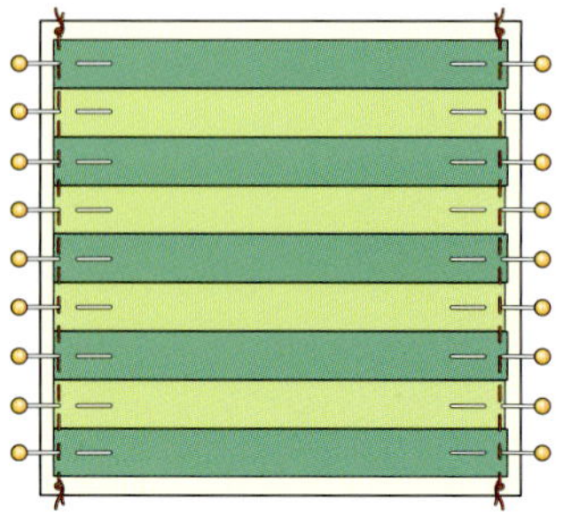

2 用一块另一种颜色的布条，如图所示在先前放好的两种布条中从一端上下穿梭到另一端。用其他布条继续这一操作直至整件作品完成，所有布条相互紧贴排列。用珠针两面固定，然后用机器缝合两端。▼

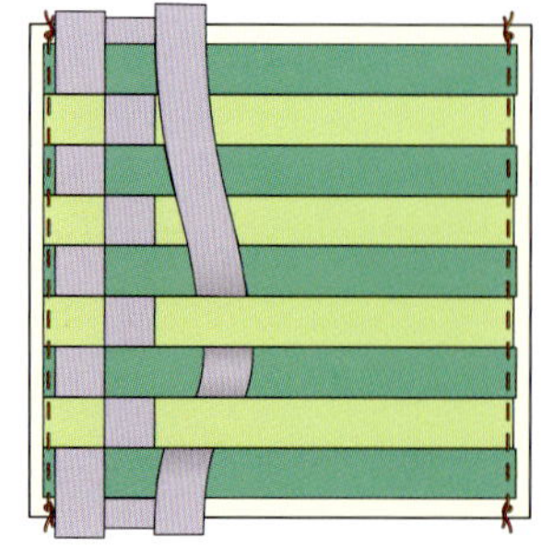

好主意

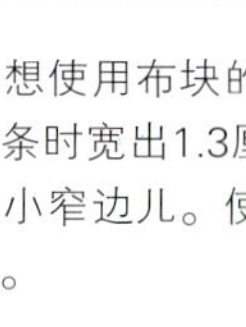

如果不想使用布块的原边，你可以在裁剪布条时宽出1.3厘米，然后两边折出一个小窄边儿。使用临时缝合胶固定褶边。

3 在每两条布带的交接处都用机器进行“之”字形缝合以保护布条的边沿。然后去掉外围的疏缝线。▼

绗缝艺术
QUILT ART

纺缝艺术，或称纤维艺术，是指以拼布、贴布和绗缝为原料并借助特有的一些方法和技巧做出艺术品的过程。绗缝艺术更多的是基于拼布者的想法、经历和意象，而不是基于传统的图案和模糊不同艺术形式边界的一种做法。绗缝艺术没有固定的规则可循，这就使得拼布者可以探索方法，根据自己的灵感去创作出作品。

“变色龙”是由莎拉·奥皓拉完成。浅色的贴布层作为背景，配以晕染和密集压线。

那些探索绗缝艺术的人经常把自己称为织物艺术家，他们的很多作品都是来源于众多思想的混合，并且融合了很多艺术品和工艺品的创作流程和技巧，包括刺绣、绘画、染色、印刷、印章和制毡。这本书中所谈到的多种方法都可以作为绗缝艺术创作的开始，尤其是贴布技术、疯狂拼布、自由绗缝和装饰绗缝等。在布上染色、绘画和印刷独立作为一部分在很多书中都谈到过，可以使用专业面料进行探索，如可伸缩布料、水溶性布料和可印刷布料。本页所展示的图片都是一些志趣相投的拼布爱好者的作品，他们是英国德文郡的一群绗缝艺术家。

“表面之下”是由多特·卡特完成的。这件作品是由布条和粗麻布编织而成，针刺、手染和丝网印刷等技术也都应用其中。

“漂浮木”由凡尔夫·托马斯完成。土布底布被铁锈块染色，随意的机器缝合是由海滩上发现的漂浮木而激发出的灵感。

“来自不同国度的注释”由奈塔·科博完成。合成纤维毛毯、聚酯铺棉和废棉是这件作品的主要原料，由配以晕染、针刺毛毡以及机器和手工缝合。

使用边条

USING SASHING

边条，也叫栅格装饰或配合条带，用于给拼合的组块或拼布的组件做边框，也可用作它们之间的间隔带。设计精心的边条可以和整个拼布浑然一体，将各个组件的颜色很好地搭配在一起。在一个由不同尺寸组成的拼布中，边条发挥着很重要的作用。边条的使用可以增加整个组件或拼布的尺寸，当你想把整个尺寸均等地分割开来的时候，就可以使用边条来实现。边条的形式有多种，主要的几种将在下一节介绍。

边条应和整个拼布搭配协调，因此在实际操作中应该充分考虑所用边条的种类和宽度，不至于让边条的使用淹没了整个拼布的图案设计。边条的宽度由多种因素决定，包括拼布组件的尺寸以及边条是拼合的还是普通的。右边的第一幅图向我们展示了过于凸显的一种边条。边条宽度应是组块尺寸的四分之一，这样的宽度是最佳的，通常我们使用的宽度为5~6.3厘米。可能的话，裁剪边条的时候可以沿布块的纵边进行。在给较小的组块做边框时，窄一些的边条效果会更好，它可以使这些组块的尺寸和其他较大组块的尺寸相当。

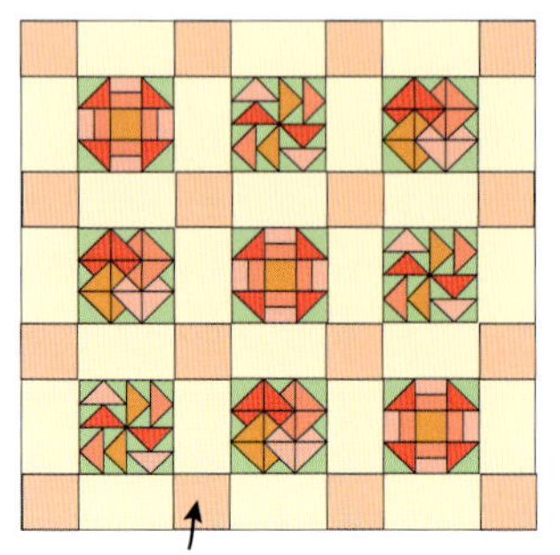

在这个拼布中，和组块相比，边条的宽度太大，在整个图案中占了主导。

窄一些的边条可以增加小组块的尺寸，使它们和其他组块的尺寸相当。

普通边条

边条可以是纯色的或印花布条，然后对接或斜接缝在拼布的表面。这些小布条可以给单个的组块做边框，也可以用来将拼布横向地或纵向地分割成多个区域。使用一块颜色由亮到暗渐变的布料看起来效果会更好，普通边条也可以绗缝。

带有背景方块的边条

简单的布条，由于角落布块或背景方块的融入会更吸引人，这些角落布块或背景方块有时也被称为“标杆”。这些通常都是与布条颜色反差的普通方块，不过它们可以四片式、九片式或者四分之一方三角形拼合。

在这件由雪莉·普雷斯科特完成的拼布中，组块的边框是由一条窄而普通的边条充当，颜色反差大。

这件苏·菲茨杰拉德的作品中，菠萝式的组块被米色的边条分割开来，然后又组合在一起，边条又配以绿色和橙色的背景方块。

拼合的边条

在一个拼布中，边条也可以以一种较为复杂的图案形式拼合在一起，从而构成次于拼布图案的第二个图案。半方三角形在这种拼合中是很常见的，色调搭配得当的话，它们能产生很好的效果。很多简单的组块图案也可以做成好看的边条，如剧烈撞击、纪念之星、塞米诺图案等。在很多书和杂志中都对拼合的边条有介绍，以此来提醒我们在关注组块图案的同时，也不要忘了边条所带来的美感。

普通边条

垂直边条

水平边条

带有背景方块的边条

带有拼合背景方块的边条

塞米诺图案拼合边条

用半方三角形装饰的拼合边条

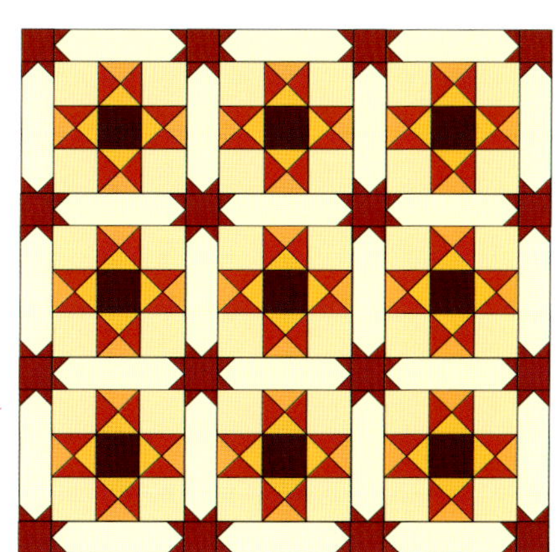

带有星形图案的拼合边条

带有纪念之星图案的拼合边条

>>> 相关主题… 缝纫相互交叉的接缝55页 · 缝制半方三角形80页 · 缝制边角三角形82页 >>

技巧

普通边条的缝合

只要边条能和拼布的组块搭配一致，至于将边条先缝到组块的左右两边还是上下两边都无关紧要。在下面的例子中，我们先将边条缝合到组块的左右两边。在组块尺寸不一致的拼布中，边条的宽度也应该有所区别，以使尺寸较小的组块也能和较大组块的尺寸相当。普通边条也可以像本书135页缝合斜接边框那样斜拼接在组块边缘。

1 先定下宽度，然后按照组块的长度剪下一条边条，将组块的右边和边条重叠6毫米，先用珠针固定，再缝合，最后向深色布块按压。▼

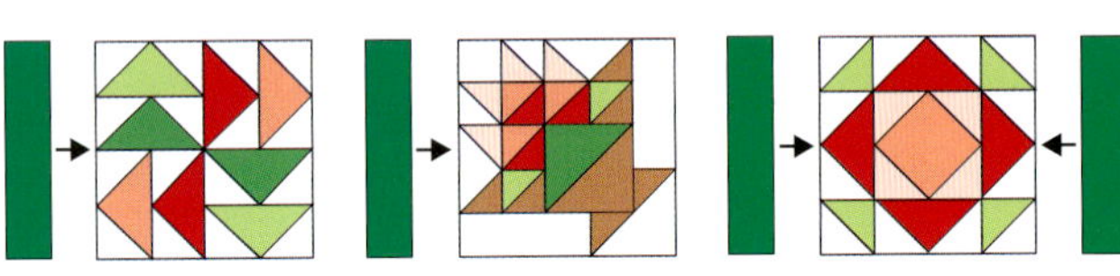

2 将缝合好的边条和组块的拼合两两相连，重叠6毫米，然后用珠针固定，缝合，再按压。▼

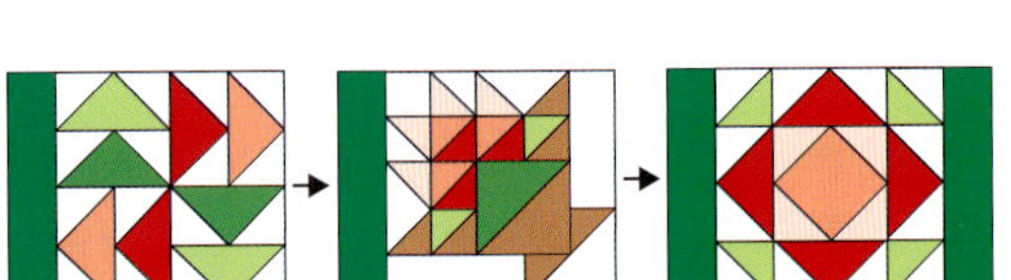

3 组块连接完毕后，裁剪出一条宽度和先前边条一致、长度和拼合的组件一致的长条边条，两端对齐放置于组件的上下两边，重叠6毫米，用珠针固定，缝合，然后进行按压。▼

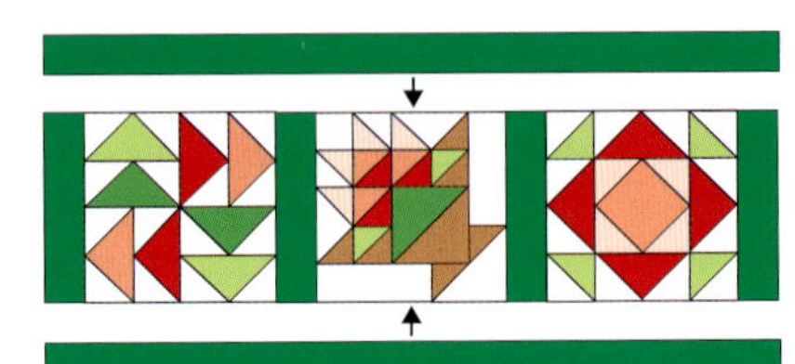

4 照此法进行，完成其他的组块和边条的缝合。▶

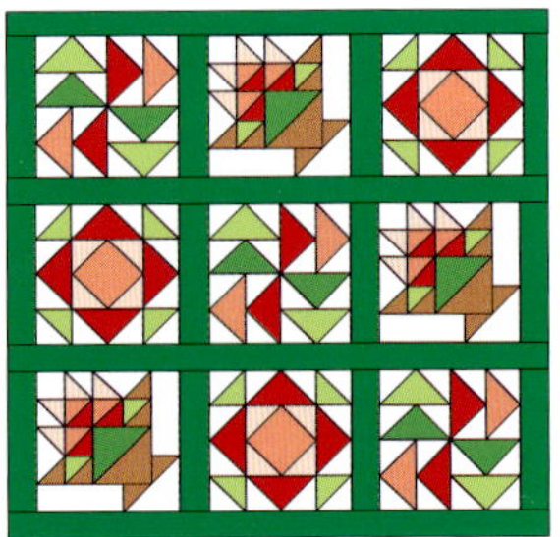

带有背景方块边条的缝合

此种边条的制作方法和普通边条的制作基本一致，只不过是把方块加在两条边条的连接处。在制作这一边条时，我们要把缝合的接口处排列整齐。

1 先定下宽度，然后按照组块的长度剪下一条边条，将组块的右边和边条重叠6毫米，先用珠针固定，再缝合，最后向深色布块按压。▼

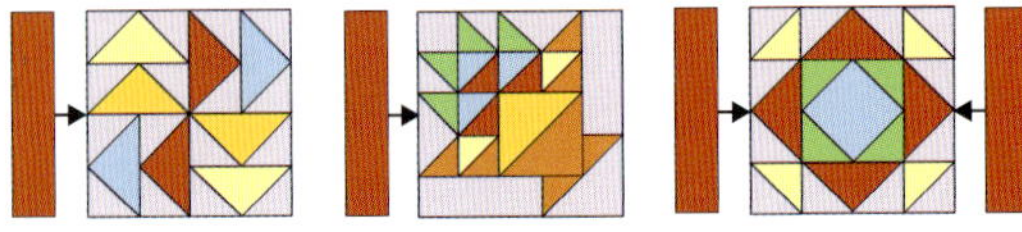

2 将缝合好的边条和组块的拼合两两相连，重叠6毫米，然后固定住，缝合，再按压。剪出和组块长度一样的边条准备缝合之用。再剪出宽度和边条一致、颜色与之反差的小方块，如图所示将边条和小方块连接在一起，按压。▼

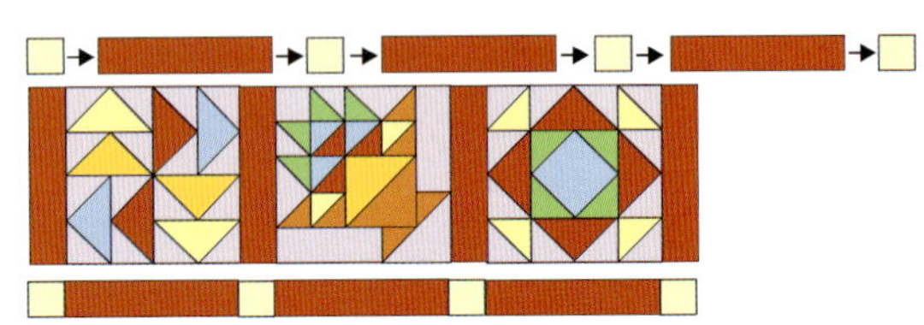

3 左右两端对齐，将带有背景小方块的边条和拼合好的组块固定在一起，进行缝合，按压。▼

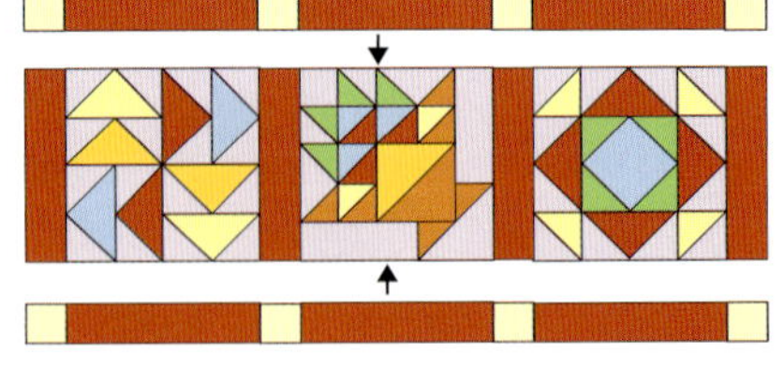

4 照此法进行，完成其余的拼布和边条的缝合。▶

拼合边条的缝合

缝合拼合的边条时一定要有条不紊地进行。先计算出所用拼合边条的数量，将其剪好。这里我们将展示星形图案的制作方法。

1 先定下宽度，然后按照组块的长度剪下一条边条，按照6毫米的缝份在边条的每一个角上缝上一个三角形，将边条做成一个垂直的拼合边条，见82页边角三角形的缝合。▼

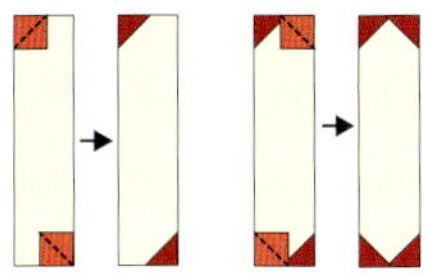

2 横向将拼合的边条以6毫米的缝份缝在组块上，按压。▼

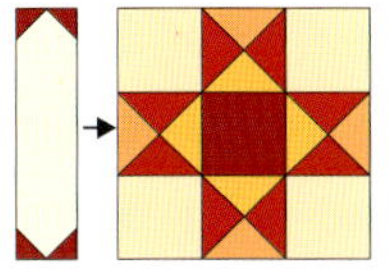

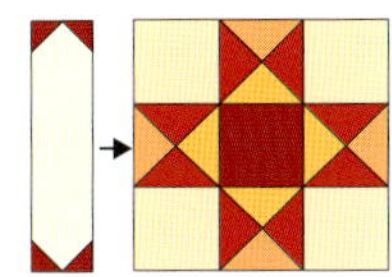

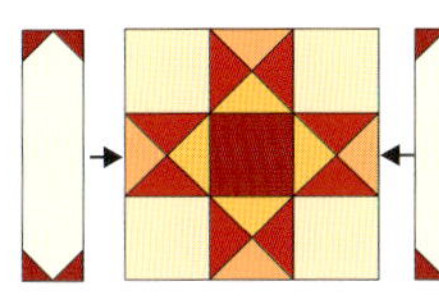

3 按照垂直边条的制作方法，做出横向的拼合边条，加以小方块将横向边条缝合起来。▼

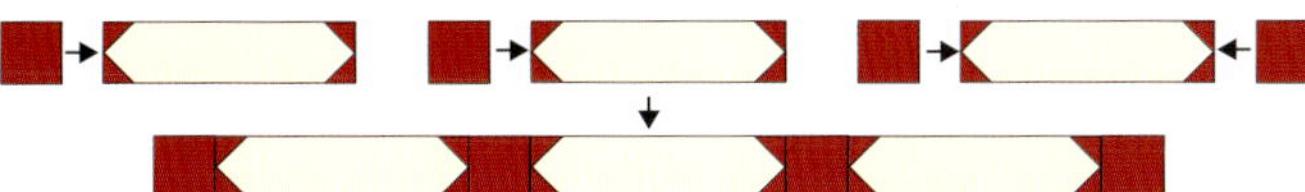

4 将缝合好的横向边条按照同样的缝份缝于组件的上下两边，注意接口处的缝合，然后按压。▼

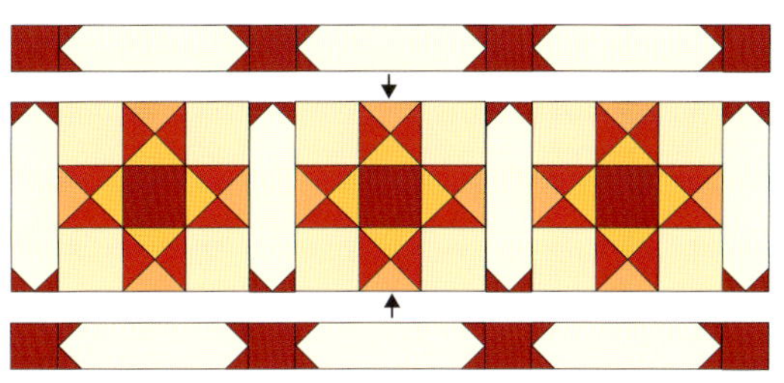

5 照此方法进行，将其余的边条拼合，并且和组件缝合在一起。▶

在这件由帕姆和尼克·林托特共同完成的拼布作品中，星形图案边条漂亮地应用其中。在小木屋组块的连接处缀上了星形图案，成为整件作品中的一个亮点。装饰于暗淡布块之上的星星与整个作品土质色调形成鲜明对比，突出了长柄形绗缝线的效果。

使用边框
USING BORDERS

在一个拼布设计中，边框可以起到很多种作用。最简单的，普通的布条可以给拼布组块做边框，凸显出复杂的拼合以及精心设计的贴布。普通边框可以为精心绗缝提供方便。如果制作边框的布料是印花布，那么我们也可以用它做拼合布料，这样就能使整个拼布图案搭配协调。在奖章拼布中（见40页），大边框的使用将中心与外围协调一致。边框可以和任何形状的布块拼合，从简单的方块形、长方形到经典的组块以及与拼布表面融为一体的复杂的图形，131页将对此介绍一些例子。当然，一个拼布作品也可以不用边框，不过为了突出效果，大部分会用边框。这就像是一个边框会把注意力引向漂亮的图片一样。

拼布的边框宽度各异，尺寸角落布块取决于多种因素，如拼布组块的尺寸和整个拼布的安排和图案等。边框的宽度也取决于你所用布料的图案。比如，布料上的图案是花形，那么你最好在边框上保留整个花形图案，这样效果会更好，而不是甚至将花头剪掉来达到固定宽度。因此，在这种情况下就要灵活一些，适时作出宽度的调整。

有时为了达到随意的效果，边框也会使组块向一个方向倾斜（见40页倾斜布局）。边框也可以和倾斜的长方形进行拼合形成饰带的效果，法国饰带棉被就是用这个方法制作的。

边框可以由多种方法做成，下面就是一些经常使用的方法：

· 直线边框——也叫方块边框、对接边框或重叠边框，是最容易缝合的一种。

· 带有角落布块的直线边框——这些边框是由普通边框边角加上方块形成的，方块的颜色与边框布料的颜色形成反差，方块也可以为额外的绗缝提供更多的空间。这些方块或角落布块可以拼合在一起，四片式的排列是常用的方式。

· 斜接的边框——这些边框的制作比起直线边框来稍微复杂一些，只是将直线边框在拼布的每一个角处倾斜45度。斜接的边框经常会使带有正方形或长方形图案的拼布效果更佳，在拼布表面和边框之间会形成一个视觉断带。

贴布边框

上面所述的任一种方法都可将贴布边框和拼布缝合在一起。这种边框制作也很容易，你可将图案镶嵌在边条的合适位置上，这些图案和贴布组块上的图案可以相呼应，也可以形成反差效果。这些边框可以先单个制作，然后再平接或斜接在拼布的表面，角落布块可有可无。你也可以将图案贴嵌于拼布不同组件的接合处，这样，不同的组成部分就由贴布图案连接在一起了。

这件由莱恩·爱德华完成的碎布拼布的特点就是贴布边框的使用。边框上花形图案的应用和拼布上面的花形图案形成一致，所用边框是带有九片式角落布块的直接边框。

拼合边框

拼合边框的制作方法就如同组块图案设计一样多，各种形式的拼合边框可以将碎布充分利用。常见的拼合边框图案包括钢琴键、飞雁和半方三角形等。边条可以使组块或拼布的尺寸增加，这样就使拼合边框向四周缝接时更加容易。拼合边框可以缝合在拼布表面作为直接边框，也可以斜接上去，有无角落布块均可。边框可以和整个拼布的图案搭配协调，边框的视觉效果是由拼布表面的延伸的接头凸显出来的。虽然拼合边框的制作会比直接边框的制作更费力费时，但从效果来看，前者更佳。

在这件由利奈特·安德森完成的拼布作品“美人鱼礁湖”中，半方三角形镶嵌于四个边缘，让人感觉像是把边框缝合在拼布上一样，给人制造一种错觉。

边框的切割

边框容易伸缩变形，会使布块产生水波效应，整个拼布就失去了方形图案。为了避免这种情况发生，我们在裁剪边框布块时总是会沿整个布块的直纹理进行，而且尽可能剪长一些。如果长度需要接合的话，斜接缝会比直接缝看起来更自然。

边框的缝合

边框的缝合有多种方式，可以手缝，也可以机缝。边框的缝合是整个拼布表面的一部分，连接着不同的部分。边框也可以和单个的图形缝合在一起。这些年，我们研究出了很多种适合边框的图案，包括羽毛状、卷轴状和缆线状等。如果边框有角落布块，这些角落布块可以采用方形或圆形缝合方式，也有很多不同的镂花模板的产品用于边框的缝合（见192页）。

拼布中的这个细节向我们展示了如何使用边框来凸显出漂亮的绗缝效果。一条由三角形拼合的窄形边框连接了拼布中央的区块和外围的宽边框。

好主意

如果你想仿照书或杂志上的拼布图案，那么在开始裁布之前要先量好你拼布的尺寸，因为你使用的边框的尺寸可能和指示中所标示的有出入。

普通边框

钢琴键拼合边框（钢琴键边可以刚好用尽所有的碎布块，见67页直条缝制）

带有角落布块的普通边框

雁形拼合边框（飞雁单位形成了一个十分惹眼的边框。内部的一个边框上飞雁方向相反组成了一个不同的图案）

斜接边框

四片式拼合边框（四片式组块能构成一个不错的边框，有直线形的和方块一角相连形的）

半方三角形拼合边框（能够用完所有的碎布块，这种边框带有羽状的星形，看起来效果很好）

半方三角形拼合边框（半方三角形和普通方块结合在一起构成了不一样的四片式组块）

贴布边框（可以是直接的也可以是斜接式的，图案可以跨于边框和中心，将每个部分连在一起）

相关主题... 面料需求的估算22页 · 使用边条126页

技巧

边框的测量

为了边框能够更好裁剪和缝合，我们需要对拼布进行准确测量，最好的方法就是在拼布的中心处进行测量，因为拼布的边缘处在裁剪时可能会被拉长而导致测量不准。

直接边框的测量

1 测量之前必须先确定拼布的测量面是方形，然后将拼布展开平放。使用卷尺在拼布中心测量其宽度。按照此测量结果剪下拼布上下两条边框，裁剪边框的长度可以和测量结果完全一致，也可以比测量结果稍微长一些，这样在边框缝合时可以对边进行少许折叠。缝合后进行修剪。▶

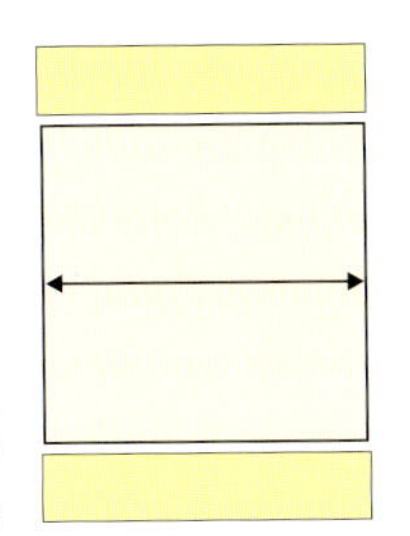

2 要确定左右两条边的边框的长度，需要测量包括上下两个边框的整个拼布的高度。▶

斜接边框的测量

像直接边框的测量一样，先从中心处量出拼布尺寸，然后再加上要缝合上去的斜接边框的尺寸。一般来讲，需要加上的尺寸是边框宽度的2倍。因此，如果你的边框是5厘米宽，那么在边条的长度上再加上10.2厘米的长度就是斜接边框的长了。

拼合边框的制作

制作出和拼布表面能够和谐搭配的拼合边框的确需要用点心思，甚至还需要一些数学计算，不过为了最终的效果，这些都是值得的。

方形拼布

1 量出拼布的长和宽，将长和宽的尺寸都减去1.3厘米，这是随后将边框缝在拼布上的缝份宽度。▶

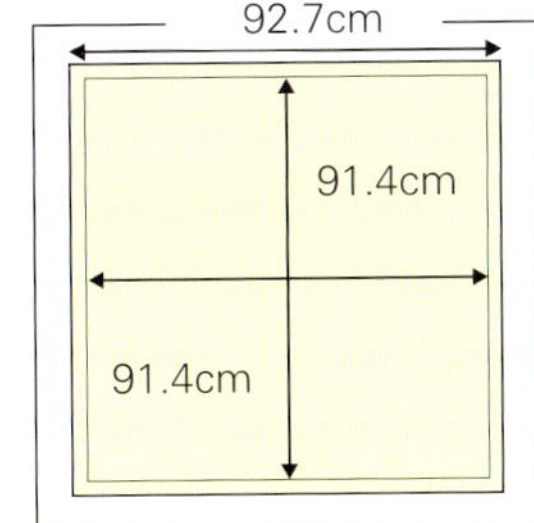

2 计算最后要和边框搭配的区块的尺寸。这个尺寸最好是可以很轻松地就能分成几个区块的尺寸，比如91.4厘米÷7.6厘米=12个组块。一旦边框拼合的话，这就是每一个区块的尺寸。在将边框区块缝合在一起之前，要充分考虑到缝合的缝份宽度。▶

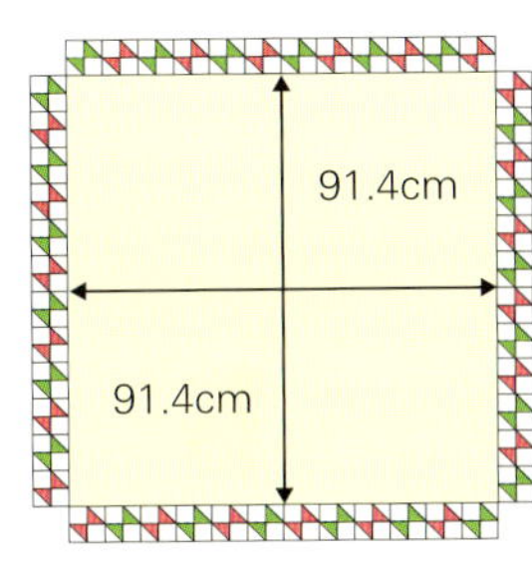

3 现在，拼合的边框就与拼布的尺寸一致了。接下来再在边框的两端加上小方块，这样整个拼合边框就做好了。▶

边框拼合中的问题

有时拼合出来的边框刚好能够和拼布表面搭配协调，但是也会有例外情况，有时我们计算的没错，可是边框不是比预期的小一些就是比预期的大一些。在这种情况下，你可以尝试一下下面的方法。

- 如果边框只是短了一点儿，那么在用熨斗熨平接缝时只要使用得当就可以使边框稍长一些。
- 如果边框太长或太短，而且边框上的缝份和拼布表面的缝份没有对齐，你需要对照拼布检查拼合边框，看一下是哪个地方的缝合出现了问题，然后用珠针做出标记，将其拆开重新缝合。
- 如果边框太长，可以在拼布的边上外接一个窄一点的普通边条来增加拼布的尺寸，然后再将其修剪成和边框一样的尺寸。
- 如果拼合的边框和拼布相比太短，而且加上一个区块又会使其太长，你可以给边框加上一个隔离条——小布条。选择颜色与边框一致的隔离条，将其缝在边框的任何一端，不容易看出来。不过边角和中间的飞雁图案可能会被隔离条冲破。

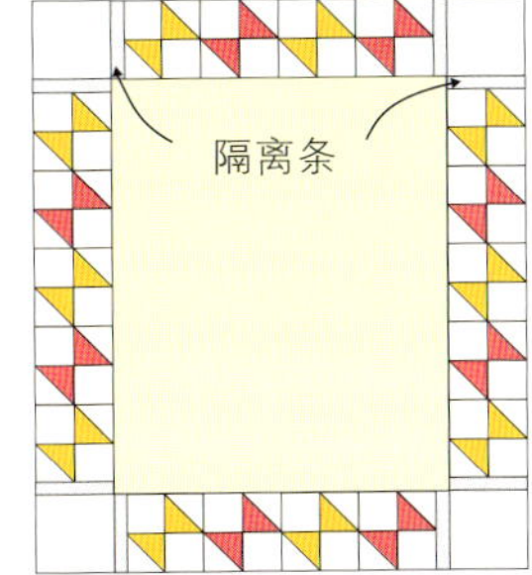

好主意

如果在拼布表面和边框上有很多缝份接口需要对齐，你可以将边框由中间向外缝合，并且将拼布的四角都折到拼布的中心位置，用珠针固定。将边框对折，弄出折痕，将折痕用珠针对齐固定于拼布，然后开始从中心处向边界缝合。

直接边框的缝合

因为这种边框比较容易缝合，所以它的使用也就很广。缝合时你可以先缝合上下两个边框，也可以先缝合左右两个边框。

1 边框裁剪好后，缝合于拼布的上边界处。将边框与拼布上边界对齐，重叠6毫米的缝份宽度，然后进行缝合。缝合完毕后将缝份压向颜色深的一边，最后对边框的两端进行修剪。拼布下边界也照此进行。▼

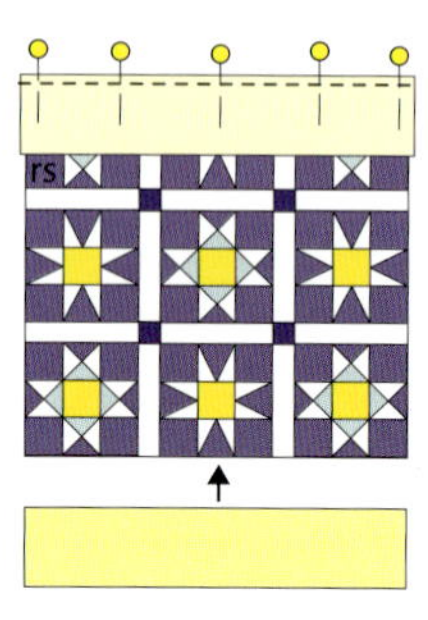

2 接下来照此法缝合左右两个边框，缝合之前要对边框的长度进行准确测量。缝合完毕后还要进行按压、修剪。▼

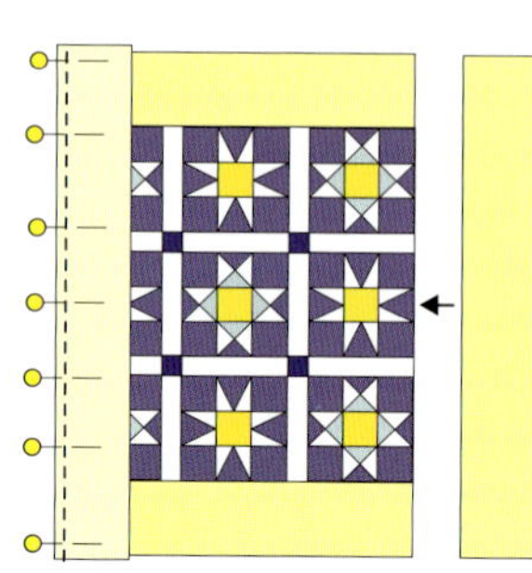

3 当所有的边框缝合完成后，再测量一下拼布的尺寸，而且要确保拼布的四角都是直角。▼

带有角落布块的直接边框的缝合

角落布块不仅看起来很漂亮，而且也能引进一种强调色或者是一个拼合的单元。

1 通过拼布的中心点测量拼布的长和宽从而来决定边框裁剪的长度，边框的宽度可以根据自己的需要而定。然后再裁剪四个边长和边框宽度一样尺寸的正方形。▶

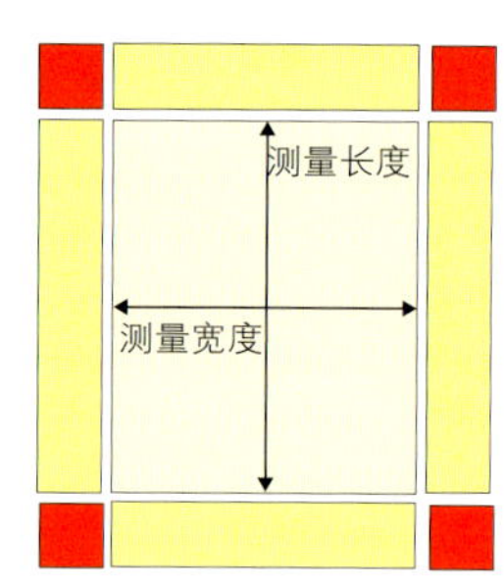

2 将左右两个边框缝合于拼布的左右两边，缝份宽度为6毫米，进行按压。▶

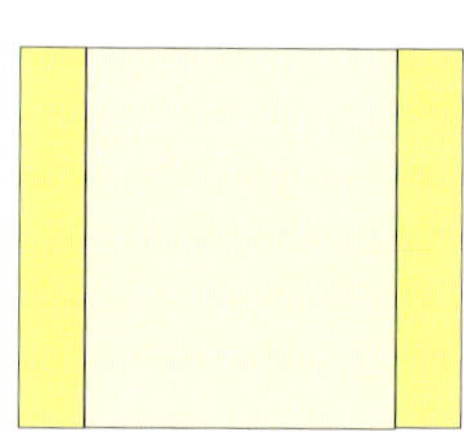

3 将四个小方块分别缝于剩余两条边框的两端，缝份宽度为6毫米，进行按压。▶

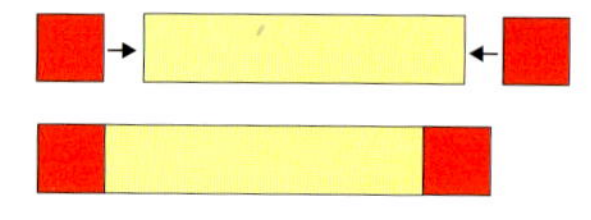

4 将对接好的两条边框缝于拼布的上下两边界处，与拼布的缝份宽度为6毫米，将四个角落布块的缝份处对齐按压。▶

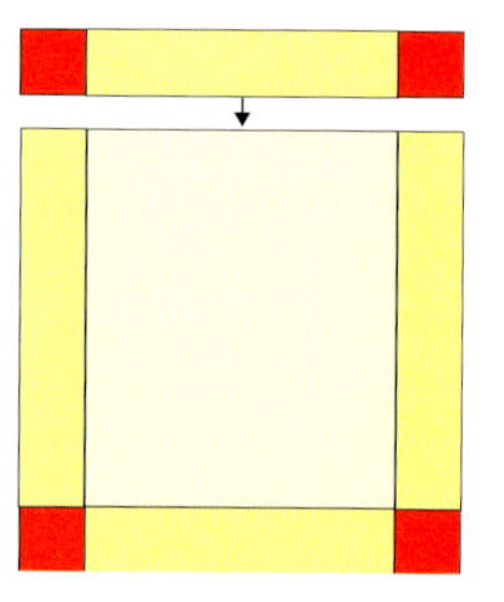

倾斜区块的制作

可以使用边框让拼布区块向左或向右倾斜，以此来使拼布具有动感。

1 制作出区块，然后缝合上较宽的边框。▼

2 将一个大的直角尺放置于区块上，沿角折叠使四个角接触到边儿，剪下方块。▼

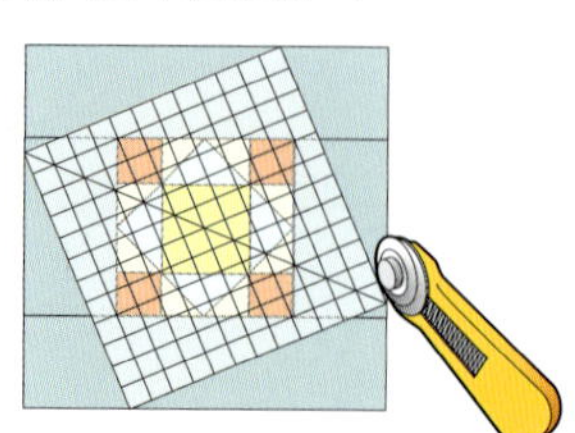

3 剪下之后，区块就变成倾斜的样子了。旋转直尺以相反方向使另一个区块也呈倾斜状。▼

斜接边框的缝合

斜接边框看起来十分专业，但是如果我们要在拼布四周围上印花图案，斜接边框将是非常有用的。

1 按照测量斜接边框的方法测量拼布的尺寸，然后再按照这个尺寸裁剪边框时要额外加上斜接面的长度——通常是边框宽度的2倍。▶

2 在将左右边框缝上拼布时，两边框两端要各伸出6毫米，且两边框分别与拼布重叠6毫米的缝份宽度。接下来按照此法将上下边框缝合于拼布的另两端。▼

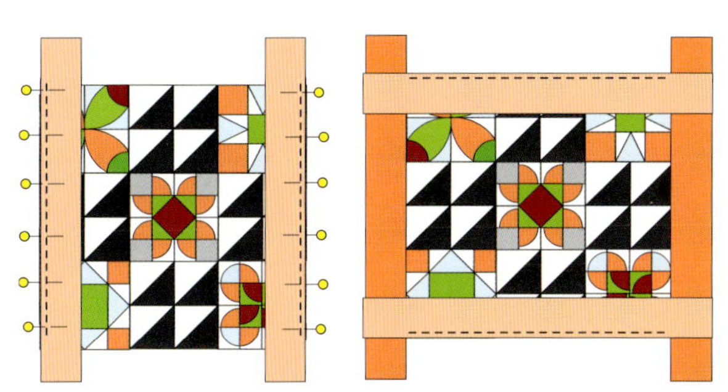

3 将拼布沿对角线对折，用珠针固定好边框的缝份处。沿45度角的边线用铅笔从缝合的终点到背面画一条线，沿线缝合，再将拼布翻到正面检查斜接面是否平整。▶

4 所有斜接面完成后，修剪缝份至6毫米，检查拼布正面是否平整。▶

好主意

拼合的边框在缝合处或伸拉时容易分开，所以可以用机器沿边缘缝一条大针脚的线来作为固定线，结束后再拆掉。

有饰带的边框的缝合

饰带所用的边框是长方形的布条，将饰带布条以和水平呈45度角的方向自下而上缝合在一起。在缝合之前要确保饰带布条以合适的颜色顺序排列。

1 按照需要的尺寸和颜色裁出相应数量的长方形布条。如下图，正面相对将布条1与布条2缝合在一起，把缝合线向外按压。▼

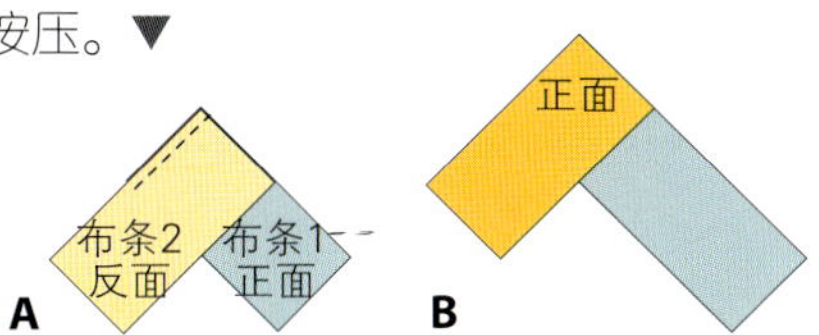

2 如下图，将布条3也缝合于布条1，然后按压接缝线。照此法，在原来布条的两端交替缝合上另外一些布条，直至达到需要的长度。▼

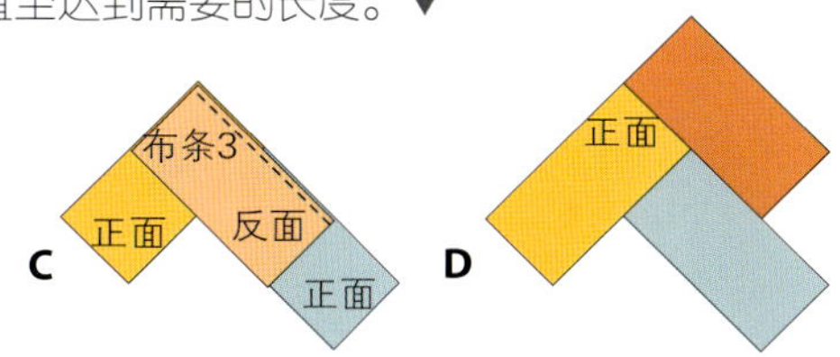

3 当布条缝合完毕，用轮刀和尺子修剪边缘，确保布条的外端处在一条直线上。▶

黏合临时边框

在使用环箍或边框进行手工和机器缝合时，为了使环箍或边框可以固定在布料上，我们将临时边条黏合在拼布上边。按照此法，在缝合直接边框时，临时粘上普通的布块。缝合时可以用大针脚，以便于制作完成后临时边条和布块能够很容易去掉。

贴布

Appliqué

长久以来，贴布都是一种常见的手工技艺，具有丰富的表现力，并与拼布、绗缝共同发展成丰富多彩的手工技艺。

英语中“贴布”一词来源于法语，意思是“穿上”和“应用”，简言之，贴布即将一块织物覆于另一块织物之上或之中，然后缝制固定。贴布为拼布工艺打开了一个新领域，这突破了单纯的拼布工艺局限。

几百年前，贴布是靠手工制作的，但随着1846年美国企业家伊莱斯·豪威发明了缝纫机，由于缝纫速度的提高，贴布工艺也有了飞速的发展。现在，贴布成为一种随心所欲而又充满创造力的技艺，同时绗缝技艺和粘贴工艺的发展也使得贴布工艺对初学者而言变得操作简单又充满艺术魅力。

无论是在衣物上用贴布做简单的装饰还是想用贴布工艺制作绗缝被，这一章都会让你受益匪浅。本章为你提供制作贴布的作品所用织物、线、图案、模板的很好的建议，同时为你提供许多重要手工贴布和机绣贴布的指导，其中包括诸如针挑折边贴布、波斯贴布等传统贴布工艺和双面贴合衬贴布等新型贴布工艺。你也可以尝试用新裁布条和阴影贴布来取得丰富而精彩的艺术效果。

所需布料和线

FABRICS AND THREADS FOR APPLIQUE

在贴布和绗缝工艺中纯棉织物是常用的材料，这种织物便于向下折叠，不易磨损，同时便于清洗且颜色丰富、图样繁多。在实际操作中，所有织物都可用于贴布工艺。有些织物需要特殊护理，但是对许多人来讲，尤其是制作绗缝被的人，许多出乎意料的材料都可用于贴布，比如闪光的丝绸或精致的薄纱、柔软的天鹅绒或结实的粗斜纹棉布等，这些材料都能为贴布带来非同凡响的效果。

如今我们可以随心所欲选择多种材质的线，在探索贴布技巧的同时可以尝试不同的线。

初学者应该以棉布贴布做起，直到熟练掌握。如果选用特殊材料则可能需要特殊的技巧，比如丝绸或缎子极易磨损，因此，边缘要比表面施与更多保护以防磨损。若物品需要洗涤，最好选取质地较好的织物。

大多数的贴布技艺都是将一块织物通过缝边或锁边，固定在另一件织物上，但贴布不一定四边全部固定在底布上。毛毡、仿麂皮、蕾丝和网布只能在某个点上固定以形成立体效果。多种布料的运用不仅可以形成绝佳的效果，也可以使普通的贴布与绗缝被融合起来。

贴布用针

在贴布、拼布中，针的选择是至关重要的，手工用针和缝纫机用针的使用说明详见23页。手工缝制贴布时，要选取较尖的8~10号针，缝纫机制作时（如缎纹线迹）可选取通用70/10号针或刺绣75/11号针。

贴布用线

传统贴布工艺要求线和所用织物的色调一致，尤其是贴布中的边是向下折后用手工固定的，这些针脚不宜露出，所以最好选用50~60号的细线。灰色和浅褐色的线通常比较百搭。

双面贴合衬贴布，四边不加修饰但需要用针脚遮盖，因此可用平针或用更具修饰性的毯边线迹。如果想让针脚与贴布融为一体，则可选用与贴布色调一致的绣线。但要想使绣线显得突出以形成装饰效果，则可选用多股棉绣线或珠绣线，杂色棉线在做色彩丰富的儿童用品时效果更佳。要想使物品显得更具活力，则可尝试带金属光泽的绣线。

在使用绣线或专用线时要考虑线的粗细，比如说：细的毯边线迹用粗珠棉线是很难完成的，要使选取的针脚、绣线与物品大小协调——大而粗犷的图案就适合用粗线缝制粗针脚来完成。

机绣贴布40号的线就可以了，也可以用30号的线加强其厚重感。机绣时使用人造丝来制作缎面贴布会增加贴布的光泽，梭芯上的底线通常用50或60号的尼龙或尼龙棉线。因为不会露在外面，因此任何浅色都适用。若要贴布呈现立体效果，则底线会暴露在外，因此需要特别选择——见148页。

多种颜色的线有利于修饰贴布的边缘，且能将织物的色彩统一起来。

相关主题... 布料种类14页・装饰品17页・颜色的使用19页

技巧

计算贴布所用布料

计算贴布所用布料最简单的方法是将图案画在简易几何图形中（如正方形或长方形），然后计算几何图形的面积即可。

如果图案所用面料形状不一，则需分别计算面积。如需重复某个部分（花瓣或叶子），也可将这些图案画在一个简易几何图形中，然后重复多次即可。最后再计算总面积，图案在被子或其他作品中多次重复，则进行相应的乘法即可。

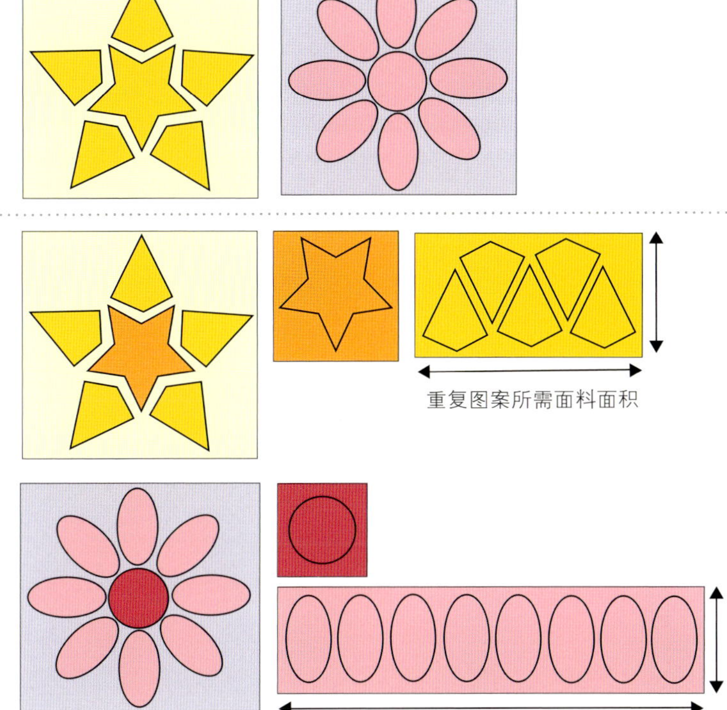

准备贴布面料

准备贴布面料更多的是将面料归位以易于往底布上固定。做法由贴布特性和所用贴布的技巧决定，现今我们可以用冷冻纸和双面贴合衬（见151、152页）等辅助，使贴布做起来更加简单。

- 若不太确定面料是否褪色或缩水，可先将面料洗一下，将褶皱熨平。
- 可选用印花面料的某一部分来提升贴布的艺术效果，这种装饰性的剪布在透明塑料模板的帮助下更易于完成，使用时可将透明塑料板覆盖在所需面料的上面。
- 如果在底布中心制作拼布被方块图案，确保底布要比成品大（10.2厘米），以便布块形成正方形并固定到其他布块上。
- 要想将贴布贴在底布中心，可将底布对折之后再进行对折，用铅笔在中心做出标记，或用手指折出折痕，以同样方法或借助直尺找出图案中心，贴布放置于底布上时，两块布的中心要重叠，有时只需目测就可以了。
- 如果贴布由好几部分组成，可将各个部分准备好，然后放置在底布的相应位置上，检查好各个层次是否正确，然后再进行固定。

好主意

通常不必担心贴布上布纹方向，因为一旦贴布被固定，贴布就比较稳固，因此不会起皱纹。如果不放心，可将贴布的布纹方向与底布的布纹方向统一。

增强艺术效果

在选取贴布材料时，在某些地方用特殊的材料或方法会提升作品的艺术效果。以下方法可供尝试：

- 用贴布可表现饰品的层次，距离自己较远的图案在视觉上显得较小，因此在前景布上用大图案，然后远处用小图案，就能创造具有立体效果的图案，同样面料的深浅也可表现层次。深色易从视觉上显得缩小，因此会有较远的感觉；而浅色则在前景上显得更近。
- 用不同装饰的面料来提升艺术效果，比如丝绸和缎子可用来制作彩绘玻璃的贴布图案，由此可模仿彩色玻璃闪光的效果。
- 用刺绣修饰贴布来呼应设计主题。比如可在花心用法式结粒绣装饰，可在树叶的中心用装饰性针脚来凸显轮廓。

用特殊材料对贴布加以修饰，如给暗色贴布加上小亮片，可将小亮片缀在薄纱下面。

用波状花边、饰边或缎带装饰贴布使某个区域更加突出，也可在一些地方缀上珠子增强效果。

可用特殊印花图案呼应贴布主题，如用条纹图案面料做成彩色的海滩小屋或点状图案面料表现下雪的天空。

在贴布中使用图案增强效果，比如可以在贴布上增加一大朵花来提升艺术效果。

图案和模板
MOTIFS AND TEMPLATES

贴布图案可任意选取，许多书上都有海量图片，设计绗缝图案的电脑软件也可为我们提供大量花朵、树叶、小鸟、蝴蝶、动物、昆虫以及几何图案等常见的素材，当然也可将图案组合起来形成较复杂的图案，你也可以根据所见设计贴布图案（见143页技巧）。

尽管我们通过目测用手也能轻易画出图案剪下贴布，但模板不仅能帮助我们做到更精确，还能帮助我们快速制作需要重复的图案。你可以使用本书提供的图案，随心所欲地将它们扩大或组合起来制作成模板。

贴布图案

本页附有简单的贴布图案，可供爱好者选择使用，142页附有组合图案，以创作出更好的效果。别忘了贴布图案也可颠倒或反转形成对应图案，贴布技巧里常用到成对或对称图案。

好主意

下面是一些已经剪好的印在素布或花布上的贴布图案，无论是拼布商店或网店都有销售。品种多样，有心形、星形、花朵、树叶和几何图形等。

制作组合图案

贴布图案可组合起来形成精致而趣味横生的图案，可以将同一图案进行重复或使其形成对称图案并组合起来，这里可以使用扫描仪或电脑进行制作（见第34页）。

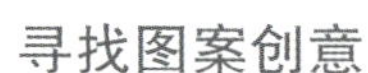

寻找图案创意

贴布图案的创意可以说是无穷无尽的，许多书上都有涉及，随处可见的创意都可应用于贴布，下面的方法可以为你带来灵感。

- **书籍**：这是最棒的来源，尤其是那些年代久远的关于装饰风格的书籍，历史上关于图案的工具书、儿童书籍以及彩图，都会有线条简洁的图案，这些都可用作贴布设计。各种手工制作书籍（尤其是卡片制作书籍）更会让你受益匪浅。
- **期刊**：专业期刊，其中包括拼布和拼布被制作的杂志，会为你提供丰富多彩的创意和各种好主意，也可鼓励你用另类的眼光看待普通的图案，并设计出独一无二的作品。也有一些家居类期刊可以让你得到灵感，动物和园艺的杂志也不要错过。
- **产品目录**：产品目录也可以为你提供灵感，墙纸或窗帘图案、床上用品、假山园林都是很好的灵感来源。
- **博物馆**：织物和墙饰的博物馆会有一些陈列物品为你提供灵感。
- **街边店**：日常用品上常会有图案设计，所以要走到哪儿看到哪儿，尤其是一些贺卡店或书店。
- **网络**：用最常见的搜索引擎上网搜索，仔细找寻，一定会激发无数灵感；也可以找些无版权限制的图案将它们转换成贴布图案。

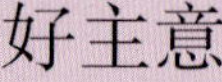

好主意

随身携带一支铅笔和素描本，走到哪里见到可以用作贴布图案的东西都很快画下来，你画画的水准会很快提高，千万别忘了在画旁做好笔记，这样对你会有帮助。

相关主题...模板的使用26页 · 技巧的运用34页

技巧

贴布制作中模板的应用

贴布制作中使用模板可确保图案的精确，尤其是想重复使用同一图案时，模板是不可缺的。总体来讲，贴布模板需预留出6毫米的缝份，以备用针将布边下折或使用冷冻纸完成贴布。如用双面贴合衬或机绣绷针制作贴布时，因为边缘的线迹可保护裁边，则不需预留缝份。

制作贴布模板的材料很多，通常可用冷冻纸、薄纸板或塑料模板（见27页制作简单模板以及28页制作多件式模板部分）。

将图像转换为模板

也许有时找不到现成的贴布图案，这时你可以自己画一个。如果借助电脑和扫描仪，这个过程会变得非常简单，有时会更简单——只需一张纸、一支铅笔和一块橡皮即可完成。如果发现某个图案很吸引人，一定要尊重别人的版权，你也可以使用本书中的图案。

1 选择图像——可以选择一张图片或自己画的画。我这里选择自己拍的一张兰花的图片，因此不必考虑版权的问题。图像需要尽量简化，以达到一目了然的效果——像下图一样正面呈现花朵，另一朵花差不多都是呈现的背面，则不适宜做贴布图案。▼

2 画出花形，将各个部分简化，在图片中花心部分会比较复杂。因此贴布图案只画出轮廓即可。▼

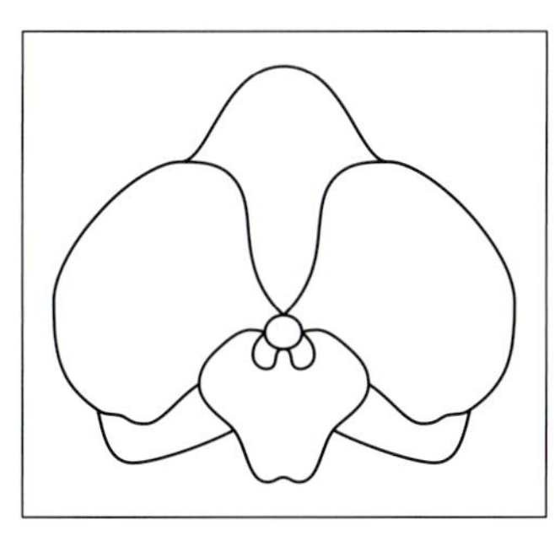

3 用铅笔将花的形状画在一张卡片上。▼

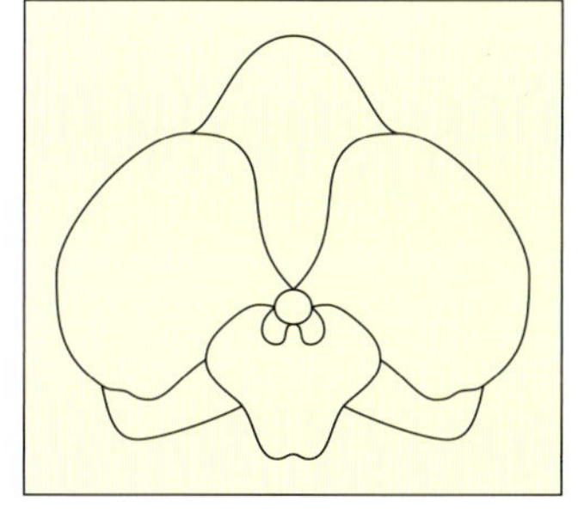

4 将花的各个部分剪下来，如果花朵如图呈现的那么大，贴布的花心则需要精确一些，因此可以将花心下部剪出，也可以用其他的手法来表现这一部分，比如用几个针脚来进行装饰即可。现在模板做好了，可先用你所选的方法将图案转印在贴布织物上。▼

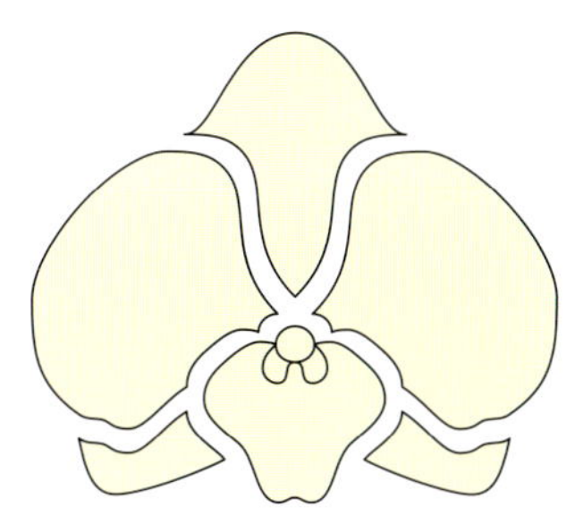

这幅图是用彩色毛毡完成的贴布，裁边可不修饰，也可用平针或毯边线迹缝好。

这是用毛毡完成的贴布，并以平针和毯边线迹对裁边进行修饰。

针挑折边贴布
NEEDLE-TURN APPLIQUE

针挑折边贴布是一种传统的手工贴布技艺，每片贴布的缝份可以用针沿四周内折后再固定缝在底布上。这与冷冻纸贴布稍有不同（见第151页），冷冻纸贴布的缝份已经在贴布缝于底布之前内折固定。
也可以在缝制贴布之前在里面填充铺棉，见第148页立体贴布部分。

上图为列奈特·安德森制作的针挑折边贴布拼被，作品中贴布块与装饰性针脚相互衬托，妙趣横生。

针挑折边贴布的缝份通常为6毫米，但可根据贴布上针脚的不同以及用料的不同有所改变。小片贴布只需要预留3毫米以防有突起，而稍厚的贴布或易磨损的材料则缝份预留多于6毫米，如果您已经掌握贴布技巧，可尝试第150页提供的简易贴布作品进行练习。也可将第141页的图案扩大来制作自己心仪的作品。

好主意

制作针挑折边贴布时也可不用针而选取牙签，这样也可将布边下折并形成圆润的贴布弧线。

缝纫剪切贴布

这种方法与针挑折边贴布方法一样，只是四边是先用疏缝线固定在底布上然后再用针脚修饰固定，这种方法适用于从同一块织物上剪切布块的贴布工艺——见147页贴布技巧。

缩边贴布

手工缝制贴布和针挑折边贴布一样，收边技艺对制作圆形、椭圆形以及其他并不复杂但需边缘平滑的贴布十分有用。
在图案四周用平针缝一圈，然后在硬纸模板上抽紧收边，缩边要依照图案完成，熨烫完毕后会留出一个带缝份的贴布——见147页技巧部分。

这是列奈特·安德森制作的苹果树拼布被，此处运用了许多贴布技巧，其中包括：针挑折边贴布技巧和填充技巧，使得整个设计明快而富有生趣。

相关主题…模板的使用26页・立体贴布148页

技巧

缝制针挑折边贴布

之所以称为针挑折边贴布，是因为针是用来折布并将贴布缝制固定时将缝份向内折好的。最简便的方法是将贴布制成模板，下面还附有缝制弧线和尖形图案的方法。

1 利用模板用铅笔或水消笔将贴布图案转印在贴布正面，徒手（或参照13页使用缝份圈）再沿外圈画出3~6毫米的缝份并沿外面的轮廓剪下贴布。▶

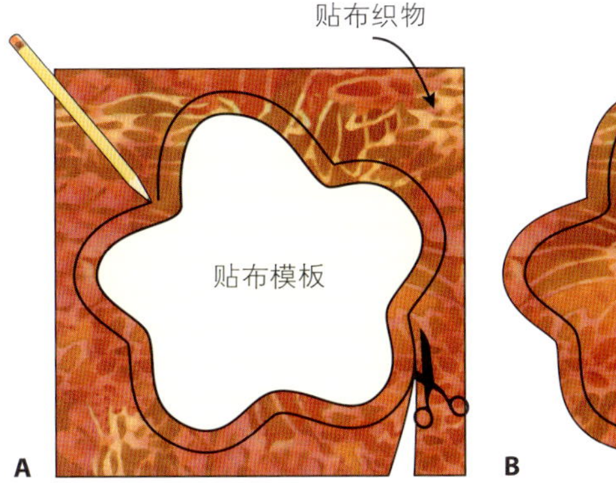

2 如果贴布在底布上的位置较为重要，还需在底布正面画上与贴布相同的图案，以确保贴布的位置和方向都无误。▼

3 将贴布正面朝上置于底布上的准确位置可以用珠针将其固定，也可用疏缝线固定。▼

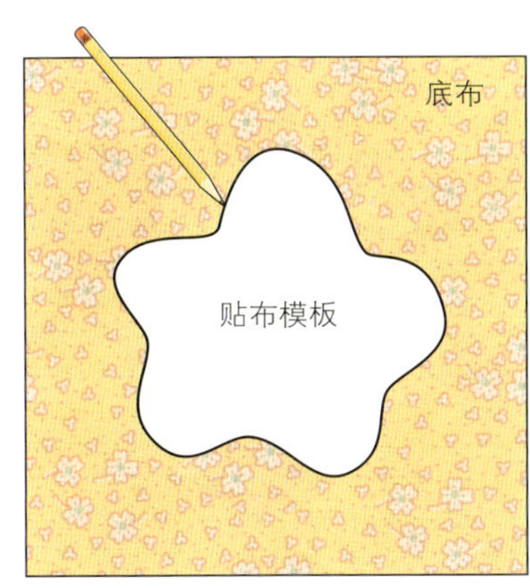

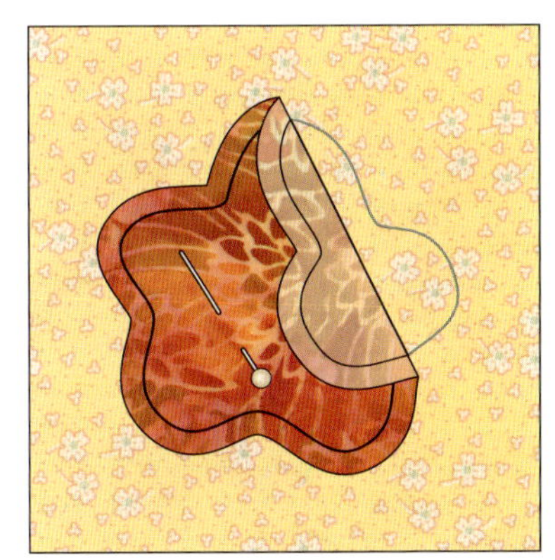

好主意

如果你的贴布有个“顶部”，需要朝某一方向，可以用水消笔在底布和贴布上都点上点，这样有助于记住图案哪头是朝上的。如果有许多图案需要固定，可以在描图纸上制作一个主模板，将其用珠针固定在织物上形成参照，将图案插入贴布下面，置于合适的位置。

4 将缝份下折以遮住画线，然后开始缝制贴布。使用的线要与贴布相匹配，要使用针脚不太突出的暗缝针脚或挑针缝针脚，并使针脚与贴布的边呈直角。缝制过程中可使用针将边缘下折在贴布下面。▶

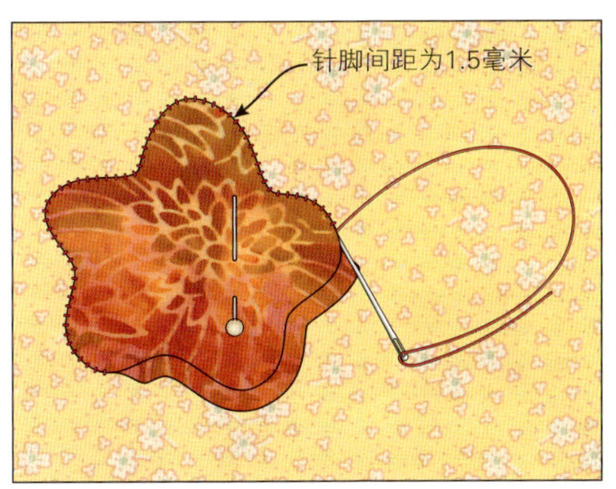

5 如果贴布图案中有急弯，可用珠针固定好（但不要固定住画线部分），以便缝份可以轻易内折，剪出V形，贴布固定在底布上后，可从作品背面修剪线头，除去珠针或疏缝线然后熨烫平整。

缝制有曲线和尖角的图案

贴布图案有多种尺寸，样式各异，许多图案带有尖角和曲线，下面的图示可以帮助你完成缝份的缝制。

凹角

制作凹角时，通常在缝份上剪开大约3毫米的牙口，千万别剪到或超过缝边线，当角内折或用手指下按，开口就会呈扇形打开直立起来，展开即可。

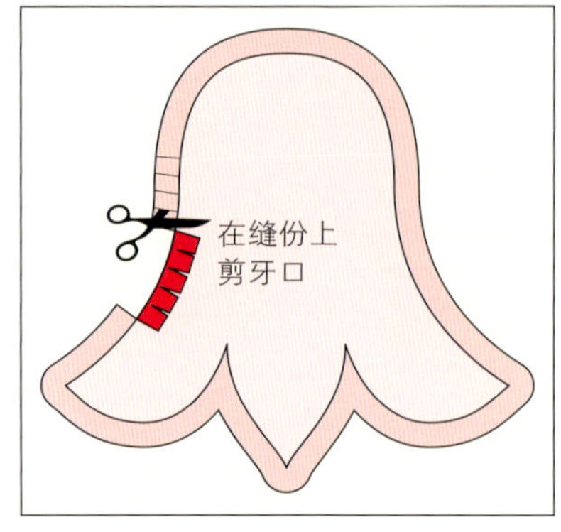

凸角

制作凸角时，如制作凹角时方法一样，在布料上剪出缝份，这样可以防止织物突起，便于缝份在熨烫时展开。

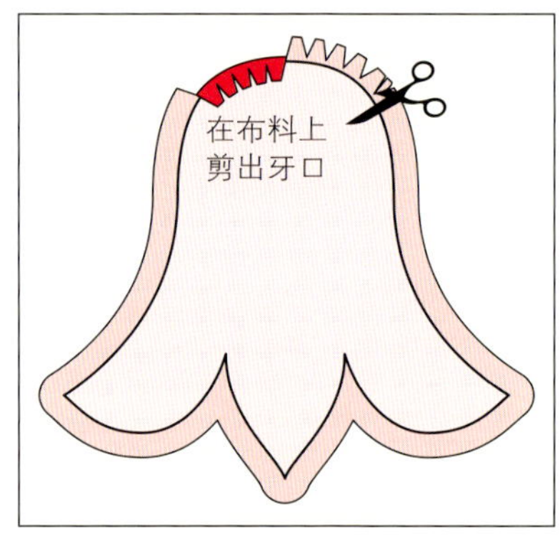

内角和尖

有尖角时就会出现内角和尖，沿缝边线在缝份上剪出3毫米的V形，然后将边内折，如图所示将角显露出来。

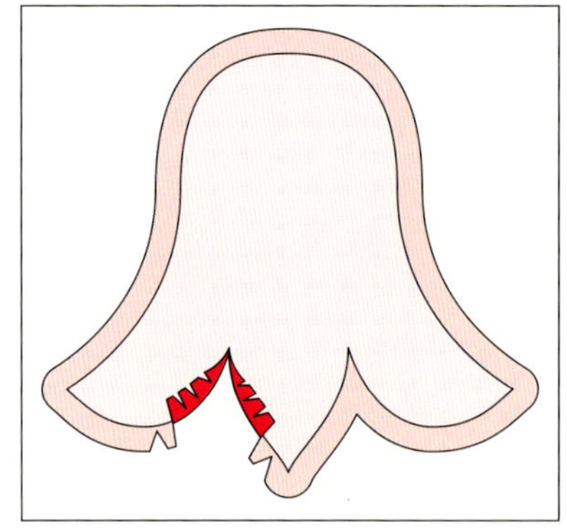

外角和尖

制作外角和尖时，可在缝份上剪出V形，修剪边缘以防产生突起，先将尖部的缝份内折，然后再将相邻的缝份内折。

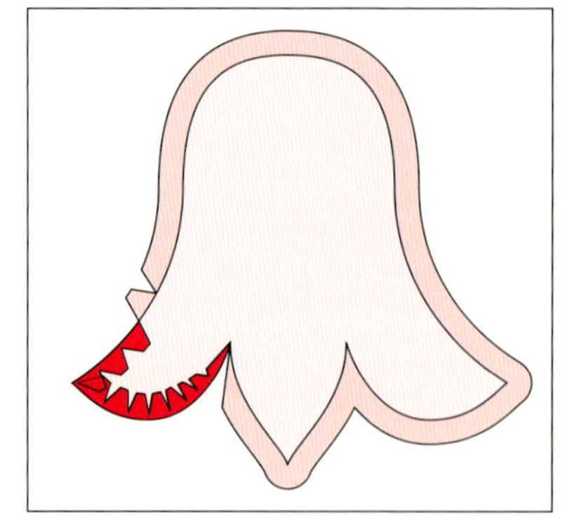

贴布可以制成充满民间艺术色彩的作品，就像克莱尔·金斯莱克在作品中所示。这幅作品运用了针挑折边技艺，并以绗缝被图案与之相映成趣。

缝制和剪切贴布

此处所讲方法与针挑折边技艺相同，这种方法适用于同一块布上剪下的多片贴布，贴布先用疏缝线固定，然后对贴布边缘进行修剪和缝制。

1 在贴布图案正面做好标记，然后将整个贴布用疏缝线固定在底布上，疏缝线要缝在轮廓线内至少6毫米处，然后手工或用缝纫机缝制。▼

2a **手工缝制** 用锋利的小剪刀沿贴布图案边轮廓6毫米之外剪开，将缝份下折，然后缝制固定，在针挑折边贴布也使用同样方法。▼

2b **用缝纫机缝制** 如左图将织物用疏缝线固定，用缝纫机缎纹线迹或直缝线迹沿四周轮廓线固定（图例显示为两种方式），用锋利的剪刀将贴布织物剪下。▼

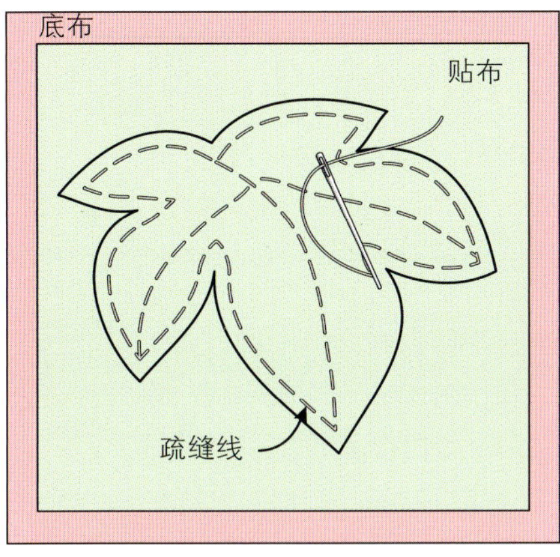

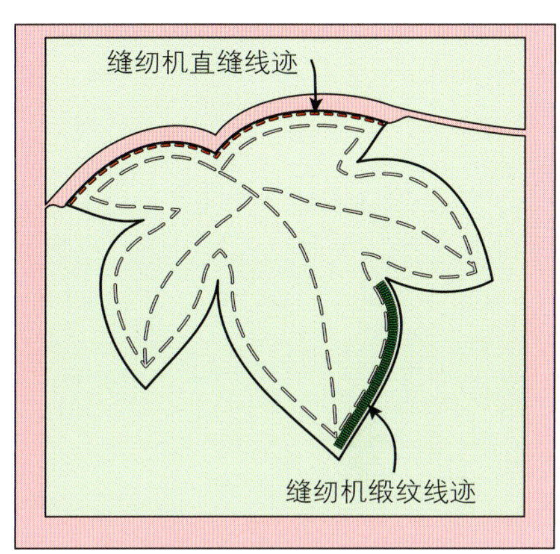

缩边贴布

这种技巧使用硬纸撑起织物图案，用于圆形、椭圆形或其他并不复杂、要求边缘平滑的图案。

1 用硬纸做出贴布模板，将模板置于贴布织物背面（如需要可用珠针固定），用铅笔沿四周画出轮廓，除去模板，用双倍于轮廓的长线沿织物四周缝一圈平针，针脚稍微走在图案轮廓的外围一些，两端留出线头，沿图案轮廓内针脚3~6毫米处修剪好。▼

2 将模板置于织物背面，捏住线的两头沿模板拉紧收边，用熨斗用力将四周的缝份熨烫平展，去掉模板，贴布就做好了，可以用你所选择的方法固定在底布上，收边线可在固定前或固定后除去。▼

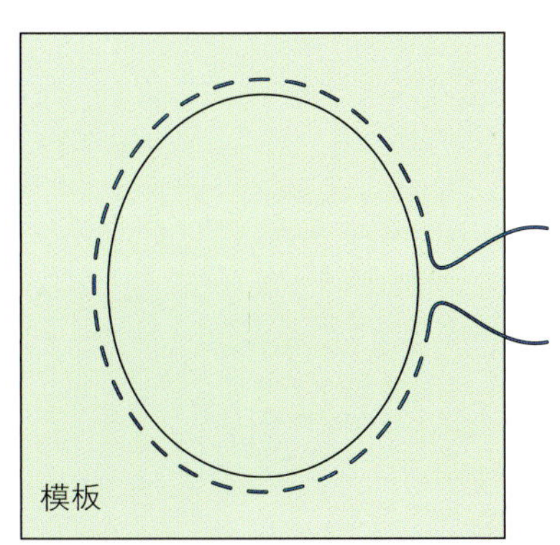

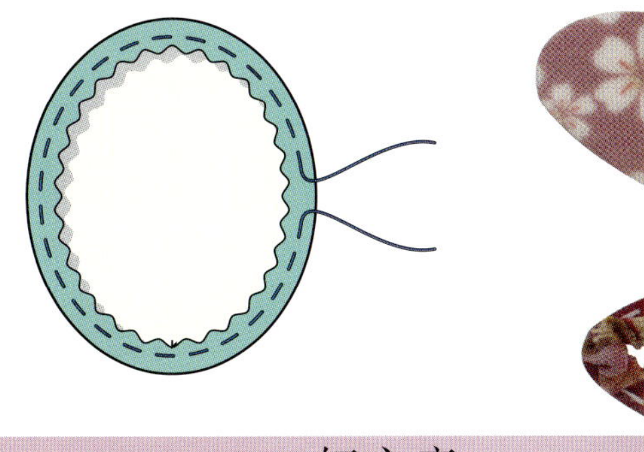

好主意

用结实的或预洗过的布料贴布，这样收边会更容易些。

立体贴布

3-D APPLIQUE

立体贴布是贴布中的一种，可以使用填充棉、铺棉或其他厚的织物填充在贴布与底布之间，使作品更显立体感。多一个步骤，剪出图案后需在其中填充些填充棉，然后将其缝制固定在底布上，就可以创作出具有立体感的作品，由于所选的贴布不同，填充后也会呈现不同的艺术效果，尤其是具有民间艺术特色的图案和儿童用品，不同的图案以立体的效果呈现，会更显得时尚而充满想象力。

海星是制作立体贴布很好的素材，可以用少量的填充棉或铺棉进行填充，上面的法式结粒绣提升了作品的立体感。

准备立体贴布图案并非难事（见149页的技巧部分），立体贴布可用来装饰被子或家居织物、衣物，也可直接用来制作玩具或娃娃。花瓣和树叶是做立体贴布很好的素材，只需要稍作改变就会做成各种各样的花朵，第141页提供有简单的叶子和花瓣的图案，你可以利用复印机将图案扩大，然后缝制出立体贴布。

针挑折边贴布、毯边线迹贴布及立体贴布使被子立体感十足，下面就是列奈特·安德森的作品（144页附有全图），因为里面填充了铺棉，苹果显得更有立体感，使整个画面栩栩如生。

相关主题... 织物特效118页・填充绗缝226页

技巧

创作填充贴布

使用这种方法可以用铺棉或其他材料对贴布填充，其中一个方法是将铺棉用疏缝固定在贴布下面，然后再将贴布缝制固定，要使铺棉稍小于贴布；另一个方法是用针挑折边方法将贴布固定在底布上，然后留一个小缝，将一小部分填充物用牙签或钩针塞到贴布下面，将填充物铺平后用小针脚将小缝缝上。

好主意

旧毯子是作为填充物的好材料，可在旧货铺中买到。旧羊毛套衫也可以利用，可以将其在高温的水中洗净，甩干然后裁成可用的小块。

缝制立体贴布

制作立体贴布只需多一步填充步骤，就使贴布织物傲然挺立了，可以先将图案创作出来，填充玩具也可用立体贴布的方法制作。

修剪边缝预留

正面相对将描好的轮廓缝好

留出返口

方法1：用模板在贴布背面描出轮廓，将另一块布与第一块布放置在一起，正面相对，用颜色匹配的线沿轮廓将两块布缝在一起，最好留个返口将布正面翻出。如果图案不对称的话，第二块布的模板必须加以反转，剪贴布时要多出6毫米，翻过来，将四周的边翻出，熨平，用填充棉或织物边角料填充，将留出的返口布边内折并用暗缝针缝合，此时，可将贴布缀在底布上了。

方法2：如果立体图案的背面是不外露的，你可以按上述方法将贴布备好，只是四边全都缝合，不留返口，用锋利的小剪刀在贴布背面的中心剪个口，只剪开一层，将贴布正面翻出，熨平边缝，用上述方法填充后将剪口缝好，将剪口的一面置于底布上，然后缝制固定。

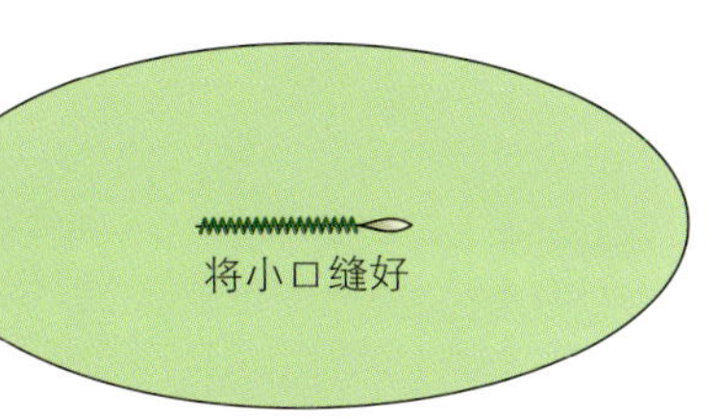

立体贴布形态各异，用途甚广，像这里曼迪・肖制作的填充小鸡就特别适用以上方法。

制作实践

花朵手提袋

这个手提袋做法简单，可以用于购物或去海滩休闲，也可用来存储布料。袋子上的贴布是用针挑折边贴布和双面贴合衬贴布共同制成的，选取两片蜡染印花布和与之反差大的奶油色织物来制作袋子，袋深7.6厘米，底部四角都经过缝制。

简介

应用技巧：针挑折边贴布；双面贴合衬贴布；纽约纤缝技巧；简易袋制作
成品尺寸：33厘米×44.5厘米
所需织物：两整片厚蜡染布，半片奶油色布料做贴布，50厘米里布，铺棉
线：白色和灰色珠棉线和机缝线

方法

- 将蜡染布裁成28厘米×45.7厘米的布片，再从另一片蜡染布上裁下7.6厘米×45.7厘米的布条，顺长边将布条缝制在一起，缝份为6毫米，将缝份熨开，再为背面制作一条带子，但颜色要有些反差。
- 依照第251页的模板，用双面贴合衬贴布（见第152页），准备12片贴布花瓣，将双面贴合衬贴在上面的花瓣上，注意圆形盖住花瓣的末端，将圆形缝制用针挑折边贴布技巧固定在底布上。
- 用单股珠棉线将花瓣四周沿边内3毫米处缝制，在中心随意绣出法式结粒绣。
- 依照第249页所示缝制手提袋和包带。

冷冻纸贴布
FREEZER PAPER APPLIQUE

冷冻纸本来是用来包食物的材料，在1970年被美国人发现可用于制作拼布且效果良好。因为冷冻纸一面有塑膜（有光泽），熨烫时可与织物粘在一起，可以随意去除并重复使用。冷冻纸很薄，因此可以透过纸张将图案描在上面，然后剪下。冷冻纸可以在将贴布固定在底布之前通过熨斗将缝份熨烫好，而不必在将贴布缝制固定时将贴布的边缝下折。冷冻纸也可用于英式硬纸拼布，成卷的冷冻纸或裁剪好冷冻纸都可以买到。包装影印或复印的白色蜡纸也具有同样功能。

>> **相关主题...** 模板的使用 26页 · 英式硬纸拼缝51页 · 缝制有曲线和尖角的图案146页 >>>

技巧

冷冻纸的放置位置

冷冻纸的光泽面可放上面也可放下面，当光泽面朝上，缝份被熨烫在纸上且暂时粘在上面，贴布便可以缝制固定，可在所有针脚完成之前或之后在贴布背面剪个小口，除去冷冻纸。

当冷冻纸光泽面朝下时，织物就会粘在纸上，而缝份不会粘上，熨烫时缝份会沿冷冻纸的四周折起，当四周的缝份全都折起后，可除去冷冻纸，然后缝制固定贴布。

用冷冻纸制作贴布

此处所示用冷冻纸制作贴布时，冷冻纸光泽面朝上，如果想常做贴布的话，可以用迷你熨斗（见第13页），因为它的小熨烫面可以熨烫到平时不易触到的织物表面。

1 用铅笔将图案描在冷冻纸的无光泽的一面，沿画线剪下模板，贴布织物背面朝上放置，将冷冻纸光泽面朝上放在贴布上，预留出6毫米的缝份以便于折边。▼

2 将冷冻纸的光泽面放于贴布图案的背面，如需要可用珠针固定。▶

3 用熨斗的尖或侧边将缝份熨烫在冷冻纸上固定，在弧线处剪牙口可以使边缘平顺，冷冻纸可以多次熨烫粘贴，所以如果需要，可以从缝份上揭下再次使用。▶

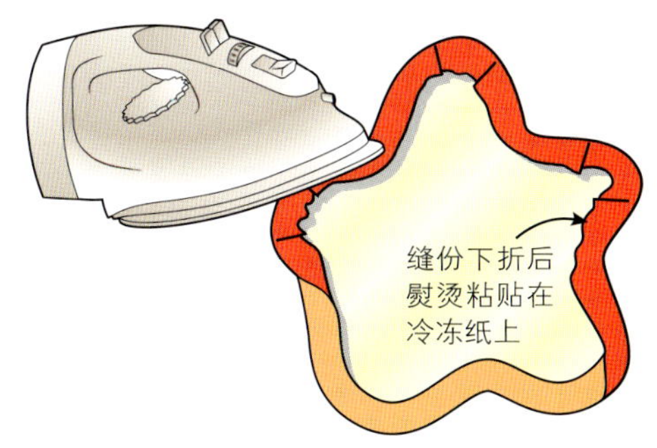

双面贴合衬贴布
FUSIBLE WEB APPLIQUE

双面贴合衬是一种熨烫粘贴型产品，多用于拼布和贴布制作。双面贴合衬是一种特殊的纸张，两面涂有一层极薄的胶，当双面贴合衬置于两片织物之间用熨斗熨烫时，胶就会熔化将织物黏合在一起，一旦黏合，织物就不会分开，且可防止边缘脱线。

双面贴合衬种类繁多，你可选用你心仪的品种和品牌，比较通用的是STEAM A SEAM2和BONDWEB（欧洲又称VLIESOFIX；美国又称WONDER UNDER）两种品牌，双面贴合衬网上也有销售，双面贴合衬是靠熨斗的热度熔化胶的，但各个牌子用法不一，因此在使用前需要先阅读说明书。

大多数双面贴合衬贴布可以洗涤或干洗，但经过长期洗涤贴布边缘也会稍稍脱线（有些织物会比较容易受损），所以预先将边缘用手工或缝纫机缝制会更好，除非你比较喜欢毛边的艺术效果，见第157页的例子和说明。

双面贴合衬厚度

双面贴合衬宽度各异，一般是成卷的（可以做折边、装饰带等），在拼布用品店或纺织店论尺/米来卖，也有包装好的片状，甚至有剪切好的图案；不同的作品使用厚度不同的双面贴合衬，比如隔热的双面贴合衬适用于做桌垫或桌布，如不确定则尽量使用较薄的双面贴合衬。

- 薄双面贴合衬——这种双面贴合衬适合做不常使用的物品，薄双面贴合衬不会显得过厚，因此针比较容易穿透。
- 中厚双面贴合衬——这种稍厚的双面贴合衬可以粘贴得更牢固，尽管使布片显得更厚，手工或缝纫机缝都容易穿透，这种双面贴合衬在贴布中比较常见。
- 厚双面贴合衬——这种厚双面贴合衬在织物中会粘得比较牢固，使织物僵硬，便于制作诸如碗状的立体贴布，因为较厚所以不易穿透，而且双面贴合衬上的胶会比较容易附着在缝纫机针上，因此需要时时更换机针。

储存双面贴合衬

双面贴合衬的背面各不相同，有的极易剥落，因此在储存时要格外小心，对于按尺寸购买的双面贴合衬，你可以写好说明将其卷起装在硬邮寄包装筒里储存，外面可粘上标签，便于识别，也可将双面贴合衬裁成A4纸大小夹在塑料夹中。

这种充满喜悦色彩的壁饰用双面贴合衬方式制成，形成马赛克的效果，而用毯边线迹缝制的树和月亮又能更好地烘托其艺术效果。

相关主题...模板的使用26页 · 毛边贴布157页

技巧

粘贴单个图案

用双面贴合衬制作单个的图案是比较简单的，简言之只需要五个步骤：描图、粘贴、剪切、揭纸、熨烫。也可以用同样的方法借助双面贴合衬制作具有彩色玻璃效果的贴布，如果你想使自己的作品易于纫缝，也可将图案四周粘上窄窄的双面贴合衬。

1 将心形用铅笔描在双面贴合衬的纸面（光滑面）上，注意：如果图案不对称，描图时则需反转，见154页反转图案部分。描图后，剪下图案，预留大致6毫米。▼

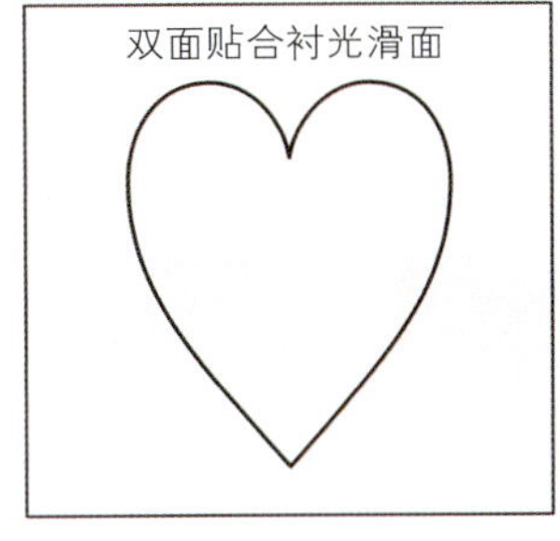

2 将图案置于贴布反面，双面贴合衬胶面（粗糙面）朝下（有的双面贴合衬还有衬纸，使用时需揭下），用熨斗将图案固定（大约熨烫10秒钟，使用时遵照说明书），放置晾凉。▼

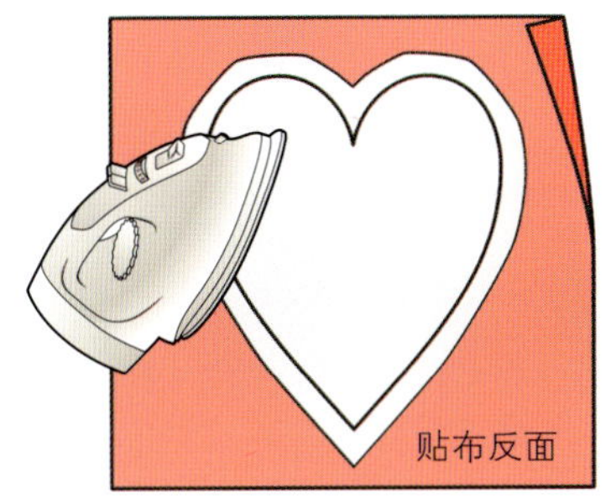

好主意

如果没有足够的双面贴合衬（或来不及买），可以将小片双面贴合衬拼贴起来使用，将双面贴合衬裁成长条，接头对拼贴起来即可。

3 沿图案轮廓小心裁剪，揭去双面贴合衬反面衬纸，将图案正面朝上置于底部的相应位置，熨烫固定。▼

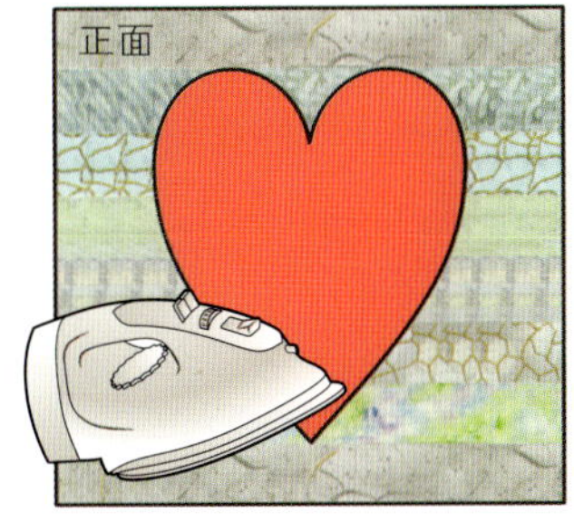

双面贴合衬的使用

√按尺或米卖的双面贴合衬应附带有使用说明，一定要确保在买的时候有说明书并在使用前仔细阅读。
√市场上有各种双面贴合衬可供选择，可以多试几种直到选到自己满意的种类。
√在双面贴合衬的纸面上画图，用剪刀剪下，可以专门备一把剪双面贴合衬的剪刀，以免胶污染剪布的剪刀。
√不要在任何上过浆的布料上使用双面贴合衬，在使用双面贴合衬前应将布料洗干净，以去除布浆。
√使用熨斗熨烫双面贴合衬时应从凉到热逐渐加温，熨烫5~10秒钟（遵照使用说明），熨斗温度取决于所使用的布料，越轻薄的布料所需温度越低。
√将布片固定在底布上时，要放置在相应的位置，确保底布不起皱，熨烫时不要让布片移动。
√双面贴合衬部分熨烫后会保持余热，要多加小心，等到布片完全晾凉，胶才能固定结实。
√如果熨斗上粘上胶，可用专用熨斗清洗剂清洗，也可用防油纸或烘焙纸来保护熨斗的熨面。
√还有一种喷胶可以替代双面贴合衬。

反转图案

双面贴合衬需要粘在织物背面，然后剪下来再粘在另一块织物或底布上。但有些图案并不对称，因此需要进行反转，这样才能在粘贴的时候方向正确。而对称的图案则不需要反转，有的图案（大部分蜡染图案）正反面看起来一样，所以也不用考虑反转的问题。这种情况下，只需按常规方法使用双面贴合衬，将织物反转后作为正面即可。

此处所示的小鸟图案就不对称，因此如果想要小鸟面朝左则需要进行反转，画出图案，反转后描在双面贴合衬上。可用塑料板制成模板，这样只需要反转一下模板再将轮廓描下就可以了。

您可以用这些工具反转模板，比如反转模板为第一只鸟，创作一只对应的小鸟。

也可以用几个模板创作一组不规则的图案。下图只需要三个模板：一朵花、一片叶子和一个椭圆即可。每个模板都可以进行反转和旋转，就可以形成一个较为复杂的图案。

多个部分组合的双面贴合衬贴布

有的图案是由一个或多个部分先粘贴起来，然后和其他部分重新组合起来的，成品的示意图对你完成作品会很有帮助，尤其是将各个部分编号可以提醒你哪个部分先粘哪个部分后粘。如果你是个贴布制作新手，下面这个郁金香图案会帮你进行练习。只需要将一朵郁金香重复三次即可完成。向右倾斜的花反转一下就复制成向左倾斜的花。叶子也可通过反转完成，双面贴合衬贴布不需预留缝份，但如果要用针挑折边方法的话，四周则需预留出6毫米的缝份。

花茎是由波状花边制成的，当然也可以用包边条代替（见178页制作斜裁包边条）。这些部分需要先粘贴或缝制固定，这样末端的毛边可以被遮盖住。按下列步骤粘贴每个部分：1花茎，2花朵，3右叶，4左叶。

图中虚线代表左叶与右叶重合的地方。

如上图所示，图案边缘粘贴好后，用三股棉线以手工毯边绣进行装饰，再用链式羽状绣装饰叶子的中心（见245页常用针法部分）。

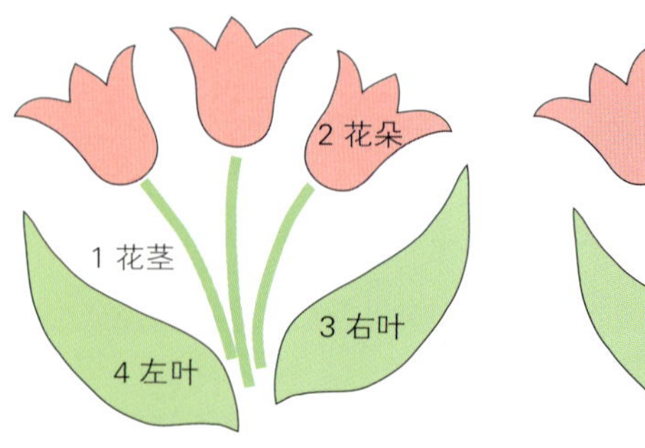

制作实践

雏菊儿童被

这个小被子是用双面贴合衬制作的贴布，粘贴在方块贴布制成的底布上完成的。这件使用的是清新的织物，不过这种图案适用于任何颜色的织物而且大小也可不拘一格。

简介

应用技巧： 正方形布片制作；双面贴合衬贴布；毯边绣收边；直接边框；机器绗缝和手工绗缝技巧；包边

作品设计： 5×3正方形贴布，两种边框

成品尺寸： 117厘米×76厘米

所需织物： 15片边长21.6厘米正方形（白色和奶油色），15片边长19厘米正方形印花贴布，边框用白色布料5厘米×394厘米，衬布，铺棉，包边条：6.3厘米宽

线： 彩色固定用珠棉线，成股绿色、奶油色棉线，缝纫机线

方法

- 将边长为21.6厘米的白色和奶油色正方形布片按5×3的布局排好。
- 用第251页的模板（放大）和双面贴合衬，在每个正方形上粘贴一朵雏菊，以单股珠棉线用毯边绣线迹给雏菊锁边（见245页）。
- 以三股绿色棉线走平针线迹，再以奶油色线走平针线迹（见247页），在花心绣一个圈。
- 添加边框（见134页）制作绗缝夹层（见188页），在方块之间以及花瓣上用机器绗缝，用不同色的线分别在四边用手工绣出半圆形。
- 为被子包边，完成作品（见238页）。

饰边贴布
EDGING APPLIQUE

从针挑折边贴布中我们学到，可以使用不显眼的细小线迹将图案和布料缝合在一起。这一部分我们深入讲解贴布图案的处理方法，用手工缝或机器缝装饰性线迹给图案饰边，或者故意留出不规则的毛边。给贴布图案缝制饰边不仅能够起到装饰作用，而且，还能加固使用双面贴合衬固定的贴布图案，使经过裁剪的布料边缘更加经久耐用。

可选用你所喜欢的任何线迹给贴布图案饰边。图中使用了毯边线迹，它能够完美地覆盖图案边缘，是一种很好的选择。

传统上，常用缭针线迹或暗缝线迹、单平线迹或单面线迹、曲折线迹、缎纹线迹和毯边线迹进行贴布图案的饰边。可以尝试使用其他的线迹，比如链式线迹、人字线迹和长线迹，以形成更加具有民俗特色的效果。关于这些线迹，请参看245~247页常用针法。饰边时，按照个人偏好和想要获得的效果，可以选择手工缝纫也可使用机器缝纫。选择饰边贴布的缝线也会非常有意思——参看138页的建议。

毯边线迹是传统上常用的饰边手法；丽奈特・安德森的这件作品展示了这种线迹能制作出的迷人效果。

相关主题... 模板的使用26页 · 双面贴合衬贴布152页 · 常用针法245页

技巧

毛边贴布

毛边贴布即故意保持边缘不平滑，只用很简单的线迹固定图案，从而形成比较乡村的风格。这种技巧特别适合于不易磨损的布料，像毛毡或仿麂皮布料。

剪出所需的贴布图案。疏缝或用珠针将其固定到底布，沿图案边缘用机器或手工缝合（也可使用双面贴合衬固定）；可使用任何针法——平针缝、间断长针缝、机器单面线迹或宽的机器曲折线迹；可多缝几圈，效果更出色。缝线可以和布料混为一体，也可以使用颜色鲜艳、闪亮的人造丝线或金属线使缝线凸显出来。在底布背面垫上可揭除的垫纸能使作品保持原位。完成缝制后，可将垫纸揭除，也可保留以增加作品的硬度。

这两幅贴布图案都是使用毛毡制作的，所以不用担心毛边磨损的问题。作者采用了简单的针法将贴布图案固定到底布上：上图中的小鸟图案是以机缝线迹固定，左侧的则使用了手工平针缝和长针缝。

散边贴布

将毛边贴布更进一步，将布料边缘故意打散就能制作出散边贴布，其独特的艺术效果，非常适合用于墙饰挂件等作品。有些布料更适合于散边贴布，可以自己尝试不同的布料：牛仔布适合散边贴布；边缘色彩丰富的固染布料在打散后效果也不错；像双宫茧绸和缎纹织物，有不同颜色的经线和纬线，打散后边缘会呈现不同的色彩，如下图所示。

制作散边贴布时，按上述方法将贴布图形缝合或粘贴到底布上，但不要固定边缘。缝合时使用的针法可以起到装饰性效果。使用手指甲或是指甲刷打散布料边缘。还可以更进一步，尝试使用割绒法（详见119页）。

Z形线迹饰边

Z形线迹可徒手缝制，但是用缝纫机缝会更加快捷。Z形线迹还可用于挑绣固定丝线、绳子和缎带。下面介绍的Z形线迹的缝纫方法同样适合于缎纹线迹。缝纫机会有各种不同的Z形线迹，先试验一下，找出自己所需的线迹长度和宽度。宽而长的线迹会比短而窄的线迹更加抢眼。

沿直线或较平缓的曲线缝制Z形线迹

当沿着直线或较平缓的曲线缝制Z形线迹时，应像下图一样，连续而流畅地缝纫。缝针应穿透贴布和底布，并一直沿着贴布图案的边缘。可根据个人喜好使大部分的线迹落在贴布上，只有一两针缝到底布上；也可使贴布和底布上的线迹均等，当使用专门缝线时尤其应该如此。完成缝纫后，将线头穿到布料背面打结并修剪，或者塞入夹层中。▼

沿尖锐的弯角缝制Z形线迹

沿尖锐的弯角缝制Z形线迹时，转动作品以继续沿着图形轮廓缝纫。

- 当沿着尖锐弯角的外侧缝纫时，如下图所示，当缝针处于弯角外侧的布料中时停针，然后转动作品。缝上几针，然后再次转动作品。弯角越尖锐，转动作品的次数就越多，否则会形成空隙或是V形缺口。
- 当沿着尖锐弯角的内侧缝纫时，当缝针处于弯角内侧时停针，并转动作品。▼

在边角处缝制Z形线迹

如果贴布图案有很尖的角或是边角，在转角处应停下机器，转动作品，来保持饰边齐整。然后按前述方法完成缝制。

- 当沿着边角的外侧缝纫时，一直缝到边角处，当缝针处于边角右侧的底布中时停住机器，拉起压脚，然后如图所示转动作品，直到对齐接下来要缝的那条边，继续缝纫。▼

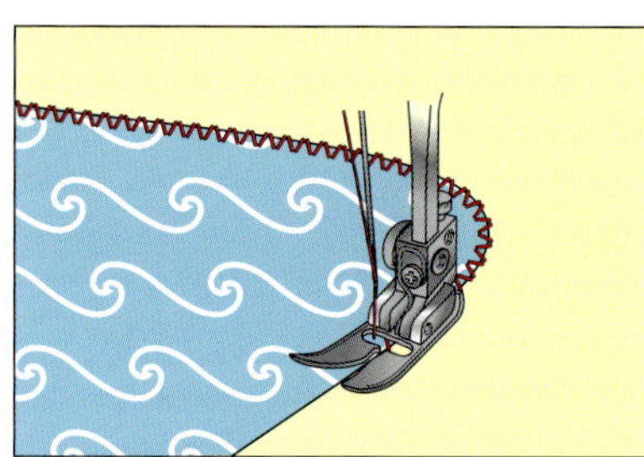

- 当沿着边角的内侧缝纫时，一直缝到边角处，当缝针处于边角左侧的底布中时停住机器。拉起压脚，然后转动作品，直到对齐接下来要缝的那条边，继续缝纫。▼

盖尔・劳瑟的这件作品展示了对比色的精致缎纹线迹饰边，它能够成为一件作品的亮点所在。也可以使用机缝Z形线迹或紧实的手缝毯边锁针线迹进行贴布图案的饰边。

缎纹线迹饰边

对很多人来说，机缝缎纹线迹是给贴布饰边的最佳选择。大多数缝纫机上的缎纹线迹实际上是一种密实、线迹长度较短的Z形线迹，所以其缝纫方法和158页所讲的相似。实际上，缎纹线迹和Z形线迹的构成是不同的，如果你的缝纫机上有专门的缎纹线迹可选用时，请不要使用Z形线迹替代。查看缝纫机说明书中关于缎纹线迹的介绍。

机缝缎纹线迹

√如果缝纫机上有专门的缎纹线迹，请选用它；若没有，可选用缝纫机的Z形线迹，并将线迹宽度设置为3~6毫米。应有约四分之三的线迹缝在贴布图案上，余下的四分之一应缝在底布上。如果线迹长度太短，机器可能会停下来或在同一处重复缝针。

√缎纹线迹会拉伸布料，可能会制造褶皱，使用可揭除稳定垫纸能使布料更加坚挺；喷浆也有同样效果。要缝出整齐的缎纹线迹，应有合适的张力，有的机器能自动调控张力的大小。一般选用张力的量为3。理想的缝针，在布料的表面不会看到底线——如果能看到，请降低表线张力。可能看到一些表线穿过底布。

√先在零碎布料上练习，然后再开始作品的制作。

√确定如何在边角进行缎纹线迹的缝纫。可以把针保留在布料中，转动作品；或是调整针的位置——参考158页的Z形线迹的说明。

√如果贴布图案是由几部分组成的，先缝下面的部分。

√缎纹线迹可逐渐变细为点，但需在缝纫过程中调整线迹宽度。有些缝纫机有该功能。

√使用配色或互补色的60的绣线。底线使用50或60的棉线或聚酯纤维线。如果底线在布料正面显现出来，使用和表线颜色相同的底线。

√使用开放式压脚和一个标准型号70/10的针。如果缎纹线迹在边缘不整齐，可改用刺绣针或更锋利的针。

毯边线迹饰边

毯边线迹是一种很常用的贴布饰边针法。现在很多缝纫机都有各种漂亮的毯边线迹的设置，但还有很多人喜欢手缝毯边线迹的效果，认为其更具民俗艺术的魅力。搭配混色线使用会相当可爱，155页的雏菊儿童被就很好地展示了这一点。

给贴布图案进行毯边锁针线迹饰边很有意思。可以在空闲时间手工制作，作品会具有淳朴的乡村风情。如果机器有装饰性的毯边锁针线迹也可用机器缝纫。

毯边锁针线迹和锁眼线迹缝制方法相同，不同之处在于锁眼线迹的间距更加密集（参看245页毯边线迹的缝制方法）。当遇到尖锐的弯角时，比如叶尖，在尖角处多缝一针细小的线迹，这样能保持转角处的线迹不会走形。

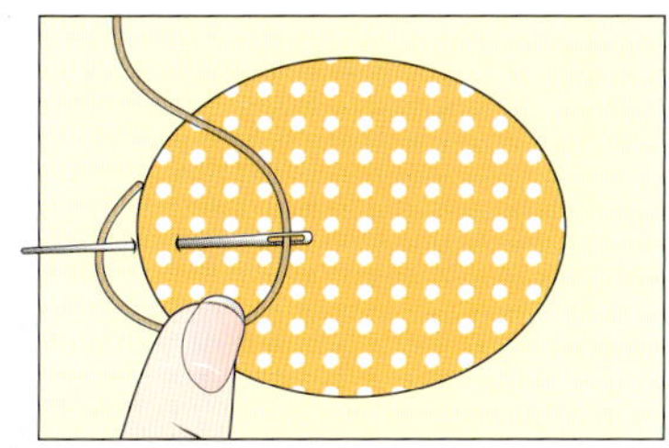

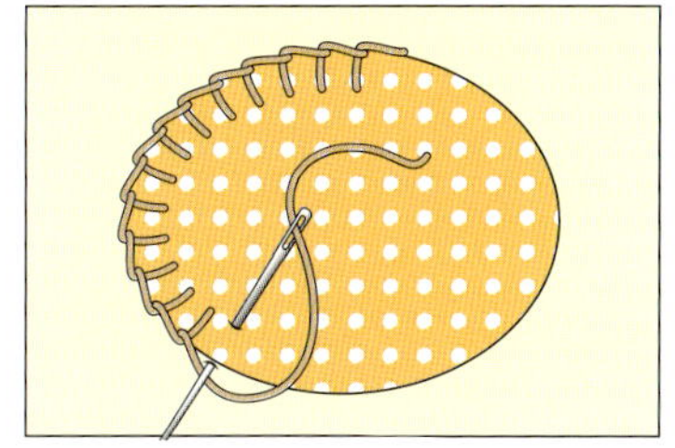

其他贴布饰边方法

如果喜欢添加装饰，可以使用各种穗带、缎带和饰带给贴布图案饰边。然后用配色缝线和隐形的缭针线迹缝合，或者使用装饰性缝线和装饰针法固定。也可以使用机器缝合或挑绣固定。

饰边的种类繁多，很多都可以用于贴布饰边，甚至还有些可以用来制作贴布图案，比如图中用来给冰激凌蛋卷筒饰边的毛边饰带。荷叶边可以很容易地形成弯角，也很适合使用在贴布饰边中。如果荷叶边的末端起毛，可折入并缝合固定。

减少体积

固定了贴布图案后，就要开始绗缝，此时各层布料的巨大体积会成为问题。要减少作品的体积同时减少褶皱产生的可能性，可采取剪去多余的底布的办法。然而，修剪底布可能会使作品较易散开，所以也有人选择不进行裁剪。

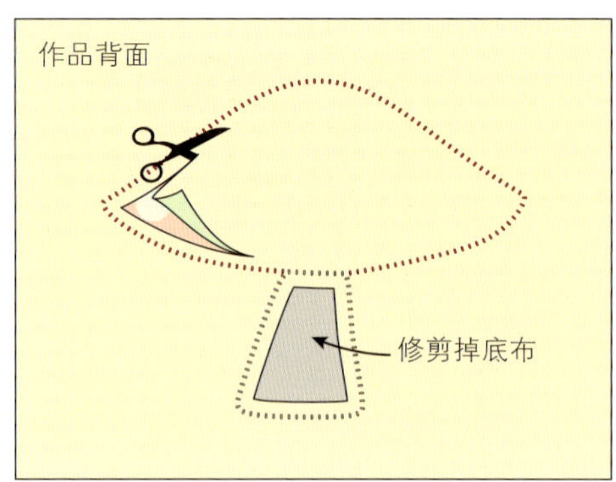

要减小体积，将作品翻转到背面朝上，使用锋利的小剪刀，沿距离缝份或贴布饰边6毫米处修剪底布。◀

好主意

不要拘泥于只使用装饰性线迹给贴布饰边，还可以在贴布图案的特定区域中使用装饰性线迹，也可以吸引注意力。

波斯贴布
APPLIQUE PERSE

这种贴布要从布料上剪下专门的贴布图案，并将其贴到平纹的底布上。因为18世纪的英国人认为它和波斯刺绣相似，也叫作波斯刺绣。这种技巧能够最大程度地利用那些昂贵的布料。动物、鸟类、树木、花朵和人物都是很受欢迎的图案。波斯贴布有各种各样具有特色的布局模式，包括生命之树造型、团花风格的布置和独立图案的遍布图样。

选择波斯贴布的布料和图案

图片向我们说明了布料的哪些部分可用来进行波斯贴布。蓝色轮廓的图案可以使用，因为其图案“完整”；橙色轮廓的则不可用——有的因为太小，有的是因为其图案的某些部分被其他图案覆盖，或是因为太靠近边缘而缺失某些部分。

- 选择的布料应图案清晰，并和其他图案没有重叠，这样可以完整地裁下。
- 选择的布料上的图案应大小适中，太小的图案会使贴布作品过于烦琐。
- 如有需要，在贴布完成后，可以使用刺绣线迹添加图案的细节，如蝴蝶的触角、花的茎和昆虫的腿等。

缝制波斯贴布

可手工或机器制作波斯贴布，其方法和针挑折边贴布（详见144页）相同；也可使用双面贴合衬贴布（详见152页），详细的操作方法可参看之前的相关介绍。其有别于贴布的独特之处在于它需要精细裁剪出图案。使用双面贴合衬贴布（如右图所示）时，不需要预留缝份。如果使用手缝的方法，图案周边要留出6毫米的缝份。▶

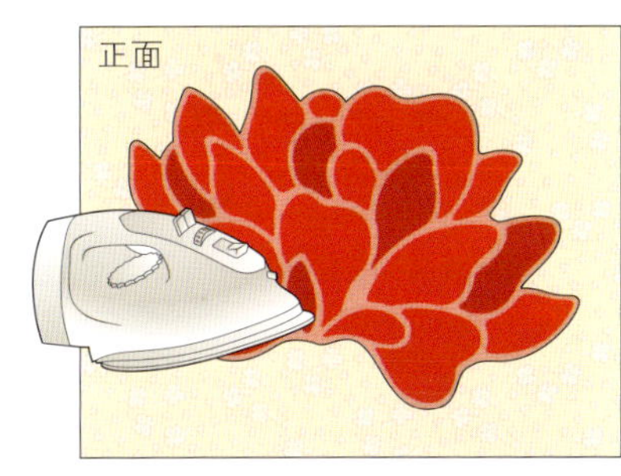

安娜·戴维斯和茱莉亚·马克斯沃西制作的这款墙饰挂件展示了波斯贴布的技巧，作品中波斯贴布图案出现在两个下边角处，可将边条和整个作品衔接起来。牡丹图案位置布置巧妙，缝制精细，似乎呼之欲出。绗缝又进一步将边框和中心布片连接了起来。

夏威夷贴布
HAWAIIAN APPLIQUE

夏威夷贴布是一种独特的贴布方法，它使用鲜艳的平纹布料构成传统、对称的图案。最初夏威夷人将一张纸折叠为八层，然后裁出一个中心放射形的图样，就构成了中心图案。同样方法使用在布料上，人们折叠然后裁剪布料。其图案一般是受自然的影响创作出来的，有花朵、树叶和果实等造型。

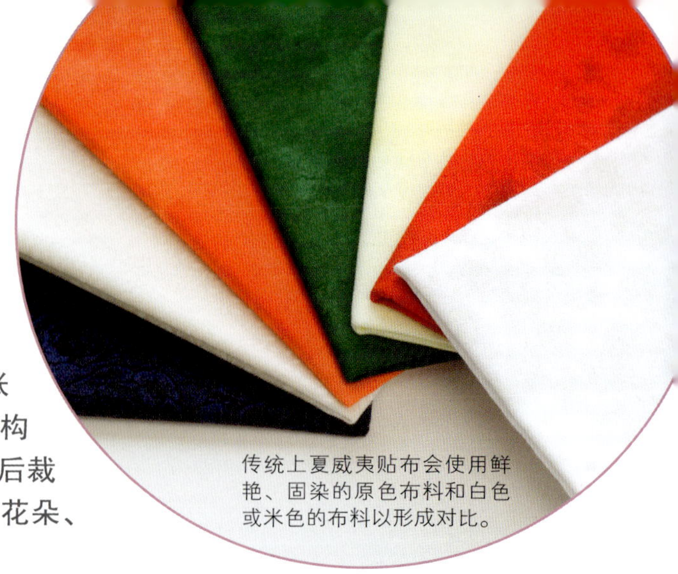
传统上夏威夷贴布会使用鲜艳、固染的原色布料和白色或米色的布料以形成对比。

传统上，夏威夷图案使用彩色的平纹布，但现在人们也开始使用各种现代布料和巴提克蜡染花布，因为它们也能很好地展现这种太平洋岛屿的独特风情。这里使用了十字线迹、毯边锁针线迹和鸡爪线迹（箭头线迹）。

夏威夷贴布的另外一个独特之处就在于其选用颜色的大胆，一般是两种纯色——原色，如红色、绿色、蓝色或橙色——和白色组合在一起。现在，也很流行使用印花布。传统上，夏威夷图案只使用简单的普通边条，或根本没有边条，但是也可以按照自己的喜好使用折纸的技巧制作边条。夏威夷绗缝一般采用扩散绗缝，即用配色缝线根据图案的轮廓向外绗缝。塔希提贴布和夏威夷贴布相似，不同之处在于前者基于四层折叠而不是八层。成品被的尺寸为228厘米×274厘米；可以选择使用平纹或花纹布料及是否进行绗缝。

裁剪好纸样后，可以用几种方式来进行贴布：

- 可使用手缝方式，将缝份折叠，然后缝合固定。详细讲解见165页。
- 可使用冷冻纸将所有的缝份折叠，暂时将其粘到冷冻纸上。关于冷冻纸的使用，请看151页的详细讲解。
- 可使用双面贴合衬将图样热熔粘贴到底布上，然后使用机缝缎纹线迹固定。

相关主题…针挑折边贴布144页 · 缝制有曲线和尖角的图案146页 · 冷冻纸贴布151页 · 双面贴合衬贴布152页

技巧

制作模板

如果要尝试创作夏威夷贴布，可使用便宜且容易折叠的薄纸——报纸就很好用。图样确定下来后，再使用较厚的纸张来制作模板。

1 裁出一块比贴布图案略大的正方形纸。将纸上下对折（A），然后左右对折（B），最后沿斜边对折（C）。确保折痕清晰。▼

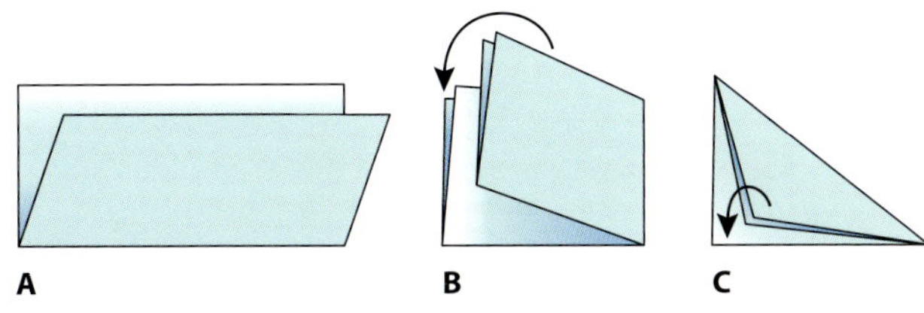

好主意

如果使用手缝的方法，一定要预留出足够的缝份。在绘出图案后，沿图案边缘间隔 6 毫米绘出缝份（ E 中的红线）。沿该线裁剪图案，就会有足够的布料折边缝合。

2 在折好的三角形上绘出图案，图案要从折叠的边角向四周扩散。可以参考下面的“好主意”。如果使用模板，就将模板图案转绘到折叠纸上。用铅笔将图案区域涂上阴影，并在边角处（D）画上一个叉做记号。如有需要，请预留出缝份（E）。在图案区域外将各层纸用订书机钉在一起，固定。▼

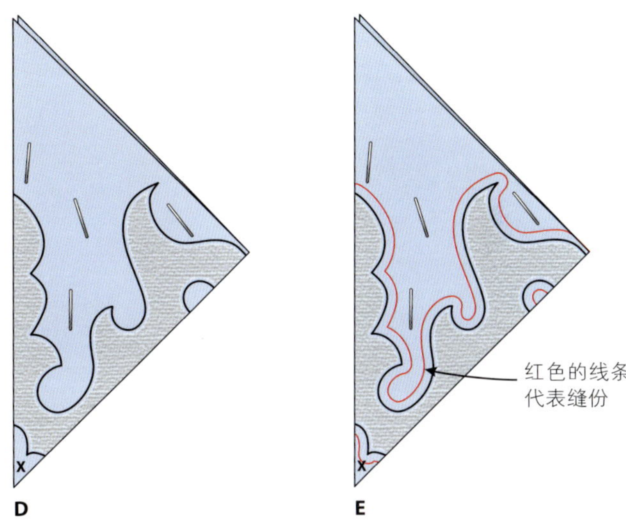

3 用锋利的裁纸刀沿绘出的线条剪出图案。此时可以把图案微调，可以将某些部分略微加大或缩小（别忘了要留出缝份）。确保图案是相连接的，否则打开折纸后有些部分会散开。▼

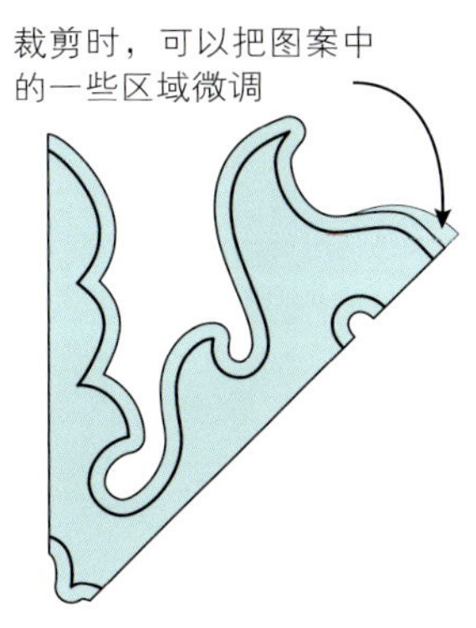

4 打开折纸查看最终效果如何。如果图案不够新颖，可以重新折叠纸张，进一步裁剪。如果要使用该纸样作为模板，剪下图案的八分之一——也就是步骤 2 中涂上阴影的部分即可。▼

纸样

如果要自己刻出所需要的夏威夷贴布图案，先在纸上制作图案（见163页的技巧），达到自己满意的效果后，再按照纸质图案制作模板。制作纸样可以清楚地展示图案的整体造型，还能帮助检查图案是否有尖锐的边角，是否会有难以缝纫之处。沿弧度较大的曲线缝纫时较易折叠缝份。并且注意，如果使用针挑折边贴布的方法缝合固定图案，需要沿图案轮廓留出6毫米的缝份。下面提供了三种图案可供选用——可按照自己的需要扩大或调整图案。已包含缝份。

在纸上制作图案时，可以从文具店中购买大页的纸张。也可以购买便宜的用于裱糊墙壁和天花板的衬纸。

设计图案

可以使用同样的技巧制作出有交错图案或重复图案的夏威夷贴布造型，但是程序会更加复杂。较简单的方法是使用同一个图案制作出多个正方形区块，然后以传统方法拼接到一起。这些区块的颜色和方向可以都相同，也可以各有不同。可以将有些区块上的贴布图案转动45度使其更具有动感——可参看下面的图案。也可以使用上面提供的三种图案创作出样式不同的绗缝作品。

传统上，夏威夷贴布使用普通边条或者没有边条，但是也可以设计一定的样式来和中心图案相呼应。最简单的方法是把纸质图案中的一部分裁剪下来作为边条的样式。

缝制夏威夷贴布

传统上会使用手缝技巧，沿图案向下折出缝份，将夏威夷贴布缝合固定。145页有关于手缝技巧的详细介绍，下面我们简要说明。

1 裁出一块比贴布图案略大的正方形贴布布料，按照制作布料（详见163）中的第一步折叠布料，确保边缘对齐，折痕清晰，并熨烫去除折痕之间的布料褶皱。使用布料（八分之一的部分）将图案绘制到布料上。将布料和布料的边角都对齐，沿着模板绘出图形，确保最后折叠的那条边刚好沿着布料的斜纹方向。▶

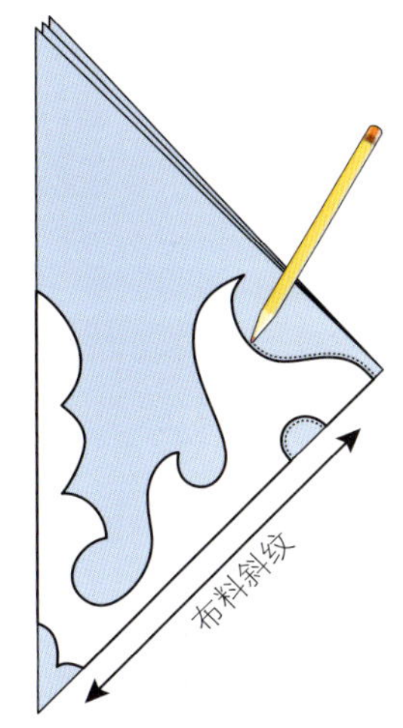

2 将各层布料用珠针固定，然后使用锋利的剪刀裁出图案。裁剪出图案后保持布料折叠的状态，然后开始准备底布。▶

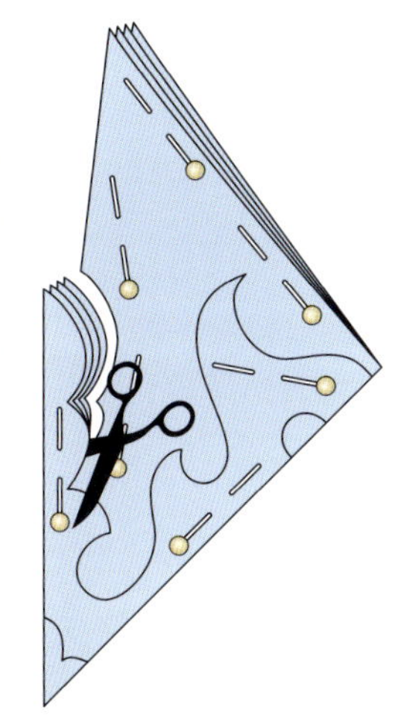

3 裁剪出合适大小的底布。使用和贴布布料同样的方法折叠三次，并熨烫。展开布料，铺在一个平整的表面上。小心地展开贴布图案，不要拉拽。将贴布图案放置在底布上，使布料纹理、折痕和中心点都对齐。从中间向外将两块布料用珠针固定在一起。然后在距离边缘1.3厘米处疏缝固定布料。▼

4 在尖锐的弯角和边角处，用锋利的小剪刀剪出牙口，牙口要刚刚剪到缝份处，但不要超出缝份。使用手缝技巧向下折出6毫米（或更窄）的折边，使用和表布配色的缝线，用细小密实的线迹缝合固定。缝合完成后，小心地拆除疏缝线，熨烫作品。下面就可以进行绗缝了。▼

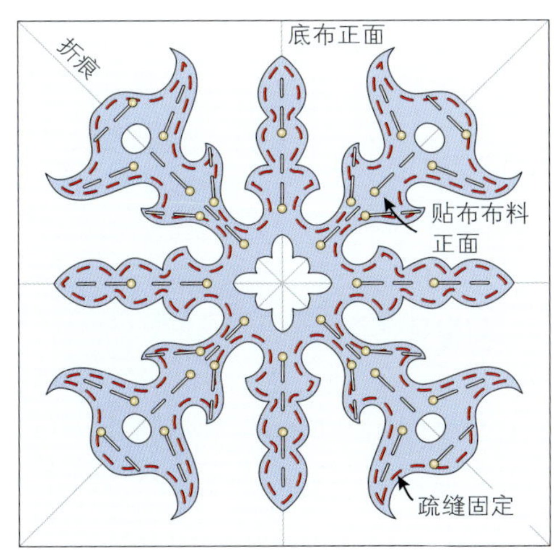

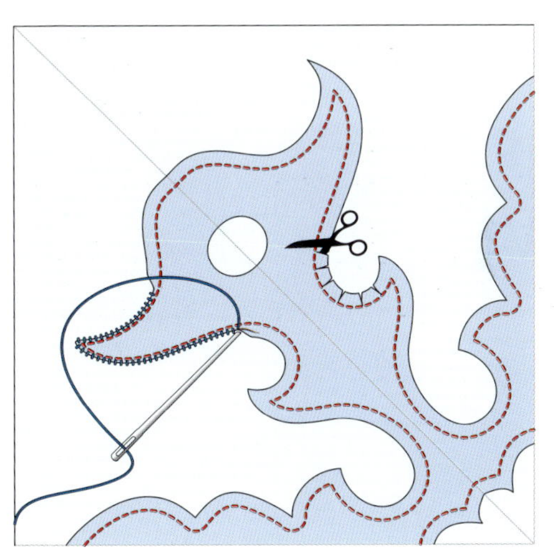

绗缝夏威夷贴布

传统上使用扩散或是轮廓绗缝的方法对夏威夷贴布进行绗缝，也就是按照图案的轮廓线扩散，并且使用和布料颜色相配的缝线绗缝——详见216页的技巧。修剪底布能使绗缝更加容易。将贴布作品翻到背面，拿小剪刀将底布修剪至距离缝线6毫米处。▶

反向贴布
REVERSE APPLIQUE

这种方法要在上一层布料上剪出图案的形状，向内折叠缝份并缝合，并露出下面一层的布料。这刚好和普通的贴布相反——不是叠加而是剪去布料。反向贴布的特点是使用多层布料，制作出一种有趣的凹陷效果，能丰富作品的造型、色彩和质感。

这种技巧可能会比较棘手，要想制作成功必须小心选择所使用的布料——最好选用不易磨损的织物。可以手缝或机缝制作反向贴布，下面都有介绍。如果手缝制作的话，向下折起缝份。如果使用机缝制作的话，最经常使用的是缎纹线迹饰边法，不需要缝份。最好修剪掉多余的布料。

这是一件真正的圣布拉斯岛的反向贴布莫拉作品。这里使用了五层布料，都是使用手工缝制的。

莫拉（Mola）作品

莫拉用来指在巴拿巴沿海的圣布拉斯群岛上居住的库南印第安人制作的反向贴布作品。莫拉在当地语言中意为“衬衣”或“衣物”，是库南妇女传统衣着的一部分。莫拉作品一般会将多层布料缝在一起，然后挖出几何图案，并露出下面的布料。但在最近的几十年里，这种色彩鲜艳的莫拉作品也开始使用像鸟类、花朵和动物等其他图案。在最上层剪出最大的图案，下面各层剪出的图案依次减小。

一件莫拉作品的好坏要从多个方面判断，包括：层次的多少、裁剪的布料宽度、剪切是否平整、缝针的精致程度、色彩搭配和刺绣手艺。现在，莫拉衬衫仍是传统服装的一部分，但莫拉作品也用来制作成枕头、墙饰、餐垫和框架图片等。

反向贴布

√刚学该方法时，使用两三层布料，慢慢熟悉技巧，增强信心。

√新手请使用密纹织物，如100%棉布，它不易磨损，不易产生褶皱。

√学习该技巧时，请选择简单的图案，不要有太多的尖角或曲线。

√如果作品较大，应增加疏缝的数量来固定各层布料，这样缝合时布料才不会移动。

√选择布料颜色时，深色布料要置于浅色布料之上，这样缝份不易显现。

√有无数的布料的组合方式，可以尝试将结实的平纹布和小印花布放在一起，或是将拼接布料放在下层使用，以制造意想不到的效果。

√使用机器缎纹线迹缝合时可以在作品的背景加上可揭除的稳定垫纸，可以减少褶皱的产生。

√保留图案母版，以便随时查看。

√使用多层布料时，在完成贴布后，可以从作品背面修剪去多余的布料来减小体积。

>> 相关主题... 模板的使用26页 · 针挑折边贴布144页 · 缝制有曲线和尖角的图案146页 · 缎纹线迹饰边159页 >>>

技巧

手工反向贴布

这里介绍的手工反向贴布只使用了两层布料，熟悉该技巧后可以使用多层布料。按照针挑折边贴布的技巧向下折起表层布料的缝份进行缝合。

1 裁出两块合适大小的布料（周边至少大上5厘米），正面朝上层叠。在布料之间喷上喷浆，熨烫，使其紧密贴合。使用模板或裁缝用复印纸，用铅笔在表层布料上转绘出图案。▼

2 用珠针固定布料，然后沿图案在绘图线1.3厘米到2.5厘米外疏缝（可参看本页的“好主意”）。如果作品较大，可增加疏缝的数量。▼

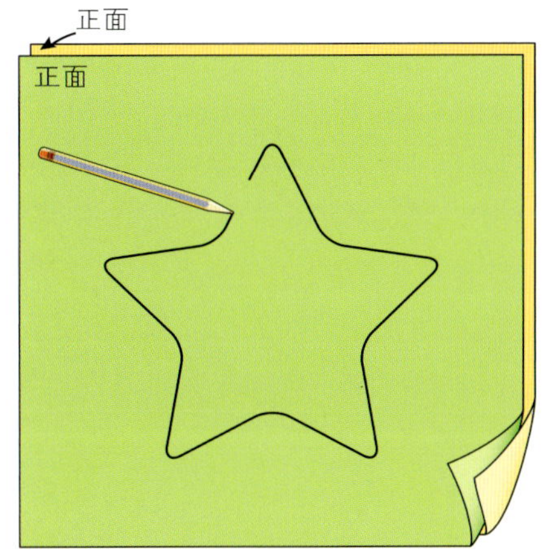

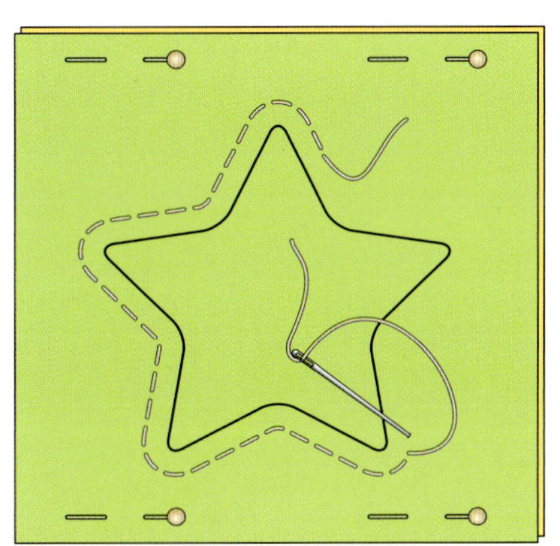

好主意

先剪出图形，再用珠针固定、疏缝各层布料会更容易。剪出图案，放置在下层布料上，并疏缝固定。

3 使用锋利的剪刀，距离绘图线内侧6毫米（缝份线），剪下表层图案。也可先绘出裁剪线。不要剪到下层布料。如果图案有弯角和弧线，每隔一定距离在缝份上剪出一个牙口，牙口不要超过绘图线。▼

4 使用和表层布料相配色的缝线，使用细小的挑针线迹，一边将缝份向下折叠，一边将其与底层布料缝合固定。处理所有的毛边。▼

5 完成缝纫后，取下珠针，拆除疏缝线。如果要作品更加牢固，可以不修剪布料；否则，将作品翻转至背面，修剪掉多余的底层布料。

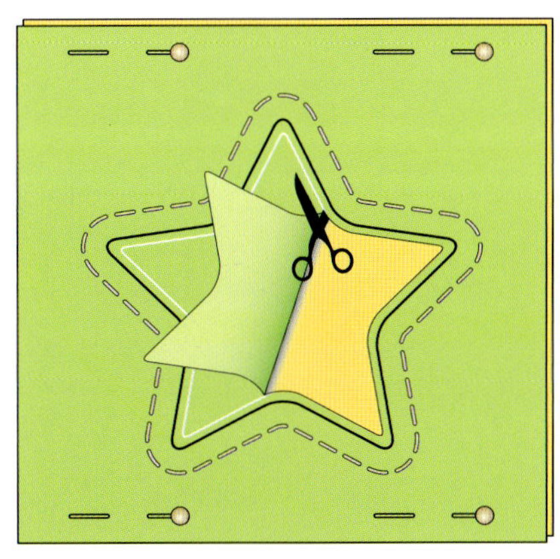

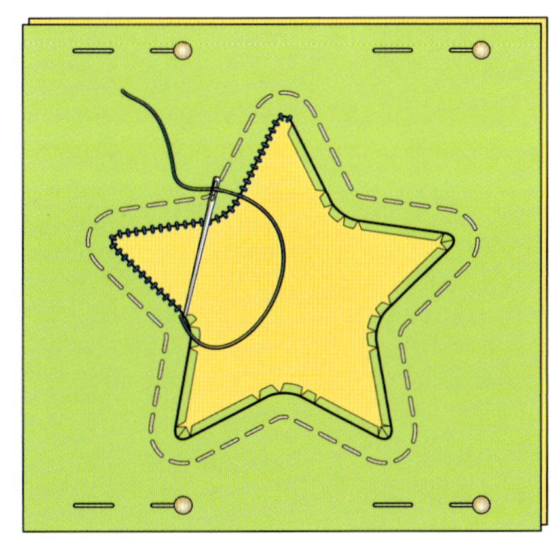

制作多层反向贴布作品

使用三层或更多层的布料制作反向贴布作品时，和167页所讲述的方法一样。在开始裁剪和缝纫之前要通盘考虑图案设计并做好计划。以下几点可能有帮助。

- 熨烫，层叠各层布料，疏缝固定。可喷粉浆，使布料贴合更紧密。
- 在表层布料上绘出图案。裁剪图形，注意只剪切表层布料。向内折叠缝份，按前面的方法缝合。A中蓝色的为表层布料，剪去表层的图案，缝纫，露出下一层白色的布料。
- 完成反向贴布的第一层后，取出图案模板，在第二层布料上（露出的部分上）绘出第二层的图案。即B天鹅图案中黄色的部分。剪去新绘出的图案，小心只裁剪第二层布料。重复裁剪和缝纫的过程。每一次缝纫时都应缝合各层布料。
- 将图案母版的各个部分分别制成模板会更容易操作。将各模板按照使用层次的不同编号，1代表表层布料，2代表第二层布料，3代表第三层布料，依次类推。这样当你一层层地制作时，只用选择所需那一层的模板，然后按照图案母版摆好位置，就可以转绘图案了。
- 摆上模板，绘出第三层（天鹅图案中柠檬黄色部分）的图案。重复裁剪和缝纫的过程。
- 以同样方法处理第四层（橙色部分）。最下面的一层（天鹅图案中黑色部分）应保持完整，作为其他各层的基础。
- 可以裁出所需要的图样添加到某一层布料上，并将露出的毛边折起，用齐整的挑针线迹正面朝上缝合固定。天鹅的眼睛可以采用这样的方法处理。
- 如果必要的话可以“跳过”多层布料，即一次裁剪好几层。在这种情况下，将上一层的缝份向下折叠，包住下面所裁剪的各层布料的边缘。
- 如果一层布料不小心被误剪掉了，可以加入一块同样的布料进行弥补，这块布料必须比剪掉的布块大。如果剪掉的布块很小，可以用针将添加的布料塞进去，确保布料平整，之后所缝的线迹必须穿过该布料并将其固定。

A

B

第一层布料（表层布料）　第二层　第三层　第四层　第五层

好主意

反向贴布非常适合展示闪光面料，特别是带有亮片的或是有复杂刺绣的布料，它们透过各层布料展示出来时，会有令人惊奇的效果。

这是由潘·克鲁格为丽奈特·爱德华兹的绗缝课程所制作的优雅方块，它很好地展示了多层反向贴布的魅力。

机器反向贴布

机器反向贴布的方法和手工反向贴布基本相同，不同之处就在于毛边不用向下折起，而是直接使用缎纹线迹缝合。使用可揭除或是其类型的稳定垫纸能够避免在使用缎纹线迹缝合时产生的布料褶皱。如果缝纫机有锁眼线迹，也可用密实的锁眼线迹来固定布料边缘部分。下面的介绍是基于两层布料加上一层稳定垫纸的操作。

1 裁出合适大小的布料，正面朝上层叠，底层加上稳定垫纸。熨烫，然后使用模板或裁缝用复印纸在表层布料上绘出图案。▼

2 用珠针固定布料，然后沿图案在绘图线1.3~2.5厘米处疏缝。如果作品较大，可增加疏缝的数量。▼

3 使用锋利的剪刀，距离绘图线内侧1.5毫米，剪下表层图案——使用机缝不需要留缝份。不要剪到下层布料。▼

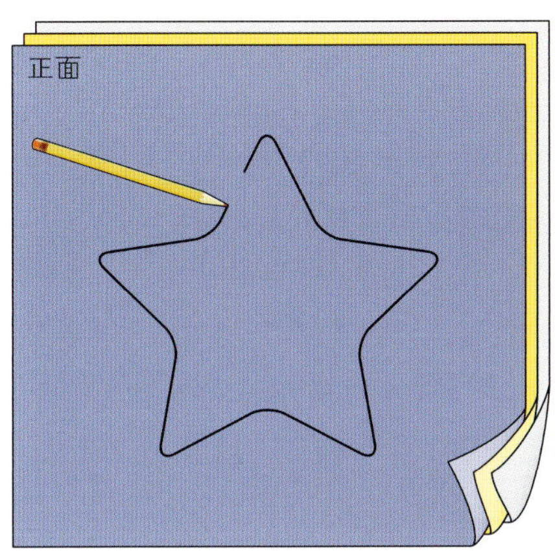

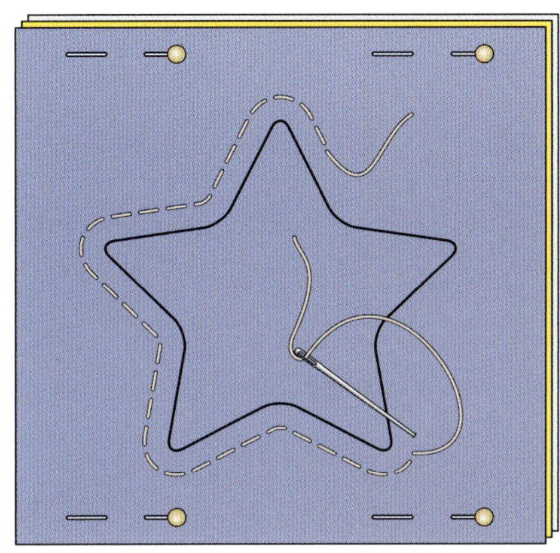

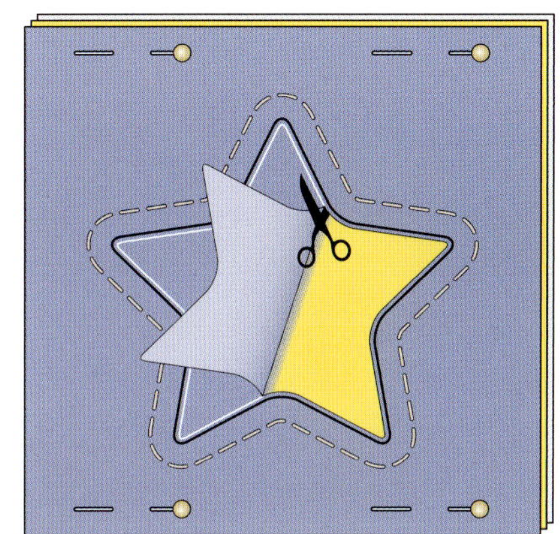

4 在缝纫机上选择密实的缎纹线迹，沿图案缝纫，覆盖毛边，并穿透各层（更多信息请看159页的缎纹线迹饰边）。▼

5 缝纫完成后，取下珠针，拆除疏缝线。如果要使作品更加牢固，可以不要修剪布料；否则，将作品翻转至背面，修剪掉多余的底层布料。如果有三层布料，要将第二个图案转绘到第二层布料上，然后重复该过程，露出第三层布料，以此类推。

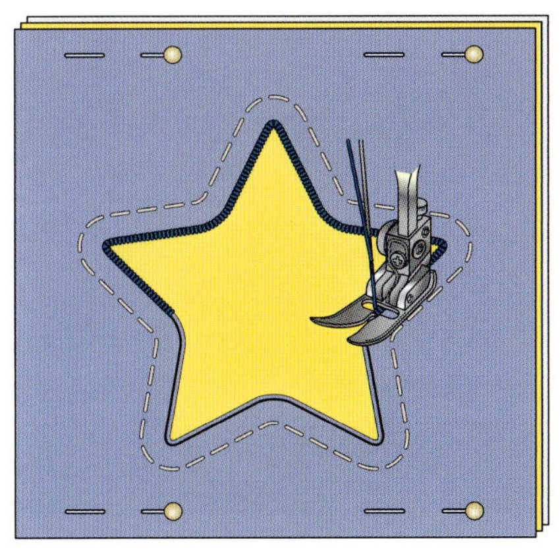

纱影贴布
SHADOW APPLIQUE

可以用来进行纱影贴布的一些透明布料。很多纺缝商店和网店都有精选的混色布料出售。

无论什么布料都能用来拼接、绗缝和贴布；纱影贴布可以使用像真丝绡、雪纺纱和乔其纱等非常漂亮的透明布料，制作出美丽精致的作品。将贴布图案放置在底层（背景层）和表层的透明布料之间，沿贴布图案的轮廓缝针，将各层布料固定在一起，多余的透明表层布料可以保留也可沿图案边缘裁掉。

表层的透明布料可以使贴布图案的形状及色彩看起来更柔和，从而使成品有一种精致优雅的效果。纱影贴布可以用来制作很多手工作品，包括制衣，特别是晚礼服的制作，或是像靠垫和窗帘等家居用品的缝制。

用于纱影贴布的布料

表层的透明布料可以是巴厘纱、欧根纱、尼龙、蝉翼纱、薄纱、雪纺纱或是乔其纱。透明布料有水晶珠光色或是鎏金色等多种成品效果，也有的表面镶有珠宝或亮片。

作为贴布背景或是底层的布料可以随意选择：从非常素净的平纹布到带有复杂图案的印花布都可以作为底布。事实上，华丽的布料上覆盖一层透明纱罗效果会非常的旖旎。由于表层覆盖有透明布料，制作完成后底布的颜色及鲜亮程度会有所减弱，所以请选择鲜亮、色泽鲜明的布料，并请在裁剪贴布图案前试验成品效果如何。

在纱影贴布图案的布料选择上可以尽可能的创新，一旦你对该技巧熟悉了，尝试创新将会非常有趣。不妨试试层叠多块透明布料，或是使用缎带和饰带。

花朵是最理想的拼布图案。如图，玫瑰图案被用来装饰一个简单的束带小包。可在纱影层的边缘用胶棒粘上饰带作为饰边。

色彩组合

如果表层用的是白色或是颜色很浅的布料，那么下面布料的颜色（贴布布料和底布）将会有所提亮。将彩色的透明布料在表层使用，会使下面布料的色调产生变化，效果会很值得玩味。关于色彩组合的详细内容请参考第19页的色相环。

该作品最初的设计是在白色背景上贴了一个星星图案，然后又在图案上叠加（加纱影）一层彩虹色的真丝绡，其颜色呈现为由橘色、黄色、绿色、蓝色、紫色到红色的渐变色调。最初的布料颜色可透过小方块看到。最后用机缝Z形线迹搭配金色丝线将透明表层和星星图案缝在一起。

纱影贴布

√刚学纱影贴布时，请选择网眼织物、尼龙、蝉翼纱、巴厘纱或是欧根纱作为表层的透明布料，这些布料质地较硬，容易处理。

√熟悉纱影贴布技巧后，可尝试使用雪纺纱或乔其纱，这些布料较为柔软。

√可尝试使用回收面料，比如旧的纱网窗帘。在婚纱店和芭蕾服装店也能找到可用的下脚料。

√使用小块布料尝试不同的颜色和布料之间的组合。

√底布或贴布布料的颜色应鲜亮，因为其色彩会受到表层布料的影响而有所减弱。

√简单的贴布图案往往效果最好，因其成品看起来简单、干净优雅。

√可使用胶棒将贴布固定在底布上，要想效果更持久，也可使用双面贴合衬。

√要想成品更加精致，使用和贴布、透明表层颜色相配的缝线。

√处理细节，比如花蕊或叶脉，可使用颜色稍暗或是对比色的缝线，并使用装饰性刺绣线迹。

√修剪多余的纱罗时，请预留出较宽的边以备磨损，也可锁边或是加上饰边。

>>> 相关主题... 标记布料25页 · 双面贴合衬贴布152页 · 饰边贴布156页 >>

技巧

缝制纱影贴布

使用该技巧能制作出精美的作品，让你爱不释手。可使用双面贴合衬将贴布图案固定到底布上，也可以使用胶棒来固定，但以下的讲解是基于前一种方法的。贴布图案可徒手或是使用模板绘制在布料上，也可使用其他合适的方法。

1 熨烫布料，平整褶皱。熨烫透明布料时需特别小心，要避免其变色或烫焦。在一块（或几块，视需要而定）布料上绘出贴布图形，在其背面贴上双面贴合衬，裁剪下来。▼

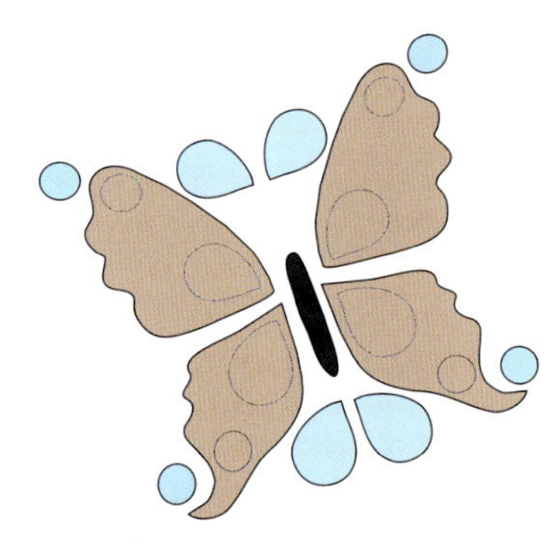

2 将双面贴合衬的背衬揭下来，固定在底布合适的位置，用熨斗按压使紧密贴合。▼

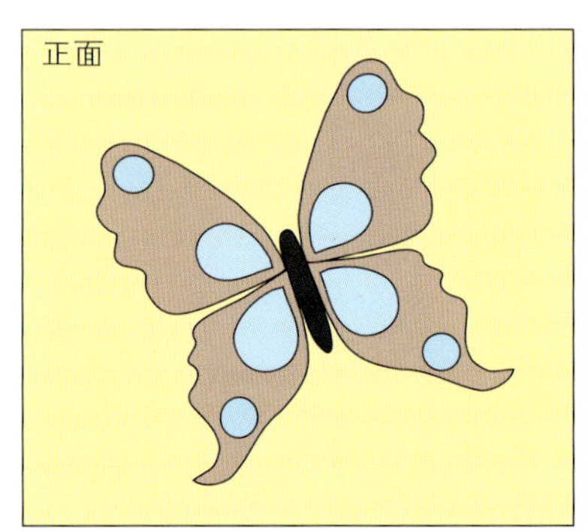

3 裁剪透明布料，使其比底布略大。将透明布料覆盖在背景、贴布上，抚平，将各层布料疏缝在一起。▼

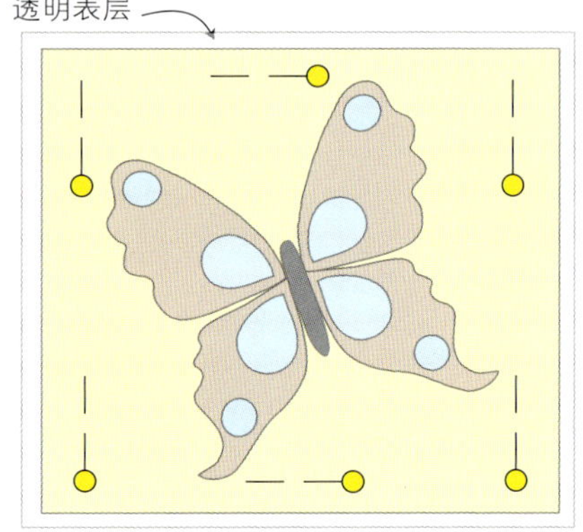

纱影贴布小技巧

使用非常规的材料能使作品更具有新意。下图花朵中心部分就大胆使用了金属片。亮片也会有不错的成品效果。到当地的纸艺店参观一下也能给人带来不少灵感。需要注意的是，有些非常规的材料不能水洗。

4 沿贴布图案四周内侧缝针，将各层缝合在一起，一般选用颜色匹配的缝线。可选择将多余的透明布料裁去或是保留。若要裁去，使用锋利的小剪刀小心裁剪，不要剪到针脚部分，至少留出6毫米的缝份以备磨损。然后添加所需细节，比如说蝴蝶的触角等，可采用表面刺绣或其他的装饰。▼

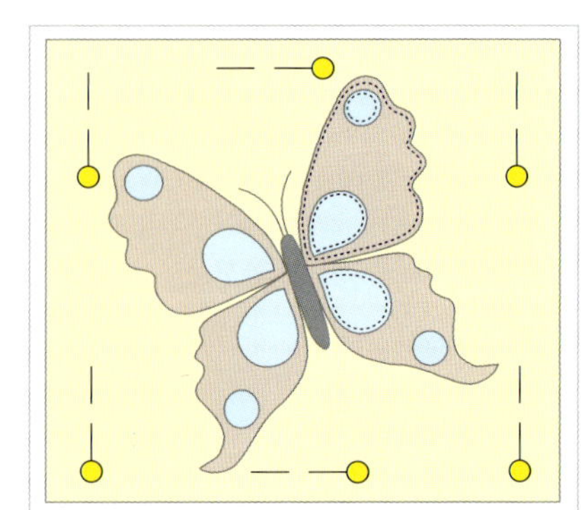

制作实践
蝴蝶挎包

这款小挎包风格甜美，并很好地展示了贴布的艺术性，它可以用作晚宴包或用来储存珠宝首饰。用巴提克蜡染花布制作蝴蝶，黄色纱罗作为纱影层。可将纱罗裁剪成一定的造型，缝上荷叶边；也可让其覆盖挎包的整个正面。

简介

应用技巧：双面贴合衬贴布；纱影贴布；简单的制包技巧
成品尺寸：28厘米×25.4厘米(背带除外)
布料：挎包外层和背带使用1/4码的印花布料；贴布图案使用小块巴提克蜡染花布；黄色纱罗；1/4码衬袋布料；铺棉
线：和贴布颜色相配的成股棉线；和布料颜色相配的缝纫机用线
装饰：荷叶边和四颗纽扣

方法

- 裁出两块边长为30.5厘米的布料做挎包。按照251页的模板在巴提克蜡染花布上裁出大蝴蝶的各个部分，使用双面贴合衬贴布（详见152页）将图形粘到挎包的前片布料上。可再添上几只小蝴蝶。
- 裁一块纱罗并覆盖所有的蝴蝶图形，使用绗缝线迹将其固定；使用长线迹绣出蝴蝶的触角，并打上法式结粒绣结（详见246页）。
- 如要修剪纱罗，请先使用机缝短线迹将图形固定，然后裁去多余的纱罗，并用荷叶边饰边。
- 将挎包缝合成形，按照249页花朵手提袋步骤1~4制作衬袋和包带。包带可以缝在各层布料之间，也可用四颗纽扣固定在包的外面。

嵌花贴布
INLAID APPLIQUE

普通贴布（就像152页讲述的双面贴合衬贴布）是一种叠加，也就是说图案是缝在一块织物上的。嵌花贴布，则需要在两块不同的布料上绘出相同的图形，裁下来，将其中一块布料上的图形完美地嵌合到另一块布料，最后缝合好。如果选用的两块色彩对比鲜明的布料，成品效果会更好，而且只需要一次绘图和裁剪就能够制作出两块图案。

因毛毡不易磨损，很适合用于嵌花贴布的制作，同时它也是很好的新手起步练习材料。175页是关于素色毛毡和印花毛毡进行手工嵌花的技巧；也可使用机器进行嵌花贴布，两种布料的接缝处可由机缝缎纹线迹覆盖。还有其他各种嵌花贴布手法，比如可以使用线绳或是绣花丝线来装饰镶嵌图案的边缘。以前，人们还会将裁成长条的丝绸或是细长的缎带缝在接缝处使其平滑。

有着对称嵌花贴布图案的两个靠垫，互相映衬，非常优雅。其中一个是用线绳装饰图案边缘，另一个用的是锁缝单平线迹。

>> 相关主题…模板的使用26页 · 冷冻纸贴布151页 · 饰边贴布156页 >>>

技巧

手工嵌花贴布

这是一种最简单的嵌花贴布，只需在两块布料上绘出主题图案并裁剪下来。可使用不易磨损的毛毡。

1 熨烫两块布料，除去褶皱。在两块布料的正面绘出图案，为确保两个图案完全相同，可使用模板。

2 用锋利的剪刀裁下图形；可分两次裁剪，也可将两块布料叠在一起，用珠针固定好，同时裁剪两个图形。同样，也可以使用遮蔽胶带将布料平整地固定在裁剪垫上，用美工刀刻出图案。一定要准确地沿着图形线条剪切。▼

3 交换两块图案，将其中一块布料裁出的图案放置到另外一块布料的挖空的地方。▼

4 沿着图形的边缘缝纫，将图案固定到底布上。可使用不同的针法：尝试暗针缝，或像十字绣这样的装饰性线迹。在缝合固定图案之前，可先将布料固定住（这样可避免镶嵌图案在缝合的过程中移位）。在整块镶嵌布料的背面熨烫上薄薄的贴合衬布。

使用机缝镶嵌的一个特点就是可以使用缎纹线迹或是其他的装饰性机绣线迹处理图形的边缘，掩盖裁剪的痕迹。

1 按照左边的步骤1~3准备两块布料。当交换放置图形后，在整块布料的背面粘上贴合衬布，固定布料和图形。衬布必须覆盖图形和底布结合的整片区域。▼

2 使用宽的缎纹线迹，沿图形边缘缝纫，覆盖布料的毛边。▶

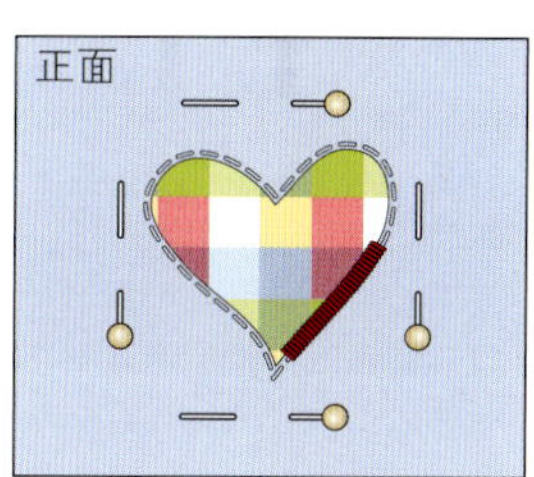

好主意

可尝试其他装饰性机绣线迹；使用宽度足以覆盖布料毛边、密度又能避免布料磨损的针法。

冷冻纸嵌花贴布

使用冷冻纸可以制作出完全相同的嵌花贴布图案。但其中一块布料要反过来使用，所以两块布料中必须有一块是正反面都能够使用的。平纹纯色布和很多巴提克蜡染花布从正反面看效果都不错。

在两块布料的背面贴上冷冻纸，用胶棒将两块冷冻纸粘在一起。在其中一块布料的正面描绘出图形，一次剪出两块图案。揭掉冷冻纸，交换两个图形，将剪出的图案分别嵌入另一块布料。其中一块布料上剪下来的图案和其剩余的布料都需要反过来使用。图形会和底布完美贴合。

包边条贴布

BIAS STRIP APPLIQUE

彩绘玻璃贴布和凯尔特贴布都使用包边条来大胆地勾勒出图形的各个部分，效果非常独特。包边条要沿着布料纹理45度角的方向裁剪，以便充分利用布料的延展性，并使布条更容易弯曲。包边条可以手工制作或购买，可用缝合、热熔黏合或机缝缎纹线迹固定。彩绘玻璃贴布模仿彩绘玻璃窗的设计，其图形的各个部分相互连接，并向边缘延伸。凯尔特贴布一般不会向边缘延伸，其图案更加独立，错综复杂的凯尔特结是流行的图案造型。

可购买带有双面贴合衬的包边条，这样就可以直接使用熨斗热熔固定。有多种颜色和宽度的包边条可供选择，甚至可以买到混色和金属色的包边条。

彩绘玻璃贴布

彩绘玻璃贴布的灵感来源于教堂和大庄园中的彩绘玻璃窗，大胆、色彩鲜艳的图形在铅条勾勒下形成各种图案。在包边条贴布中使用织物包边条来代替铅条，使用宝石色布料来模仿玻璃。这种贴布技巧适用于整块布或拼布，创造出窗子或门框的效果，也可以用于展示风景。

要想获得更多的关于彩绘玻璃贴布图形造型的灵感，可以到教堂、市政建筑游览一下，欣赏新艺术运动艺术家路易·康福·蒂凡尼的铁艺和玻璃的作品。越大胆的图形，在加上包边条后越能保持原有的形状，所以效果会越好。包边条不一定是黑色的，可以选用其他任何颜色，也可以由印花布料做成。如果制作直边的几何图形，如右图的墙饰挂件，可以使用缎带代替包边条。182页所展示的是一个造型更加灵活的鲜花图案，制作时必须使用包边条。

在像布兰达·赫宁这样的天才的设计师手下，彩绘玻璃贴布手法可以创作出绝佳的图案。这里使用了大理石纹理布料来展现明亮的彩色玻璃窗的透明感。本件作品由伯克·詹姆森制作。

凯尔特贴布

这种贴布的灵感来源于凯尔特艺术中错综复杂的图案造型，主要是在古代的石器和中世纪绘有图画的手稿中出现的螺旋图案、花结、海浪、卐形花样和兽形图案等。凯尔特图案也可在绗缝中使用，参看204页。凯尔特贴布的一个特点就是包边条互相交叉，一条条的包边条互相交错构成不断开的图案。这些包边条一般不会像彩绘玻璃贴布那样向底布的边缘延伸。

凯尔特贴布图案的设计可以来源于各种途径，还有各种商业样板可购买。图案也可以是现代的设计。可以用包边条制作出花结图案，如右图所示的靠垫；也可以在花结区域中填上各色贴布。凯尔特图案非常适合用来制作大型的图案，可以重复图形、制作对称图形来形成一个更为复杂的图案。

使用带贴合衬斜裁包边条制作简单的花结图形很容易；图中的作品中在漂亮的布料上进行了扩散绗缝。

可以灵活运用简单的凯尔特图形：在花结区域中加上不同的贴布或是重复该图形都可以形成一个更复杂的图案。

包边条

包边条在拼布和贴布的很多图案中都广泛使用，特别适合制作贴布的植物茎干。可以自己制作包边条，将其缝纫或是粘贴到固定的位置；也可购买现成的带有双面贴合衬的。自己制作包边条时可以使用任何布料，甚至可以拼接布料——参看178页的技巧。有两种小工具可以简化包边条的制作过程：包边杆和包边条制作器。这些工具有各种尺寸的，最常见的为宽度为6毫米和1.3厘米。

图形设计注意事项

- 图形的元素不要太小或是太难处理；包边条的宽度应和整体图形的大小相匹配。
- 在缝制彩绘玻璃贴布图形时，注意一定要留出“出口”，也就是每条线最终都要延伸到图形的边缘，而不能留在图形的中间。
- 制作斜裁包边条时不一定要使用纯色布料，也可尝试使用花纹织物。虽然彩绘玻璃贴布一般使用鲜艳的平纹布，像蒂凡尼和伽勒这样的艺术家创作的玻璃却是带有花纹、多彩而绚丽的。
- 巴提克蜡染花布的颜色和图形变化多样，用在图案中可以产生很有意思的效果。一些布料有着渐变的颜色，也可以制作出与众不同的成品。
- 有很多关于彩绘玻璃贴布和凯尔特贴布的书可以提供灵感。看看儿童涂色书，也可以发现一些可用的简单大胆的图样。有关壁纸图案的书籍也能带来一些新的思路。

贴布图案都可以使用包边条贴布的手法完成——放大图形，使用较粗的黑色记号笔描绘图形的轮廓，可以看出成品的效果。这件现代风格的蝴蝶贴布图案最初的设计也是这样开始的。

>>> 相关主题...使用布料纹理23页・标记布料25页・双面贴合衬贴布152页・缎纹线迹饰边159页 >>

技巧

制作斜裁包边条

制作彩绘玻璃贴布和凯尔特贴布使用的包边条和制作绗缝布使用的包边条的方法是一样的。重要的是布条必须沿着布料的纹理裁剪，这样才会具有弹性——布料的斜边也只有在这个时候是有益的。

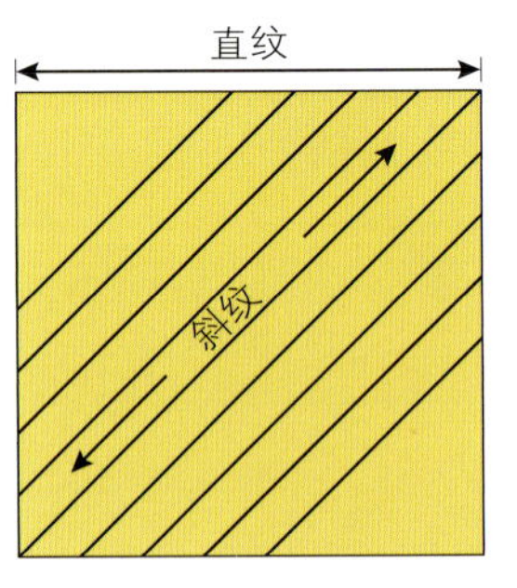

1 决定斜裁布条的宽度。将布料放置在裁剪台上，辨认出斜纹的方向（布料有弹性的方向）。使用轮刀沿布料的斜向纹理裁切。◀

2 将两块斜裁布条的正面以45度角叠在一起，缝出6毫米宽的缝份。继续以此方法将布条连在一起，直到长度足够使用。保持所有缝份都朝向同一个方向。▶

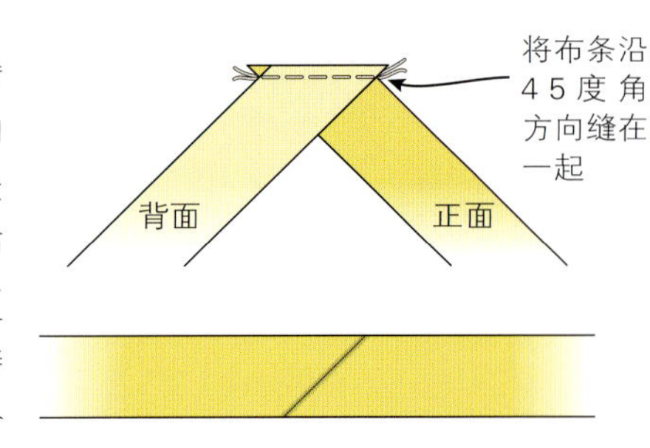

好主意

要计算所需包边条的长度，可用细线或毛线沿着图案的线条，测出线绳的长度，再加上一些富余即可。

3 达到预期的布条长度后，可以将其折边，制作成包边条。可以自己完成，也可以借助包边条制作器进行——详见下文。也可以使用包边杆或是包边压杆将斜裁布条制作成为管状包边条。

使用包边条制作器

制作好斜裁布条后，使用包边条制作器可以方便地折边。布条需要比成品宽6毫米。为使折边笔挺，可在折边前先喷喷浆。

将布条送入制作器，用珠针引导使其通过沟槽口。布条从另一端出来后就会被折出包边。用熨斗按压褶皱，固定。一边熨烫，一边将制作器拉离熨斗。▼

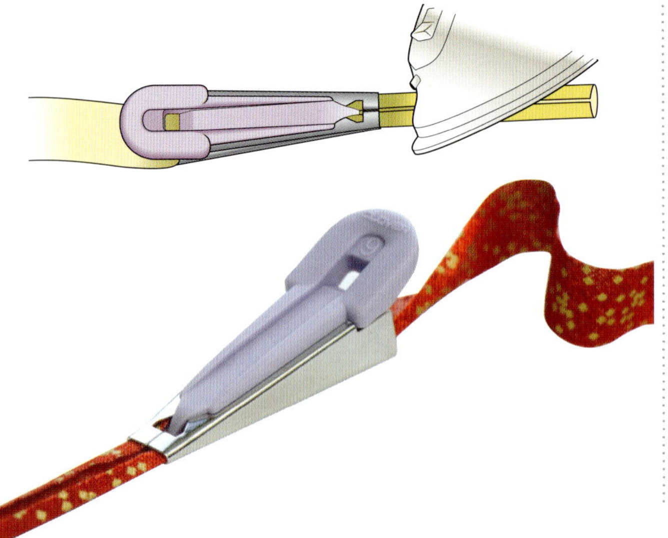

使用包边杆

使用包边杆可以将斜裁布条制作成管状。有不同粗细的包边杆可供选择，最常见的为6毫米和1.3厘米。

1 斜裁布条要比成品宽：要计算这一点，将成品的宽度乘以2，然后再加上1.3厘米的缝份。如果成品宽度为6毫米，那么布条的宽度应为6毫米+6毫米+1.3厘米=2.5厘米。如果成品宽度为1.3厘米宽，那么布条的宽度应为1.3厘米+1.3厘米+1.3厘米=3.9厘米。将布料的背面相对（正面朝外），将布条沿中线折叠，机缝宽为6毫米的缝份。将缝份修剪至3毫米。▶

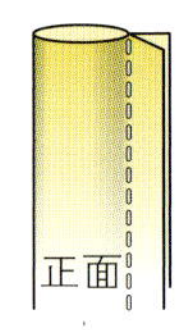

2 将包边杆的圆头塞入布料管中，以刚刚能塞入为准。转动包边杆，使线缝平贴杆体，用熨斗按压。如果布条很长，需一边穿入布料管一边按压，同时将整理过的部分从杆体的另一端拉出。包边条就可以使用了。▶

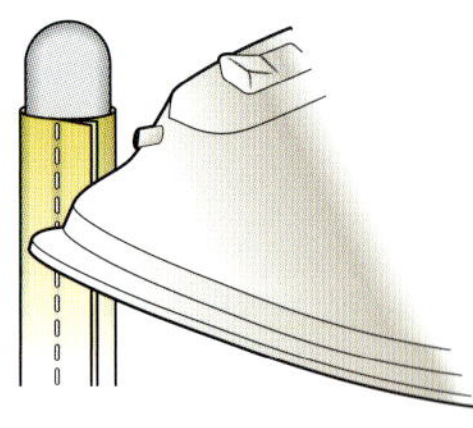

彩绘玻璃贴布的缝制

彩绘玻璃贴布可以使用家庭手工制作的包边条，也可以使用出售的包边条；可使用热熔或是缝制的方法固定。以下说明适用于手工缝制的布条，180页则讲解热熔布条的使用方法。182页的图案更为复杂。

1 在纸上画出合适大小的图样，编号。使用合适的方法将图样转绘到底布的正面。只需转绘图形轮廓，不用编号。可使用不同颜色的铅笔标示出使用布料的不同。▼

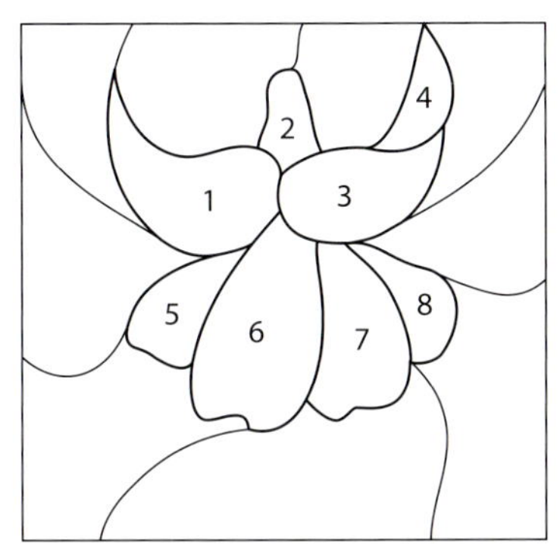

2 将模板上编号的图样裁剪下来，以这些图样作为模板裁出所需贴布布料。不用留缝份。如果有几块布料的颜色相同又互相连接，可一并剪下来。一个比较简单的办法是将布料背面衬上双面贴合衬，这样剪下图形后可直接将其热熔固定到底布上。182页的作品就是使用双面贴合衬制作的。▼

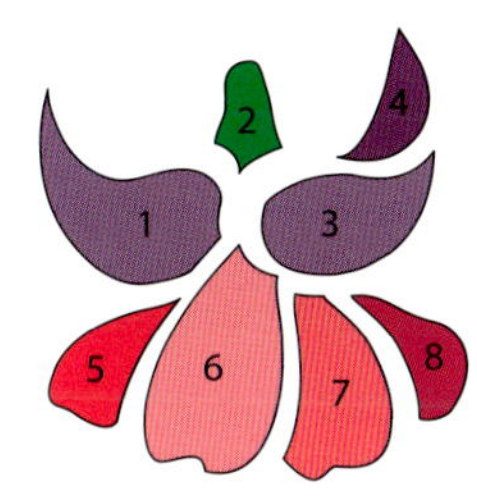

3 将贴布图样放置在底布合适的位置，疏缝固定，呈现整体的设计造型（使用双面贴合衬时需热熔固定）。也可使用疏缝胶固定图样。▼

4 在这个阶段，需要计划从哪个区域开始缝制，才能使所有包边条的两端都被掩盖。有些包边条会被其他的遮住；有些包边条会延伸到图样外，然后剪掉或是缝进缝份中。为确保顺序正确，可先用彩色铅笔规划出缝制的先后顺序。下面的图示展示了本件作品的缝制顺序。▼

缝制顺序
花瓣使用了浅灰色，这样彩色的线条会更加明显。

5 如果缝制固定包边条，从图示中呈青绿色的线条开始缝制。用珠针或疏缝将包边条固定到位，折边朝下。斜边的弹性使得斜裁布可以弯出必要的弧线，但是请先固定内圈的弧线，以免起皱。外边一定要超出图案边界。用卷缝线迹或是挑针线迹将包边条固定。包边条的毛边应被另一个包边条盖住，包边条的末端应紧贴图形。若使用双面贴合衬，参见180页。▼

6 将第一组包边条缝合固定后，继续缝合第二组（在步骤4的图示中显示为红色），第三组（绿色），直到全部缝合好。如果某个弯角过于尖锐，可以打上一个小小的褶，使其看起来像个斜接口。缝合后，去除所有的疏缝。可添加刺绣细节。将图形修剪为合适大小。▼

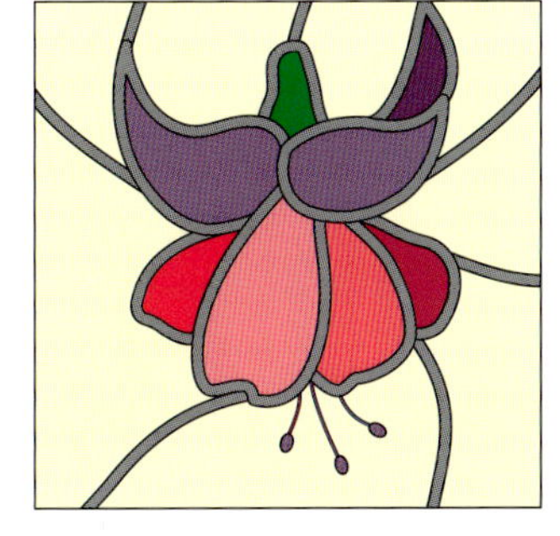

使用热熔包边条

热熔包边条是一种非常有用的产品，它利用熨斗的热量使胶带背面的胶熔化，从而粘贴在背景材料上。要更加牢固，可将包边条用细小的线迹和配色的线缝合固定。

热熔包边条的使用方法和缝制固定包边条的方法基本一致，只是热熔包边条不用珠针或是缝针固定，而使用熨斗即时固定包边条。使用熨斗的尖头和侧部可使包边条沿着很尖的角弯曲（此时使用迷你熨斗会更方便）。当往易损织物上热熔包边条时，用一小块薄的布料作为垫布，并且从布料的背面熨烫，以便胶的熔化和贴合。但仍需仔细计划包边条的缝制顺序，最后粘贴最突出的图形。可根据179页步骤4中的图示进行粘贴。

凯尔特贴布的缝制

该技巧和彩绘玻璃贴布很相似，但在凯尔特贴布中包边条彼此交叉穿过，形成一种似乎没有尽头的效果。也可像彩绘玻璃贴布那样，在图案中填充布料。

1 下面展示的花结图案由三条独立的路径组成，可用同色或不同色的三根布条贴布而成，看下图。▼

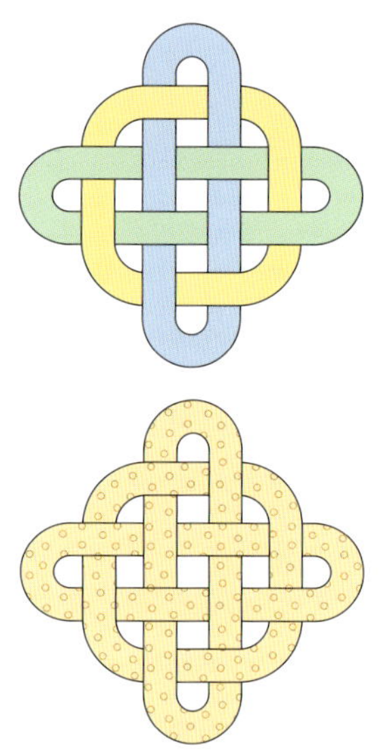

2 使用缝纫用复写纸描绘出图形，即图示A中的红色线条。在两条线相交处留出空隙。只将红色细线转绘到布料正面（B）。绘出的图形最终会为包边条所覆盖，但也可选用可擦除记号笔绘图。准备好所需宽度和颜色的包边条（详见178页），一个图形中可使用不同宽度和不同颜色的包边条，需事先做好计划。可将多个包边条缝合在一起达到所需的长度。▼

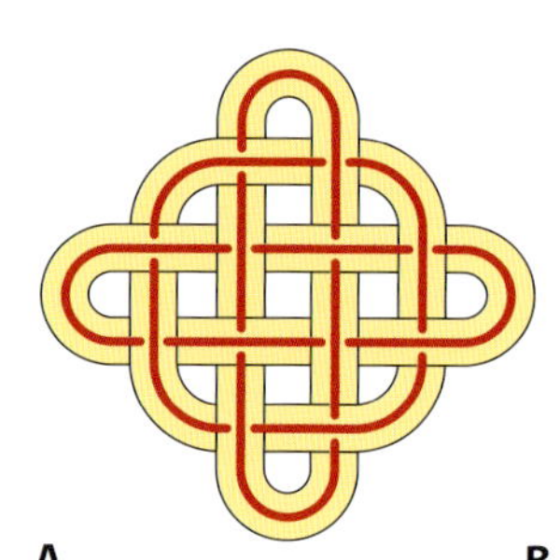

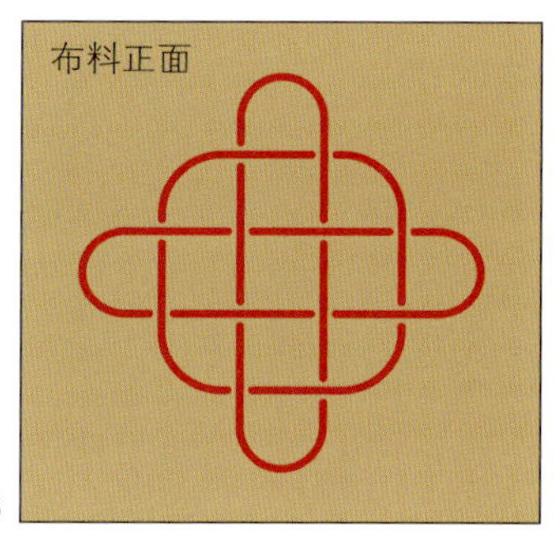

3 将包边条接缝朝下放置，使其中心线在记号笔所绘出的线条处。疏缝或用珠针固定，也可直接使用细小线迹和配色线缝合固定。▼

4 继续缝合固定其他的包边条，在弯角处拉伸包边条。如果包边条要从下面穿过另一根，照常缝合；如果包边条要从上面跨过另一根，留出空隙或是“桥接”，以便下面的包边条通过。▼

5 当包边条需要从下面穿过一个“桥接”时，从一端穿入包边条，整理平整，缝合固定。然后将表层的空隙也缝合。要想开始图案的新部分或是换用一条新包边条，需将包边条末端隐藏于桥接之下。以同样的方法处理所有的包边条。完成后将包边条的末端折入线缝中或者折边，完成缝合。▼

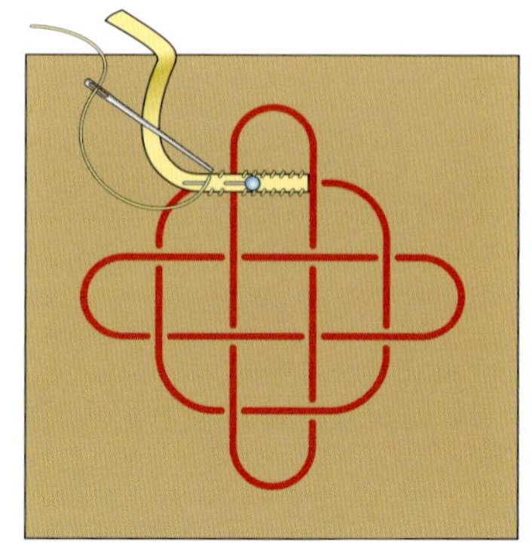

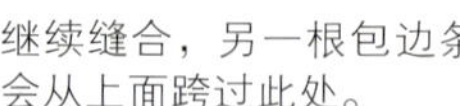

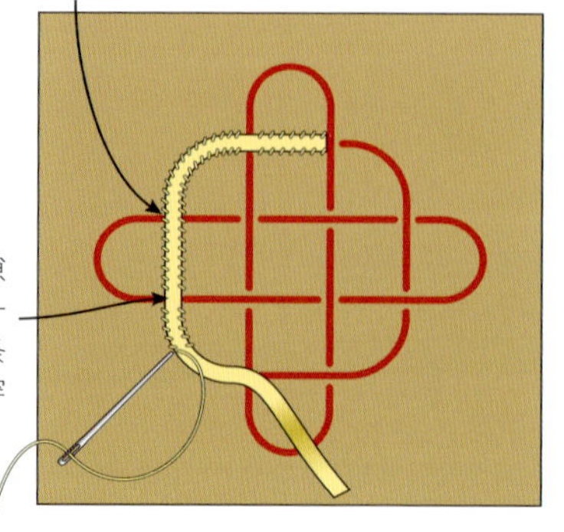

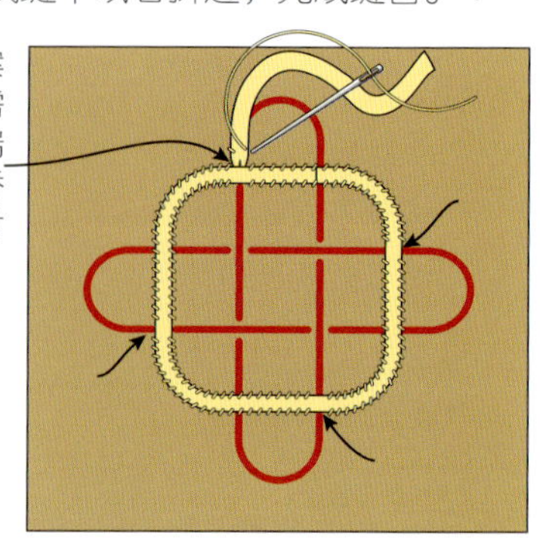

使用机缝制作凯尔特贴布

若不使用手缝固定包边条，也不使用热熔包边带，那么可以使用机缝缎纹线迹或是较窄的Z形线迹固定。按照180页所讲，机缝时留出空隙以便包边条从下面穿过。注意缎纹线迹的开头和结尾都应整洁，并保持同样的线迹宽度。缝纫前在布料下面铺上一块稳定物，可最大程度地减少使用密集缎纹线迹可能会出现的褶皱。关于缎纹线迹饰边参看159页。

盖尔·劳瑟所制作的这件墙饰挂件造型大胆、风格独特。这件作品展示了Z形线迹包边条的贴布工艺，当然也可采用缎纹线迹或毯边锁缝线迹缝制包边条。

使用双面贴合衬制作凯尔特贴布

利用双面贴合衬贴布的手法和缎纹线迹也可以制作出凯尔特贴布的包边条效果。关于双面贴合衬贴布的使用技巧可参见153页。

1 剪出一块比图案略大的贴布布料，背面粘上双面贴合衬。将图形描绘到布料的背面，也就是双面贴合衬纸的一面。然后用锋利的剪刀沿图形边缘裁剪，并小心地在图形中需要的地方挖孔。▼

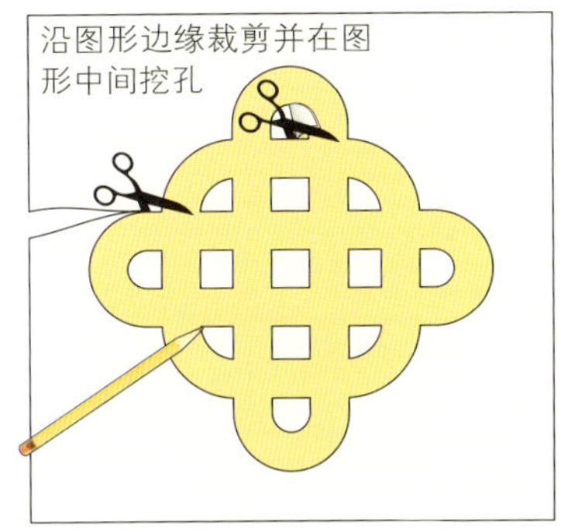

2 取出一块对比色的底布，将贴布图形粘在其正面。用铅笔轻轻地描绘出包边条彼此穿过和通过的线条（下图中用红色线条清楚地标示了出来）。▼

3 在铅笔描绘出的地方用缎纹线迹缝纫，按图案中应穿过和通过的设计缝纫。下图中用红色清楚地表明应缝纫的地方。完成后，图形看起来像是由一条条互相交叉的包边条组成。▼

制作实践

彩绘玻璃灯笼海棠

这个壁饰使用丝绸来模仿彩色玻璃的光泽。可参看179和180页关于包边条的技巧。

简介

应用技巧： 包边条贴布；翻转技巧；制作吊环
成品尺寸： 34.3厘米 × 53.3厘米
布料： 7.6厘米见方的零碎丝绸数块；底布；双面贴合衬；热熔包边条5米；里布；铺棉
线： 深绿色或紫色的手缝线
装饰物： 五颗小珠子

方法

- 将252页上的模板放大到完整尺寸，并绘出两份图案。从其中一份图案上剪下花朵的形状。裁出一块大小为38厘米 × 48厘米的底布，并在其上用珠针标记出一个长和宽分别为31厘米和21厘米的长方形。见252页的图示。
- 裁出一块7.6厘米见方的布料，粘上双面贴合衬。在双面贴合衬有纸的一面上绘出图案，剪好，放置在底布上。热熔固定。
- 按照图示中的顺序，沿图案的轮廓贴上热熔包边条。根据未裁开的那块模板描出要最先处理的线条（图示中显示为青绿的线条）。不会被其他包边条所覆盖的末端要塞进去并缝合。
- 用紫色的线和回针绣绣出花蕊，末端缝上一颗紫色的小珠子。
- 加上边框完工，也可不加边框，见249页。

希沙绣
SHISHA

希沙绣也被称为镜片绣，它是一种印度的刺绣技巧，可将小块的玻璃镜片和闪亮的金属缝在布料上。希沙绣起源于波斯，闪亮的玻璃被认为是可以挡开或反射邪恶之眼。用希沙绣可以制作出明亮、闪耀的贴布效果。它最初用来装饰或是凸显物品的焦点，比如服饰、墙饰挂件、家用纺织品、窗帘和门饰挂件等。

希沙绣很容易掌握，可直接在布料上随意缝纫，也可事先设计好图案。

最初，希沙绣使用云母碎片，然后人们开始使用小片的手工玻璃；镜片一般为圆形，但有时也会呈方形或是长方形。为了固定镜片并覆盖住锋利的棱角，需要使用独特的针法。镜片的边缘可使用装饰性的针法，如人字绣、开放式叶状绣、飞鸟绣（见245页、246页常用针法）。现在人们也使用一些更加安全的反光物件，比如大而平的亮片或塑料片。也可选择使用小的环形装饰物，然后用细小的线迹将其固定在镜面上。希沙绣可使用各种缝线，例如5号、8号的成股棉质绣线和丝光绣线都可以。

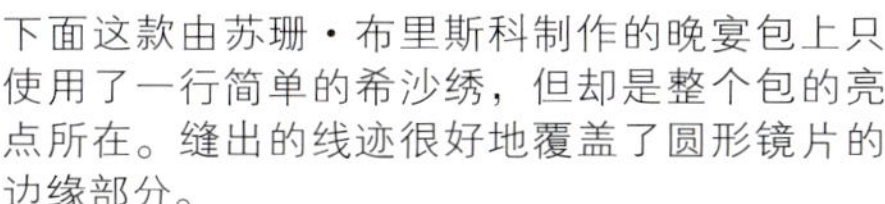

下面这款由苏珊·布里斯科制作的晚宴包上只使用了一行简单的希沙绣，但却是整个包的亮点所在。缝出的线迹很好地覆盖了圆形镜片的边缘部分。

缝制希沙绣

最初的线迹框架（以下图示中用红色显示），是固定后面围绕镜子边缘的缝针（显示为绿色）的位置。最初框架的紧致程度决定了最后会露出多少镜面——框架越松，露出的镜面就会越多。

1 用美工胶或双面胶将镜子固定。缝线打个结，从布料背面开始缝针，将针从正面拉出，穿过镜面，逐渐打成网格；在穿过每一条线时都绕上一圈，见A、B和C。▼

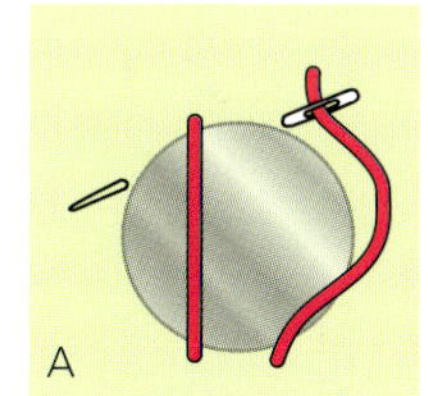

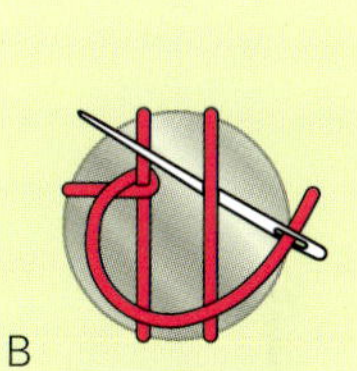

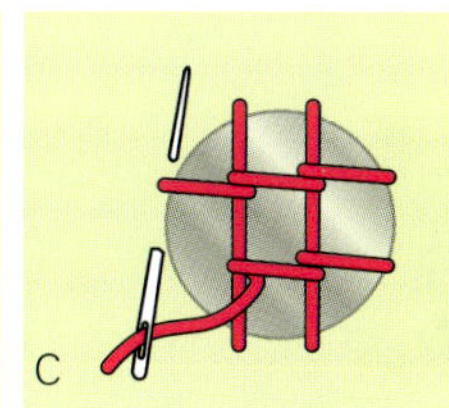

2 然后开始外圈的缝针——在D、E、F和G中用绿色显示，但在实际制作中一般使用和最初框架同色的缝线。按照下图中的顺序，沿着边缘缝纫。外圈的针迹会拉拽内圈的框架，显露出更多的镜面。完成时，将缝线牢牢地固定在布料背面。▼

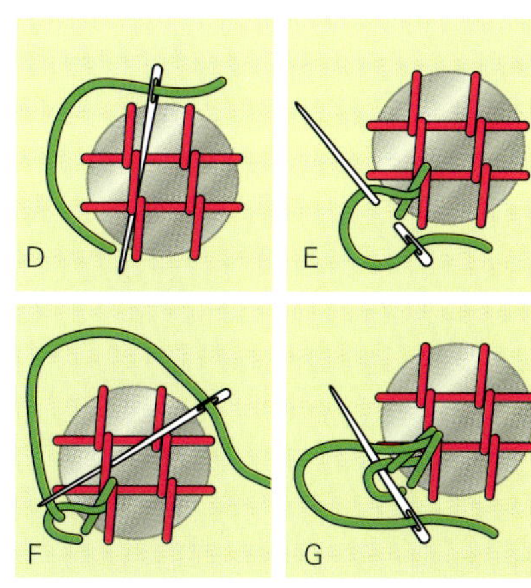

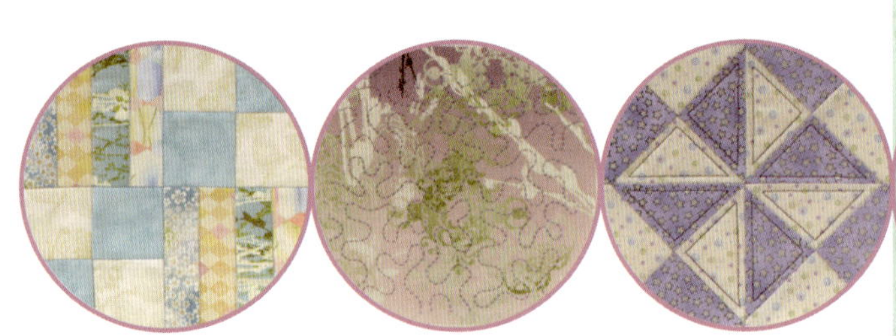

绗缝

Quilting

绗缝最基础的作用是固定表布、铺棉（填料）和里布，但其功用远不止于此。在过去的几个世纪里，绗缝已经和拼布、贴布一起成为极具创造性的工艺手法。绗缝有很多不同的形式，但主要用于补充和突出拼布作品，使其更具装饰性和触感。可以使用手工绗缝、机器绗缝或二者一起绗缝图案，其造型可以是简单的线条或错综复杂的花样。目前，我们有各种不同的技巧可以缝制出不同的效果，并可以展示不同缝线的优点。

本章关注基本图案的选择和描样、绗缝的准备等一系列的技巧。你可能喜欢平静悠缓的手工绗缝，比如纽约刺绣绗缝、日本刺子绣绗缝和印度坎搭刺绣绗缝。你也可以探索各种机器绗缝的方式，如使用自由绗缝的满花图案等。凸花绗缝工艺品很受大家欢迎，尤其是在密集绗缝的区块，采用盘带绗缝和填充绗缝的效果非常好。当然，绗缝并不一定要用手工绗缝单平线迹或是机器绗缝的直线线迹。可以用鲜亮的缝线、珠子或纽扣将各层系在一起，也可使用一些非常漂亮的装饰性线迹进行绗缝，给作品增添一份风韵。

准备绗缝
PREPARING TO QUILT

无论是手工绗缝还是机器绗缝，都需要在动工前准备好合适的材料和工具。应先准备好要进行绗缝的织物和作品。有些人在准备绗缝夹层前描绘好图案，有些人则相反——有关描绘图案参见194页。绗缝表层要和铺棉及里布固定在一起。在制作有些作品时，可以使用即时绗缝的方式，也就是根据区块的设计进行即时绗缝，参见222页。

选择合适的材料和工具

绗缝的方法有很多，但在大多数情况下您只需要针、线、顶针和一台缝纫机。绗缝模板对描绘图样非常有用。参见第10~13页关于拼布、贴布和绗缝的大概信息。

克里斯蒂·波特的这件绗缝拼布被使用了和区块中蓝色相呼应的缝线，它在浅色的布料上较为显眼。呈弧线的绗缝图案也和线性的拼布形成了鲜明的对比。

绗缝线——绗缝线的选择取决于绗缝的类型和每个区块的不同。缝线的颜色可以和布料相配或是与其成对比，这都取决于最终要得到的效果。颜色的反差越大，线迹越大，绗缝就越引人注目。

手工绗缝时可选用100%纯棉绗缝线，它会比普通的缝纫用线粗些。要达到装饰性效果可选用绣线和钩编用棉线。

机器绗缝时也经常选用100%棉线作为表线和底线。也常使用不易看见的尼龙单丝线，还有在浅色布料上使用的透明线和在较深布料上使用的有色线。机器绗缝时避免使用手工绗缝线，因为线上的蜡涂层会损坏缝纫机的夹线板。

针——针的选择取决于绗缝的类型以及使用的线和布料的种类，参看23页。弧形针有助于将绗缝的各层疏缝到一起。

手工绗缝可使用绗缝针（或密缝针），其短小有力，可穿透绗缝被各层缝出线迹。针越短，手工绗缝的线迹就越短，所以开始时可选用7号或8号的针，慢慢地再换用更短小的12号针。纽约绗缝常使用较粗的线，所以要选用针眼较大的缝针。意大利绗缝需要使用大眼织锦针或是粗长针以便在窄小的沟槽中穿缝粗纱线。

机器绗缝时，选用的针一定要足够锋利，并能够穿透绗缝被子的各层。使用的针的型号取决于铺棉的厚度，对于较薄的铺棉可尝试使用75/11，较厚的铺棉则需增加至90/14。还有用于特殊缝线的各种针。开始缝制新的作品时都要装入一枚新的缝针。

珠针/别针——绗缝用珠针和别针可用来将绗缝被子的各层固定在一起。弯曲的安全别针比笔直的珠针更容易插入。使用绣花绷绗缝时，珠针可能会影响缝纫。

喷胶——喷胶可用来将绗缝被子的各层黏合在一起。喷胶一般经水洗或干洗可以清除。它可直接喷于铺棉，对于制作较小的作品很有用。要避免喷胶与布料的正面接触。使用产品前请务必阅读说明。

缝纫机——任何缝纫机都可用于绗缝，但是较新型的机器具有一些很有用的功能，以下列出一些：

- 缝纫机针和电机之间的区域更大，更易移动大型的绗缝作品。
- 配有双送压脚或是其他的送料装置，可以使绗缝被子的表层和里层以相同的速率通过机器。开放式的双送压脚装置使人在缝纫时具有更好的视野。
- 送布齿条可以卸下或是被覆盖，便于使用自由绗缝。
- 配有织补或是绗缝压脚，可用于自由绗缝。

选择里布布料

在大多数情况下，在表布上进行的绗缝也会在里布上显示出来。里布一般选择可以和表布相协调的布料，一般用和表布的质量相似的土布或是素色棉布或是印花棉布。当然根据绗缝被子用处的不同也可选择其他的布料作为里布。比如，儿童绗缝被子需要柔软舒适，一般会选择摇粒绒或短毛绒作为里布。

对于大型的绗缝被子，里布一般都得拼接而成，当然也可以买到特宽的布料，152厘米、228厘米和274厘米的都可买到。拼接的里布使绗缝被子更具深度，也可以用尽表层拼布时的边角下料。拼接时可用简单的长条拼布、方块拼布或是两者的结合。见下图示例。

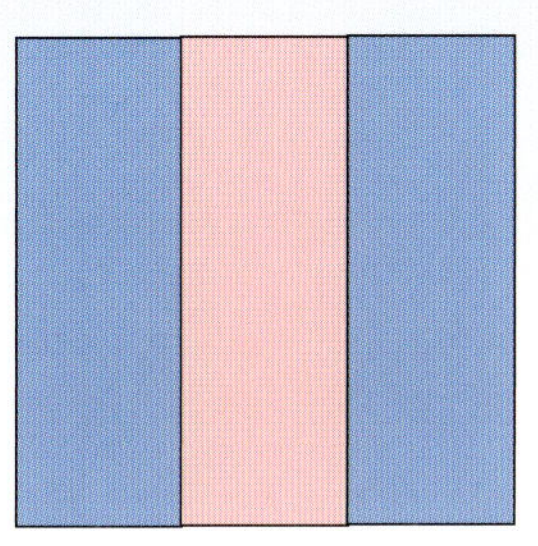

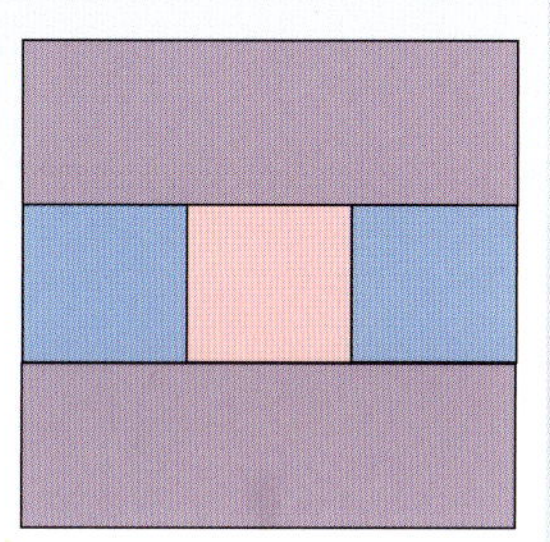

选择铺棉

铺棉有各种不同材质，应根据绗缝方式的不同及物品用途的不同进行选择。有些铺棉适合机器绗缝但手工绗缝时较困难，也有一些适合系带绗缝。有些需要绗缝的线迹很密，如间隔7.6厘米；有些每隔25.4厘米绗缝即可。铺棉越薄，越宜手工绗缝。参看16页关于铺棉的选择。

如果一块铺棉不够大，可将几块铺棉的直边对接起来，使用人字线迹或是机缝Z形线迹缝合。

绗缝夹层（拼布）三明治

开始绗缝前，应该先将三层织物——表布、铺棉和里布——固定在一起。可以用各种方式将夹层固定，一般使用疏缝、别针固定、胶粘或使用加固枪的塑料扣钉固定。无论选择哪种方式都要确保夹层平整，每隔一定距离都要加以固定，确保任何一层在绗缝的过程中都不会移动或是起皱。可以在一张大桌子或是地板上准备绗缝三明治。

铺棉和里布需要比表布至少大5厘米，因为在绗缝后其大小会有所缩减。如果将绗缝布送到长臂绗缝服务处进行缝合，核实其对大小的要求，一般会要求大出10.2厘米。

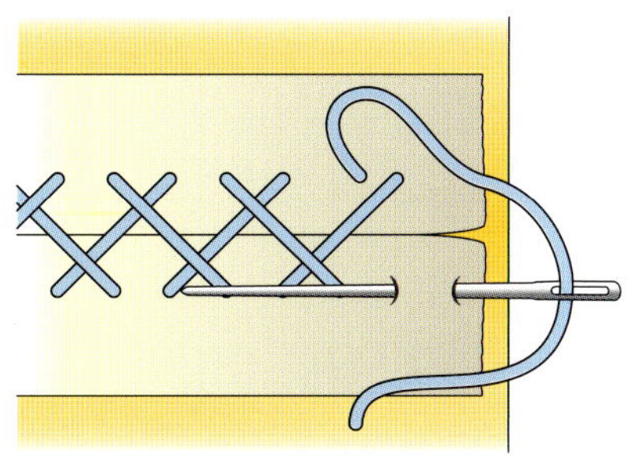

好主意

在一张大桌子上准备绗缝三明治会对你的背部更好。夹层可以在桌子的边缘用大弹簧夹固定。

>>> 相关主题...面料需求的估算22页·准备包边，确定四角呈直角234页 >>

技巧

准备绗缝夹层

该方法适用于使用疏缝或是别针的方法固定夹层时，但也可依照其他固定方式。使用加固枪射出塑料扣针可穿透夹层，但需要塑料垫板保护地毯。可在准备好夹层之前或之后在表布上描绘出图案。

1 准备里布，剪去卷边，整烫。如果要拼接布块，不要使用中缝，因为若长时间折叠存放绗缝作品的话，中缝部分会磨损。将缝份熨开。准备好铺棉，确保其平整并足够大。熨烫表布，使缝份全部平展开来、布边板正。有需要的话加以修剪。

2 找到一个足够大的地方，将里布正面朝下放置，整平，抚平褶皱。使用遮蔽胶带将里布的四边固定（地毯的话就用别针固定）。将铺棉放置在里布上，居中，整平，用粘贴或是别针的方式固定。将表布正面朝上铺在铺棉上，居中，整平，用粘贴固定或是别针固定。▼

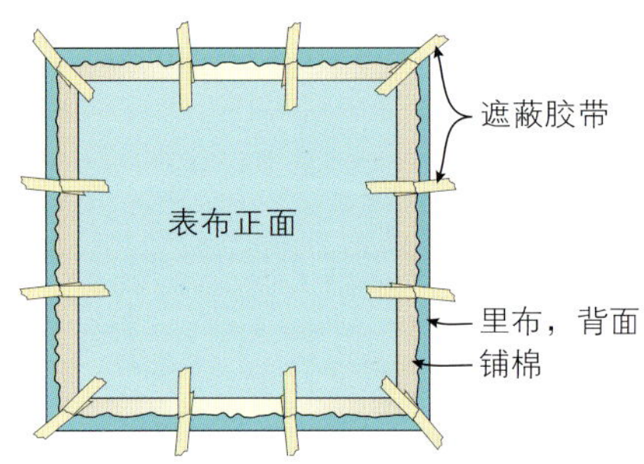

3 将各层疏缝在一起，从中间向外以网格状（A）或是以放射状（B）缝针。弧形针会更好用。疏缝的间隔应为10.2厘米左右，以防止夹层移动。也可使用安全别针来固定夹层（C）。当夹层固定住以后，移除胶带。▼

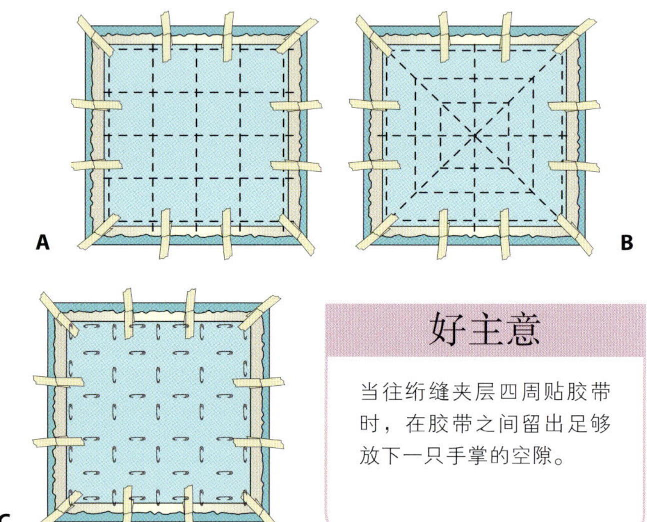

好主意

当往绗缝夹层四周贴胶带时，在胶带之间留出足够放下一只手掌的空隙。

使用喷胶

喷胶应使用于铺棉上，并少量使用。先查看生产厂商关于该产品的说明。胶水对布料的长期作用还不是很清楚，所以最好在完工后清洗绗缝作品，去除使用的胶水。若一件作品需耗费较长的时间才能完成，使用疏缝或是别针（珠针）的方式固定更为可取。

1 在通风良好的区域工作。用纸片保护地板或是工作台的表面。按照上面步骤1和2来准备绗缝夹层。

2 小心地将一半铺棉翻转过来。使劲将胶水摇晃均匀，从距离25.4厘米的上方轻轻地喷胶水，只喷在翻转过来的那一半铺棉上。将这部分铺棉重新铺在里布上，整平。用同样的手法处理另一半铺棉。▶

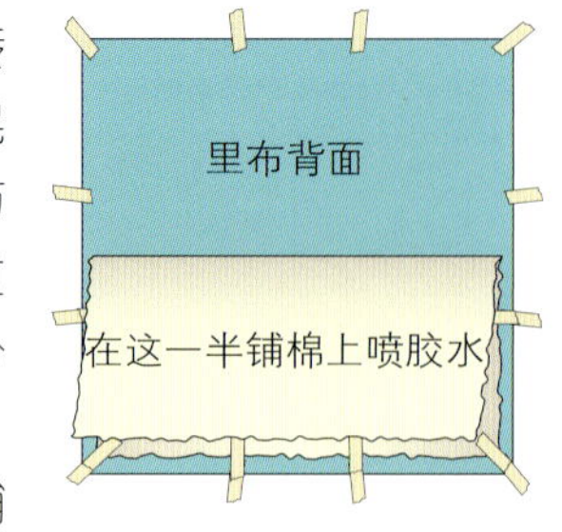

3 将表布正面朝上放置在铺棉上方，整平。小心地将一半表布翻转过来。使劲将胶水摇晃均匀，在露出来的那一半铺棉上喷上胶水。将翻转的表布重新铺在铺棉上，整平。用同样的手法翻转另一半表布，并在另一半铺棉上喷胶水。▼

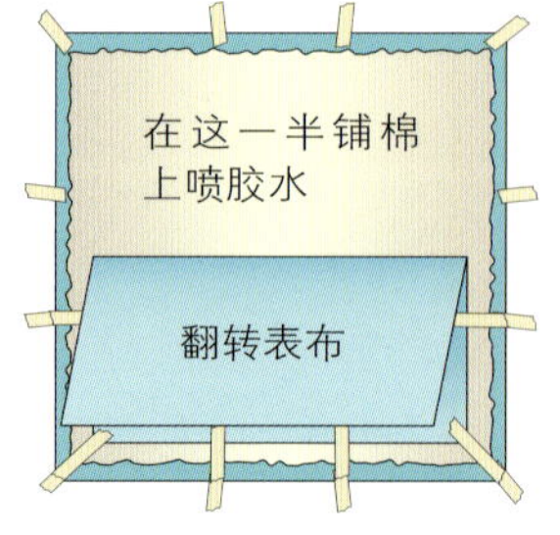

选择绗缝图案
CHOOSING QUILTING DESIGNS

有很多绗缝图案可以用来增强拼布和贴布作品的效果。这一部分就绗缝图案的选择和具体如何绗缝一个区块给出了一些建议。当然了，这里没有足够的空间展示很多不同的花样搭配，但是有很多这方面的书籍可供大家参考。

选择绗缝图案

对拼布、贴布和绗缝，人们各有所爱。有些人喜欢完美的拼接，有些人钟情于富有冒险精神的贴布，而有些人则属意于错综复杂的绗缝。当决定要做多少绗缝和做什么类型的绗缝时，也请注意这一点。如果不喜欢绗缝，那么可以将夹层用机器绗缝，并采用简单的壕沟绗缝或是系带绗缝；或者干脆将绗缝被送到长臂绗缝服务处进行制作。即使你喜欢绗缝，你的最爱也许是手工绗缝，也许是机器绗缝，或是喜欢二者的结合。选择能带给你最多乐趣的方式。

成功的绗缝被看起来均衡，好的规划能够避免在一些区块过度绗缝而使另一些区块看起来光秃秃的。决定绗缝图案时请不要着急，在一些基本的区块进行绗缝总不会出错的，像壕沟绗缝、交叉线（网格）绗缝等，然后再决定其他区块应如何处理。

绗缝图案

决定选择什么样的绗缝图案时，下面的一些想法可能会对你有所帮助：

- 将区块或是表布用彩色颜料画出来，或是拍照并打印出来，然后在上面用铅笔绘出绗缝图案的设计。如果有多张复印件的话，可以尝试几个不同的主意。
- 用薄的描图纸裁剪出一些基本的图形，比如圆圈、椭圆、正方形、风筝、星星或心形，将这些形状放到你的设计图案上，看效果如何。
- 使用的布料也能决定绗缝的花样，看一下布料上的主题图案——星星、心形、圆圈、花朵和叶片是最经常出现的。
- 如果绗缝图案是由很多个相同的区块组成，请尝试在区块相交处的图案，比如星星、菱形或圆圈，这些图案可能会给你带来灵感。
- 如果拼接成的表布是由很多复杂的小布块组成，最好使用遍布绗缝，在长臂绗缝机器上能做出很好的遍布绗缝。
- 轮廓绗缝对于强调突出主题图案很有效。或者，在素色的区块中绗缝出主题图案的轮廓也可以达到这种效果。
- 选择和绗缝布风格相配的图案和主题。如果使用传统的色彩和布料，请选择传统的主题图案。如果作品具有现代风格，抽象的造型效果最好。
- 不要忘了利用边条：绗缝图案可以延伸到边条，从而形成连贯的图案。
- 根据使用的布料计划绗缝，比如，绗缝图案在有密集花纹的布料上不会很突出，而在平纹布料上则会很容易凸显出来。
- 请不要在一个作品上加上太多的绗缝图案，那样可能会有损最后的成品效果。

苏珊·布里斯科制作的这款时尚风景挎包上，抽象的绗缝图案和拼布图案相呼应形成了非常好的效果。直的或是曲折线迹很容易绗缝。

绗缝的类型

绗缝能够增强拼布的立体效果，带来不同的感觉。在选择描绘方式之前，首先要决定使用什么样的绗缝手法。下面介绍了一些常用的绗缝类型。其中一些适合于机器绗缝，而另一些更适合手工绗缝。参见215、216页的说明。

壕沟绗缝 In-the-ditch quilting

这种绗缝是顺着拼布区块的缝份，一般使用机器绗缝或是使用暗线，是最具有隐蔽性的一种绗缝方式。还可以用来将各个基本区块缝合到一起，以便进行更加细致的绗缝。

网格（交叉线）绗缝 Crosshatched（grid）quilting

这是一种简单的直线绗缝，制作时简单迅速。平行或是斜向的网格不仅能够将夹层固定在一起，而且能够突出某一个特定的区块。

轮廓（周边）绗缝 Outline（contour）quilting

这种方法是沿着拼布作品或贴布图案的轮廓，在距离接缝6毫米或是1厘米的地方压上一道轮廓线。利用机器双送压脚的宽度很容易保持间隔一致。

扩散绗缝 Echo quilting

这种方法和轮廓绗缝相似，但其重复的线迹是向外扩散的，就像海浪一样从岸边一圈圈荡漾开来。它是夏威夷贴布的一个特色，也是一种很容易掌握的绗缝手法。可用机器或是手工绗缝。

主题绗缝 Motif quilting

主题绗缝是可以用在绗缝被中心位置的、小型或大型复杂的图画。主题可以是某种特定的类型，比如凯尔特风格或是新艺术风格。主题图案可以使用来制作边角或是形成主题风格。

遍布绗缝 All-over quilting

这是一种在绗缝布的空间内重复花样的手法。经常呈现为线性，适用于边条。绳索或是羽状的花样很常见，可以机缝或手缝。也可以购买到很多图案模板。

重复花样绗缝 Repeat pattern quilting

一般使用自由绗缝，采用徒手涂鸦技术，或是采用长臂绗缝机形成重复花样。也可以手工绗缝。可以买到许多种绗缝花样。

曲径绗缝 Vermicelli quilting

这是一种自由绗缝，随意地缝出如意大利面般卷曲的线条，但是线与线之间不能碰在一起或者交错。这种绗缝手法也可称作点描绗缝或是填补绗缝。可使用种子线迹在绗缝布或其一个区块中随意地压出线迹。

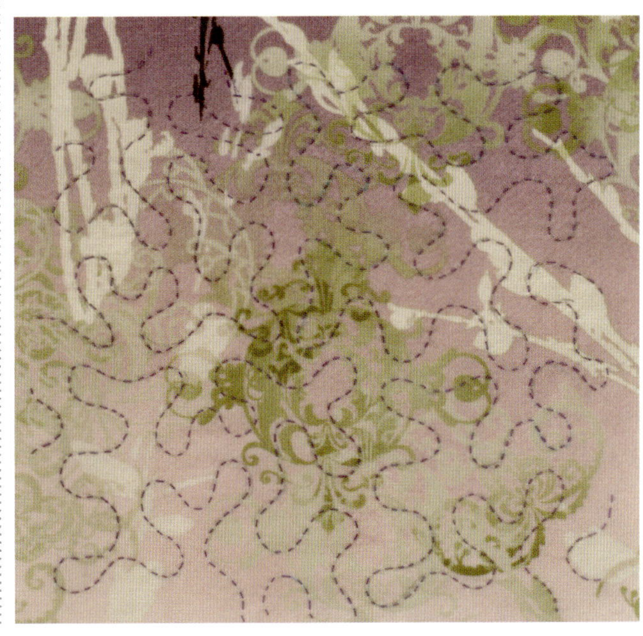

绗缝区块和边框

绗缝的美妙之处就在于它能够改变拼布的一个区块或数个区块的模样，能够强调图案或创造视觉上的补充效果。比如说，弧线形、圆圈形的绗缝花样和直线形的区块很相称，而直线绗缝、网格绗缝能带给弧线形拼布区块新的深度。把相同的区块拼缝在一起可以创造出新的绗缝的机会。下面是一些绗缝区块和边框的例子。

不要忘了绗缝边框和小边条。这里的两个图示就边框和小边条绗缝的设计给出了一些建议。

积木造型区块上可绗缝直线来强调其线性结构，也可绗缝弧线来形成对比。

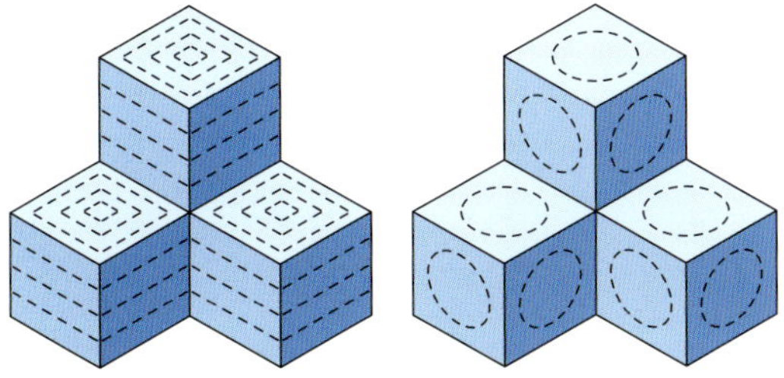

下面展示了一块单独的扭曲星形区块和四块相同的图案拼接在一起形成的区块，用了简单的直线绗缝来突出星形造型。四块区块结合部形成的空间给进一步绗缝提供了可能。

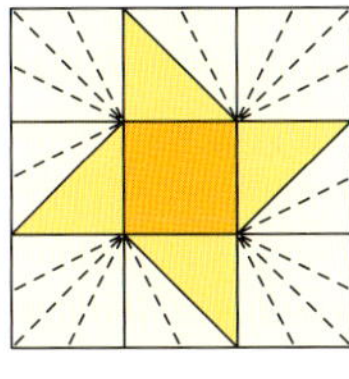

下面是同样的扭曲的星形区块，但是使用了弧线和螺旋图案进行绗缝，其更具动感。

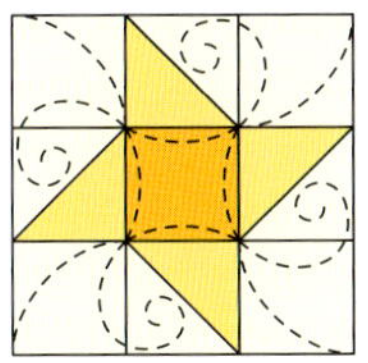

单色区块和拼布区块相间隔，给进一步进行主题绗缝创造了机会。

城区造型是一种镶嵌区块，可采用直线或是曲线绗缝。

栅栏造型是一种线性的图案，使用呈弧线的绗缝能打破这些线条，给其带来新的风味。

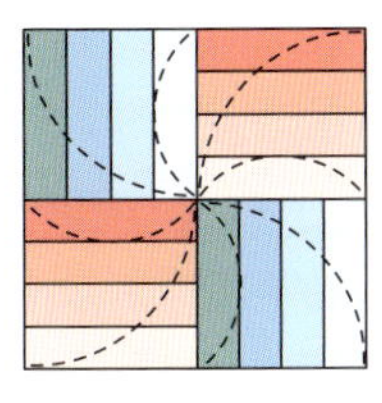

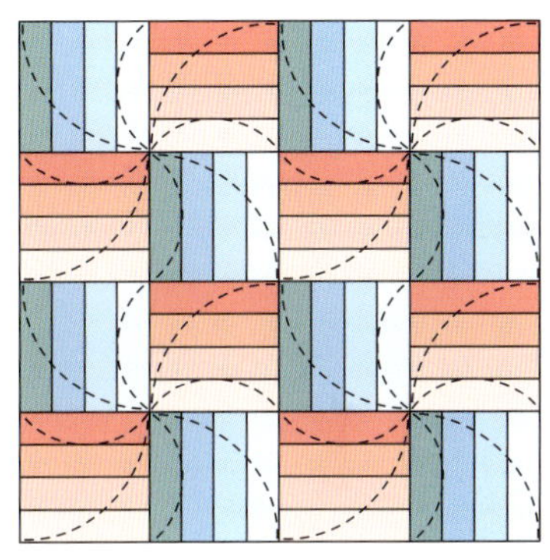

原木小屋造型是另一种线性的设计。可以用简单对角线遍布绗缝来对拼接布加以补充。

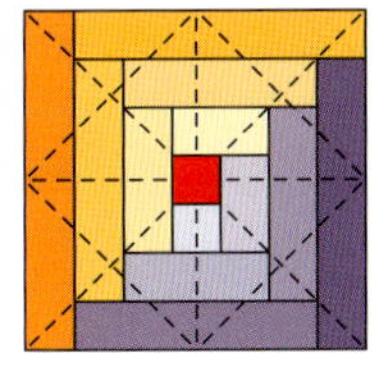

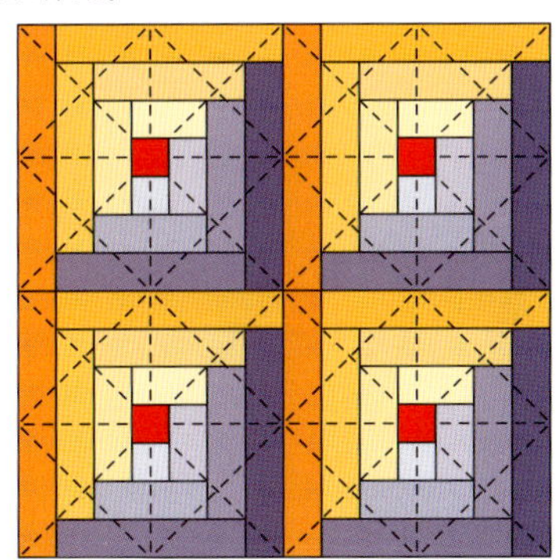

单色区块和简单的拼接区块相间，绗缝可将其连为一体。

描绘图案
MARKING DESIGNS

选定绗缝图案后，就需要将图案转绘到表布上。这一部分展示了多种转绘图案的方式。有些人喜欢先描绘图案，再整理绗缝夹层，这种方式特别适合复杂的绗缝图案；而另外一些人则喜欢在准备好绗缝夹层之后再描绘图案。

塑料型版使用简单，用途广泛，其绘出的图形也易绗缝。

选择描绘图案的方式

有些情况下根本不需要描出图样。比如用机器进行壕沟绗缝时，可以直接沿着接缝进行；或是轮廓绗缝时可使用机器的压脚在距离接缝一定宽度的地方都压上一道轮廓线。手缝小点刺绣时，可简单地填满图形或是区域。简单的线形绗缝几乎不需要描图，只要用直尺、画粉或遮蔽胶带做记号，或者用压线器在布料上压出暂时性的折痕。在需要转绘图案时，有很多的方式可供选择，参见第25页。在选择使用某一种转绘方式之前，应考虑到以下问题：

- 绗缝要花费多长时间？是否要经过多次处理？长时间绗缝时画粉的痕迹会逐渐消失。
- 选择机器绗缝还是手工绗缝？机器绗缝的针脚会更加密集，更容易掩盖做出的记号。
- 要在什么样的布料上绘图？在有密集花纹的布料和深浅相间的布料上绘出的记号会不那么明显。
- 成品的最终用途是什么？是否可水洗？制作像壁饰这种只需要拂去灰尘而不用洗涤的物件时，请不要露出绘图的痕迹。
- 之前是否使用该种绘图方式？如果没有，请在使用前认真试验该方式。在不同的布料上使用该方式绘图，然后洗涤、熨烫，看最终结果如何。

绘图工具

以下是绘制绗缝图案时非常有用的工具和材料——参见25、26页：

- 铅笔
- 标记笔
- 画粉
- 直尺
- 遮盖胶带
- 描图纸
- 骨笔
- 针尖标记法
- 裁缝用复写纸
- 圆规和曲线规
- 打孔纸
- 蜡纸
- 模板
- 冷冻纸

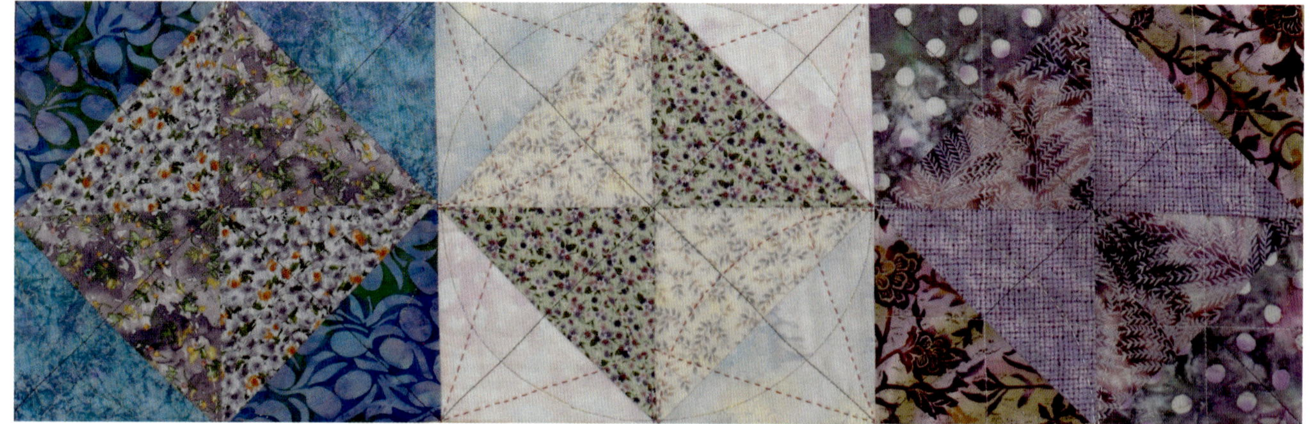

新手开始时请制作由直线和弧度较大的曲线构成的简单图案。混合使用手工和机器绗缝，更好地练习各种技巧。在进行手工绗缝前，可用机器进行壕沟和对角线绗缝来固定绗缝夹层。

相关主题... 标记布料25页 · 模板的使用26页

技巧

绘图

先将图案描绘在浅色的绗缝表布上，然后再加上铺棉和里布。在纸上绘出合适大小的图案。用深色的毡制粗头笔描绘线条。将纸样搁置在一个有光源透过的地方。可使用灯箱或窗户。将表布放在纸样上，粘好。用合适的记号笔（通常使用可清除的）描出所有的线条。可根据需要挪动纸样和表布。

使用塑料型版

可购买到各种图案、大小的塑料型版，也可自己制作。

1 检查要使用的型版是否和表布大小相称。将表布固定在坚固的表面上，放置好型版，用合适的记号笔沿着型版镂空的线条描绘。▼

2 移走型版，有必要的话用记号笔将线条连接。▼

3 翻转型版可绘出对称的图形：将型版放置在合适的位置，再次描绘出线条。▼

好主意

可以用塑料板自己制作型版。绘出图案，用双刃刀刻出线条。保留线条“桥接”的部分。

4 当在边条上重复图案或组合复杂的图形，确保移走型版时，图案的间隔是相同的。大多数商用型版都有小的标记指示距离。▶

模板的使用

绗缝模板可用于制作非常简单的图形，也可用于相当复杂的图案。这里讲述的技巧适用于任何类型的模板。这个绗缝小鸟图案在其轮廓之内还有一些细节，需要在描绘出轮廓之后徒手绘制。如果对自己的绘画水平不自信，可将模板剪成小块。另复制一份模板作为母版。

1 将模板放置在布料上，用合适的记号笔沿着轮廓轻轻地描绘。▼

2 将翅膀部分从模板上剪下，将其作为一个单独的模板在布料上绘出翅膀部分。▼

3 按照母版徒手绘出其他的细节（图中显示为红色的线条）。在眼睛部分打上一个法式结粒绣结。腿部使用回针缝。▼

手工绗缝
HAND QUILTING

手工绗缝和机器绗缝的技巧不同，但都需要花时间练习才能精通。手工绗缝的效果更加柔和。最初，当然所有的绗缝都是手工进行的；但是现在的缝纫机有很多特殊的设计可用以制作出漂亮的绗缝作品。绗缝时使用的线可以是和布料成对比色的，也可以是和布料配色的，可以是纯色、杂色的或是金属色的。

手工绗缝可以简约迷人，也可以纷繁复杂。尝试使用不同的线也会很有趣。

刚开始学习手工绗缝时，一次只能缝上一两针，随着练习会逐渐进步。绗缝时使用密缝针，其短小结实，能够在作品的正面和背面缝出大小合适的线迹。将针尽量笔直地插入作品中，使用顶针会有帮助。养成经常检查布料背面的习惯，确保针缝到了背面布。线迹的长短不重要，重要的是要使线迹大小均匀，间隔一致。手工绗缝是否使用绣花框都可以，但是使用与否决定了其绗缝技巧也有所不同，这在197页中详述。

手工绗缝

- √三层绗缝夹层要平整紧绷，这样在疏缝或用珠针固定时才不会不敷用。
- √涤纶、丝或羊毛质地的铺棉要比棉质的铺棉更容易手缝穿透。
- √壕沟绗缝可采用手工或机器的方式进行，并可以在进一步绗缝之前很好地固定绗缝夹层。
- √使用比布料颜色略深的线可使表布看起来更有深度。
- √如果表布是由很多不同花样和颜色的布块拼接而成，一般会选择中性色调的线或是暗线。
- √专用线（像金属线）用起来需要多加小心。手工绗缝时，使用较短的线。
- √可选择是否使用绣花框进行绗缝——可以两种方式都尝试一下，看自己喜欢哪种方式。

这个由伊莱恩·哈蒙德制作的漂亮的靠垫进行了疏松的手工曲线绗缝，并模仿了海藻的造型，给以海洋为主题的拼布增添了恰到好处装饰。

>> 相关主题... 黏合临时边框135页 · 准备绗缝夹层188页 >>>

技巧

不使用绣花框手工绗缝

不使用绣花框绗缝时更易移动作品，并且可以用一只手绗缝，用另一只手的拇指和食指托起拉紧布料。从表布或区块的中央向外绗缝，并尽量避免改变方向（向相反的方向缝针）：缝纫会向前拉伸布料，改变方向的话会使布料起皱。使用绣花绷或绣花框时的绗缝技巧见198页。

1 使用绗缝针或密缝针和一条长度在30.5~45.7厘米的线。在线的末端打一个结。将针穿入表布和铺棉中，插入针的位置应离开始绗缝的位置有一定的距离，将针从上表面拉出（A）。拉拽线使线结穿透表布进入铺棉层。回缝一针，将针再次穿入铺棉层（B）。将针从表布开始绗缝的位置拉出（C）。▼

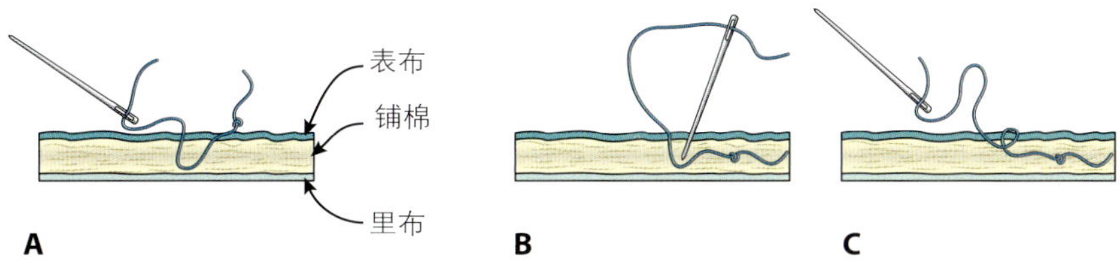

2 手工绗缝依靠用来缝纫的那只手的摇摆动作完成，而另一只手放在布料的下方。在用来缝纫的手的食指或中指戴上顶针，在布料下的手上最好也戴上顶针。使缝纫的手呈C形，这样你的缝纫动作会更标准。将针垂直着穿过夹层，直到下面的手指能触摸到针尖。使用该手指以摇摆的动作将针再向上穿至表布。移动针头，先向前再向后笔直地将针穿入布料中。重复该过程。▶

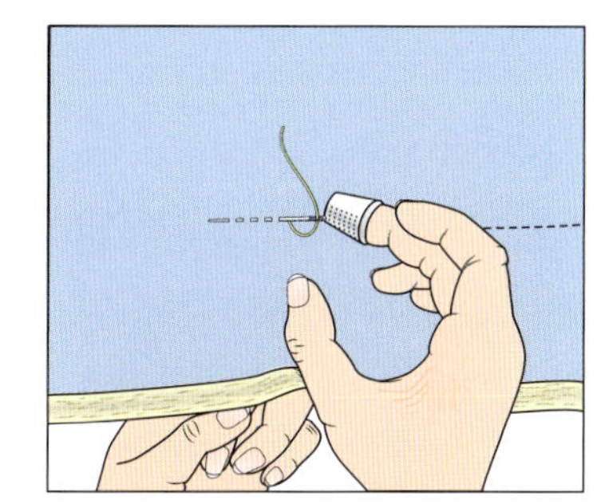

3 将针穿过各层，使线迹紧贴布料，并形成少许的凹陷。继续使用平针绗缝，使线迹保持大小一致、距离相等，并沿着事先画出的线进行直到完成。当不使用绣花绷时，注意控制拉拽线的力度，万一不小心就会用力过大使布料起皱。如果缝份处太厚无法穿透，可一次只缝一针，或是用穿刺的动作刺穿缝份。

好主意

如果将线拉出时很费力，可将旧橡胶手套的手指部分剪下，戴在缝纫的那只手的食指上，这样会更容易抓住针。

完成手工绗缝

完成手工绗缝时，将线绕针缠上两圈，在贴近表布的位置打上一个结（A）。将针穿入铺棉，插入2.5厘米或更深（B），使线结穿过表布。在与表布平行的位置将线头剪断。▼

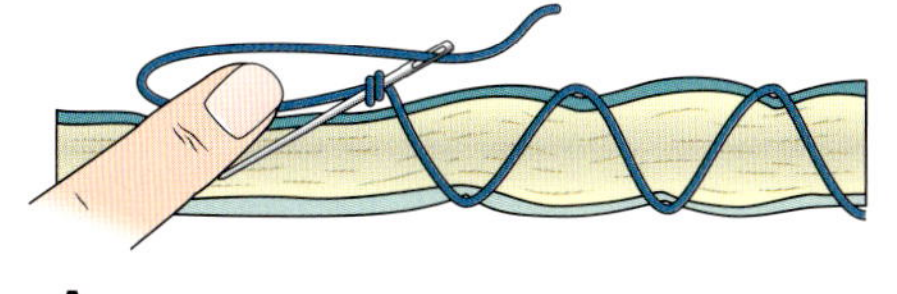

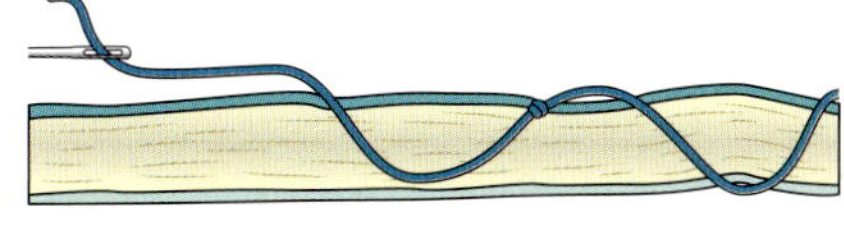

使用绣花绷或绣花框绗缝的准备工作

在绣花绷或绣花框架内绗缝可以保证绗缝夹层紧绷平整，能够使线迹更加均匀。可以采用机器也可采用手工的形式进行。对于较小的作品，使用绣花绷就够了；但是对于较大的绗缝被子，则需要使用大的绣花框。

使用绣花绷——在表布上描绘出绗缝图案并将绗缝三层夹层放置在绣花绷中，要绗缝的区域居中。扭紧调节螺钉，将夹层固定但不要太紧，然后开始绗缝。完成一个区块的绗缝后要移动绣花绷。有些绣花绷自带有可放置在膝上的小桌子。如果没有的话在绗缝时可将绣花绷的边缘放在桌上或椅子的扶手上。▼

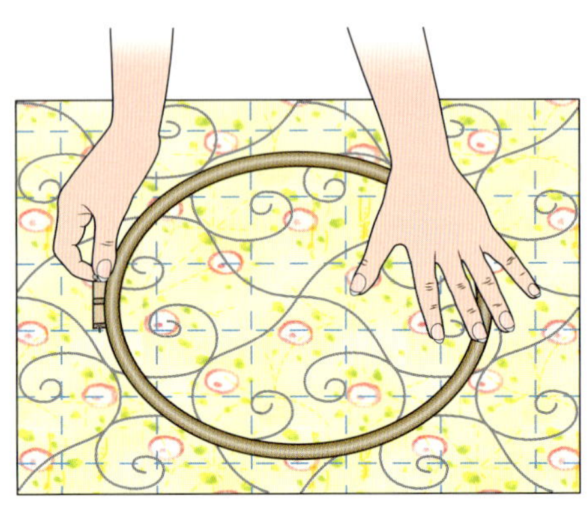

如果要在夹层的边缘进行绗缝，需要临时在作品的四周加上边框，这样绣花绷才能够固定紧（方法见135页）。▼

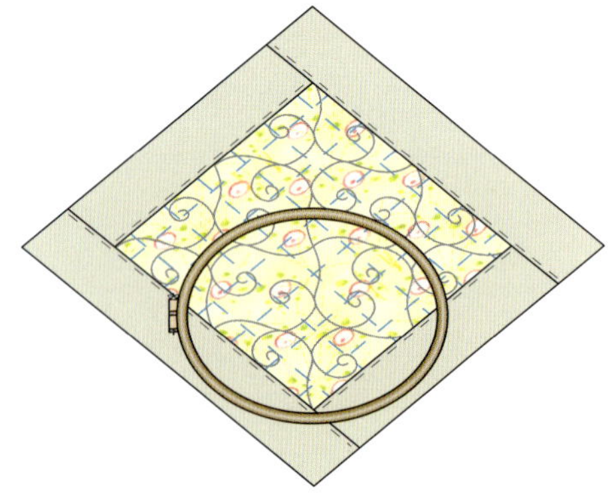

使用绣花框——不同绣花框略有不同，使用时请看产品说明。一般来说，绗缝夹层需要首先疏缝或是固定到绣花框顶部和底部的两个滚动轴上，用来拉紧布料。▼

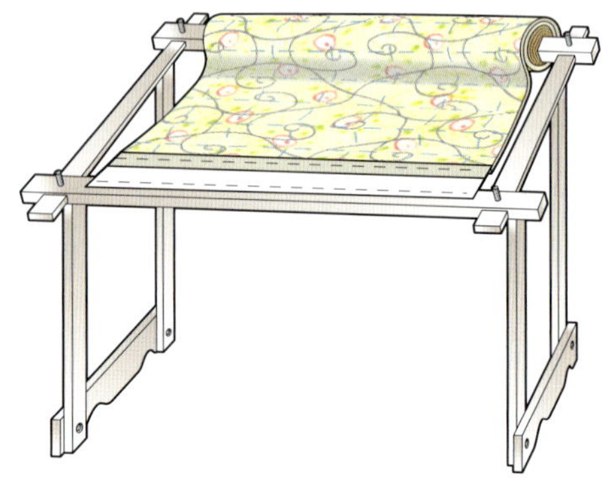

绗缝夹层的两边也应拉紧，可用珠针固定上布条，然后将布条缠绕在边上的伸缩杆上固定。每完成一部分，都需移动。▼

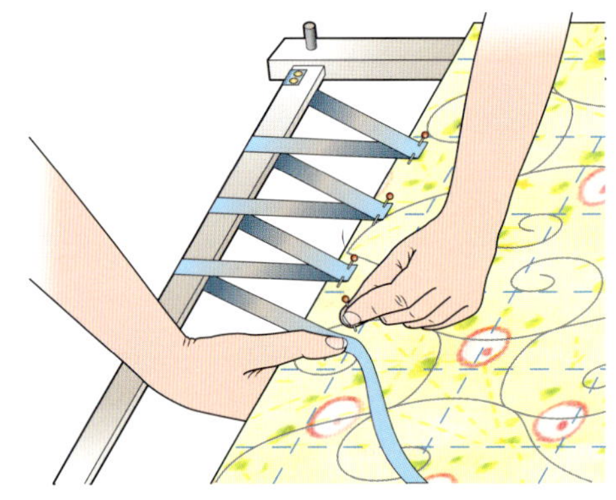

佩特拉·普林斯徒手在装饰性拼布的边框上进行了绗缝，其图案很好地融入了整体设计，并和每个布块的造型相呼应。弧线的绗缝和直线的拼布形成鲜明对比。

使用绣花绷或绣花框手工绗缝

当绗缝夹层被固定在绣花绷或绣花框中时，将无法用手托起布料，所以手工绗缝的方式应有所改变。有些绗缝者认为使用穿刺的动作比摇摆的动作更方便。不要将绣花绷或绣花框固定得太紧，布料有一定的弹性时更利于缝纫。

1 将不用来绗缝的那只手放在绣花绷或绣花框下面，中指放在针尖将会穿过的地方。两只手的食指和中指最好都戴上顶针。将针垂直地立在表布上（A）。将针穿过夹层直到针尖触碰到下面那只手的中指。将针往后移动，整好，使针尖朝上。用中指把针往上穿过夹层，当针尖出现在表布上时，将拇指放在针前（B）。将针尖向前移动一小段距离，这样就缝好一针了（C）。▼

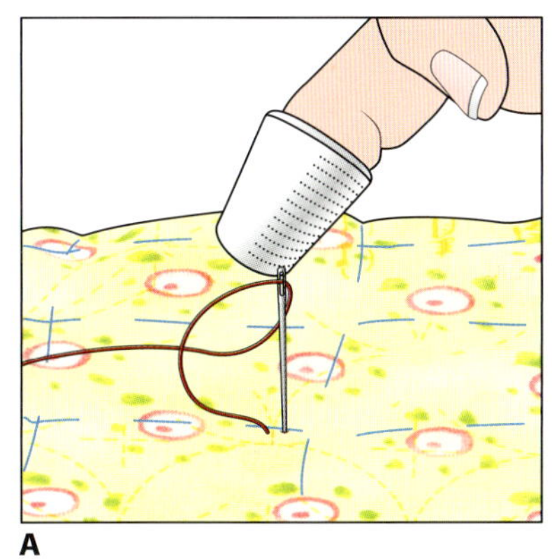
A

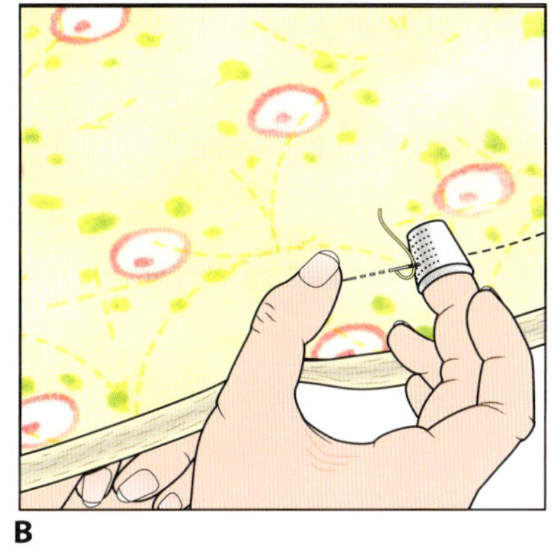
B

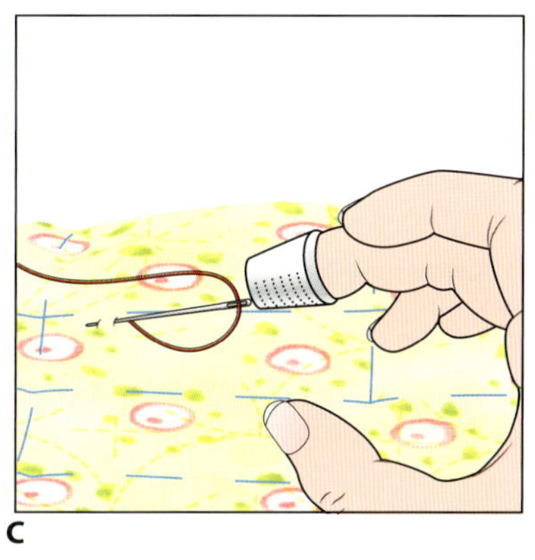
C

2 现在用拇指将针往下再次穿进布料。重复将针笔直地穿透夹层，直到触碰到下面的中指。重复该过程，缝上数针（D）。将针从布料中拉出（E）。再次缝上数针，继续沿着图形绗缝，直到完成。▶

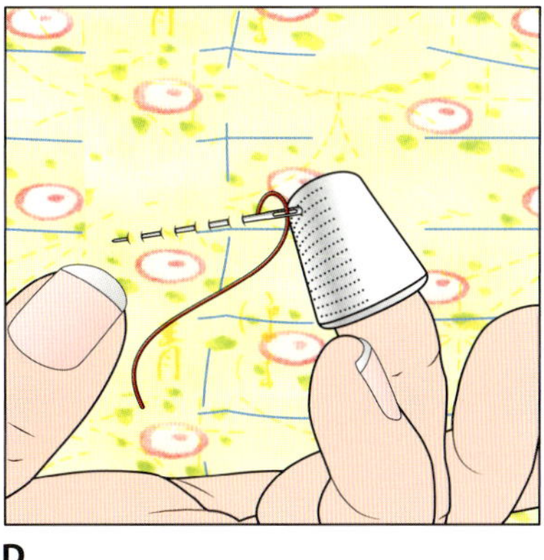
D

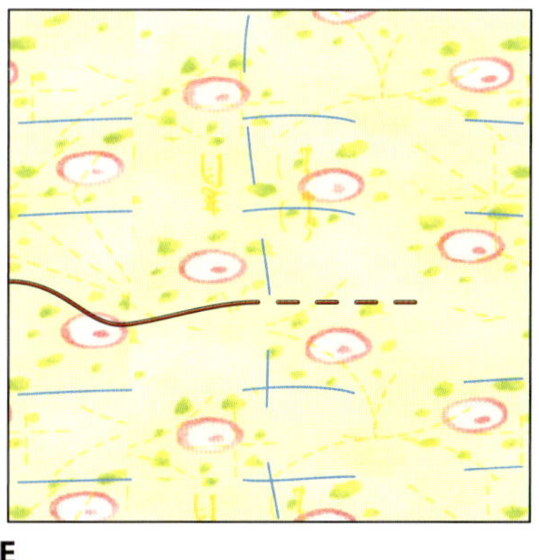
E

纽约绗缝
BIG STITCH QUILTING

纽约绗缝是一种线迹很宽的绗缝方式，也叫大针脚绗缝。这种绗缝有两个优点：其一因其只需缝纫少许的线迹，初学者易掌握；其二，它能展示漂亮缝线的迷人之处。没有细小线迹的困扰，它还是享受手工绗缝祥和乐趣的最佳方式。纽约绗缝不会掩藏在拼布布料中，它非常醒目，适合民俗风格作品和儿童使用的绗缝被。

纽约绗缝使用的缝线

纽约绗缝适合使用较粗的缝线，例如丝光刺绣棉线和金属线，使用混色线也能有很好的效果。事实上，只要能穿透布料的缝线都能够使用——多多尝试吧！

如果要使用粗线进行大量的纽约绗缝，并添加装饰线迹和装饰物的话，请先完成这部分缝纫，再加上里布。在所有装饰完成后加上里布，再用机器采用壕沟绗缝或是主题绗缝的方法将各层固定在一起。关于装饰绗缝，参见228页。

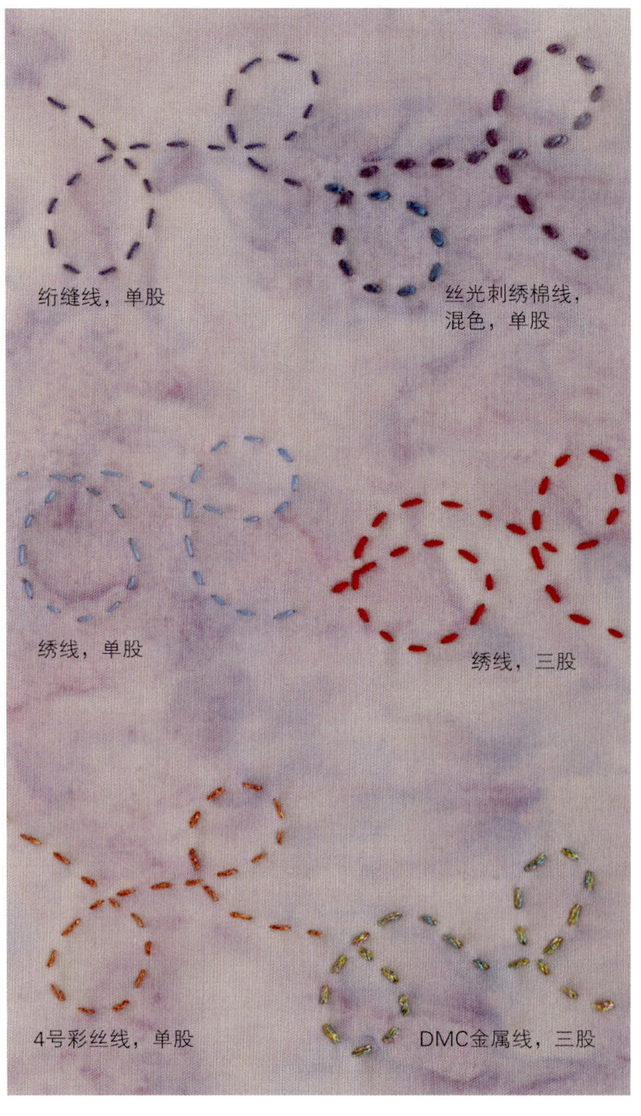

技巧

纽约绗缝的开始和结束

如果采用和手工绗缝同样类型和粗细的线进行纽约绗缝，缝纫开始和结尾的方式也相同，即把开始和最后打的线结都穿入铺棉中。如果使用更粗的线，就要采用不同的方法。

开始时，将线从夹层背面穿至表面，留出7.6厘米左右的线头，绗缝数针（A），然后将针放置在布料上；用第二根针绗缝留出的线头。用线头做出一两针回针缝，将线穿入夹层一段距离，剪掉。绗缝结束时采用同样的方式，做一两针回针缝，然后将线隐藏到铺棉中（B）。▼

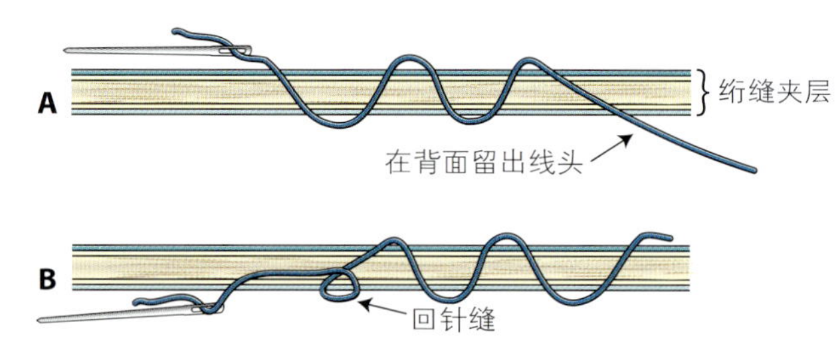

进行纽约绗缝

就像普通的手工绗缝一样，在纽约绗缝中，线迹的均匀比密度更重要。一般每2.5厘米之间缝上4~8针都可以，取决于缝线的类型、粗细及个人喜好。和普通绗缝一样，也可一次缝上几针，这样可以使针迹保持均匀。选择和缝线相匹配的针，线较粗时可选用大针眼的手缝针或密缝针。操作方式和普通手工绗缝一样。

每2.5厘米缝4针

每2.5厘米缝8针

进行纽约绗缝时可使用各种线——左侧是一些可用于纽约绗缝的线的实际大小的图片。

制作实践
欢迎卡

纽约绗缝是尝试各种不同缝线的理想针法。加上文字或婴儿的名字，就可以使用下面的图案制作贺卡或是婴儿卡。

简介

应用技巧：描绘绗缝图案；纽约绗缝针法；锁缝纽约绗缝针法；法式结粒绣
成品尺寸：直径为8.9厘米
布料：一张卡片需要12.7厘米见方的精梳面料、12.7厘米见方的铺棉
线：粉红色卡片使用粉红色和浅绿色的成股棉线；蓝色卡片用混色和浅紫色的线
卡片：有孔的折叠卡片
装饰：缎带和表面装饰物；双面胶带

方法

· 使用251页的模板在布料上描绘出图案。填充铺棉，疏缝。
· 沿图案的所有线条进行纽约绗缝。要使轮廓更为清晰，可在蝴蝶翅膀、身体的轮廓、小鸟嘴的部位使用锁缝纽约绗缝针法。在翅膀上加上法式结粒绣。腿部使用回针缝。
· 将作品按压装入折叠卡片中，可随意增添装饰物。

整布绗缝
WHOLE CLOTH QUILTING

整布绗缝是一种绗缝的方式，就是在一整块较大的布料上缝出复杂的图案，一般手工进行。这种精致高雅的绗缝方式不仅能够将三层夹层固定在一起，而且能够给织物带来光与影的对比以及纹理与层次感，尤其当织物是带有光泽的布料时更是如此。图案一般有一个中心花样，四周环绕着花朵或几何装饰图形。这种绗缝，又被称为英式绗缝，需要一定的技巧使线迹细小而又在视觉上有足够强的冲击力以组成各种图案。

整布绗缝先后在法国和英国成为一种潮流，而威尔士整布绗缝使用棉缎效果更加斐然。有时整布绗缝又被称为达拉谟绗缝，因为这种绗缝手法自1900年在达拉谟和英格兰西北广为使用。

在整布绗缝时，图样描绘在布料上。浅色的布料上使用铅笔，深色的布料上可使用画粉，或者使用水消笔。现有各种印好图案的整块绗缝布可购买。绗缝完成后可将图案洗去。整布绗缝的布料可以是精致的浅色或张扬的亮色，包括靛蓝色和红色。纯色的布料更能显示绗缝的效果，但也有些整布绗缝选择使用印花布料或是混色布料。也可将整布绗缝更进一步，进行装饰衬垫绗缝，就是将某些绗缝图案中的花样多加一层铺棉或填料，详见226页。

使用略带光泽的布料能够凸显整布绗缝的精致之美。和印花布料相比，纯色布料能让人们的注意力集中到绗缝工艺上。

准备绗缝

设计和描绘整布绗缝的图案需要经验和练习，一些要注意的基本要点如下:

- 确定要使用的布料没有瑕疵。洗涤、熨烫，确定布料不褪色。抚平布料，使切边和纹理平行。决定要使用布料的哪一面。
- 用合适的记号笔在离布料毛边至少2.5厘米处画出绗缝布的边缘。为确保对称，将布料四折，按照垂直和平行的折缝画线。沿对角线折叠，画出斜纹。
- 决定中心图案，将纸质图样粘上或用珠针固定在确定的位置上。
- 决定外圈边条的宽度，使其和中心图案的大小相称。选择边条使用的花样，计算出要重复的次数——必要时要调整花样的大小。一旦确定了如何使用花样，外边条就确定了。
- 计划中心图案和边条之间使用的花样，看其效果如何。可放大或缩小图样进行调整。注意整个设计的效果如何，花点时间退后一步审视整体效果。
- 为使整体设计均衡可使用一些填补性的绗缝。
- 如果要使用装饰垫衬绗缝的话，此时就要决定哪些部分需要以更加立体的方式呈现出来。
- 一旦对整体设计满意了，将所有的图案（包括背景网格）都描绘在布料上。
- 准备好绗缝夹层，从中间向外绗缝。

整布绗缝图案

传统上，整布绗缝的图案平衡对称，中心图样是焦点所在。边条就像框架，大小、简繁各异，其作用就是将人们的视线集中在绗缝布上。最初，花样的来源很广泛，包括建筑、石刻、穹顶造型、木雕、旋涡状装饰、旧挂毯和地毯。先选定中心图案，然后确定外圈花样。可购买到很多种绗缝模板。

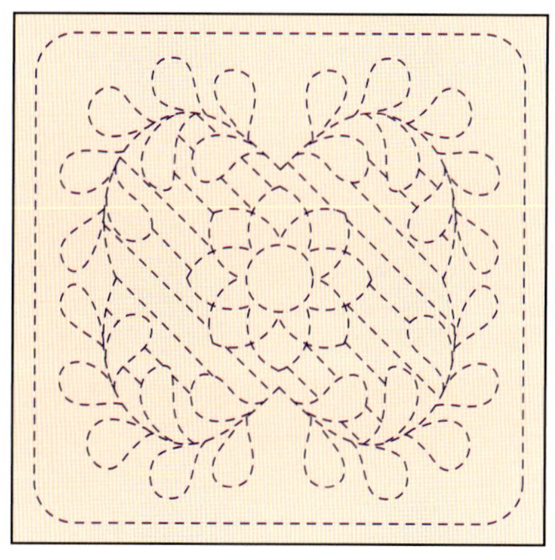

用于制作绗缝被子的整布绗缝图案可以是自己创作的，如下图；也可以从商店或网店购买图形模板。也可购买印好图案的布料，轻松享受绗缝时光。可以拿小幅图案来尝试，上面的两个图案也可以放大，用来绗缝靠垫。

凯尔特绗缝
CELTIC QUILTING

这是一种受凯尔特图案启发的绗缝。包边条贴布也使用了凯尔特图案，所以贴布花样也可以改造用来绗缝。凯尔特图案形式多样，其最好的代表可在公元7世纪时出版的《林迪斯芳福音书》、《凯尔经》、《杜若经》中找到。主题图案包括螺旋、花结、回纹和卐形花样、福音书首页装饰图案、字母和动植物图案。今天，凯尔特风格的图案来源广泛，并有商用图案可购买。

菲洛梅娜·德康在1980年以其作品《凯尔特绗缝图案》将凯尔特图案引入到了绗缝领域，从那时开始，设计者们对此进行了卓有成效的研究和应用。凯尔特图案可使用普通绗缝针手工绗缝，可采用纽约绗缝针法或是更加装饰性的针法，也可使用机器自由绗缝（详见218页）。

可选用任何缝线进行凯尔特绗缝。线的颜色可以和布料颜色相近或成对比，也可在一个图案当中使用不同颜色的线。在进行整布绗缝特别是使用有光泽的棉布绗缝时采用凯尔特图案效果尤为突出。也可尝试使用纯色平纹布或像巴提克蜡染布这样的混色布。凯尔特图案还可以用作拼布上的遍布绗缝的图样。

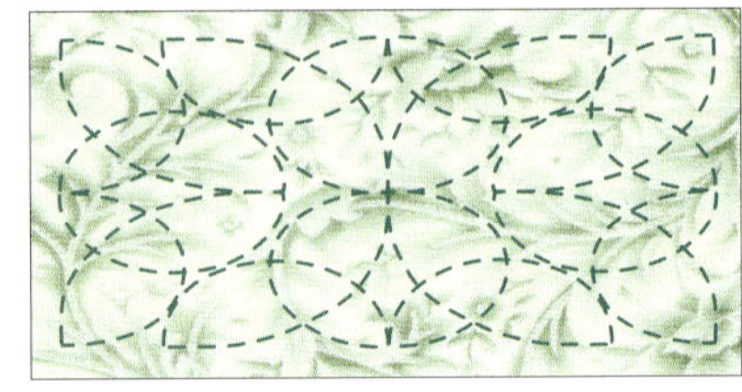

绗缝凯尔特图案

凯尔特图案特别适合用手工绗缝，小型的花样也很适合用来练习。可以尝试更加装饰性的针法——详见228页。也可使用机器绗缝图案，但一般要用自由绗缝的技巧来处理尖锐的弯角和螺旋线。

描绘出绗缝图案，按需要放大其尺寸，按照188页的说明准备好绗缝夹层。可选择将夹层装入绣花绷或绣花框中。选好缝线，将打好的线结藏于铺棉中，开始绗缝。

绗缝双沟槽花结图案时，注意要留出其他纹路“通过”或“穿过”的空隙。这时要将线穿入铺棉中，到图案再次开始的位置将其拉出来就行了。

凯尔特图案的种类

凯尔特图案具有很强的装饰性，适合于各种拼布、贴布和绗缝作品。像回纹这样的几何图案，可以用于拼布。像花结、螺旋和字母这样的图案，可用来进行整布绗缝或是纽约绗缝。很多凯尔特图案都可以采用双线条来形成沟槽，以便进行盘带绗缝、填充绗缝或装饰垫衬绗缝（详见224、226页）。

在这件绗缝样品中，盖尔·罗敖采用了简单的拼接布来展示凯尔特图案的美妙之处。

花结图案 Knotwork designs

花结图案适用于各种绗缝和贴布作品，特别适合整布绗缝、盘带绗缝和装饰垫衬绗缝的制作。绗缝线条流畅的交互图案非常惬意；采用双线条时，可形成沟槽进行盘带绗缝。花结图案很容易进行旋转、翻转和组合，基于花结图案能创作出更为复杂的设计。花结内、外的部分可采用小点刺绣线迹或曲径绗缝手法进行密集绗缝。

螺旋图案 Spiral designs

其特点是剧烈弯曲的弧线，一般从一个或几个中心点向外发散。常常有几个螺旋相遇融合并形成各种图案，包括圆圈、椭圆、正方形和长方形。可重复或是旋转某个螺旋图案来形成复杂的图形，可用于整布绗缝。也可拉伸、重复螺旋图样，用作边条。

回纹和卐形图案 Fret and key patterns

这是一种非常古老的图案，在世界各地都有出现，古埃及、古希腊和古罗马文明中也发现有类似图案。这种图案可简可繁；可作为孤立的图案或是整布绗缝图案。作为一种几何图形，也可用于拼布（如下面第二个图示所展示）。

自然图案 Nature designs

自然造型的设计是凯尔特图案一个独特的特点；在古代作品和现代艺术中都可以找到一些绝妙的设计。动物、鸟类、鱼类、植物和虚幻的生物一般都以扭曲而极具装饰性的形态出现，比现实中的造型更加奇妙。下面的龙的造型是从盖尔·罗赦的设计衍变而来的。

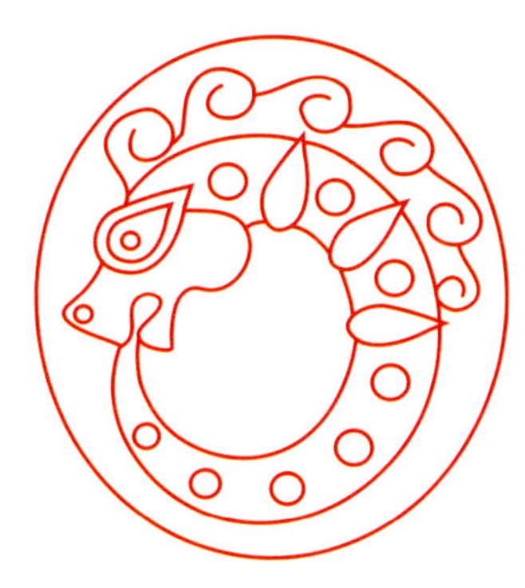

地毯页图案 Carpet page patterns

常用在福音书首页装饰图案。公元7世纪和8世纪盎格鲁·撒克逊民族的绘图手稿中，丰富的图样充斥着整页书籍。这些图形看起来像多彩的地毯，所以也被称为地毯页图案。这种图案以精确的网格为基础，由各种花样组合而成，包括回纹和卐形图案、花结、螺旋和动物。简化这种图案，取其精华可用于拼布、贴布和绗缝。

字母 Lettering

早期带有图案装饰的手稿中充满着各种华丽的字母造型——由鎏金制作而成，具有极强的装饰性。简单的凯尔特字母更适合绗缝，电脑上有各种不同的字体可供选择。关于这方面的书籍很多，在互联网上搜索也能得到相关信息。

刺子绣
SASHIKO

刺子绣本来是一种织补的手法，已有数百年的历史。18世纪时它发展成了一种乡村的家庭手工技艺，渔夫和农夫的妻子用这种方法加厚外套，延长布料的使用寿命。刺子意为“刺透”、“穿透”。传统中使用白色的绣线在靛青色的布料上进行手工刺子绣。在几百年的时间里，它演变出了基于网格的多种图案和图样。家族徽章也是刺子绣常见的图案。

刺子绣可以使用普通手工绗缝时使用的针和线；但使用地道的刺子绣材料也是乐趣的一部分。

最初，刺子绣由手工完成，其独特的效果也只有手工制作才能达到。刺子绣的针迹要比普通绗缝的针迹（每2.5厘米4~8针）稀疏，是一种很好的练习绗缝技巧的方式。刺子绣图案也可由机器完成，但制作出的线条过于连贯且风格更生硬；缝纫机生产商正在努力解决这个问题，以期能够缝纫出像刺子绣这种间隔平针的效果。

刺子绣可用于很多绗缝作品的制作——可单独使用，也可和拼布区块组合使用；刺子绣的图案也可用于遍布绗缝。图案也可以变形以创造出更多的设计。

针和线的选择

普通的绗缝针，包括绣花针和密缝针都可用于刺子绣；如果喜欢手工进行刺子绣的话，可购买专用缝针，非常锋利、粗且硬。

刺子绣也可使用普通的绗缝线，但一般选用较粗的，比如5号或是8号的丝光刺绣棉线。使用双线可以缝出漂亮的粗线迹。要使成品效果更地道，可使用专门的刺子绣线。这种线厚实牢固，有不同的分量和颜色可选择，甚至还有混色线。传统的颜色是白色和靛青色，但现代刺子绣的颜色已经是相当丰富了。

无论大小作品都可以使用刺子绣手法。苏珊·布里斯科制作的这个小包就使用了少量的刺子绣。蓝色的包展示了野草图案（详见207页），红色的包展示了菱形松树皮图案（208页）。

缝制刺子绣

刺子绣图案的描绘方式和其他绗缝图案的描绘方式相同，但注意一定要十分精准。使用浅色布料时最好使用临摹的方式。灯箱价格昂贵，可将设计图样粘到玻璃窗上，将布料正面朝上放置其上，使用铅笔或可擦除记号笔描绘。如果刚学习刺子绣，可以使用样本册或是已经印好图案的方形布料，这样缝完后就可以制作出一个靠垫或是小包了。

刺子绣一般只使用两层布料，但也可以增加一层铺棉。传统的刺子绣手法和普通手工绗缝有所不同：进行刺子绣时，针不动，将布料以打褶的方式穿到针上，一次穿上数针。这就意味着不能使用绣花绷或绣花框。缝纫时从一边往另一边进行，而不是从中间往四周进行。可自己尝试看哪种技巧最适合自己。

刺子绣图案

有数以百计的各种刺子绣图案可供大家选择，包括正方形、螺纹、菱形、六边形、波浪图案和编织式样。刺子绣的美妙之处不仅在于图案的缝纫方式，更在于不同图案之间的组合方式，特别是密集图案和稀疏图案的融合。刺子绣绗缝的方向和顺序对于制作出齐整的作品、节省缝线和时间都是至关重要的。书籍或是杂志上的图案一般都会用不同的颜色标出缝纫顺序。苏珊·布里斯科在其关于刺子绣的书中给读者们提供了大量美妙绝伦的图案设计，并有超过一百种图案的详细缝纫说明。下面展示了最为流行的一些图案。红点标示开始缝纫的地方，箭头指明缝纫的方向。虚线表明在该处应将线穿到布料的背面。

这两种图案，左边是三叶图案，右边是野草图案，在210页的刺子绣餐具垫中可以见到。将图案放大四倍描绘，也可选用其他的刺子绣图案。▶

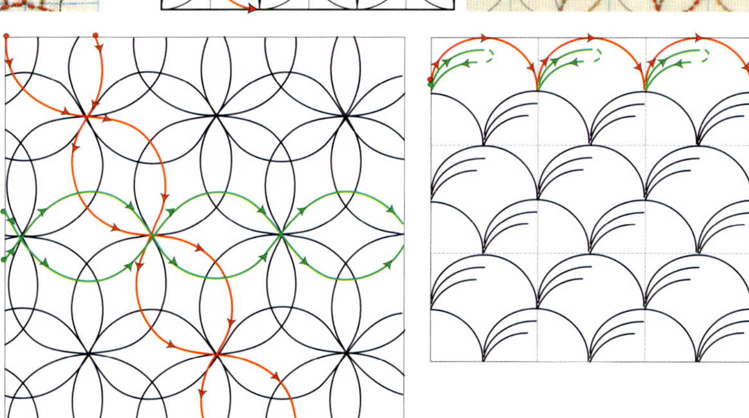

>>> 相关主题... 标记布料25页 · 放大和缩小27页 · 手工绗缝196页 · 机器绗缝212页

技巧

手工刺子绣

手工刺子绣成品独特古朴。机器刺子绣方法参见209页。刺子绣不需要针迹很小，每2.5厘米缝上4~8针就行了。线迹之间的距离最好能够和线迹同样长短。下面以菱形松树皮图案为例。

1 选择图案，按需要将其放大或缩小。将图案转绘到布料上，准备好绗缝夹层。选好缝线，在作品的背面打个结开始绗缝。刺子绣和西式绗缝不同，它不需要翻转，但是如果有铺棉的话，也可以将线结隐藏到铺棉层中。

2 做刺子绣时保持针不动，将布料以打褶的方式穿到针上，一次穿上数针。或者，也可以使用普通的绗缝手法。尽量使刺子绣的针迹形成长而连续的线条，从一头延伸到另一头。可根据图案所给出的顺序进行缝纫，或者花点时间自己找出最好的缝纫顺序。对于示例图案，要从红点处开始缝针，按照红色的线条手工绗缝。▶

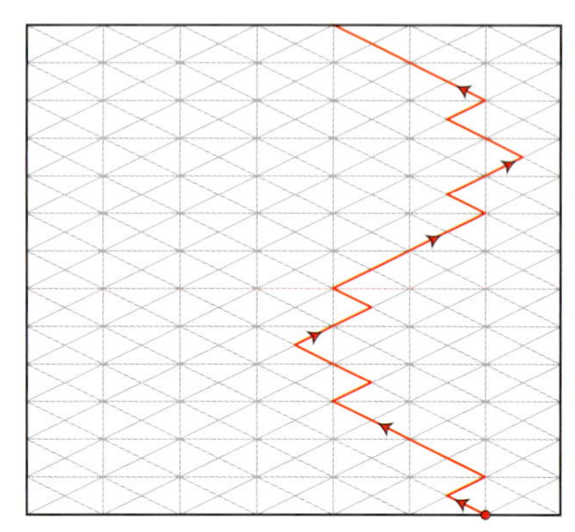

3 缝完红线后，从绿点处开始，沿着绿线绗缝。不要让线迹重叠，多条线迹交会处可留出一个空隙——详见209页“缝出整齐的刺子绣”。▶

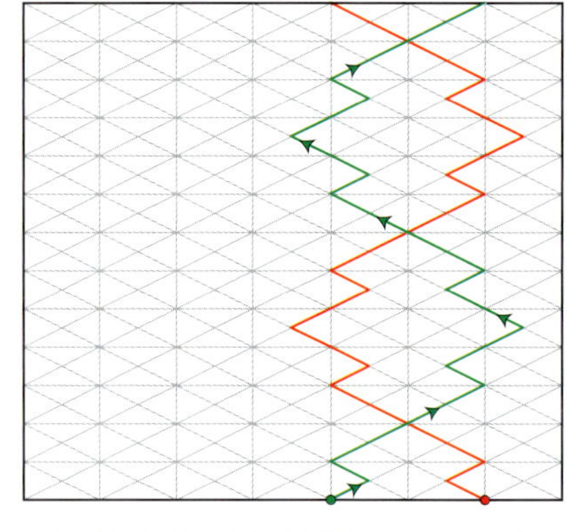

4 继续将整个图案都缝纫完成。示例图案中使用的是长宽比为1：2的长方形组成的网格。▶

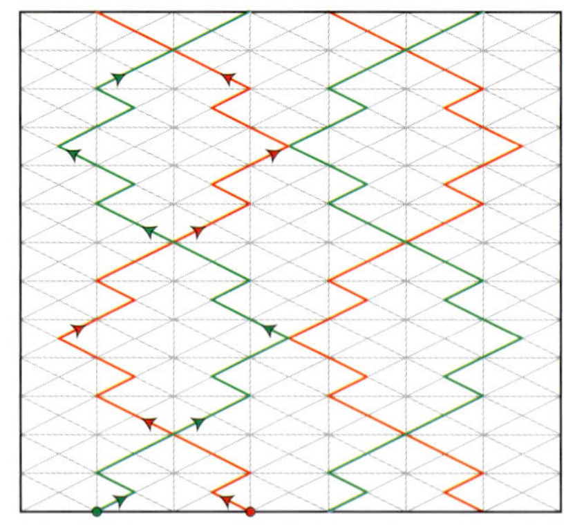

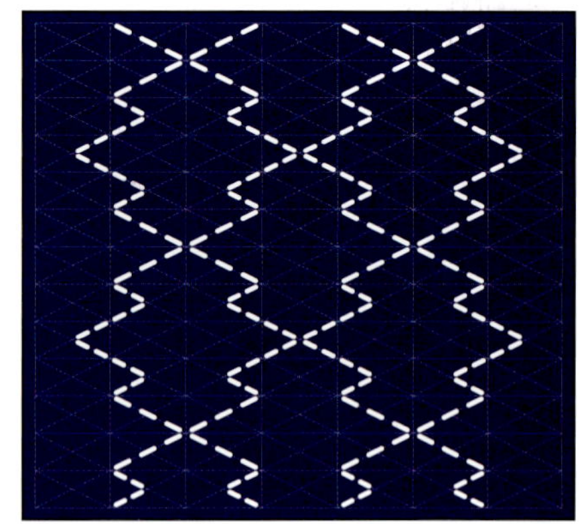

5 如图所示，在作品背面打结；或按照普通绗缝手法将线结隐藏到铺棉层中，完成缝纫。▶

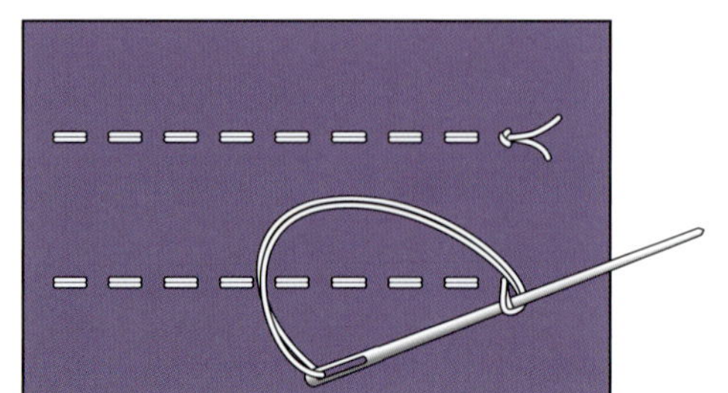

缝出整齐的刺子绣

要想缝出整齐、地道的刺子绣，请记住以下几点。这对手工进行刺子绣特别有用。尽可能在每个区域中保持缝针的数目的一致。

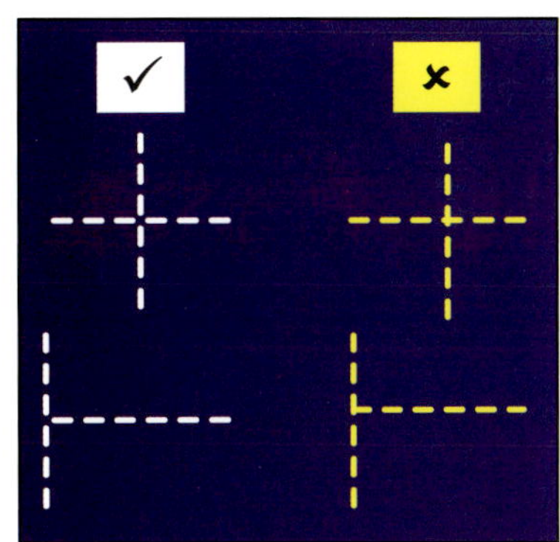

避免线迹交叉重叠，这样使刺子绣看起来会更齐整。

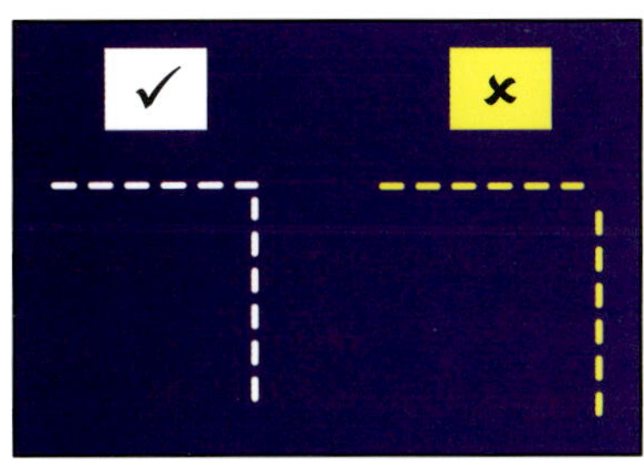

转角处有线迹可以使图形看起来棱角更分明。

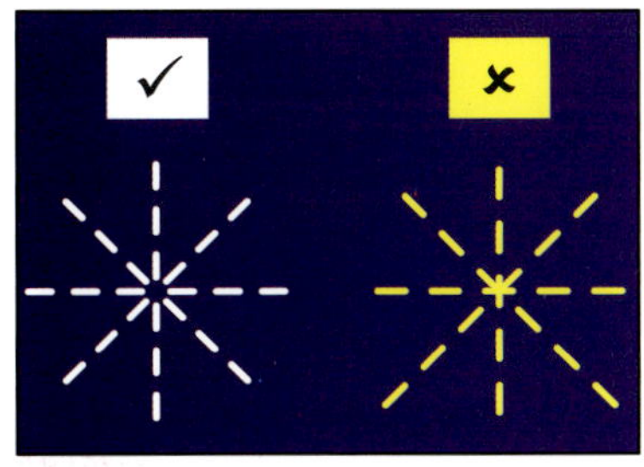

在多条线迹交会处留出空隙。

从图案的一个线条跳至另一个时，将线轻轻地拉过布料的背面，避免起皱。

急剧改变方向时，在作品的背后留出一个线环，这样可避免线迹拉拽得太紧而起皱。

机器刺子绣

可以用机器进行刺子绣，但线条会看起来是几乎连贯的，线迹之间没有明显的空隙（现在也有能够更加精确地模仿刺子绣线迹的缝纫机）。机缝快捷，适合于大型作品的制作。有些人发现从背面缝纫刺子绣很有效。可将图案描绘到轻质的热熔衬上，粘到布料的背面。采用这种方法时要用粗些的底线。

机器刺子绣和手工刺子绣之间的另外一个区别是缝纫的顺序有所不同。机缝时应选用最长、最易缝的路线，尽量避免曲折和折转。下面两个图示展示的是菱形松树皮图案的绗缝路径：第一幅图是手工绗缝线路，第二幅图是机缝线路。

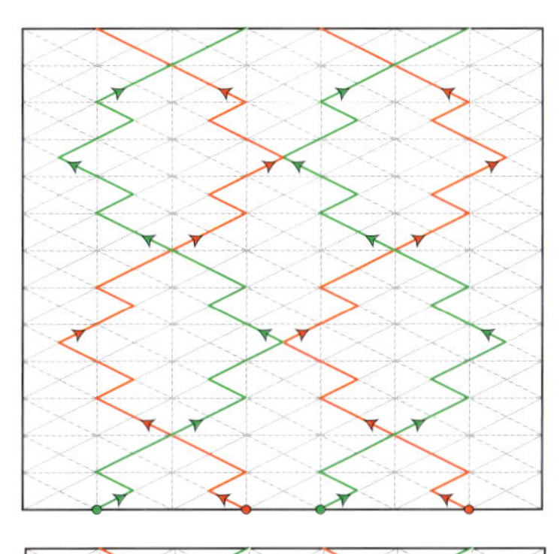

手工刺子绣——菱形松树皮图案的绗缝线路

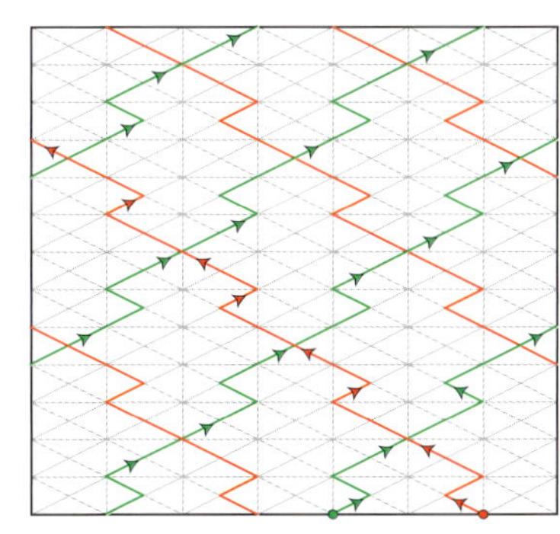

机器刺子绣——菱形松树皮图案的绗缝线路

缝出刺子绣图案

有很多具有东方神韵的图案可以用于刺子绣制作，下面举出了三个例子。使用普通绗缝的绘图方法将图案转绘到布料上，使用刺子绣手法进行绗缝，保持针脚大小一致，距离相同。

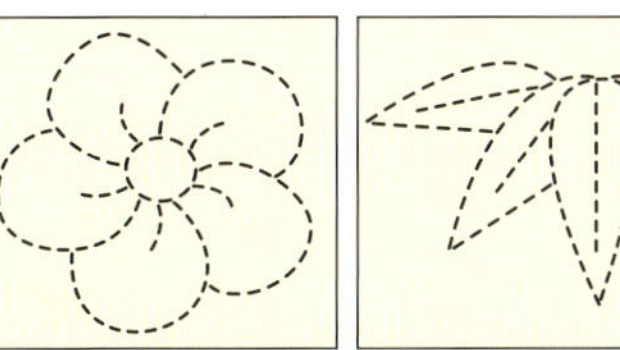

梅花　竹子　菊花

制作实践

刺子绣餐具垫

使用刺子绣可制作出完美的餐具垫。选用中等重量的刺子绣线，也可选用丝光刺绣棉线。刺子绣的多少可以自己决定：白色的刺子绣餐具垫有三分之一的刺子绣、三分之二的印花布；混色的刺子绣餐具垫比例刚好相反。

简介

应用技巧：刺子绣；机缝
成品尺寸：25.4厘米×38厘米
布料：深蓝色刺子绣用棉布；相匹配的印花布；铺棉；里布
线：中等重量的白色和混色刺子绣线

方法

- 决定刺子绣的尺寸，裁出一块周边大出5厘米的布料。使用207页的图案，将图案转绘到布料上（也可购买已印好图案的布块）。进行刺子绣绗缝。从边缘开始和结束缝针，可减少背面的线结数目。修剪为合适的大小，留出2.5厘米作为缝份。
- 裁出合适大小的印花布。如果刺子绣占餐具垫的三分之一，裁出两倍宽的印花布，并预留出缝份。如果刺子绣占餐具垫的三分之二，裁出二分之一大小的印花布，并预留出缝份。将刺子绣和印花布拼接在一起，缝份为1.3厘米，熨烫。裁出同样大小的铺棉。
- 裁剪里布，预留缝份。使用235页介绍的翻袋包边技巧完成制作。

坎塔绗缝
KANTHA QUILTING

如果你喜欢手工绗缝，那么你一定也会喜欢坎塔绗缝（也叫印度刺绣）。印度和巴基斯坦是多种绗缝和刺绣方法的起源地。坎塔绗缝在孟加拉国和印度的孟加拉地区非常流行，其特点为鲜艳多彩的平针线迹，和刺子绣很相似。坎塔绗缝可用来装饰各种物件，包括墙饰挂件、服装、饰品和家用织物。它有着极富装饰性的图案和花样，包括众神、生命之树、花朵、植物、鸟类、动物、鱼类和几何图形。另外一种流行的印度技巧是希沙绣，又叫作镜片绣（参见183页）。

坎塔绗缝最初使用旧的纱丽，在多层布料上进行一行行的平针缝纫，将图案中的某个区域填满，这是最简单的坎塔绗缝。坎塔绗缝的图案和图样精细复杂，多幅图案组合在一起可以讲述一个故事。线迹不一定要很小，但一定要均匀。几乎所有的图案都可以使用坎塔绗缝——尝试使用贴布图案，其轮廓一般比较简洁。描绘图形、缝纫的方法和手工绗缝一样。

这里是一些供大家尝试使用的坎塔绗缝图案。可放大并任意组合；也可像下图这样将它用在一幅简单的图画中。

机器绗缝
MACHINE QUILTING

机器绗缝和手工绗缝一样，都需要花费时间才能逐渐掌握。但也有些技巧初学者可以很快掌握。有些人使用机器绗缝以节省精力和时间，有些人将其作为创造性地展示自己的一种手段。机器绗缝的种类繁多，包括直线绗缝拼布区块的轮廓、制作密集复杂的图案和曲线。机器绗缝的效果非凡，很值得学习。和手工绗缝断断续续的线条相比，机器绗缝的线条更加密实，而缝纫机生产商也一直在改进机器的性能，使其用途更加广泛。

机器绗缝可大致分为机器引导绗缝和自由绗缝两种。机器引导绗缝时，送布牙拉起，机器引导布料通过，这种缝纫方法适合缝纫直线和角度较大的弧线。自由绗缝时，送布牙放下，缝纫者引导布料通过，这就意味着可以进行更加复杂的缝纫，可缝制尖锐的弯角和徒手绘制的图形。可以将作品装在绣花绷中进行绗缝，这样布料会更加紧绷，这种方法也可用于自由绗缝。

凯瑟琳·古里耶在这件色泽鲜艳的机器绗缝作品中使用了花朵、曲线和漩涡等手绘图案。曲线的绗缝图案和直线的拼布形成对比。

针和线

机器绗缝针相当锋利，能轻易穿透绗缝夹层。针的型号要由铺棉层的厚度决定，较薄的铺棉可用80/12的针，较厚的使用90/14。使用人造纤维、金属线等专用线时，请选用与之相匹配的针。

机器绗缝时，表线和底线都使用百分之百的棉线。单丝尼龙线几乎透明，适合进行壕沟绗缝时使用。人造纤维、金属线等专用线在绗缝中使用广泛——选择可用于机器绗缝且重量合适的缝线：50号的线适合普通缝纫，40号或30号的线适合机器绗缝。

线迹长度

线迹长度是指组成图案的一个单独的线迹的长度，一般以毫米为单位。机器绗缝时一般每2.5厘米缝出10~12个线迹，但也可以根据布料和线的种类不同进行调整。线越粗，线迹越长。

张力

张力是指缝纫线迹的紧致程度，会影响作品正、反面的效果。机器的张力可从两处进行调整——在表线和在底线处。底线的张力由底线盒中的一个螺丝控制，松紧可调，但一般会保留在标准值处。多数机器的表线张力由一个圆盘式张力调节器控制，不同机器上其所处位置不同。

表线和底线的张力应平衡，这样底线不会在作品的表面露出来，表线也不会在作品的背面露出来。底线和表线的颜色不一样时更容易看出张力不平衡的问题。如在表布上能看到底线，则张力过大，需调整到较小的数值减少张力。如表线在背面露出来，甚至打结，那么张力过小了，需调整到较大的数值增加张力。

好主意

如果机器在绕边角转动缝纫时切边或跳针，可缩短线迹长度。

机器绗缝工具

有几种缝纫机附件是特别为绗缝设计的。最新款的机器中已装配了这些附件，若没有，这些工具也能买到——可询问当地的缝纫机商店或联系制造商。缝纫机说明书上一般会有这些附件的图片。

双送压脚——也叫均匀送布压脚、同步压脚，适用于机器引导绗缝，它可以从上面运送布料，而送布牙从下面送布，使运送绗缝夹层时更加均匀。它能够避免布料打褶和里布移位。其工作原理和下面讲到的双进料压脚相同。缝纫机一般有与其相配的双送压脚，但可能需要单独购买。

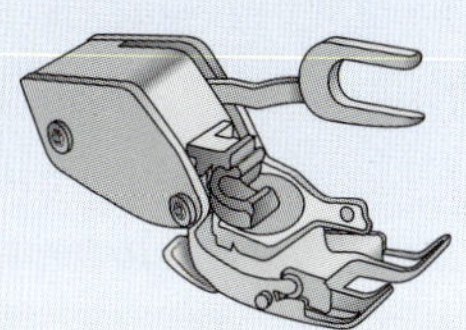
双送压脚（同步压脚）

织补压脚——这种压脚适用于自由绗缝。一般由透明的丙烯酸树脂制成，可看到缝纫区域。

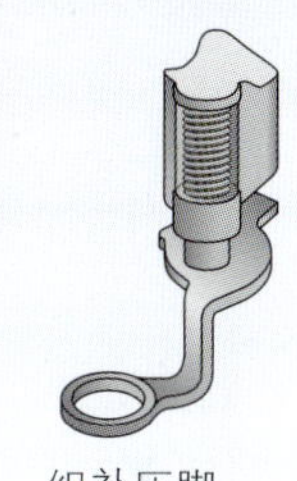
织补压脚

双进料压脚——也可称作嵌入或内置双进料系统，新款缝纫机一般都有该系统。它可以从上面运送布料，而送布牙从下面送布，使线迹更加均匀。位置一般在压脚后方。

绗缝引导器——一个很有用的小工具，引导机器绗缝出平行的线迹。它是一个由金属或塑料制成的斜角杆，大部分机器都有装配。

针板——自由绗缝时要使用直线针板而不是曲折针板。

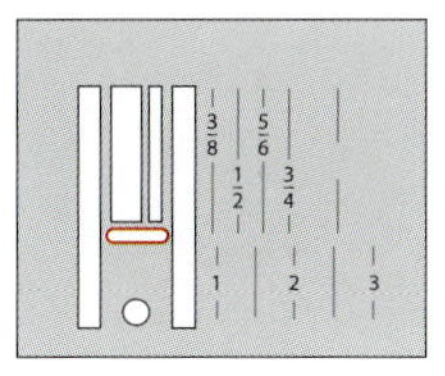
曲折针板

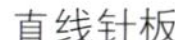
直线针板

机器绗缝

- √将绗缝夹层疏缝到一起时，线迹不要太长，机器压脚可能会钩住长线迹。使用珠针时，注意避开接缝和绗缝线。
- √壕沟绗缝时使用透明线最不易看到。
- √使用金属线等专用线时，要放慢绗缝速度。机器品牌不同，适用的线也不同，可多尝试几种线。
- √如果线易断，请检查使用的针的类型和型号——可能针型不对或针号太小。也可能是线团走线过快，可将线团调整为竖立。
- √在缝第一针前，将表线拉下避免打结。
- √如果线迹不齐整，可采取以下步骤。确定针装置正确，并使用正确的压脚。重新穿针，检查底线区域。检查张力大小。不要通过针上方将线穿过缝线引导器。
- √因为绗缝时会将布料前拽引起褶皱，最好提前计划绗缝的方向，不要更改缝纫方向。
- √绗缝沉重的大块作品时，为方便移动可在缝纫机旁放置一个小桌子或熨衣板来支撑布料。
- √计划好绗缝顺序，尽量减少开始和结束的次数——这叫作不断线绗缝。

>>> 相关主题... 标记布料25页 · 准备绗缝夹层188页 · 使用绣花绷或绣花框绗缝的准备工作198页 >>

技巧

准备进行机器绗缝

准备表布，绘出图形。如果作品较大，可准备一张小桌子或是熨衣板，给背面和边缘部分提供额外的支撑。也可将布料的边向内卷起，以减小体积。平铺绗缝夹层，正面朝上，从两边向内卷起，用珠针或疏缝夹固定（A）。如果绗缝夹层很薄，将两边向内折起，以手风琴式手法折叠固定。▼

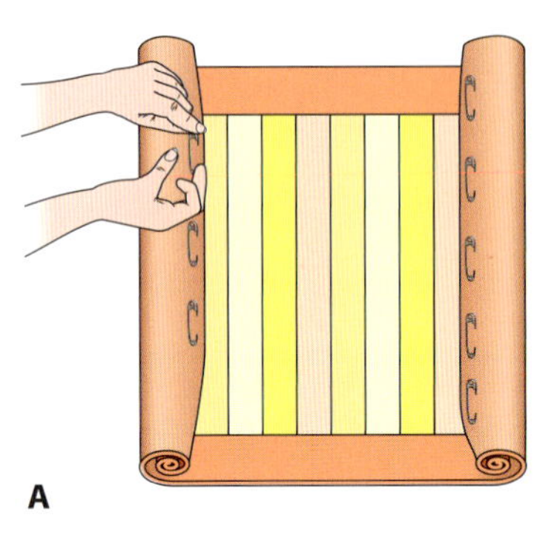

A

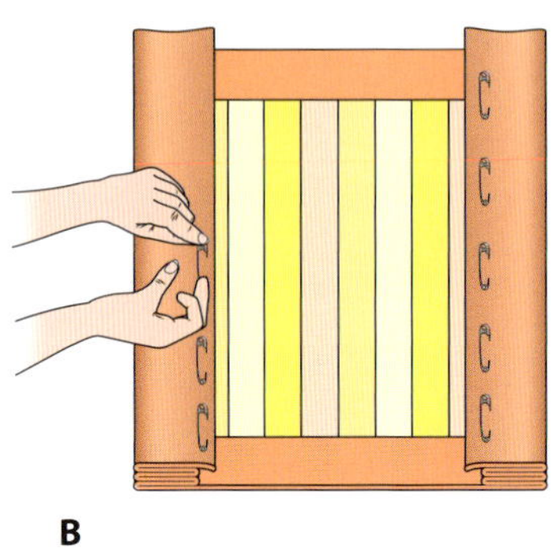

B

开始和结束

尽量在作品的边缘开始和结束绗缝，这样就不用操心如何处理线头。当不得不在作品中间开始或结束缝纫时，有两种解决方法可以使机器绗缝作品看起来非常齐整：

- 在开始或结束地方缝上数针——新型机器有这个功能，或者简单地将线迹长度设置为零。在接近布料的地方剪去线头。
- 以普通的方式开始或结束，每完成一行缝线，都将线头拉至布料背面，然后将所有线头系在一起，打结，最后用针将线头塞入铺棉层中。

潘和尼基·林陶特制作的绗缝作品，原色的贴布搭配白色的背景织物，并用长臂绗缝机进行了漩涡状的遍布图案绗缝。

壕沟绗缝

“壕沟”在这里指两个接缝之间的空隙。沿壕沟绗缝不仅可以固定绗缝夹层，也是一种初学者易上手的绗缝手法。重要的是保持缝线笔直，注意针前进的方向，一直沿着壕沟绗缝，不要左右移动。使用透明线很有帮助，很小的移动不容易显示出来。现代缝纫机一般都有一个“壕沟缝纫压脚”可供使用。有必要的话，还会带有居中的导向装置，保持沿着接缝之间的壕沟进行绗缝。

· 开始绗缝时，尽量选择一条和铺棉及衬里的纵向纹理平行的接缝，这样可以避免拉伸和变形。使用双送压脚进料，不要拉拽布料。尽可能在作品的边缘开始和结束绗缝，这样可以少处理一些线头。

· 如果将接缝熨烫到同一边，那么这一边就会稍微高些，因为这一边会有三层布料而另一边只有一层。绗缝时略微偏向低的一边，缝纫起来会更容易且线迹会较隐蔽。▼

· 进行壕沟绗缝时，注意针穿透布料的位置，需沿着区块之间接缝绗缝；在密集绗缝时，沿着拼布块之间的接缝进行。下图用红色线清楚地标出了绗缝线路。当线头出现在绗缝布中间时，小心打结并隐藏线头。▼

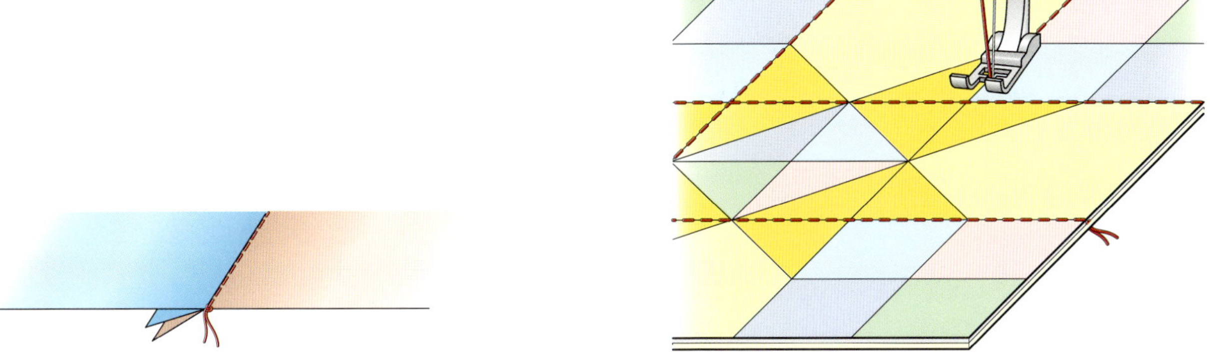

网格（交叉线）绗缝

机器绗缝平行的网格或交叉线很简单，且效果不错，在平纹布区块上看起来效果更好。可用铅笔或是遮蔽胶带绘出网格。利用机器压脚的宽度来引导绗缝，或者在机器上安装一个绗缝引导器。安装引导器的方法请参考机器使用说明。

使用机器压脚——绗缝距离较近（不能大于机器压脚的宽度）的平行线时，先缝好第一行，然后移动机器压脚使其与第一行绗缝线对齐。降低压脚，缝出第二行线，重复该过程。

使用绗缝引导器——绗缝距离较大的平行线时，先缝好第一行，然后抬起压脚将其移动到一边，使引导器与第一行线对齐。拧紧引导器的螺丝固定位置。降低压脚，缝出第二行线，重复该过程。

绗缝网格线——按照上面的方法缝纫，对齐，但应该和刚才做出的缝线呈直角。从中间向两边绗缝会容易些。

绗缝交叉线——按照上面的方法缝纫，对齐，但应该和刚才做出的平行线呈45度角，或者其他合适的角度。尺子在30度、45度和60度角有标注。

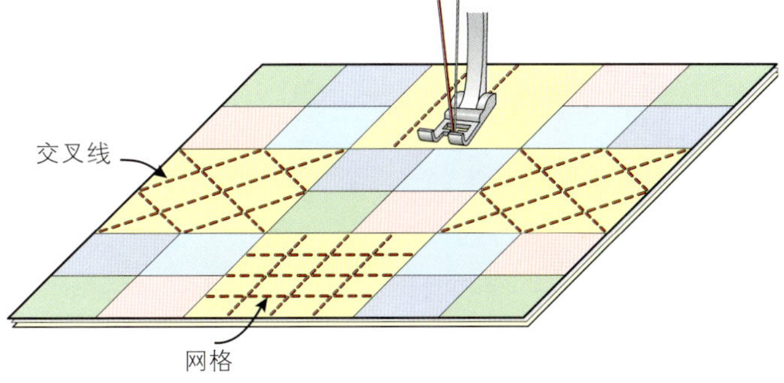

如果需要进行很多的网格和交叉线绗缝，或是需要避开某些区块（参见226页的装饰衬垫绗缝的例子），最好将线头系到一起，这样最后就不用处理成堆的线头了。

轮廓（周边）绗缝

这是另一种用来勾勒拼布区块、描绘贴布造型或拼接图案的机器绗缝方式。这种方法是将拼布作品内的每一片布、距离接缝6毫米或是1厘米的地方都压上一道轮廓线。利用机器双送压脚的宽度很容易使距离间隔一致。

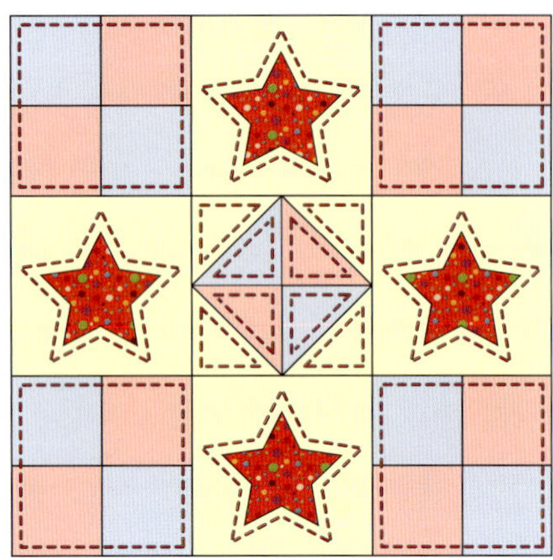

好主意

纺缝前，使用相似的布料和铺棉准备一小块15.2厘米见方的绗缝夹层。用其试验以选定线迹长度、张力和线的颜色。

扩散绗缝

这种方法和轮廓绗缝相似，但其重复的线迹是向外扩散的，就像波浪一样从岸边一圈圈荡漾开来。绗缝线迹一般距离相同，使用机器双送压脚很容易完成。也可以移动针的位置形成更宽大的间隔。它是夏威夷贴布的一个特色。

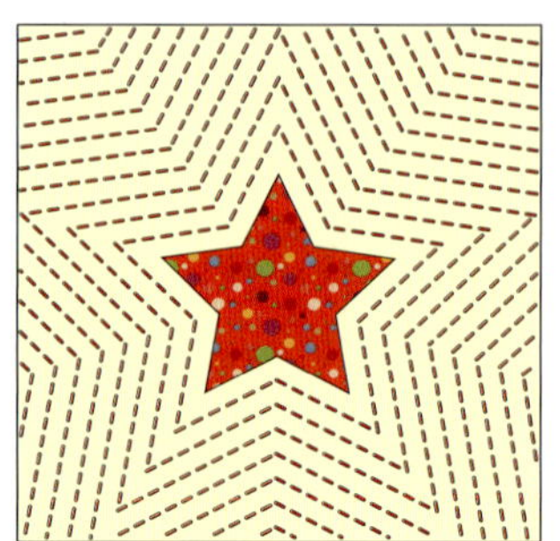

绗缝顺序

绗缝作品由不同的绗缝图案组合而成，绗缝的顺序对于能够顺利完成各个工序至关重要。每块绗缝布都是不同的，下面的图示展示了花饰绗缝被的绗缝顺序。217页详细介绍了该作品，注意，在第二、三、四阶段中使用的都是暗橄榄色的线。

第一阶段——壕沟绗缝

第一阶段——使用壕沟绗缝将夹层固定在一起（图中显示为紫色线条）。这里，绗缝线迹不能延伸到边条，因此开始和结束的线头一定要处理整齐。

第二阶段——对角线绗缝

第二阶段——网格绗缝（图中显示为深绿线条）会进一步固定绗缝各层，并可以横跨整块布料，这就意味着不用特别处理线头。

第三阶段——椭圆形绗缝

第三阶段——到这个时候，绗缝各层已经被牢牢固定，可以绗缝略微复杂的曲线了（图中显示为蓝色线条）。选择椭圆形是因为它比密闭的圆形更加容易缝纫。可使用冷冻纸模板描绘出椭圆形。

第四阶段——细节元素

第四阶段——最后一个阶段的绗缝内容包括小正方形（图中显示为黄色线条），用来填充转角处和边缘，并界定出图案的中心。

制作实践

花饰绗缝被

有时候会不由自主地喜欢上一块布料，并一定要将它的美丽展示给世人。这里的作品把鲜亮的印花布和两块与其印花颜色相近的布料拼缝在一起，其区块宽阔、设计大胆，并装饰有简单的机器绗缝。

简介

应用技巧： 简单拼接；斜接边条；简单机器引导绗缝；包边
成品尺寸： 113厘米见方
布料： 鲜亮印花布50厘米；浅色布料50厘米；深色布料75厘米；铺棉127厘米见方；里布127厘米见方
线： 和布料相配的机器绗缝线

方法

- 制作五块印花区块，四块浅色边角三角形（详见82页）。拼成三行，熨烫平整。
- 用深色布料制作四块斜接边条，尺寸为16.5厘米宽，117厘米长（可拼接）。按照135页介绍的方法将其和表布缝在一起，熨烫。平整表布，修剪。
- 制作由表布、铺棉和里布组成的绗缝夹层（详见188页）。首先在大区块接缝处使用暗线绗缝。使用机缝线按照216页的图案和顺序绗缝。
- 去除疏缝线或珠针，修剪表布，准备包边。使用印花布或浅色布料，剪出6.3厘米宽的包边条，拼接至其长度达483厘米。按照238页介绍的方法进行双层包边。

自由绗缝
FREE-MOTION QUILTING

自由绗缝是自己能够控制缝纫位置的机器绗缝。当送布牙放下或被覆盖时，机器不会自动进布，缝纫者可自主控制进布的方向。自由绗缝或是徒手绗缝也需练习才能掌握。拿出一张纸，试着靠移动纸张而不是挪动画笔作画，这样你就能体会到自由绗缝是什么样的了。然而，这种绗缝的成品效果极好，值得花时间学习，一旦熟练了，就能够制作出极富创造力的作品。

准备绗缝机器

进行自由绗缝时使用一种叫作织补压脚的特殊压脚。这个压脚，也被称为自由压脚或是绣花压脚，装有弹簧，可以随着缝针上下移动，见右侧图示。如果缝纫机没有配置，可询问当地的缝纫机店或联系制造商。使用开放式压脚可以看到缝纫区域，见右侧图示。

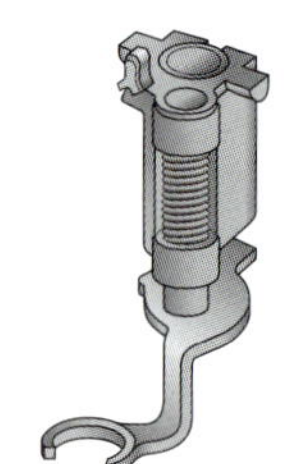

织补压脚

必须放下或是拆除送布牙才能进行自由绗缝，查看产品说明书。现代的机器一般有一个简单的滑动装置。如果你的缝纫机年岁久远，不能够取下送布牙，可以将其掩盖，使它不能进布。在针板上牢牢地粘上一张薄卡片，并在上面打个小孔，让针通过。

开放式压脚

使用直线针板而不要用普通的曲折针板，这样更容易进行自由绗缝。直线针板能够形成更规则的线迹，很少跳针，因为其空较小，能推入的布料也较少（参见213页）。

自由绗缝图案

可以随意选择自由或是徒手绗缝的图案——几何图形、圆圈、螺旋或是绘画图案。图案可以绗缝在一个特定的区块或边条上，也可以重复遍布整块绗缝布。也可使用刺子绣的图案。绗缝的密度可以自己决定，但一般取决于时间的充裕程度与否和最后要达到的效果。下面给出了一些供新手在纸上练习的图案。

琳妮·爱德华兹在这块颜色鲜艳的布料上自由绗缝了稀疏轻盈的漩涡、星星和心形图案。

相关主题... 标记布料25页 · 准备绗缝夹层188页

技巧

自由绗缝的基本要领

这种技巧要假以时日才能熟练掌握。可以做一些小块的绗缝夹层用来练习，开始时只要熟悉这种技巧享受绗缝的过程。很多人觉得这种绗缝让人感到放松。花点时间研究要绗缝的花样，计划要沿着哪个方向缝纫。最好先沿着边框和区块进行壕沟绗缝来固定夹层。如果最后不想看到这种固定绗缝的痕迹，可使用水溶性线，经过水洗缝线就会消失。

1 要绗缝特定的花样或图案的话，先使用普通的方法将图形描绘到表布上。准备好绗缝夹层。进行曲径绗缝和点描绗缝时不用事先描绘图案，可随意自由地进行缝纫。放下或拆除送布牙，如果机器配有双送压脚的话也要拆除。装上自由压脚并选择缝针位置居中的直线针板。自由绗缝的线迹长度由缝纫速度和移动绗缝夹层的动作决定，但一般还是会将线迹长度设定为零，以避免推布齿轮移动。

2 在绗缝开始处放下压脚。捏着表线的线头，缝出一针，拉拽表线带出底线。这样能防止底线卡在线迹上。在原位置缝上数针加以固定。

3 将两只手呈C形放在压脚的两边，开始缝纫，下压并移动绗缝夹层，尽量保持机器速度稳定。或者也可以一只手中拿着一卷绗缝夹层，使用另一只手的食指和拇指环绕缝纫区域。用手移动绗缝夹层，不要翻转，尽可能使线迹均匀，大小相同。完成时，在原位置缝上数针，剪去线头。一旦熟悉了该技巧，就可以开始绗缝自己的作品了。▼

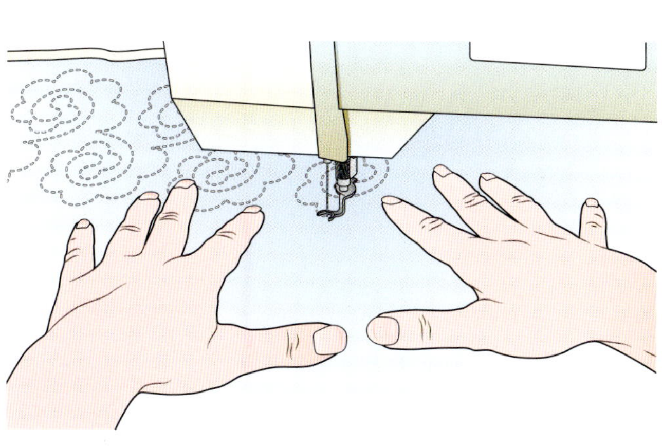

自由点描绗缝

点描法是一种很受欢迎的自由绗缝手法。其形状自由，随意的花样以旋涡或是圆环的形式随意移动，但是彼此不交叉，很像拼图板。它随意的特点使得不需要在事先表布上进行绘图。花样可以稀疏或密集，因此它有时也被称为曲径绗缝。它和盘带绗缝结合使用，能够创作出优美的浮雕效果。一些现代的缝纫机有内置的点描针法和电脑图样。

按照左侧第一、二步的方法准备好机器和绗缝布。使用无休止、永不交叉的曲线和环线图案进行自由绗缝。从边角开始进行，横跨绗缝区域，保持线迹长度一致，保持图案密度一致。

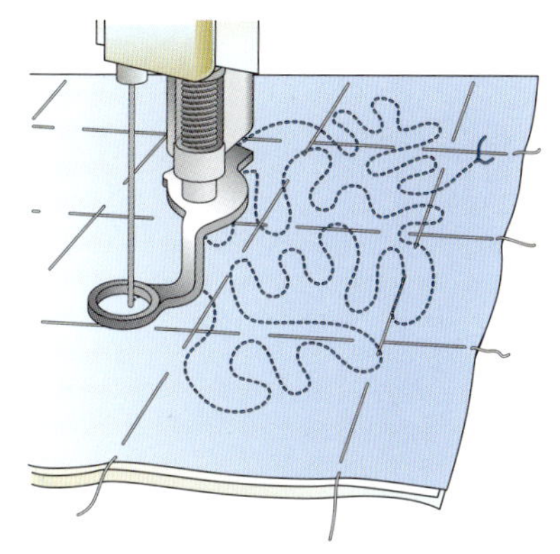

自由绗缝图案

可使用自由绗缝制作任何图形和花样。只用将花样或图案描绘到表布上，按照线条缝纫即可。由“单向、无休止”的线条组成的图案是最容易绗缝的（A）。贴布图案也可以用作主题绗缝的基础（B），还可以旋转、翻转创造出更多的图形。

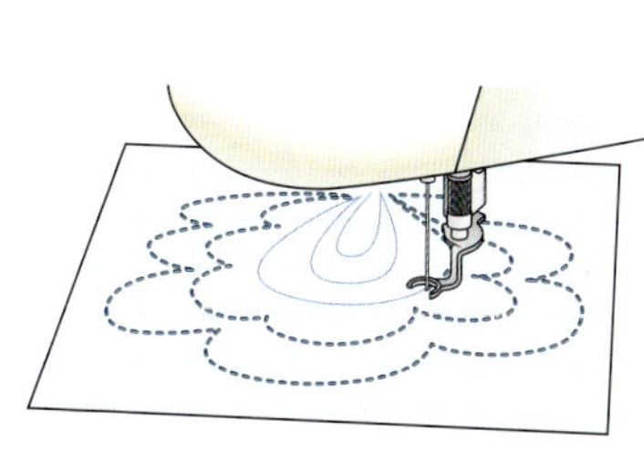

好主意

可以沿着大块印花布料的花纹进行自由绗缝。当然，也可以自己信手绘出一些图案进行练习。

长臂绗缝
LONG-ARM QUILTING

长臂绗缝机器在缝纫机后部和机头之间额外加装了一部分。换句话说，这种机器有长长的臂膀。机器装有几对轮子，可以推动；而且和普通缝纫不同的是，它的机头能够移动，而绗缝布料被装在滚轴之间保持静止。长臂绗缝机器可手工或用电脑操作，在网络上可找到很多适用的图案。也可自己设计图案，并将其放大或缩小。

长臂绗缝机器需要一定的技巧才能操作，操作者必须能娴熟使用它的各种功能，包括确保绗缝夹层的各层都装到位、牢固固定、图样位置正确、上下张力无误。绗缝夹层要连接到机器上。里布的上边缘连接到一个挑线滚轴上，下边缘连接到另一边的滚轴上，这样里布就可以保持紧绷。铺棉沿里布的上边缘放置，其他部分不用固定。表布的上边缘和里布及铺棉在一起，下边缘连着另一个滚轴。这样固定就意味着里布和铺棉需要在四边都多出10.2~15.2厘米，这样才能被机器拉紧。

为什么使用长臂绗缝?

人们选择使用长臂绗缝的原因有很多。对于很多拼布爱好者，拼接布料是乐趣所在，使用长臂绗缝服务很快就能收到专业绗缝过的作品，如需要的话还可以进行包边。有些人对自己大块布料绗缝的技巧不够自信，所以希望有专业人士帮自己处理。对另外一些人来说，使用长臂绗缝有效地节省了时间。狂热的拼布爱好者会有太多的表布要处理，长臂绗缝能帮助他们完成这些作品。长臂绗缝的额外好处就在于不需要对夹层进行疏缝，因为三层夹层是分别装到机器上的。如果想自己绗缝但是不愿花时间准备绗缝夹层，长臂绗缝服务也可以代劳。

长臂绗缝服务的费用不同，但是大部分公司的收费都是基于布料的尺寸和花样的密度及复杂性。可进行边到边绗缝，也可按顾客要求定制。还有一些额外的服务，比如选购里布、铺棉和给绗缝作品包边，都可按照顾客的要求完成。

潘和尼基・林陶特的长臂绗缝作品向我们展示了自由绗缝是如何增强总体设计的美感的。

长臂绗缝花样

长臂绗缝可使用的花样繁多，且大部分都是由绘图缩放仪制成的。花样可简可繁，可以是图案的或抽象的，遍布的或是强调特定区域的。花样的选择取决于各种因素，包括平纹区块和拼接区块之间的比例、绗缝布的主题和选用的线的种类。浏览互联网能够找到大量的图案，也可请长臂绗缝服务帮你选择合适的图案，或者进行即时绗缝。下面是一些边到边的绗缝图案，由“绗缝屋（Quilt Room）”提供。

使用长臂绗缝服务

- 在选择和准备里布和铺棉前，请咨询长臂绗缝服务其相关要求。他们可能会要求使用某种铺棉，比如低弹性耐用、可水洗且收缩率较低的铺棉。
- 确定里布和铺棉四周都大出10.2~15.2厘米。
- 确保所有的接缝牢固，特别注意边缘的接缝，里布的缝份不能卷边，否则一旦洗涤可能会起皱。
- 熨烫表布，确定所有的接缝都烫平了。不用准备夹层，因为三层夹层需分别装在长臂绗缝机器上。
- 确保里布平整。
- 将线头在贴近布料处打结，以免绊到机器压脚，同样绗缝的线迹不能太松太长。
- 选择和线匹配的里布可减少张力问题。
- 如果里布也要展示绗缝图案，不要选择花纹太复杂的布料。纯色布料效果最好。
- 邮寄绗缝作品时，别忘了投保。

长臂绗缝花样

即时绗缝

QUILT-AS-YOU-GO

即时绗缝是指在将绗缝区块拼接到一起之前先进行绗缝。这种方法有两个优点：其一避免了手工或机器绗缝一整块的大布料的麻烦；其二每一个区块都可以随身携带。

帕特·米切尔制作的绗缝拼布区块，可以使用即时绗缝的手法。

使用这种方法时可将区块边对边缝合或者使用小边条将区块连接在一起。它可能需要稍多一些的里布和铺棉，所以要准备得宽裕些。还需要考虑绗缝花样，因为后期可能需要添加一些绗缝将区块之间的图形连接起来。使用即时绗缝的区块只需要绗缝到距离外边1.3~1.9厘米处，以便将来的拼接。

技巧

即时绗缝

1 在给区块加上铺棉和里布并绗缝后，就可以进行拼接了。将两个区块的正面相对对齐，将铺棉和里布别到一边，机器或手工将区块的正面缝合在一起。将缝份熨烫开，注意有的铺棉可能会受热熔化。将所有区块都如此处理。▼

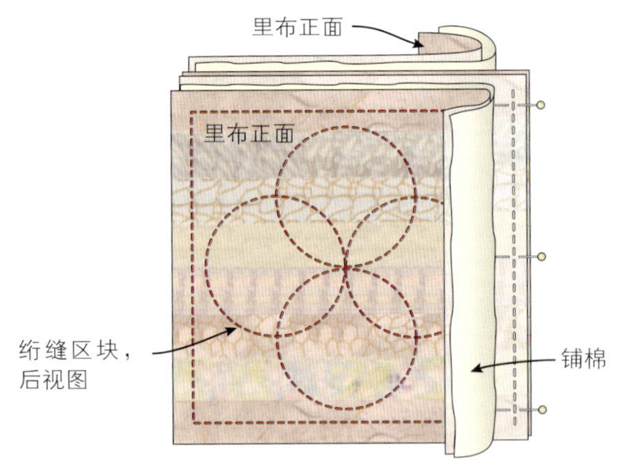

2 将拼接到一起的区块正面朝下放置，将别住铺棉的珠针松开，仍将里布别到一旁。修剪铺棉使其边缘对接在一起，使用梯缝线迹或是人字线迹缝合。▼

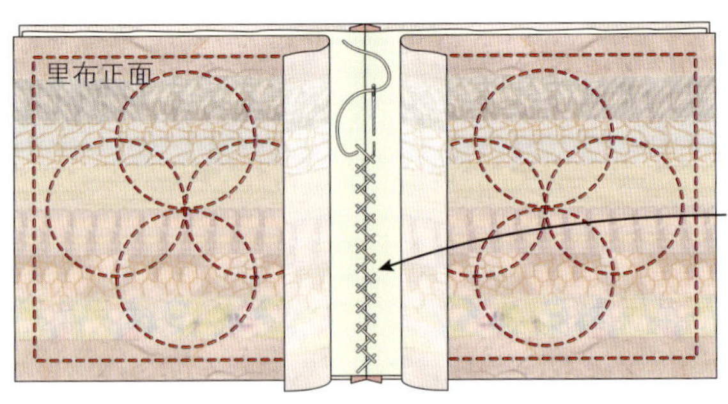

好主意

即时绗缝也可用来制作可翻转使用的绗缝作品。

3 将里布松开。在每片里布上都折出折边，对接。用手指按压，用珠针固定。检查作品正面确保其平整，用挑针线迹将里布缝合。也可将里布的一个折边和另一个略微重合。将区块缝合，再将各排区块缝合。完成绗缝布制作。▶

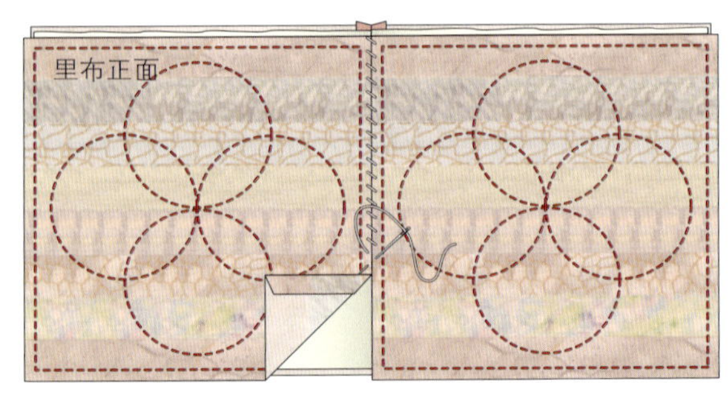

系带绗缝
TIED QUILTING

绗缝各层可以使用系带而不是缝针的方式固定在一起，这样能够给绗缝布带来独特而迷人的风采。无论机缝还是手缝线迹都比较密集，但是系带可以间隔较大，并带来一种蓬松的感觉。这种方法特别适合夹层较厚的绗缝布。系带的绳结可以放在正面、背面，打绳结的方式也多种多样，可以和布料融为一体，也可以作为独立的装饰物。也可使用机器在同一位置缝上数针，完成系带连接。

系带绗缝的用线

系带绗缝的用线要能够将绗缝各层连接在一起，不能断线，可使用像丝光刺绣棉线或钩编用棉线这种结实的线。用来系带的线可与绗缝布相配，也可成对比色，营造艺术效果。比如，在绗缝深蓝色的夜空时可使用白色或银色的线结来模仿星星。

技巧

打结

按普通方法制作绗缝夹层，用长珠针在想要打结的地方固定各层。如果表布有宽的边条，也要别住。在针上穿上一根长而结实的线，穿透各层并绕珠针缝上两针。剪去线头，两头都留出7.6厘米。用平结或方结将线的两头牢牢系住（先用右端压在左端上，再将左端压在右端上）——参见A。系好后取下珠针。

使用纽扣和小珠

可使用纽扣、小珠或护身符来连接绗缝布。固定扁平纽扣的方法和系线结方法一样，参看下图。如果使用有脚的纽扣，要先将纽扣缝到固定的位置，在背面留出线头，系好，然后剪去多余部分。

使用小珠将绗缝各层系住时，请选用结实不易破碎的类型——木质和铁制小珠经久耐用。用结实的线将小珠固定，在作品的背面打结。

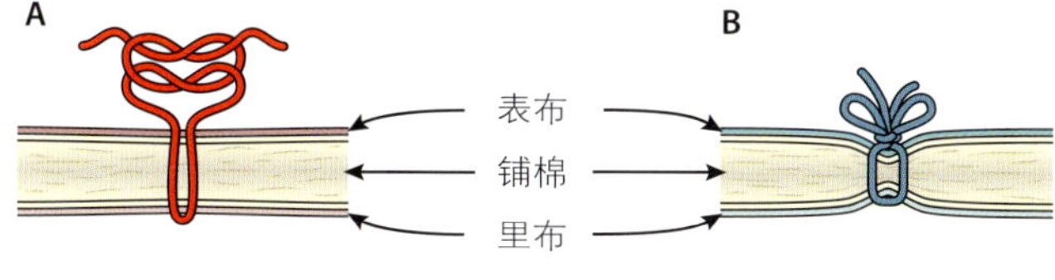

蝴蝶结

在绗缝布上使用蝴蝶结装饰效果很好，可以使用细缎带或线绳来突出其效果。如果要系蝴蝶结就要留长些的线头，最少12.7厘米长。系好蝴蝶结后再在其中间打上平结或是方结，确保不会松开——参见B。

安全好主意

如果绗缝被是给婴儿或儿童使用的，请不要使用小珠或纽扣，它们可能会引起窒息或划伤皮肤。

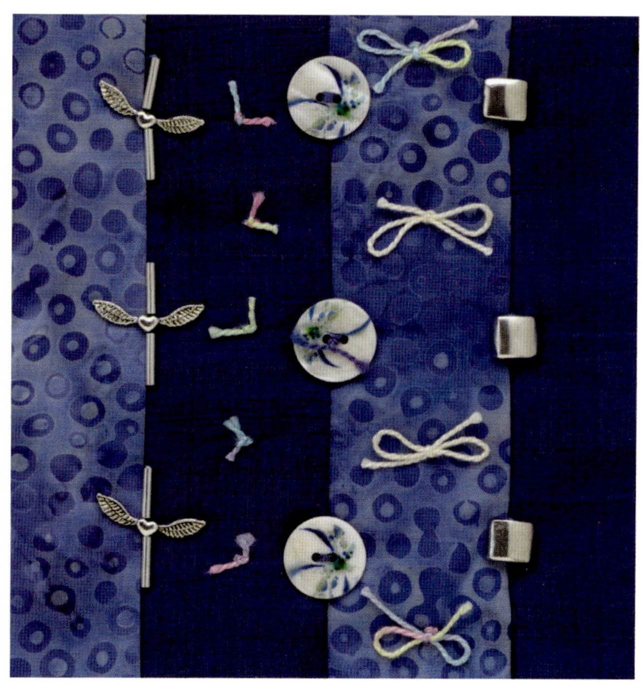

系带绗缝示例，从左到右：小珠和护身符、线结、纽扣、蝴蝶结、金属小珠。

盘带绗缝
CORDED QUILTING

盘带绗缝也叫意大利绗缝，要首先缝出沟槽，再从作品的背面穿入长线绳或毛线进行填充。盘带绗缝能制造出优雅的凸起效果；只要在距离原来的线条6毫米处再加上一条平行的缝线，很多图案都可以改用盘带绗缝。把凯尔特图案（特别是复杂的花结）进行盘带绗缝会有惊人的效果。填充绗缝（见225页）和盘带绗缝效果相似，但是其使用填充而不是盘带的手法。

盘带绗缝使用的沟槽可以使用各种手工针法缝制，包括普通的绗缝针法、回针或是起梗针法。使用机器缝制的话可使用直线针迹，这样的沟槽线条硬实、棱角分明。一般会使用大型的钝头针或锥子从作品的背面穿入线绳或毛线，使用疏松的背衬会很有帮助。背衬不能再作为绗缝布的里布，因为它上面会有孔洞，在盘带绗缝结束后要再加上普通的铺棉和里布。传统上，盘带绗缝作品不会再加填充物。可以使用透明布料作为表层来制作纱影效果，并有意选择使用彩色的线绳或毛线。

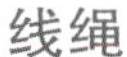

线绳

一般会使用棉线绳或专用的绗缝毛线进行盘带绗缝。也可使用粗毛线。要预先洗涤线绳，这样当洗涤绗缝作品时它才不会缩水。不论使用什么样的线，都必须能够填满沟槽，否则难以显示出盘带绗缝的效果，但也不要选用过粗的线，会很难穿透布料并会使布料走样。

在这个华丽的靠垫中，宝林·易乐森使用了盘带绗缝和填充绗缝相结合的手法。边缘部分的盘带绗缝和中央花瓣造型互相呼应。

相关主题... 标记布料25页 · 手工绗缝196页 · 填充绗缝226页

技巧

盘带绗缝

盘带绗缝是一种能够在作品表面制作出凸起效果、形成光与影的对比的手法。沟槽的宽度一般为6毫米，如果要效果更加显著，也可以更窄一些。如果计划使用的线绳或毛线不够粗可以对折使用。

1 使用可擦除记号笔在布料的表面绘出图案。将布料和背衬用珠针固定在一起或疏缝在一起。沟槽一般宽为6毫米，所以绘图时请也使用同样的宽度。▼

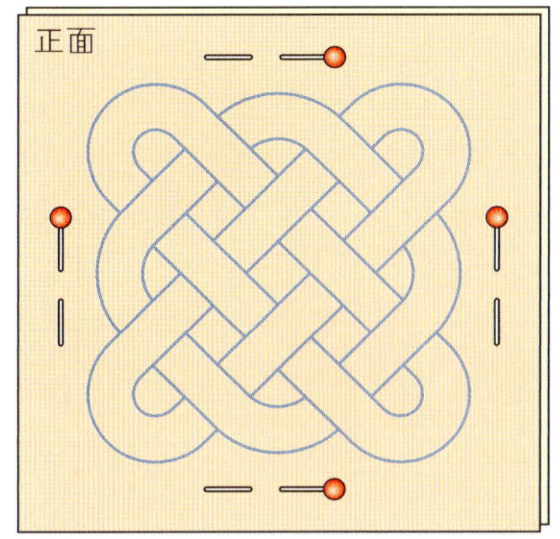

2 如果有交叉的线条，请先决定哪条沟槽在上，哪条在下。下边的图示中用*标出了交叉区域。为了能够顺利地将线绳穿入这些区域，缝线时需要停针，跳过，并重新开始缝纫。可手工或机器绗缝。▼

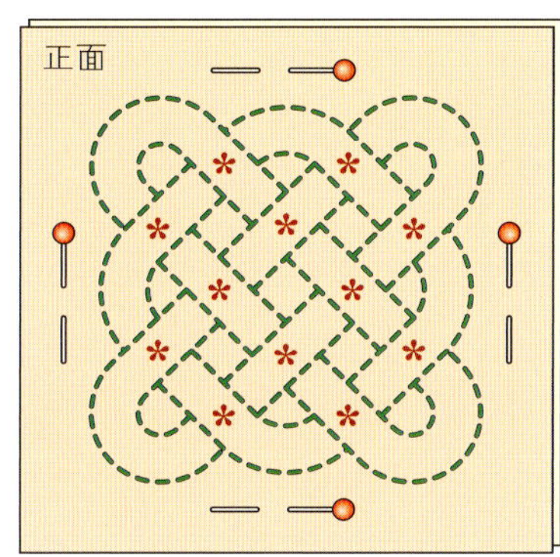

3 将线绳或毛线剪的比沟槽长度略长，穿入钝头针或锥子中。从作品的背面插入针，沿着沟槽前进直到遇到交叉区域或尖锐的弯角。将针从背面拉出，轻轻地沿沟槽拉拽线绳。留出一定的富余，再次将针插入，留出一个线袢，继续填充沟槽。如果针和线绳无法穿透背衬，可在上面剪一个小口。将开始和结束时的线绳头都留在布料背面——最后可将线头疏缝固定，再修剪。▼

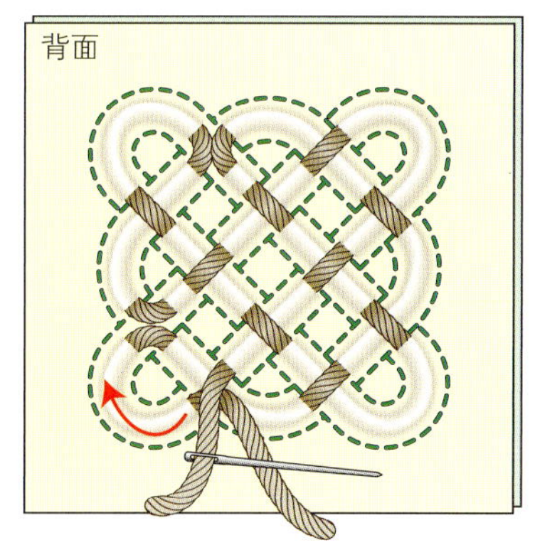

加上一点盘带绗缝就能让作品看起来更加动人；吉尔·拉瑟的这个新娘包中在凯尔特花样中加上了极具特色的优雅边条。

填充绗缝
STUFFED QUILTING

填充绗缝是对拼布和贴布的很好补充，很值得学习，制作时只需将两层布料缝合在一起，缝上图案，然后填充使其凸起。填充绗缝和盘带绗缝结合使用叫装饰垫衬绗缝，但这个词也可用来专指填充绗缝。意大利语中的“trapunta”意为“拼布”，而法语中则用“piqué cordé”来指装饰衬垫绗缝。法式绗缝的技巧和填充绗缝相似，但能够翻过来使用，而普通的填充绗缝则不能。在完成填充绗缝后，再加上铺棉和里布，进行正常绗缝。

填充绗缝在浅色的闪光或上光布料上使用时效果最好，全部采用白色或奶白色的布料时效果也非常出色。填充图案可采用抽象的、几何的，或像花朵、叶子、瓜果和羽毛等图案花样。可采用周边密集绗缝来突出凸起的造型。周边绗缝时可机缝也可手缝，最常见的是网格、点描和扩散等绗缝方式。整布绗缝（详见202页）时常制作精致的装饰垫衬，以营造漂亮的三维光影效果，并和平面的密集绗缝区域形成对比。在凸起图案的四周进行装饰缝针或是挑绣固定上绳带能进一步突出其效果，也可使用缎纹线迹装饰衬垫。

进行填充绗缝时需要用到背衬，因为我们需要从背衬中塞入填充物。背衬可用平纹细布这类松散织物，这样填充时容易分开其线丝；也可使用能够剪出一条小口然后缝合住的布料。填充绗缝有两种方式：先缝合再填充，或是先填充再缝合，这两种方法227页都有介绍。

装饰衬垫绗缝

- √刚学习填充绗缝时，请先制作大圆圈、普通的几何图形等简单图案。
- √装饰衬垫绗缝在浅色的闪光或上光布料上效果最好，能突出其三维效果。
- √勾勒造型轮廓时可手缝，但采用密集的机缝的效果更好，轮廓也会更加连贯清晰。
- √使用填充棉最方便，但也可选用铺棉。
- √使用钝头的工具进行填充，比如木制推皮器或钝头牙签。
- √按照填充区域的大小分配填充物——小块填充物用于边角和图案的末梢部位，大块的填充物用于较大的区域。填充时，请随时查看正面效果如何。
- √不要过度填充，这样会看起来和平面区域不协调，而且会使周边布料走样。使用绣花绷会有所帮助。
- √不要熨烫填充区域，因为可能会将其压平。要去除褶皱，可提起熨斗靠近作品，使用熨斗蒸汽抚平褶皱。
- √为了取得最好的效果，形成凸起的浮雕效果，可在填充图案的周边进行密集绗缝。

这朵填充绗缝的花使用了反面填充绗缝手法，并以锁缝针法缝边，然后再加上折边贴布和交叉阴影线背景，构成了一个简单的图案造型。

相关主题... 标记布料25页 · 手工绗缝196页 · 机器绗缝212页 · 盘带绗缝224页

技巧

填充绗缝

使用这种方法时用缝针勾勒出图案的轮廓，然后穿过中等密度织物或布料上的开口，从作品的后面将填充物塞进图案中。可使用和表布颜色相配的缝线。使用绣花绷会有帮助的。

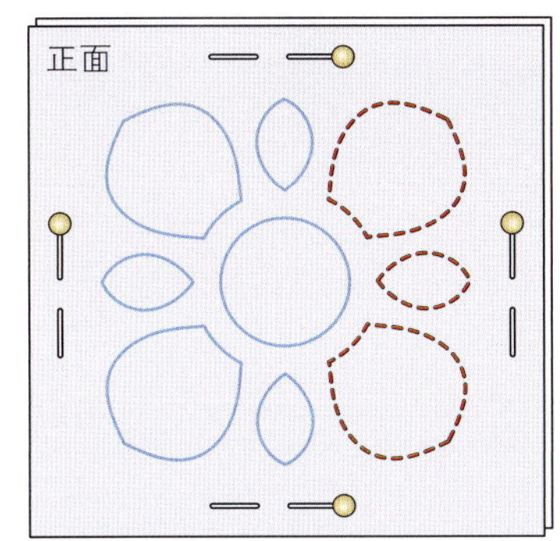

1 使用可擦除的方法在表布正面描绘出图案。裁出一块中等密度的布料，疏缝到表布背面。如果绗缝布的图案要在里布上显示，完成填充后再制作夹层。像靠垫或手提袋等不需要在里布上显示绗缝图案的作品，可以在表布和里布之间加上填充棉（铺棉）同时进行绗缝。

2 沿着要填充部分的图案缝纫。如果要在图形四周挑绣（见228页），也要此时完成。◀

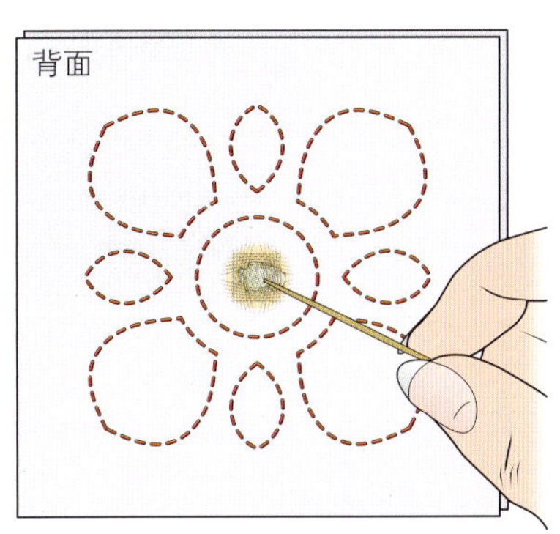

3 翻至作品背面，使用钝头针将中等密度背衬的线丝挑开。如果不能挑开，用利裁剪出小口。取少量填充棉，从空隙中塞入，从顶端、边角和四周开始填充。逐渐加入填充棉，混合均匀，并用手指在正、反两面帮助塑造形状。◀

4 填充完成后，用针将背衬的线丝挑匀，不再露出填充棉。如果开有小口，使用梯缝线迹或人字线迹缝合。▼

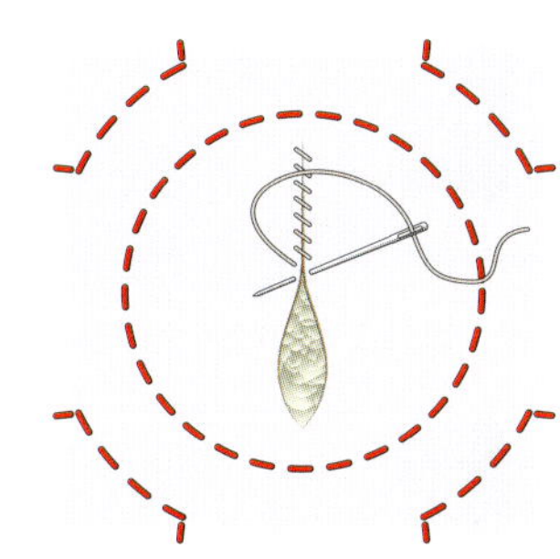

反面填充绗缝

使用这种方法要先准备填充区域，然后缝出轮廓。完成装饰衬垫后，按正常顺序添加铺棉和里布。

1 使用可擦除的方法在表布正面描绘出图案。然后在布料的背面反向绘出同样的图案，并使两个图案位置相对应。▼

2 裁出一块高弹性填充棉（铺棉），比填充区域略大，用珠针固定在图案背面，覆盖整个区域。也可采用疏缝或用胶固定。▼

3 使用双送压脚和配色缝线，沿着图形轮廓缝纫。翻转至作品背面，用锋利的小剪刀，小心沿着针脚剪去四周多余的填充棉。▼

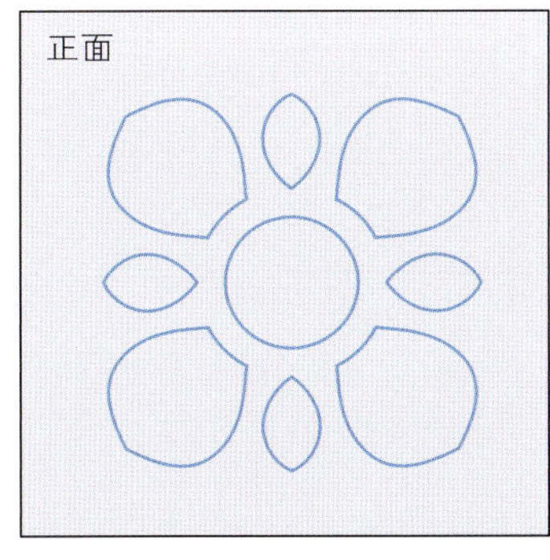

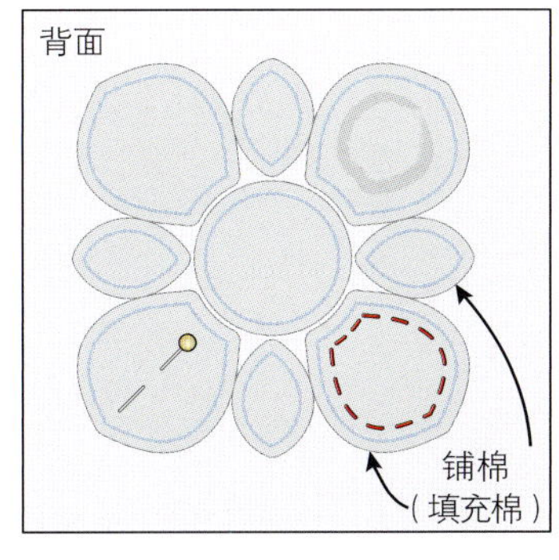

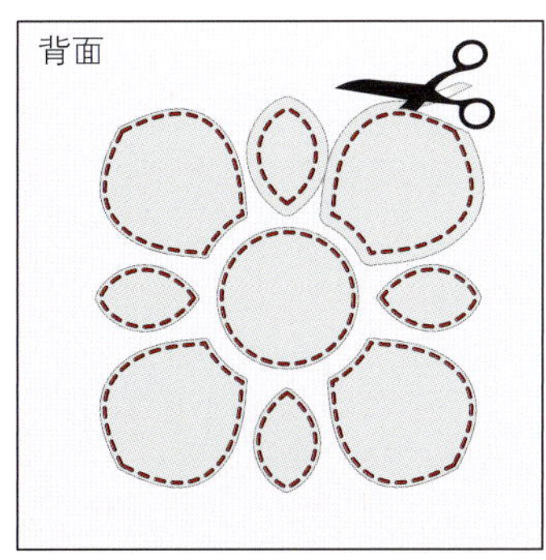

装饰绗缝
DECORATIVE QUILTING

沿着接缝使用手工装饰绗缝针法不仅漂亮而且装饰性很强。用挑绣针法将穗带和饰边固定也能增加美感和质感。

装饰绗缝时不一定要使用平实的单平线迹或是机器直线针迹。有很多手工和机器装饰针法可供选择。除此之外，还可以使用穗带、绳带、镶边、缎带和其他饰边，更不用提小珠、纽扣和护身符。使用这些，可以使自己的绗缝作品与众不同，超凡脱俗。不同手法的混合使用也越来越受欢迎，可以全方位展示创造力。

绗缝和绣花之间的界线越来越模糊，这两种手法的混合使我们可以使用漂亮的线和各种不同的布料进行拼布，包括起绒织物和网眼织物。这里展示了一些手工和机器的装饰绗缝针法。挑绣针法也可以用于绗缝作品，并为其增添点缀。

手工装饰绗缝

可以尝试在拼布、贴布和绗缝作品时使用很多巧妙的针法来增加变化和新意。245~247页中有很多针法可供选择，也有很多这方面的书籍可供参考。

可以使用普通的手工绗缝线进行装饰绗缝，当然也可以拓展品种，尝试丝光刺绣棉线、金属线、人造纤维、结子花式线、钩编用棉线及各种混合线。任何能够穿透绗缝夹层的线都可以使用。我们都有一些情不自禁买下来的华丽的丝线，却不知道用在哪里，现在就是使用它们的时候了。

机器装饰绗缝

多数缝纫机都有很多装饰绗缝针法可选用。改变简单的曲折线迹的宽度、长度和使用的缝线也能制作出不一样的作品。如果只是绗缝表面，那么最好在表布下加上一个可撕除的稳定垫纸。

可以使用普通的机器绗缝线进行装饰绗缝，但需先试验查看其效果。较粗的线，比如说30号的，会比较细的线效果更突出。丝光人造纤维线会反光，比普通的棉线更引人注目。普通的底线（50~70号）可以作为底线使用。机器使用的针要取决于布料及选用的缝线；一般使用75/11号针搭配40号线，80/12号针搭配30号线。

挑绣针法

挑绣就是将一段线、绳带、穗带、缎带或其他饰带固定在布料表面的针法，可以使用手缝或机缝，不用水洗的作品还可以使用胶水固定。挑绣图案有简单的轮廓绗缝、几何图案和旋涡造型。挑绣增添三维触感，可使用各种纤维产品，包括金属穗带、结子花式线、钦纳特斜纹花呢线、特殊毛线，甚至皮料和链子。绗缝艺术家能够使用挑绣创造出炫目的作品。

吉尔·劳瑟在闪光丝绸面料上使用了装饰绗缝线迹，取得了很好的效果。浅色的靠垫使用了刺子绣，深蓝色的靠垫则使用了人字线迹和箭头线迹。

相关主题... 标记布料25页 · 准备绗缝夹层188页 · 机器绗缝212页

技巧

手工装饰绗缝

手工装饰绗缝可沿着接缝进行，也可用作为区块和边条中的花样和图案。请选合适类型和重量的线。如果线迹要形成花样或图案，需要先在表布描绘出图形。如果使用装饰线迹固定绗缝布夹层，先在小块布料上缝上数针，看该针法从背面看效果如何。按照普通的方法开始和结束绗缝。如果线太粗无法打结，就回针缝一针，将线头塞入铺棉中一段距离，然后修剪。

机器装饰绗缝

机器装饰绗缝可沿着接缝进行，也可用作为区块和边条中的花样和图案。请选合适类型和重量的线，如有需要，在表布上先描绘图形。先在备用面料上试验效果。开始和结束绗缝时要在原处缝上数针，或者将线头打结并用针将多余的线头隐藏到绗缝布中。

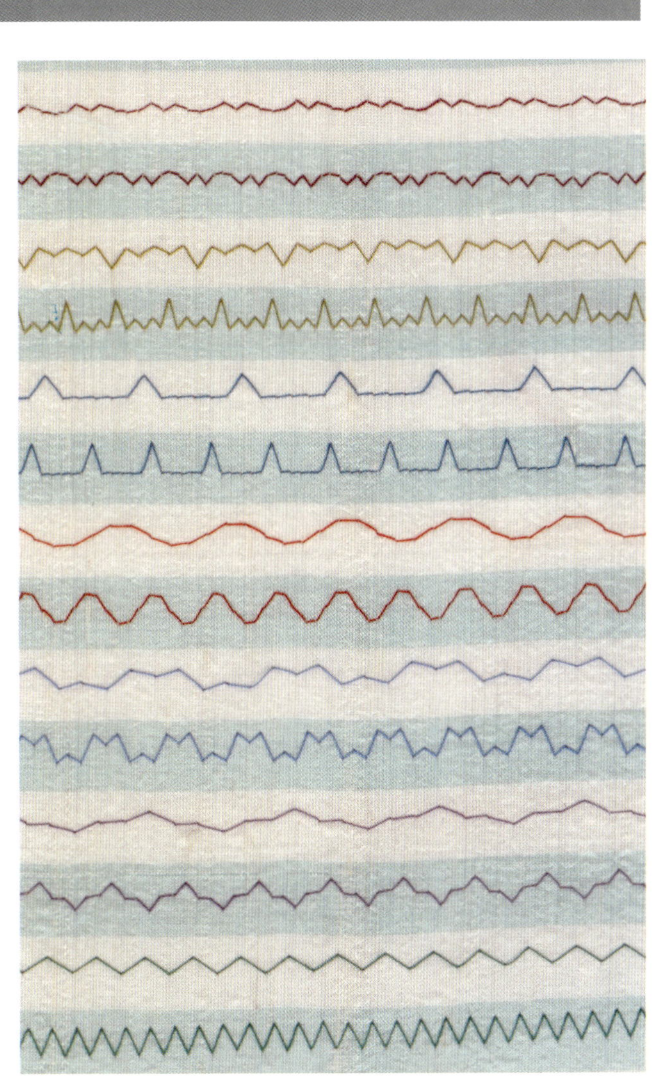

标准缝纫机能够制作的装饰线迹种类惊人。你还可以尝试加大线迹的宽度和长度来制作出更多不同的线迹。

好主意

缝纫机旁放一个小记事本，记下来每个作品所使用的线的详细信息、线迹长度和宽度。这样在你几周或是几个月（甚至几年）后继续完成该作品时，就能查到你所需要的信息了。

小型的作品很适合练习机器装饰绗缝技巧。这里的波浪穗带用长线迹和对比色缝线进行挑绣固定；下面的绞绕的金属绳带则使用小针迹和相配缝线挑绣出了手绘图案。

手工挑绣

挑绣最好在加上铺棉和里布前进行，这样材料的末端可以固定在布料的背面。为了获取最好的效果，可在基础布料背面加上热熔稳定垫。

挑绣针法的选择取决于挑绣材料的宽度和挑绣时是否需要穿透绗缝各层。比如，宽波浪穗带可以用细小的线迹固定，这样线迹几乎不可见；也可以使用较大的线迹，这样挑绣会比较醒目。挑绣固定窄金属穗带时，可使用小线迹和配色缝线沿穗带左右对缝固定；也可使用对比色缝线，斜角固定。

1 手工挑绣时，将绳带或穗带沿着布料上的图案线条用珠针固定。▶

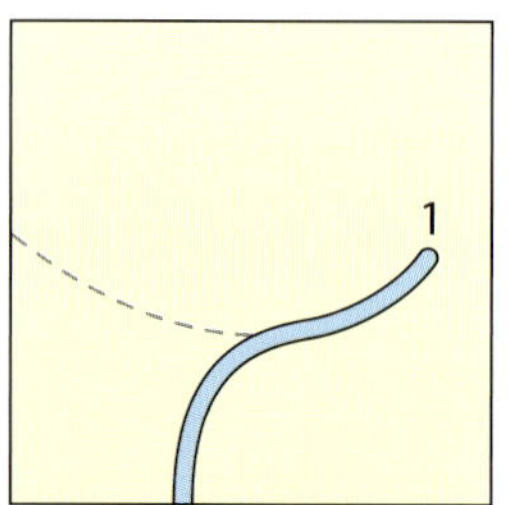

2 使用挑绣线贴着固定的线绳缝出小的线迹。▶

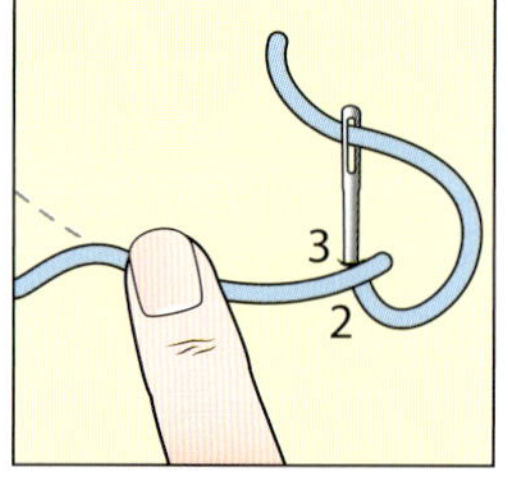

3 继续使用此方法将所有绳带或穗带固定。▶

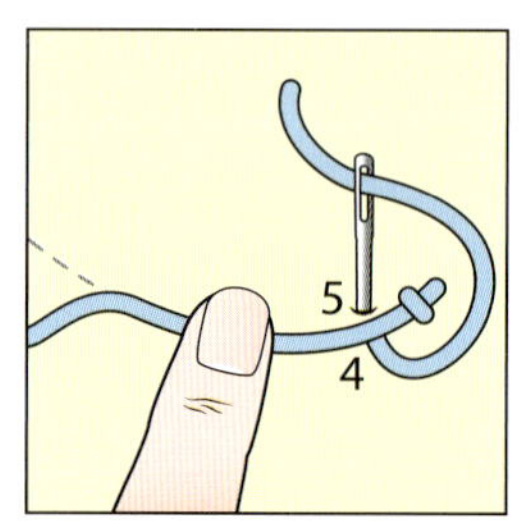

机器挑绣

使用机器时，用曲折线迹挑绣是最容易的，不过如果你的机器还能做出其他的左右缝合的装饰性线迹的话，也可尝试使用。绳带能够给布料表面带来三维效果，可与背景织物融合在一起，也能卓然独立，这些效果都取决于所使用的线的种类和颜色。要想引人注目，使用对比色缝线。机器挑绣时，使用绣花压脚或窄的编织压脚效果最好，这样下方会有一个和所使用的绳带宽度相同的沟槽。缝纫机可能会有一个能将绳带从下面或从其顶端小孔送入压脚的设备。

1 描绘出挑绣图案。使用宽度能够覆盖所使用的绳带或穗带的曲折线迹。最好先用小块布料和小段绳带进行练习。

2 开始处留出少许绳带，并缝针固定。慢慢地进行曲折线缝，如有需要转动布料，使画线一直处于压脚的中央。结束时固定线迹、修剪绳带，只留出一小段。用大眼针将留出的小段绳带穿到布料背面或铺棉中。▼

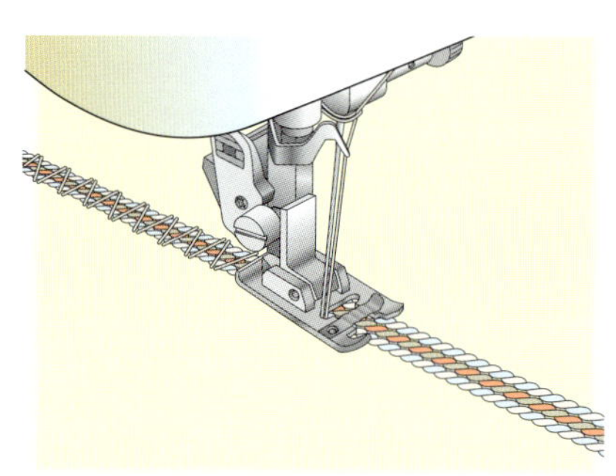

如果图样中有很尖的弯角，在针穿入画线内侧的布料时停针，绕针转动布料，使得针处于该弯角一边，将线迹长度调整为零。缝两针固定绳带，在画线内侧停针。在此转动，回到之前缝纫的方向，重新设定线迹长度，继续缝纫。

好主意

当缝纫有毛边的饰带时，使用防毛边的液体或是透明指甲油密封其末端。晾干后再进行缝纫或挑绣。

制作实践

香料包

我们来制作一个装有干燥花瓣和香料的小包，以此来说明装饰针法的使用。香料包中间的布料是由等边直角三角形拼接而成，但也可使用其他的拼布区块。可尝试使用十字线迹、链式线迹、开放式叶状线迹、箭头线迹、羽状线迹、人字线迹、毯边线迹、交叉人字线迹、集束线迹和法式结线迹等各种针法（参见245~247页）。

简介

应用技巧：三角形拼布，斜接边条，机器绗缝，装饰绗缝
作品设计：等边直角三角形和斜接边条
成品尺寸：28厘米见方
布料：浅色印花布用作中心布片，边条布料6.3厘米×111.8厘米，铺棉30.5厘米见方，里布
线：混色成股绣花棉线
装饰物：四颗纽扣（可选）

方法

- 拼接中心布片（详见80页三角形的拼接）。中心布片大小为19厘米见方。加上斜接边框（详见135页）。裁出一块比香料包正面略大的铺棉，衬在拼布块上，使用机器壕沟绗缝固定。
- 将右上方的图案放大5倍到所需尺寸，描绘出图样。使用和布料相配的线，使用各种不同的装饰针法缝合。可在每个角上缝上一颗纽扣。
- 按照制作靠垫的方法（见249页）做出小包，装入干花和香料，缝合留出的返口。

完成作品

Finishing Off

我们已经掌握了制作拼布、贴布和绗缝作品的主要手法，接下来就是给作品做最后的装饰。本章讲述了多种拼布绗缝被边缘的处理方式：从最简单的“翻袋”手法和实用包边条，到装饰性的扇形饰边和犬齿饰边都有涉及。关于作品归类、保养和展出也给出了一些建议。245~247页给出了拼布、贴布和绗缝中常用的一些针法，250页给出了一些常用信息，这对那些对数字头疼的人（包括作者本人）非常有用。关于拼布、贴布和绗缝的书籍和杂志种类繁多，你一定可以从中找到自己喜爱的。

完成包边

FINISHING EDGES

作品的边缘部分很易磨损，所以最后都要给作品加上结实耐用的包边。可采用包边条包边这种常用的方法，也可选用其他能够进一步完善作品的包边方式。一般在所有的绗缝完成后才进行包边，因为绗缝过程可能会影响表布的大小甚至形状。本书的这一部分关注如何准备对绗缝布进行边缘处理，以及如何缝制各种不同的包边使作品更加出色。

准备包边，确定四角呈直角

仔细进行包边前的准备不仅可以确保绗缝作品平整，而且能够使添加包边或其他包边的过程更加容易。如果绗缝的过程中一直在检查尺寸，那么出现偏差的可能性不大，但不管之前多么小心，在大多数情况下还是需要做进一步的微调。见以下的技巧。

准备绗缝夹层（详见188页）并完成所有的绗缝工作后，检查作品四角是否呈直角，边角是否能够对齐。如果要将绗缝作品挂在墙上展示的话，这一点尤为重要。熨烫、对折、检查边角能否对齐。如果一边略长，根据下面给出的方法修正。

准备包边

1 熨烫绗缝作品，确保平整无皱。在添加包边前，使用缝纫机将绗缝夹层疏缝固定，缝线应距离表布毛边6毫米远。每条边都要单独缝纫，并在开始和结束时留出长线头。

2 检查绗缝作品边角是否能够对齐且呈直角。如果位置有少许偏差，使用对齐绗缝作品中的方法A或方法B，将其对齐。如果偏差较大，使用方法C，然后再修剪边缘。

3 使用一块大的切割垫、一把轮刀和一把方形切割尺，小心修剪铺棉和里布，使其表布边缘对齐。要确定作品边角呈直角，可将边缘与切割尺的上部和边缘对齐，如图所示。移动绗缝作品继续修剪，和之前的边缘对齐，确保所有的边平直。完成后，再次检查作品能否对齐。▼

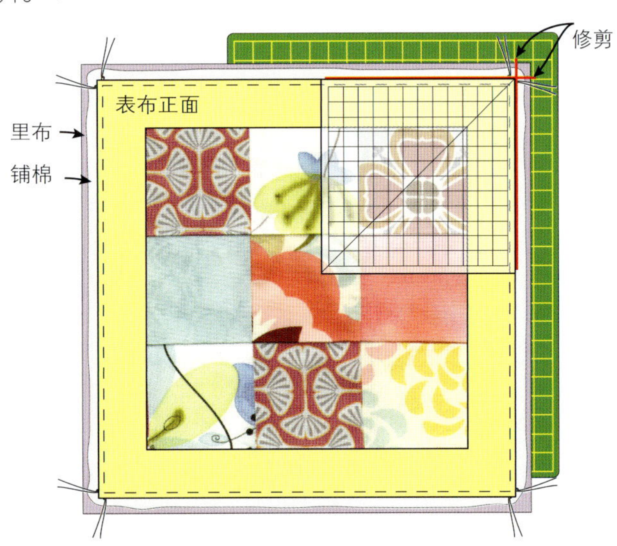

确定四角呈直角

无法对齐的绗缝作品可以使用多种方法校正。按左侧所讲方法准备绗缝作品，机器疏缝各边，然后使用下面的方法进行修正。

方法A 如果作品的一边比另一边略长，可以修剪长边使其平齐。但是这种方法只适合用平纹布作为边条的作品，对于区块一直延伸到边缘的作品不适用，因为修剪会切掉区块的某些部分，使其不完整。

方法B 如果边长的差别很小（小于2.5厘米），可以轻轻地拉拽长边疏缝（粗缝）的底线，使长边缩短。抚平小的褶皱，系好线头，熨烫。

方法C 如果绗缝作品的长短偏差较大，可以使用归拨的方式将其拉直。将熨烫好的绗缝作品放在地板上的干净布料上，最好是铺有地毯的地板。从一个边角开始，拉直两边，使用切割尺确定两边形成直角，用珠针固定。如果地板表面没有铺地毯，使用低黏性胶带固定。可使用两把切割尺确定两边垂直。移至下一个边角，重复该过程。固定该边角的两个边。继续使用该方法处理绗缝作品的所有边角。沿绗缝作品四周做出记号，以便修剪。可将绗缝作品保持此状态一两天让其保持形状。如果绗缝作品很难对齐，可一边归拨一边向其喷洒清水（首先要确定布料不褪色）。晾干后修剪各边。

好主意

在修剪和对齐边角的过程中可能会将之前的疏缝线迹剪掉，请在添加包边前再次缝合，以固定绗缝夹层。

翻袋包边

最简单而又结实的包边方法当属“翻袋”法，也就是将表布和里布正面相对缝在一起，然后通过留出的一个小返口进行翻袋。当作品大量使用手工绗缝和挑绣，背面看起来杂乱无章时，这种方法最为实用。绗缝和其他的装饰都只在表布上进行，而铺棉则疏缝到里布上。或者，可以在绗缝和添加装饰之前将表布和铺棉疏缝到一起，最后加上里布。不管哪种方法，都与普通的“绗缝夹层”的制作过程略有不同，请提前做好计划。用这种手法可为包袋和靠垫制作出结实齐整的包边。

缝制翻袋包边

1 将绗缝表布和里布正面相对放置，再铺上铺棉，用珠针固定在一起，确保绗缝各层平整。里布和铺棉可以比表布略大，或与表布完全平齐。把表布放置在最上方，缝合。

2 沿边缘缝出一条6毫米的缝份，在底部留出返口以便翻袋；返口需要大约30厘米长，才能将绗缝各层从中穿出。在翻袋前，将里布修剪至和表布大小相同，将铺棉修剪至离缝份3毫米的位置。可剪掉边角以减小体积。

3 将绗缝各层的正面从返口中穿出（翻袋），整平。如果还有绗缝要做，将各层疏缝到一起，完成绗缝工作，然后熨烫并缝合返口。如果之前已完成绗缝，整平作品，熨烫缝份，用挑针线迹缝合返口。要使包边更加牢固，可沿整个绗缝作品边缘使用单面线迹缝合，线迹距离边缘3~6毫米。

缝纫狭长包边——狭长包边和翻袋包边相似，不同在于的是从正面手工进行缝纫的。只用将绗缝表布边缘向内折进6~1.3厘米，里布也向内折进同样的宽度，然后将其挑针缝合。这种包边对于绗缝被来说不够牢固，但对于装饰性的作品已经足够了。

里布翻转包边

用里布包住表布正面的四周，也是一种简单的包边方法，称为里布翻转包边。从绗缝作品的表面可以看到里布，形成包边的效果。

缝制里布翻转包边

1 将里布别到一边，将铺棉修剪到和表布相同大小。修剪里布，如果包边宽度为1.3厘米，那么里布应比表布四周宽1.3厘米×2厘米=2.6厘米。从一个边角开始翻转折叠里布，如下图所示，并剪去布角。▼

2 翻转里布，使其毛边与表布边缘相接，再次折叠，使其与表布重叠。用珠针固定。在另一个边角重复该过程，注意两边应形成齐整的斜接角。继续翻转，固定所有的边角，然后用配色线和暗缝挑针线迹将翻转的里布缝合固定。▼

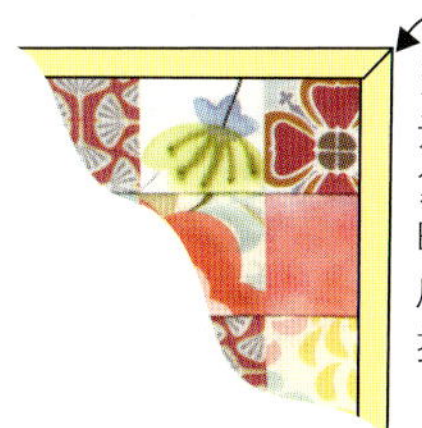

当两边在边角处重复折叠时，应形成一个斜接角。

翻袋包边手法很适合用于小型作品，能形成整齐牢固的包边，且能迅速缝合。

包边条包边

包边是最受欢迎的完成绗缝作品的方式，而且最终效果齐整漂亮。可以购买斜裁包边条，但其颜色、花样和质量都很有限，所以最好自己制作。包边条可以由素色布制成，和绗缝作品相辅相成；可由印花布制成，和绗缝作品中的布料相呼应；可由多余布块拼接而成，以便物尽其用。最好在完成绗缝之后再选择包边条，这时可以判断使用什么样的布料效果最好。制作包边条的方法和斜裁包边贴布时使用的斜裁包边条的制作方法相同。

在选择和裁剪布料制作包边条之前，请仔细考虑以下问题。

· 包边条只用于直边还是要用于弯角？如果只用于直边，可以沿布料直纹裁剪；如果要用于弯角，要沿布料斜纹裁剪，这样方便弯曲。

· 要使用双层包边还是单层包边？双层包边（常被称为法式折叠包边）使用双层布料，比单层包边持久耐用，但也更费布料。

· 采用直接角包边还是斜接角包边？接角部分可以作为整体图案的一部分，可以根据表布区块和其缝合方式的不同来决定接角方式。

· 包边条是由一块布料制成，还是由多块布料拼接而成？可能制作表布时还有剩余的布料，拼接可以很好地利用这些布料。或者，如果表布已经够复杂，最好使用素色布。

计算宽度——完成的包边的宽度一般为6毫米或1.3厘米，缝份为6毫米。以下这个公式很有用：包边宽度 × 2+缝份 × 2=所需包边条布料宽度。所以对于一个完成宽度为1.3厘米的单层包边，按照上述公式计算，需要的包边条布料的宽度约为3.8厘米。所以对于一个完成宽度为1.3厘米的双层包边，按照上述公式计算，需要的包边条布料的宽度约为3.8厘米 × 2厘米=7.6厘米。

很多书上都建议使用6.3厘米宽的包边条布料制作出1厘米宽的双层包边。这是因为市售的包边条宽度一般是6.3厘米。

计算长度——要计算需要的包边条的长度，测出绗缝表布的周长，再加上20.3~25.4厘米（用于边角和接头）就是所需的长度。包边的技巧可参237、238页的介绍。

好主意

注意包边条和线缝不能和位于边缘的拼接区块相交，以至于覆盖部分区块。最好使用6毫米的缝份。

制作斜裁包边条

1 熨烫布料，裁剪出足够长的包边条。如果使用同一块布料制作包边条，要尽量减少接缝的次数。如果采取直线包边，可以顺着布料纹理裁剪包边条。如果使用有明显的直线图案的布料，请沿着图案线条裁剪，否则边条会看起来是扭曲的。要制作斜裁包边条，请沿布料纹理45度角方向裁剪。

2 将包边条拼接，达到所需长度。按下图所示对齐布条，沿对角线缝合，比沿直线缝合看起来更齐整。在离缝份6毫米处剪去多余布料。▼

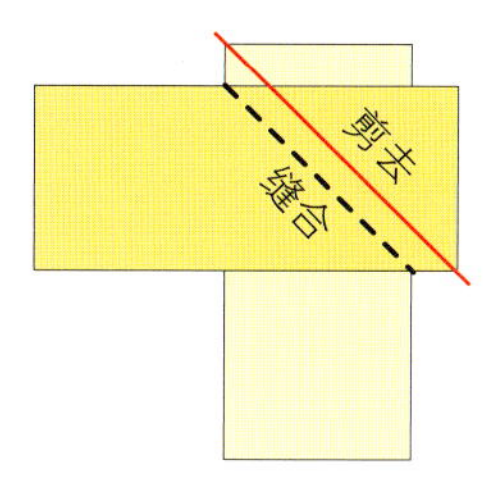

3 缝好后，熨烫开缝份。将包边条沿长边对折，熨烫。开始缝合包边条之前，最好在包边条的一头熨烫出一个斜角折边。▼

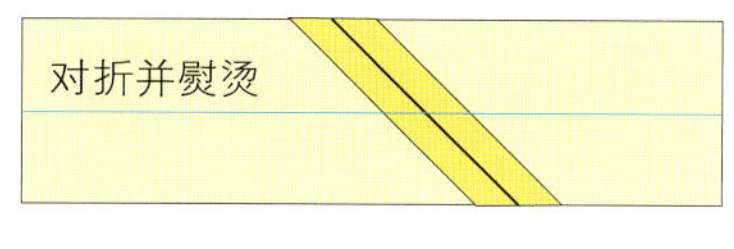

缝合直接角单层包边

以下技巧同样适用于双层包边，只要用双层布料就可以了。如果使用6毫米宽缝份，当折叠包边条并包住绗缝作品各层边缘后，包边的最后宽度为1~1.3厘米。缝纫包边条时，使用双送压脚有助于穿透各层布料。使用和布料相配的线。

1 准备好所需宽度和长度的包边条，沿长边对折，使布料背面相对，熨烫。在包边条两边分别折进去6毫米的缝份，熨烫。

2 将对折的包边条展开，放在正面朝上的绗缝表布上，对齐边角。用珠针固定，用6毫米的缝份（或沿着缝份折痕）将包边条和绗缝各层固定在一起。修剪包边条的边缘，与绗缝作品边缘对齐。▼

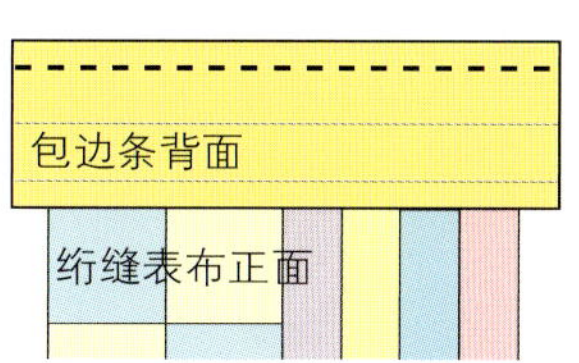

3 折叠包边条至绗缝作品背面，使其包住绗缝夹层边缘，沿熨烫出的缝份折叠。用珠针固定，用挑针线迹将包边条和里布缝合。再拿一条包边条，在绗缝作品的另一边重复该过程。▼

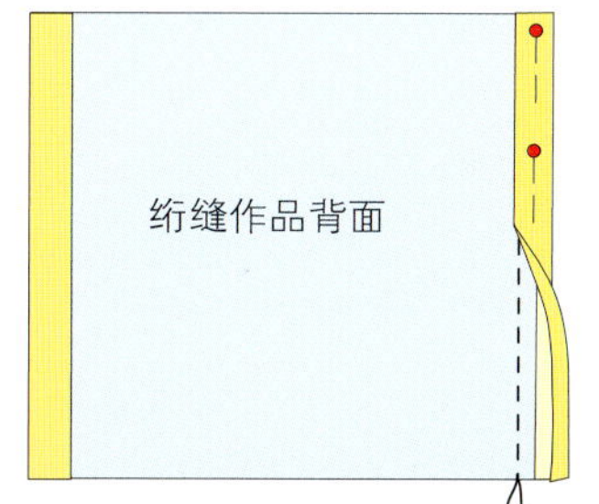

4 用同样方法给剩余的两边缝上包边条，这次要在离绗缝作品边缘1.3厘米处开始和停止缝线。将边缘部分向下折叠以隐藏毛边，用挑针缝合固定。熨烫四个边角。▼

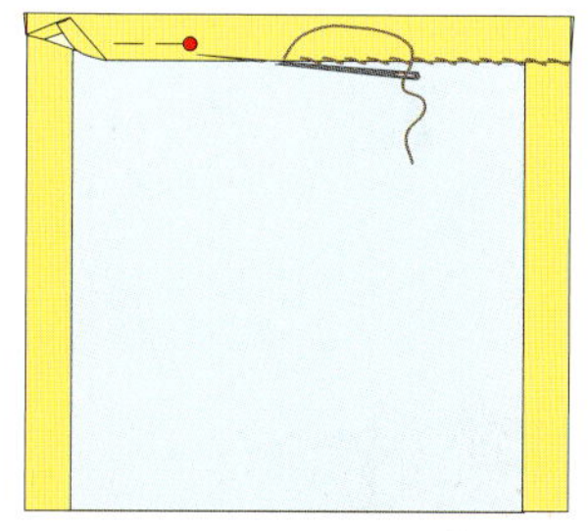

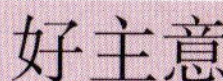

好主意

要避免在边角处出现包边条的连接缝。可在用珠针固定包边条之前，将其绕绗缝作品一圈，查看连接缝出现的位置。

使用直接角包边的方法完成餐垫的制作。

缝合斜接角双层包边

这是最受欢迎的完成绗缝作品的方法。以下技巧同样适用于单层包边。使用缝纫机的双送压脚和配色缝线，并使用6毫米的宽缝份，最后的包边宽度大约是1.3厘米，注意要减去绗缝夹层的厚度。

1 准备好所需宽度和长度的包边条，沿长边对折，使布料背面相对，熨烫。

2 将绗缝作品正面朝上放置，从一边中间开始沿边缘将包边条用珠针固定，包边条正面朝下，并要和毛边对齐。从包边条一头20.3厘米处开始将其与各层缝合固定。使用6毫米宽的缝份，在距离边角一个缝份的地方停止缝合。▼

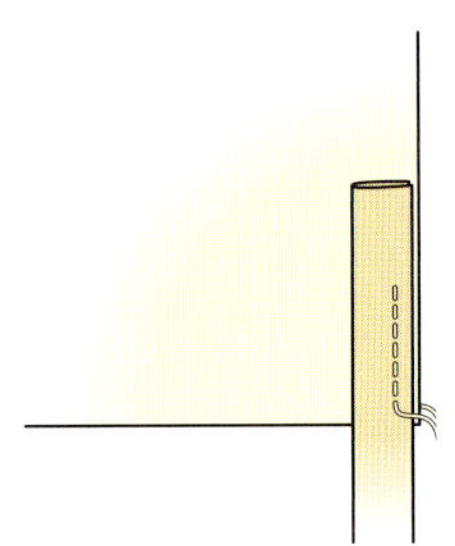

3 将作品从缝纫机上取下，将包边条从边角处沿45°角向上翻折，并和相邻的第二条边对齐（A）。然后往回折，折过之后的包边条就对准了相邻的第二条边（B）。用珠针固定，然后开始缝合，这次从头开始缝合，直到缝至下一边角。重复以上步骤。▼

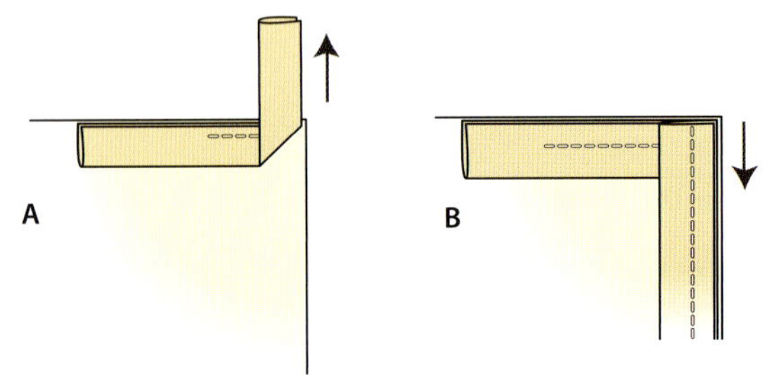

4 当缝合至开始处15.2厘米时停止。将包边条两头向后折叠，使其相交，在相交处用珠针做记号（C）。之后摊开双层包边条以45度角方向将头尾连接缝合（D）。之后将接缝分开、重新将包边条对折（E）。完成包边条的缝合。▼

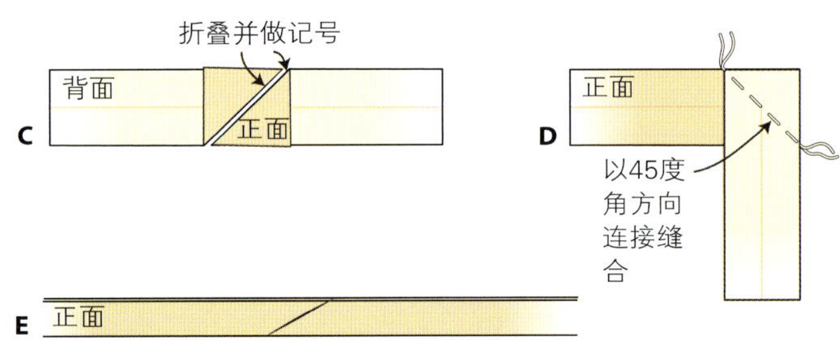

5 将包边条向边缘翻转至绗缝作品背面，用细小的挑针线迹和配色缝线将其缝合固定（F）。如果使用的是单层包边条，要先将毛边向下折叠，然后再缝合固定。缝制边角时，整理斜接角，使折痕整齐，用细小的挑针线迹固定。▼

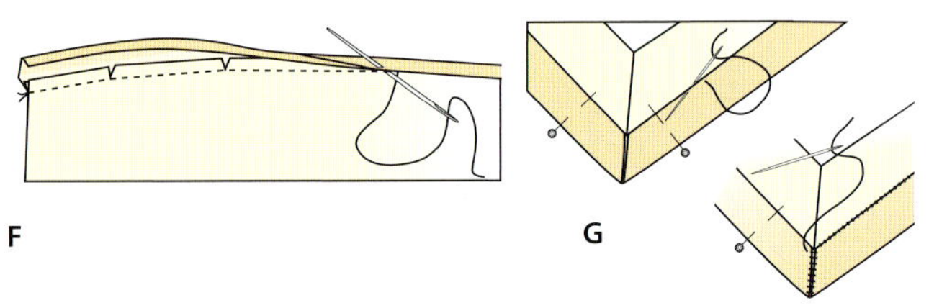

好主意

除了手缝，还可以用机器将包边条缝在绗缝作品背面。要做到这一点，包边条需要稍微宽一点，这样机缝的线迹就不会露在绗缝作品正面的包边上。使用与包边条相配的表线与绗缝作品相配的底线。

嵌条包边

给绗缝作品缝上嵌条包边会看起来更加高雅、专业。嵌绳可以用来制作包绳嵌条，沿着绗缝作品四周固定，作为其边界；嵌条也可以由布料制作而成，可以嵌在边框和包边之间，或是绗缝表面和内边框之间。对比色的嵌条效果最好。可以购买现成的嵌条，但是颜色有限，最好自己制作适合作品的嵌条。也可以使用拼接的方法制作嵌条。

制作嵌条的布料可以沿布纹裁剪，如果嵌条需要弯曲，则要斜向裁剪。布料的宽需为缝份的两倍再加上足够裹住嵌绳的宽度。要计算所需嵌条的总长度，量出绗缝作品各边的长度，再加上15.2厘米。将布条沿45度角拼接在一起，直到达到所需长度——可参看237页关于斜裁包边条的制作方法。宽度为1.5毫米的嵌绳最常用，此时使用5厘米宽的布料就能够包裹住嵌绳并留出足够的缝份。

嵌条也可以不嵌入嵌绳，呈扁平状。扁平的嵌条通过折叠布料制作而成，当其用在一件绗缝作品的内部而不是边缘时，可以作为一个小的边界或是边框使用。扁平嵌条缝合的方式和嵌绳嵌条相似。

不管是扁平嵌条还是嵌绳嵌条，都能带来别具一格的色彩和效果。这块带点点图案的珊瑚色布料的缝线之间使用了扁平嵌条，边缘使用了嵌绳嵌条。

缝制嵌条包边

缝制嵌条时，需要使用缝纫机的嵌条压脚或拉链压脚。按照斜裁包边条的制作方法准备好所需布条。

1 准备好所需长度的布条。沿长边对折，背面相对，用手指按压。沿布料折痕包裹嵌绳（A）。使用嵌条压脚或拉链压脚和配色的缝线，缝针略离开嵌条，进行缝合，这样封好后不易看到线迹。修剪嵌条，使布料边缘距离嵌绳1.3厘米（或所要使用的缝份长度）。▼

2 将嵌条放在绗缝表布的正面，使嵌条的毛边和表布的毛边对齐。上面覆盖上里布。将嵌条缝合固定至边缘（C）。沿绗缝布修剪嵌条末端。在绗缝作品的四个边上都重复以上步骤。或者，也可以沿绗缝作品四周继续缝合嵌条。如果嵌条需要弯过一个边角时，在此处剪开嵌条的缝份，这样更易弯曲嵌条。▼

3 在距离开始处10.2厘米时，修剪嵌绳，使其首尾相接，并疏缝或粘贴固定。在布料的一头向下折起一道6毫米的缝份（可折直线也可呈一定角度，取决于拼接布料时的手法）。塞入布料的另一条，重叠约2.5厘米（D）。按之前所学方法翻折布条，缝合固定。▼

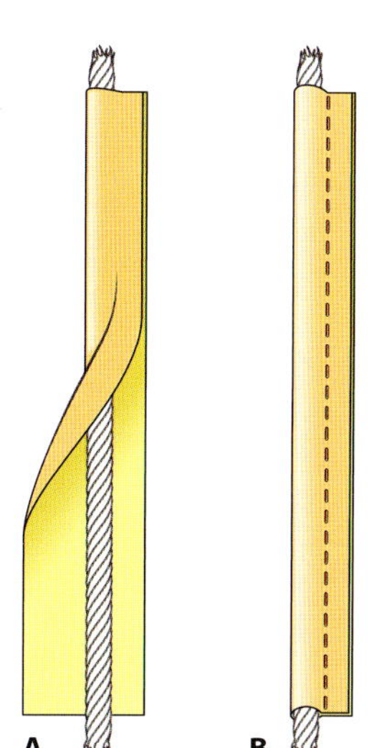

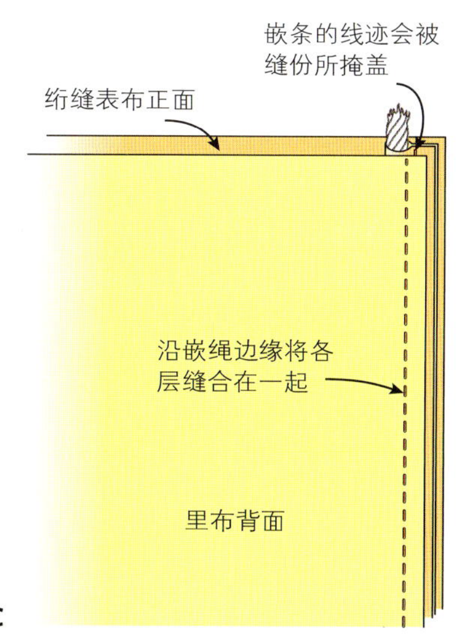

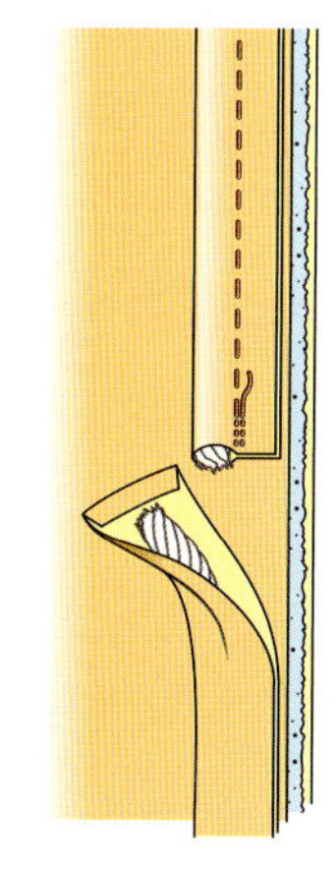

犬齿饰

犬齿饰是一种折叠拼布，能够极大地增强作品的质感。它可以单层折叠也可以双层折叠，可以单独制作再组合到一起，也可以连在一起制作（详见112页）。犬齿饰是一种很有意思的包边方式，还能很好地利用边角废料。

镶边时，可以使每半个犬齿彼此重叠，也可以一点都不重叠。按照以下方法计算每边需要多少个犬齿饰。

犬齿饰不重叠时——不管是单层犬齿饰还是双层犬齿饰，做出来的三角形的底边的长度会和使用的正方形布料的边长相同，三角形的高则是正方形布料边长的一半。举例来说，使用的正方形布料边长为10.2厘米，折叠后制作出的三角形的底边长为10.2厘米，高5.1厘米。要将三角形缝合在一起，其底边要相互重合6毫米，并需留出6毫米的缝份（见下图示）。一个10.2厘米的犬齿饰完工后底边长将是8.9厘米。将量出的绗缝作品的饰边长除以8.9就可以得出所需犬齿饰的个数。比如，一个178厘米见方的绗缝作品每个边上需要20个犬齿饰。▼

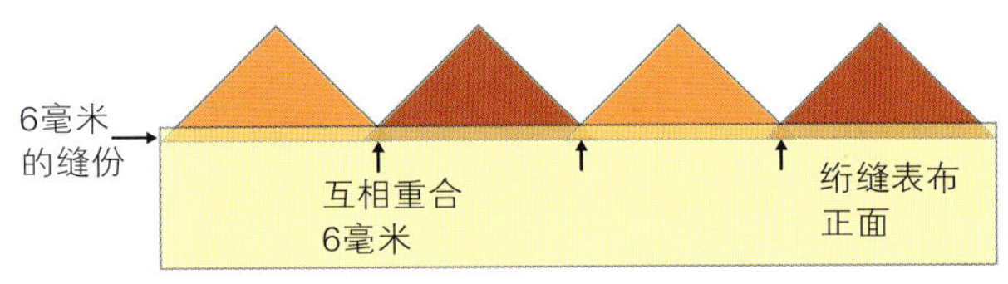

好主意

当犬齿边熨烫好之后，为保持尖角平整，可以用快干胶在折叠处粘一下。

半个犬齿饰重叠时——这时，每个三角形都会与其相临的三角形有半个底边是重叠的（见下图）。一个10.2厘米的犬齿饰，重叠后会占据5厘米宽的位置，那么一个178厘米见方的绗缝作品每个边上需要35个犬齿饰。▼

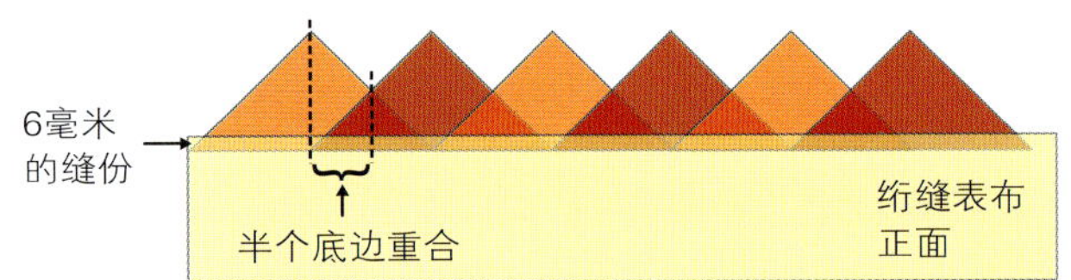

缝上犬齿饰

1 计算出所需的犬齿饰数量。按照112页介绍的方法准备犬齿饰。里布和铺棉需要和绗缝布的边缘平齐。暂时将里布固定到一边。沿着绗缝布的上边缘将犬齿饰用珠针固定好，使它们正面相对，毛边对齐。调整使每一边的三角形都与其边缘对齐。疏缝固定，然后使用6毫米的缝份缝合。除去珠针。▼

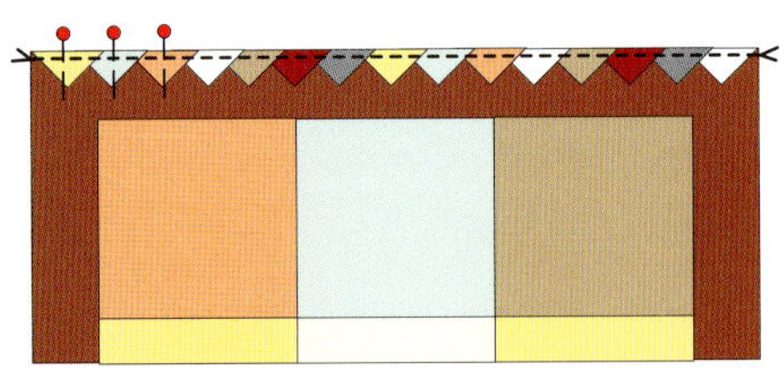

2 用珠针固定好，疏缝另一排犬齿饰，缝合。以同样方式，重复缝合各边。▼

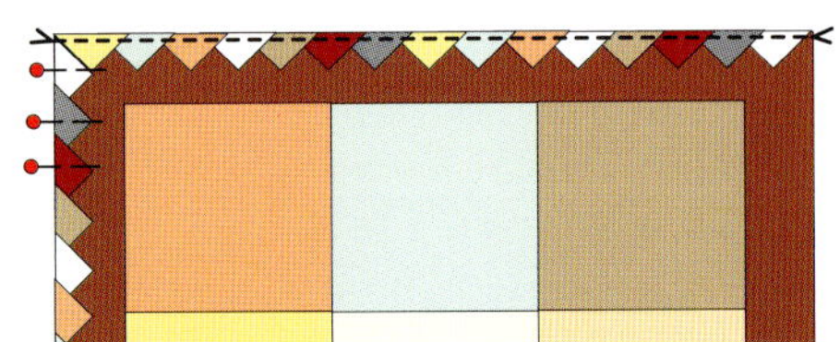

3 剪去边角，然后向外折叠每一排犬齿饰，熨烫。▼

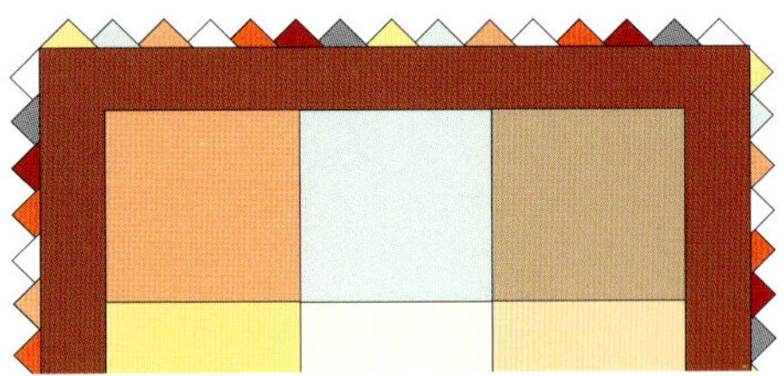

4 翻转绗缝作品，将铺棉和里布折回原位置。将里布向下折出6毫米的缝份，挑针缝合固定。完成所需的绗缝。▼

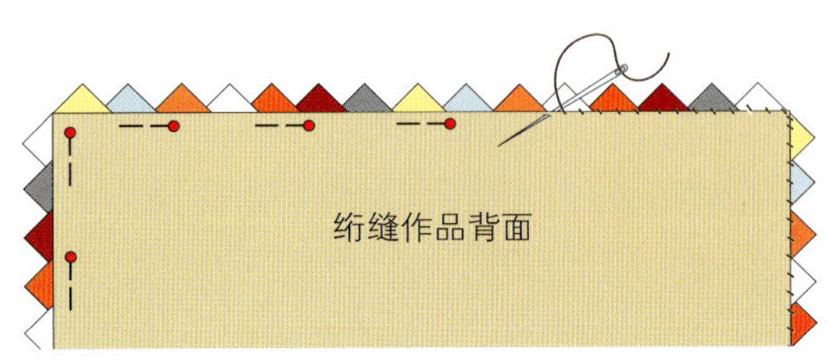

扇形边

扇形或贝壳形边非常漂亮，可以像制作犬齿饰一样使用独立的扇形制作，也可以将绗缝作品的边缘裁剪成为扇形，然后在弧形边上包边。下面对这两种方法都做了说明。扇形边能让儿童绗缝被看起来活泼生动。较宽的扇形上还可以进一步制作贴布和绗缝图案。

装上独立的扇形边

1 剪出两块U形的布块，将它们正面相对对齐，沿弧形边缝合，直边不要缝。修剪弧形边缘，将布料从直边翻出，熨烫。▼

2 将扇形沿绗缝作品边缘固定，方法和固定不重叠的犬齿饰相同。在边角处缝上一个扇形，可以制作出圆角的效果。▼

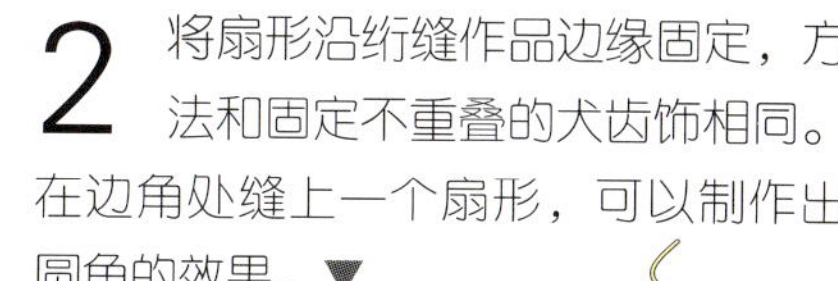

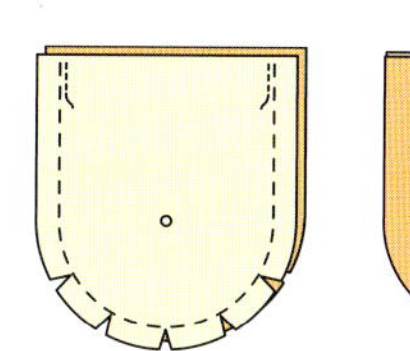

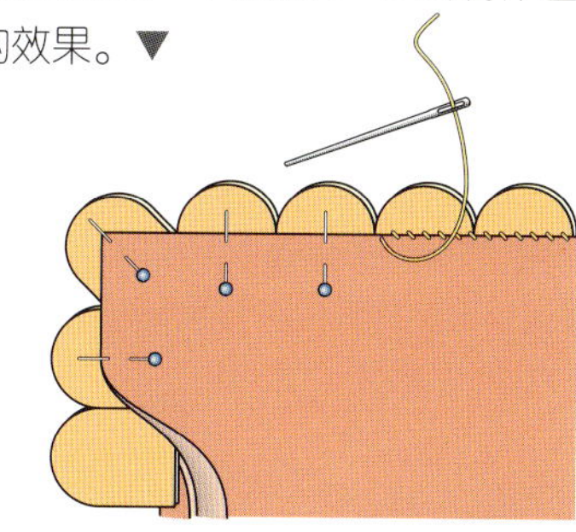

绘出扇形边

要想做出齐整漂亮的扇形边，准确的绘图和裁剪很重要。可以制作出一个个独立的圆弧，形成驼峰一样的造型；也可以制作出相连接的波浪形边。

要绘出驼峰效果的弧线，使用圆盘或是圆形纸板，如下图绿色线条所示，沿着纸板的边缘绘图。▼

要绘出波浪形弧线，按照下图放置圆盘或圆形纸板，并如下图绿色线条所示，沿着纸板的边缘绘图。▼

好主意

计算扇形饰边需要的包边条的长度时，用线绳或毛线绕所有弧线一圈，量出线的长度，再加上30.5厘米以备边角部分使用，就得出我们所需的数字了。

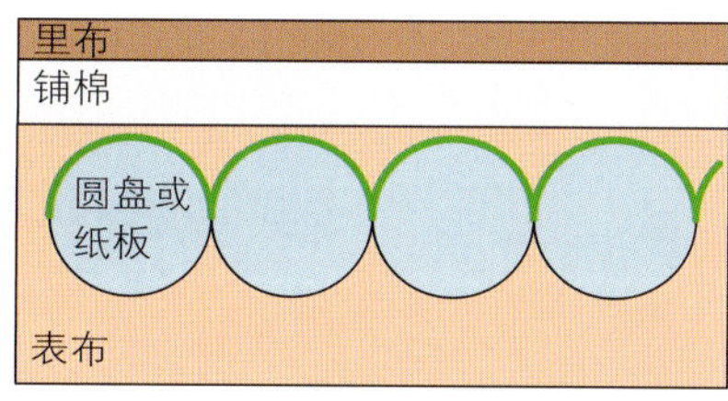

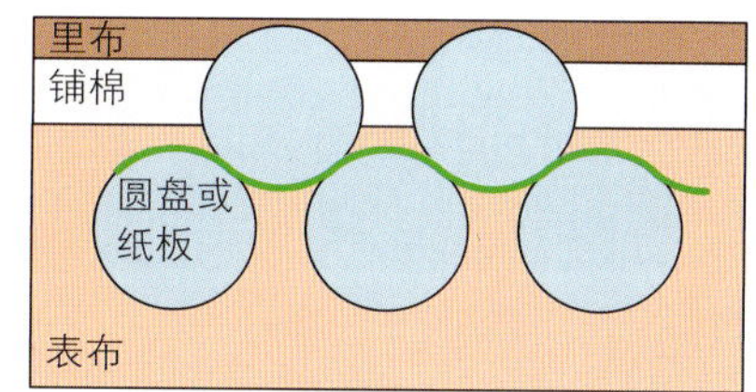

给扇形边包边

给扇形边包边的原理与给直线包边相同，这里使用的是双层包边（238页有详细介绍），并且里布和铺棉都已事先修剪好，当然你也可以先将包边条的正面缝合，然后再修剪边缘。给扇形边包边时，需要用斜裁包边条，这样才能轻松弯出弧度。

1 正面朝上放置绗缝作品，开始时留出一定长度包边条，然后从一个圆弧的中间开始用珠针固定包边条，使边条边缘和绗缝作品边缘对齐，轻轻地弯出弧线。在扇形边的最低处，可以将缝份剪出一个3毫米的小口，如有必要，在弧线处也可以这样处理。弧度较大的地方多用几个珠针来固定包边条。可以固定好一部分就缝纫，然后再处理其他部分。▶

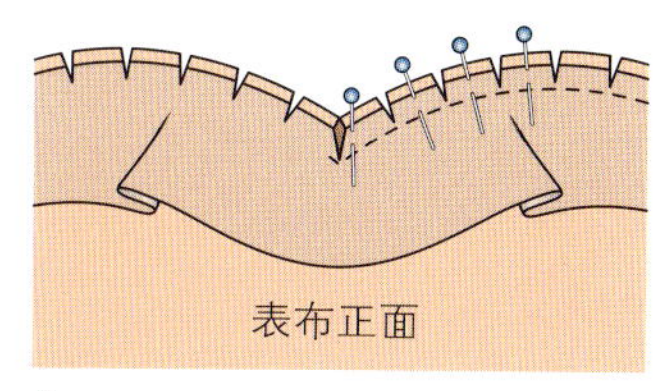

A

2 小心地将包边条缝合到绗缝作品上，为确保布料弯曲的弧度漂亮，可使用6毫米的缝份。到达最低点时，以机器为轴心转动布料。一边缝合，一边取下珠针。向外熨烫包边条。▼

3 将包边条折到绗缝作品背面，使用细小的挑针线迹和配色缝线将其缝合固定。缝至最低点时，将包边条折出一个褶皱，沿下边缘缝合。以此方式缝合全部边缘，熨烫。▼

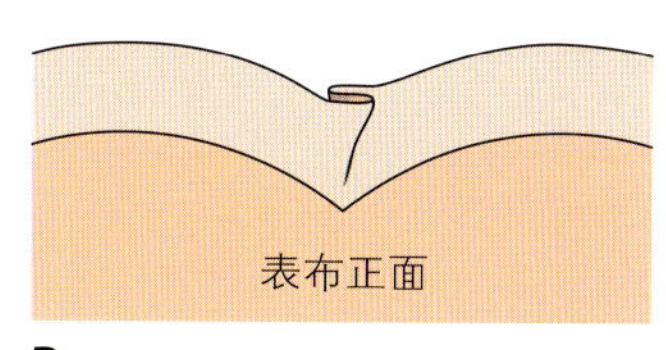

B

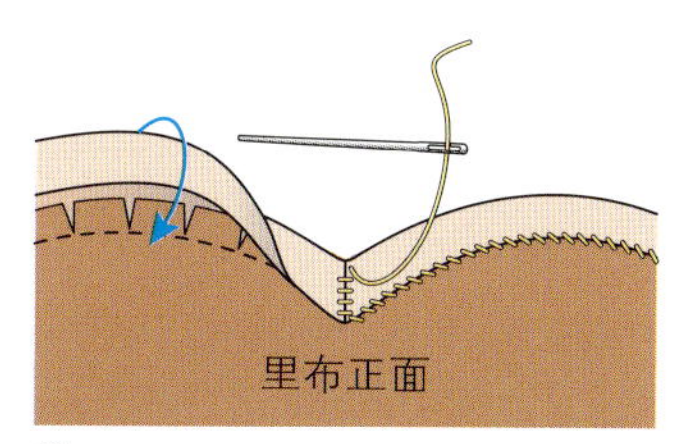

C

褶裥边

褶裥边或是褶边使用在婴儿绗缝被或靠垫上相当迷人，而且它适用于没有标准边界被子，比如蓬松的拼布作品。要达到柔和的褶裥效果，选用上等的柔软布料或蕾丝。要达到硬朗的编织效果，选用较硬、能够保持形状的布料。

一般使用对折的布条制作褶裥。褶裥可以缝制在绗缝作品的正、反面中间，如右图所示；或者也可以形成褶裥管带，缝在绗缝作品的外边，如108页的泡芙游戏垫。褶裥可以很疏松也可以很密集——越密集的褶裥使用的布料越多。

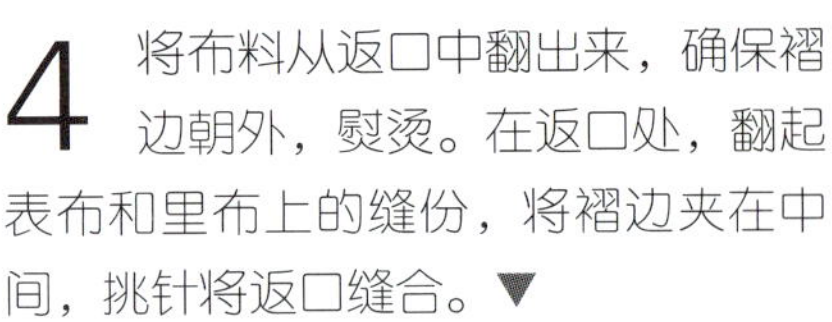

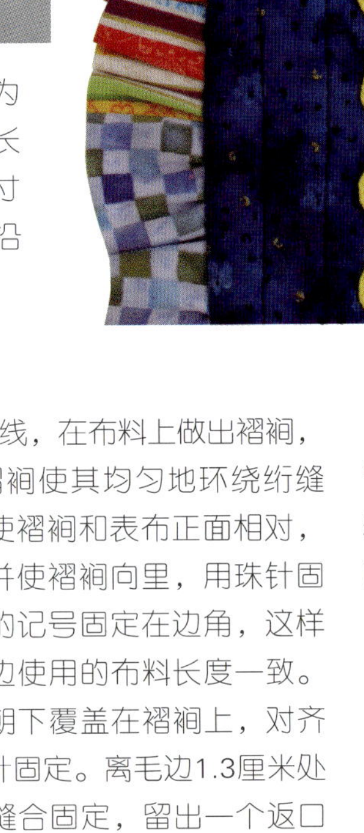

褶裥边使作品更具深度。这里，它和翻袋包边一起使用。

缝制褶裥边

1 决定褶裥的宽度，将其加倍、再加上1.3厘米作为打褶线迹的缝份。褶裥的长度拿绗缝作品的总周长乘以2，如果使用密集的褶裥，要乘以3。按照以上尺寸裁出布料，如有需要也可拼接布块，将缝份熨烫开。沿短边将布条缝合为一个圈。沿长边对折，熨烫。

2 使用结实的线，手工或机器在布圈上缝出两行缩缝线迹，其距离布料毛边应为6毫米，线迹之间距离为6毫米。机器上的打缩缝线迹就是一种线迹很长的针法，和机器疏缝的线迹相似。从机器上取下布圈，用铅笔在其毛边上标出四个等距离的点，下图中用红点显示。▼

3 拉拽底线，在布料上做出褶裥，整理褶裥使其均匀地环绕绗缝作品四周。使褶裥和表布正面相对，毛边对齐，并使褶裥向里，用珠针固定。将之前的记号固定在边角，这样可以确保每边使用的布料长度一致。将里布正面朝下覆盖在褶裥上，对齐毛边，用珠针固定。离毛边1.3厘米处将各层布料缝合固定，留出一个返口可进行翻袋。▼

4 将布料从返口中翻出来，确保褶边朝外，熨烫。在返口处，翻起表布和里布上的缝份，将褶边夹在中间，挑针将返口缝合。▼

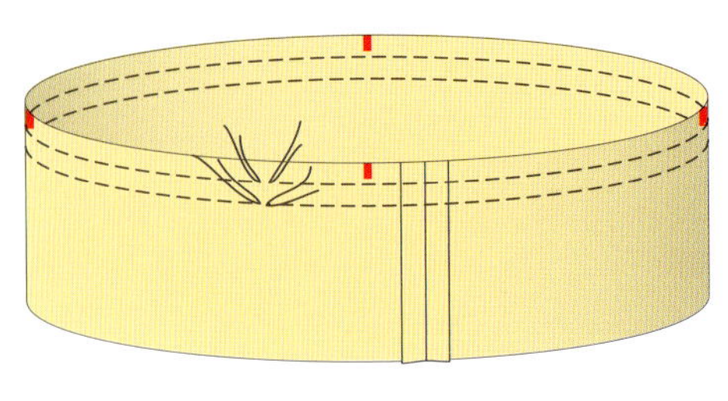

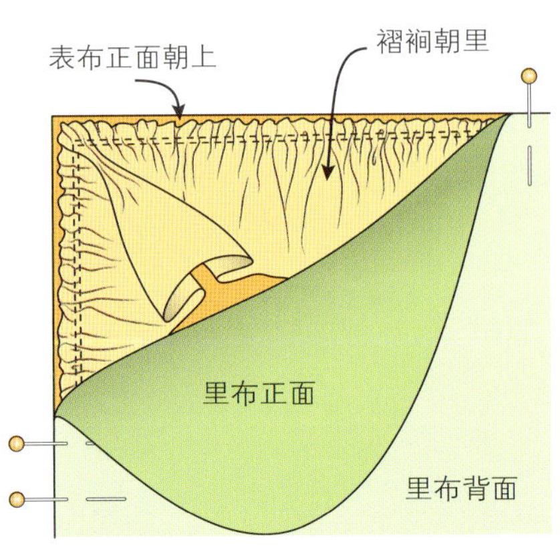

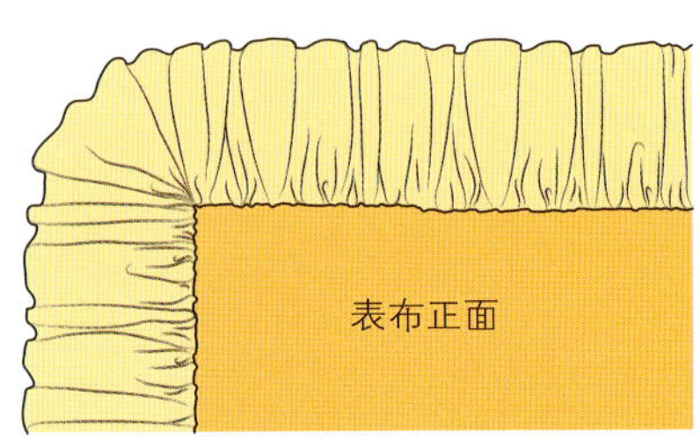

最后修饰

FINAL TOUCHES

到了这一阶段，除了一些最后的修饰外，绗缝作品已经完成。这一部分就如何给作品添加标签、如何加上悬饰袖或吊环、如何保养完成的绗缝作品和展览（或展示）作品时需要注意的事项给出了建议。

制作悬饰袖

从本质上来说，悬饰袖就是缝在绗缝作品背面的管状布料，可以在制作过程中添加也可以最后再加上。它在展示绗缝被时很有用，如果要将作品送交展览或参加比赛，则必须有悬饰袖。悬饰袖深度在10.2~12.7厘米就能穿入展示用的木杆了。可以使用单层布料制作悬饰袖，但是使用管状布料能更好地保护绗缝作品的背面。

1 裁剪出一块长度与绗缝作品长度相同、宽度是最终的布管深度两倍再加上2.5厘米缝份的布料。所以要制作深度为10.2厘米的布管时，布料宽度需为22.9厘米。两头的短边各向内折出1.3厘米的折边，缝合。将布料沿长边对折，正面相对缝合。翻出正面，熨烫缝份，并使缝份处于布料一边的中央。

2 用珠针将悬饰袖固定到绗缝作品背面上边缘下方的位置，使悬饰袖的缝份朝里。沿上、下边用挑针将悬饰袖和里布及铺棉层缝合固定，但不要缝到表布。不要将悬饰袖平整地固定在绗缝作品背面，留出一定的空间使展示杆能够穿过。▶

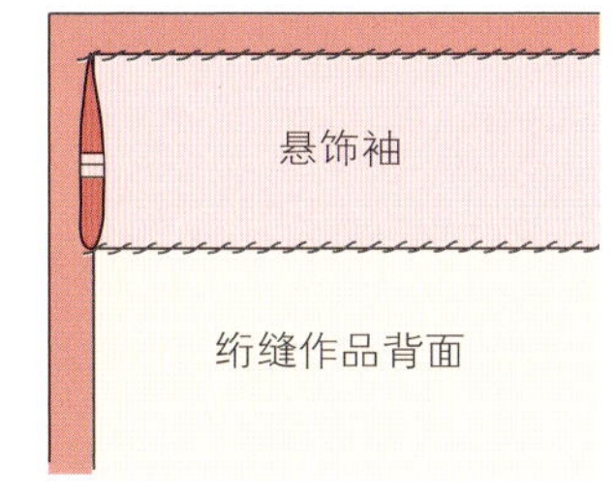

制作作品标签

给绗缝被或是其他作品添上标签不会花很长时间，但能极大地吸引他人的注意力。标签上可标明制作者的名字、开始及完成作品的时间、适用场合和受赠者。还可以注明一些具体的保养说明。

最简单最迅速的标签制作方式莫过于使用细头织物笔写在一块布料上，然后将其缝上或使用双面贴合衬贴合在绗缝作品上。另外一种方式是使用铅笔写出各要点，然后使用回针线迹或起梗线迹缝纫出字迹。也可从绗缝店或网店中买到漂亮的标签。可以使用缝纫机将细节信息缝在一块布料标签上，一些新款的缝纫机还有缝制标签的程序。也能使用电脑将标签打印到布料上——详见34页。

制作吊环

吊环（也叫作吊襻）可以用来展示绗缝作品并且能作为墙饰挂件的一部分。吊环可以在缝合过程中一并完成；也可以单独制作，并作为独立的一部分单独缝合。可以加上纽扣等细节装饰。

1 决定所需吊环的个数及其宽度和长度。先制作一个长的布管，然后将其裁成等长的小段会更快捷。布料的宽度应为成品布管宽度的两倍再加上1.3厘米的缝份。将布料沿长边对折，正面相对，以1.3厘米的缝份缝合。翻出布料的正面，熨烫缝份，并使缝份处于布料一边的中央。将布管裁成等长的小

2a 将每段布管的两端向内折，缝合齐整。对折每个吊环，将它们均匀地分布在绗缝作品背面。用细小的挑针线迹和配色缝线将其缝合固定。▼

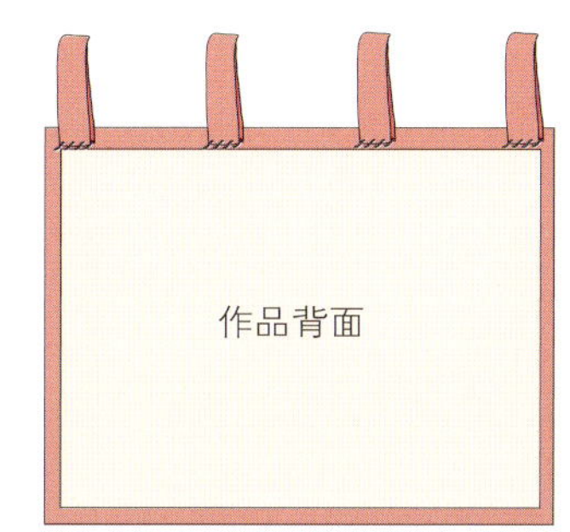

2b 也可以采用其他的方法缝合吊环，这样从作品正面也能够看到它。按照之前的方法准备吊环，在每个吊环的两端都折入一道直线形或尖角形的褶边，熨烫。将吊环的一端固定在作品背面，将另一端折至作品正面，缝合固定。可添加纽扣。▼

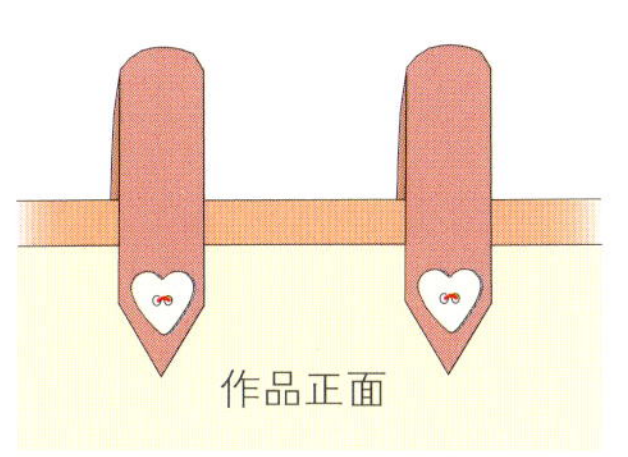

绗缝被的保养

制作精良的绗缝被经得起时间的考验，有一些方法可以保护自己辛勤劳动的成果，使其历久弥新。

储存——储存时尽可能平放，最好放在铺有床单的床上，并避免日光照晒。确保存储区域干燥，没有衣蛾或其他昆虫。不要使用塑料包裹，使用棉质枕套或床单。折叠时不要平整褶裥，可能会造成难以抚去的折痕，在褶裥中填充无酸纸包裹的铺棉。不要沿着线缝折叠绗缝被，可能会使线缝松弛。隔段时间展开被子，以不同的方式重新折叠。

清洗——如果是古董或收藏的被子，请尽量避免水洗。可以使用轻柔吸尘的方式来清除灰尘，在吸尘器的管道口放上纹理疏松的织物或是网纱可避免吸起布料。如果不确定如何清洗，可咨询织物专家或储存专家。只要洗衣机容量够大，可以使用机器清洗普通绗缝被。使用低温柔洗程序，并用温和的清洗剂。短时间旋转甩去多余水分。鉴于绗缝被的制作材料，为了安全起见，最好不要旋转烘干。

如果手洗绗缝被，使用温和的清洗剂在温水中洗涤，用手轻揉。多次漂洗绗缝被，在洗衣盆中按压挤出多余水分。从盆中取出绗缝被时会非常重，可能需要他人帮忙。

尽可能平铺晾干绗缝被，当天气好时可在户外晾干，被子下面垫上毛巾既能防止被弄脏，又能吸收多余水分；上面盖上床单，可避免小鸟弄脏被子。不要将大型的绗缝被挂在晾衣绳上晾干，其中的水分会过度拉伸布料和缝线。

熨烫——晾干后，如需要熨烫，可使用冷烫无蒸汽熨斗熨烫，使用热烫熨斗可能会损坏专用缝线，并引起聚酯纤维铺棉和布料粘连。

展出作品

参与小型展示和大型展览都是一种宝贵的学习经历，如果你是一个活跃的手工团体成员，经常性地展览作品还会是一种乐趣。几乎随处都可以进行展览，比如说市政大厅、教堂、博物馆和图书馆等。也可以将作品送交参加当地的、地区的、全国性的或是国际性的展览和比赛，这些活动一般都有很多类别和奖项，可供初学者和有经验的绗缝者参加。

参加比赛时，请合理安排好自己的参与方式。可考虑以下几点。

- 尽早拿到参赛报名表格，熟悉规则、日期和场地。仔细研究，决定哪个类别最适合自己参加。一般比赛会有多种类别，并以不同的方式分类，比如按绗缝作品的类型分类，有绗缝被、靠垫、墙饰挂件；或按绗缝风格分类，有现代派和传统派。
- 检查有哪些要遵守的要求，比如，可能会要求使用某一类型的布料或是使用某一特定技巧。
- 检查截止日期，确保有充裕的时间递交报名表。
- 主办方会从很多方面来判断绗缝被和其他作品的优劣，比如图案、色彩的使用，技巧和成品的质量，在制作作品时应考虑到所有的方面。
- 竞赛组织方可能会要求提供一些特定的信息。比如，可能会要求为作品起名。还需要给作品做出一个简单的介绍，包括尺寸、使用的布料、为何选用这些布料、使用的技巧、为何选用这些技巧以及灵感的来源。一般还会要求给作品拍摄高分辨率的照片。
- 准备好参赛作品，确保其干净、有悬饰袖，且悬挂起来水平，背面附有展示标签，所有的线缝看起来齐整，修饰完美。
- 寄送作品参展时，正面朝外将其卷成筒状，并使用泡沫包装纸以减少皱褶的产生。亲自送达最安全，但不现实。邮寄作品时，请买遗失险并索取送达回执。

常用针法
USEFUL STITCHES

拼布、贴布和绗缝时使用的针法数以百计，有实用性的、有装饰性的，书中也提到了很多。这一部分列出了拼布时最常用到的手工针法和贴布绗缝时用到的漂亮的装饰性针法。简单的针法越来越多地被应用于“刺绣作品”，或者叫作手工缝制图画作品。针法以英语名称的首字母排序，并附有步骤图示。

回针绣（BACKSTITCH）

回针是一种用途广泛的针法，可以用来“绘”出图画的一部分，添上单独的线迹来突出强调，或者勾勒出一块区域。也可以和另一种缝线锁缝在一起，来加粗线条或加入另一种色彩（可参看247页的绕线平针绣）。

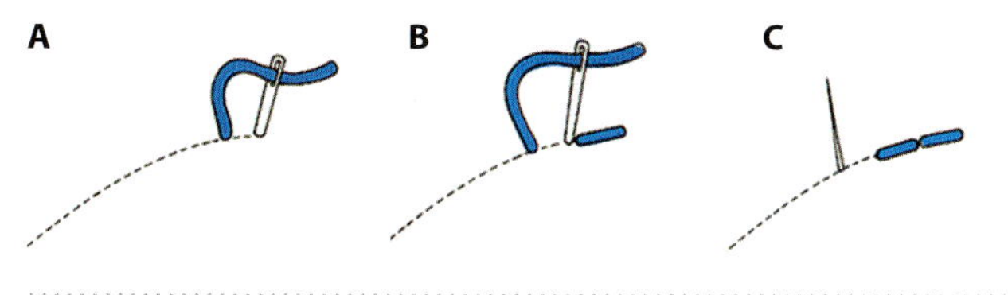

毯边绣（BLANKET STITCH）

给贴布特别是双面贴合衬贴布图案饰边时最常使用该线迹。它是装饰疯狂拼布作品的理想针法。当细密地缝纫该线迹时，可以用于锁眼或是希沙绣边缘的固定。

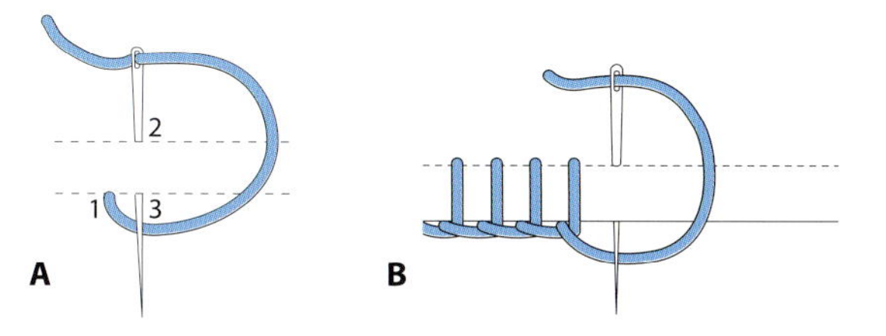

链式绣（CHAIN STITCH）

可用于多种刺绣作品。可以沿直线或弧线缝纫，也可缝出一条条孤立的线迹。可用于疯狂拼布和装饰性绗缝。开放链式绣是它的一种变化，缝纫每个线圈时，线头距离更远些。

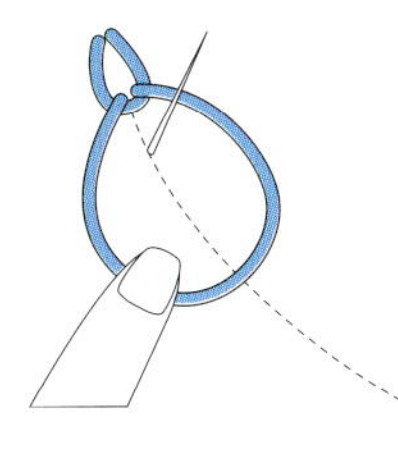

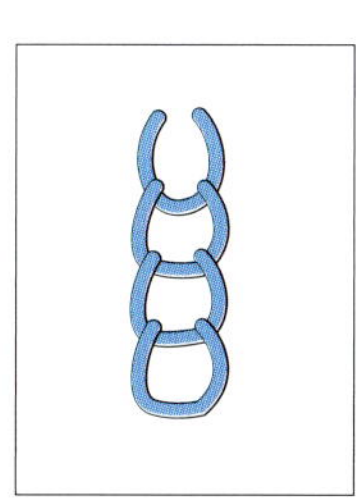

链式羽状绣（CHAINED FEATHER STITCH）

这种漂亮的针法适合装饰性绗缝和刺绣。154页的郁金香图案中就使用了这种针法。

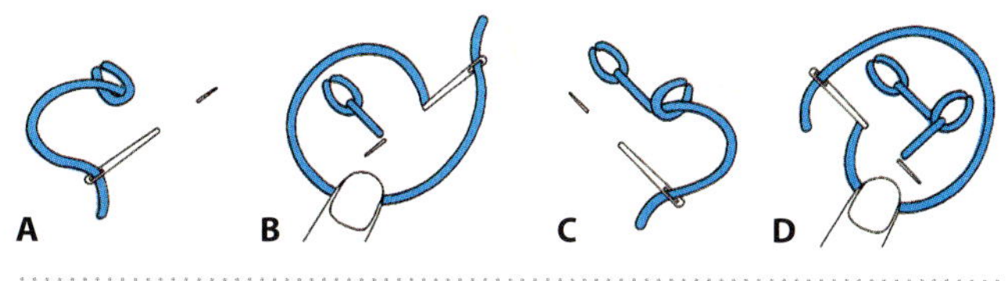

钉线绣（COUCHING）

使用钉线绣可以手工将线、绳带、编带、缎带和其他的饰带缝合到布料的表面。可以使用机器缝制——详见230页。

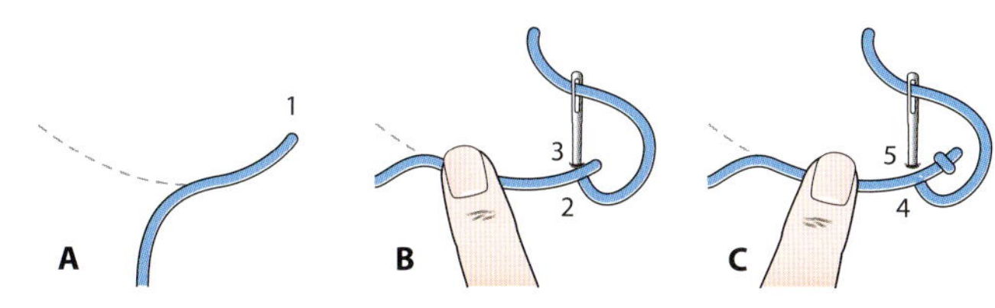

开放式叶状绣（CRETAN STITCH OPEN）

可作为装饰性的填充线迹使用，但是如果像下图采用开放式的方法时，也可以用作装饰绗缝。

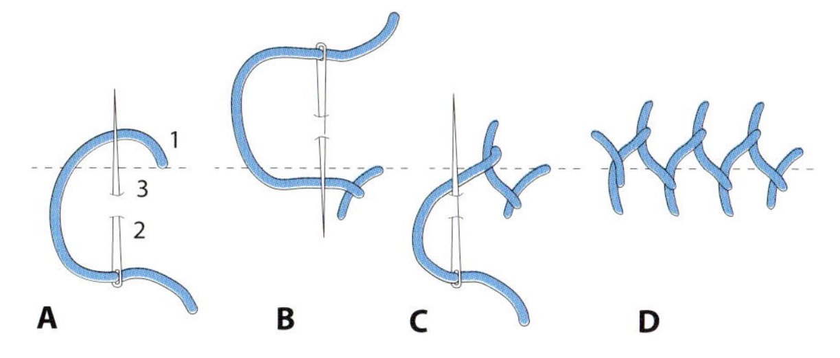

十字绣（CROSS STITCH）

这种刺绣针法可用于很多方面——包边、填充，也可作为独立的绗缝针法使用。

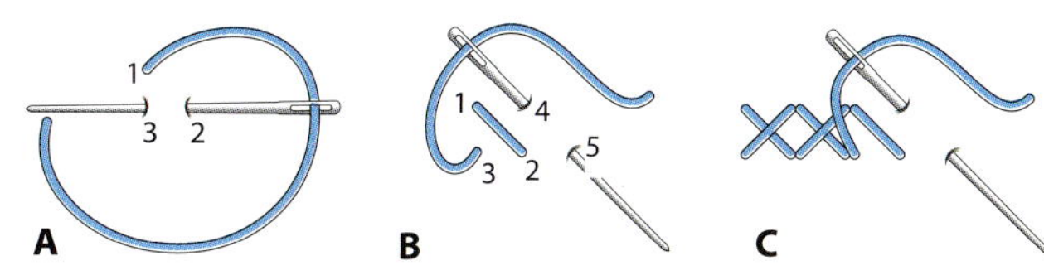

羽状绣（FEATHER STITCH）

这是一种可用于小型作品的漂亮针法。在密集的拼布上看起来也很不错。如C那样，画出平行的指引线，就能缝出直的线迹。

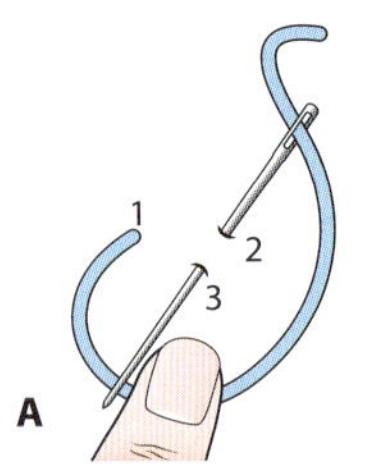

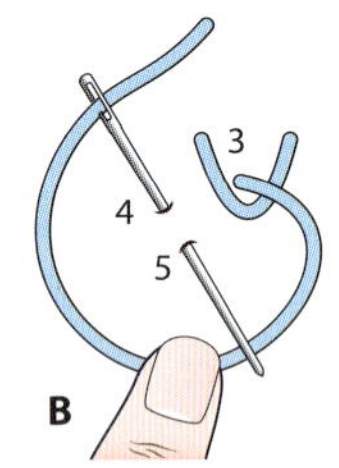

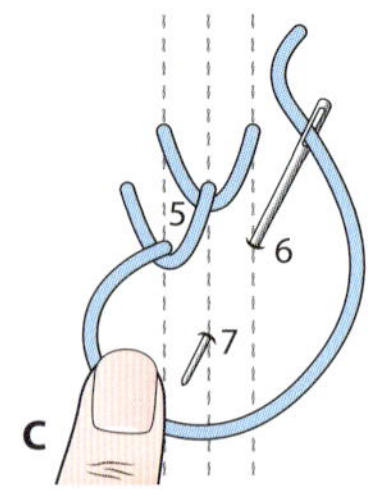

箭头绣（FERN STITCH）

这是一种简单的装饰针法，可用于给贴布图案和疯狂拼布作品饰边，也可用于刺绣图案的一部分。当单独使用时，这种针法又被称为鸡爪绣，可用于夏威夷贴布的饰边。

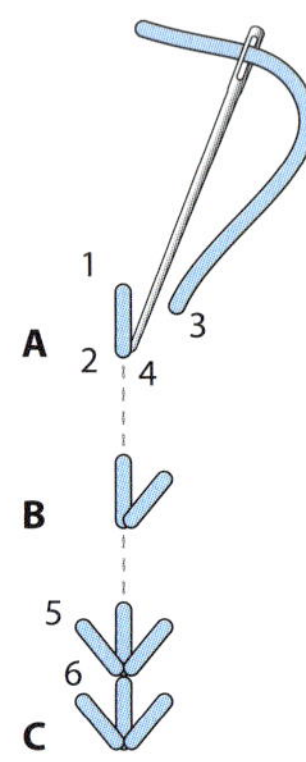

飞鸟绣（FLY STITCH）

这种刺绣针法适合制作密实的图形线条。单独使用时可点缀局部。

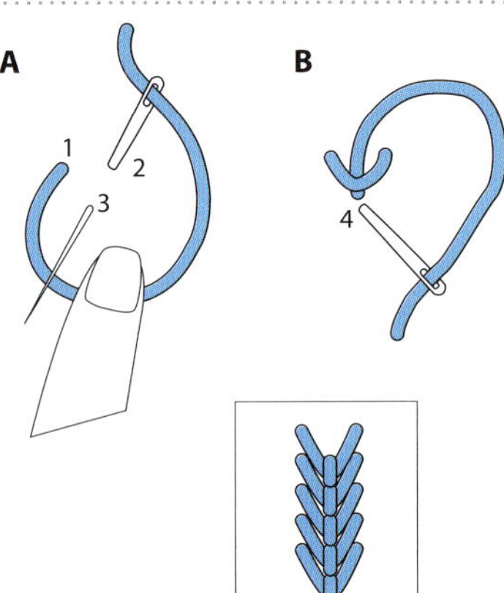

法式结粒绣（FRENCH KNOT）

这是一种很容易制作的小的线结。可用于装饰性缝合、强调重点部分和局部填充。将线绕针一两圈，紧握住针，再次穿针，从后面拉出缝线。要想线结大些，可使用粗点的缝线。也可使用窄的缎带制作法式结粒绣。

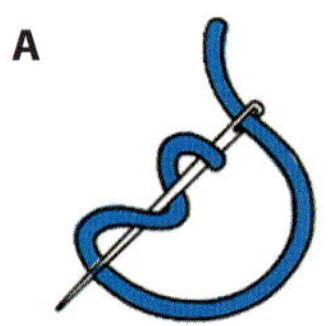

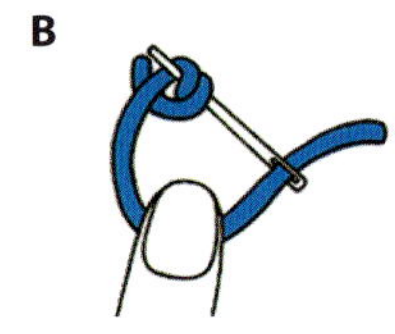

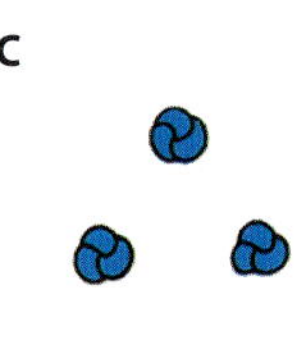

卷边绣（HEMMING STITCH）

一种基础针法，一般使用细小的针脚和配色缝线制作出隐形或是“暗”的卷边。尽量将线穿入布料褶皱中，每隔一段距离出现一次。

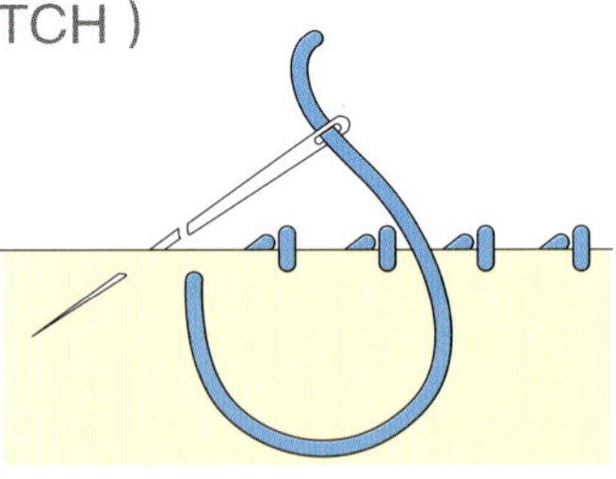

人字绣（HERRINGBONE STITCH）

也叫千鸟绣，是一种用途很广的针法，可用来饰边或装饰，特别适合于密集拼布作品。可加上更多的线迹制造出更加复杂的效果。

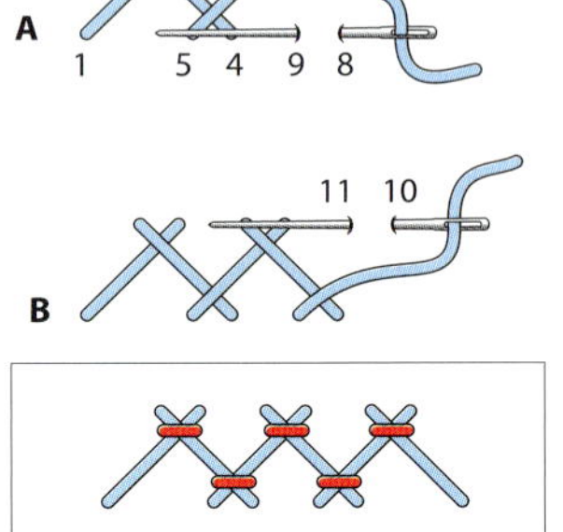

梯形绣（LADDER STITCH）

这是一种缝合的针法，可隐蔽地缝合空隙。它以梯形针法将两块布料缝合，缝线隐藏到折叠的布料边缘中，梯子的“横档”部分拉紧。使用和布料颜色相配的缝线。

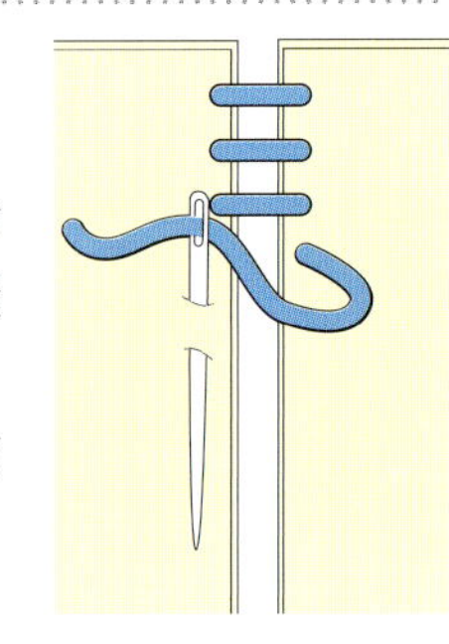

雏菊绣（LAZY DAISY STITCH）

这其实是一种独立的链式针法（见245页）。绕圈缝针，以构成花朵造型。

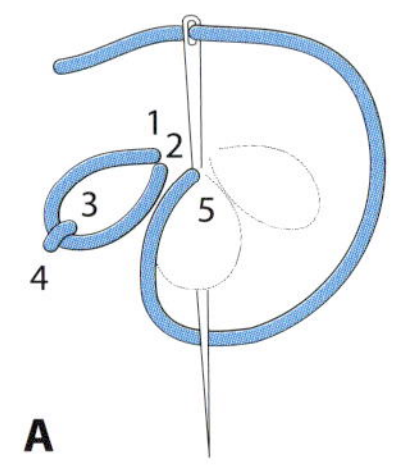

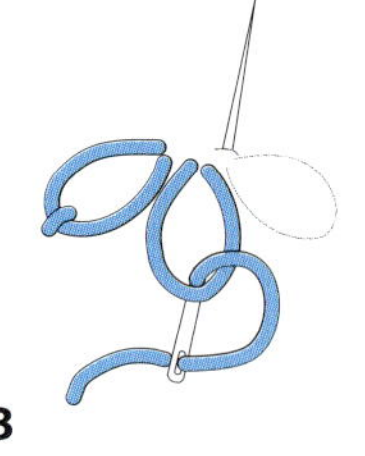

对缝或绕线绣（OVERSEWING OR WHIP STITCH）

这种针法可用来将两块布料的边缘连接起来，特别适合缝合绗缝被或其他作品翻袋时留下的返口。将布料向里折做出折边，用细小的线迹和配色缝线将两边缝合（为更清楚地说明，图示中的线迹比实际略大）。

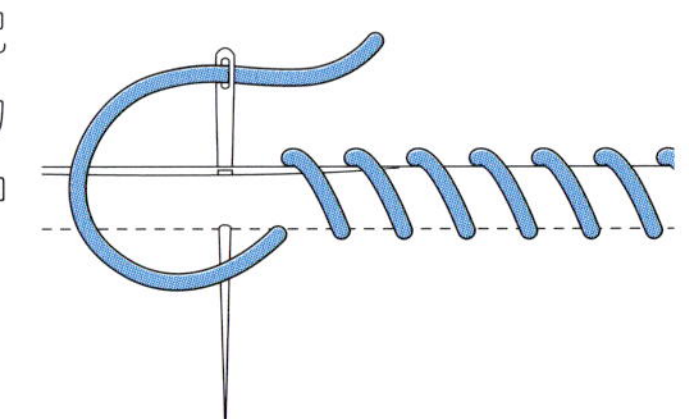

绗缝或平针绣（QUILTING OR RUNNING STITCH）

这就是一种平针针法（单平线迹），将针以相同的间隔在布料上穿入，拉出，沿着所要的方向缝线。关于绗缝线迹请查阅197页。

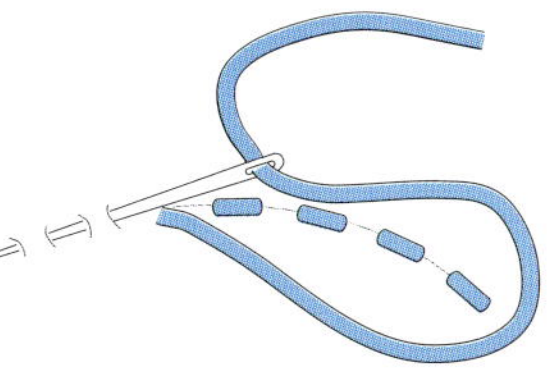

缎纹绣（SATIN STITCH）

这种针法可用于给贴布图案饰边，避免磨损，经常使用机器缝制。也可用作填充针法或是装饰针法。缝针时左右要靠紧。

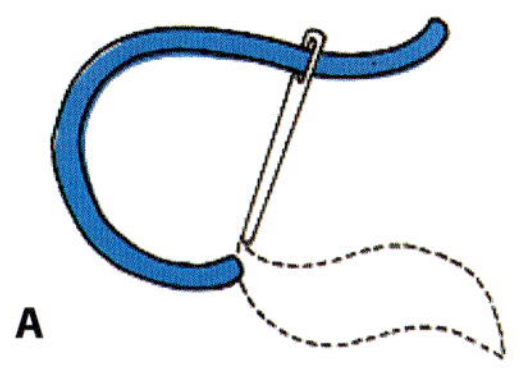

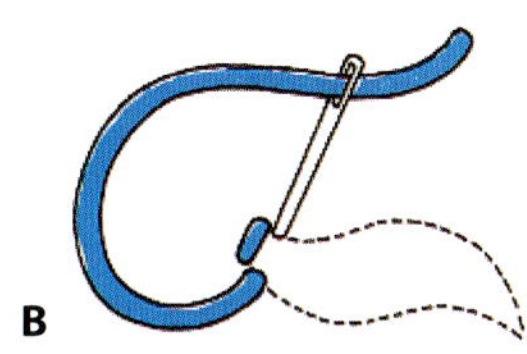

籽粒绣（SEED STITCH）

也叫作种子绣，更常见的称呼为绗缝填充针法。可随意在不同方向缝出小的线迹。

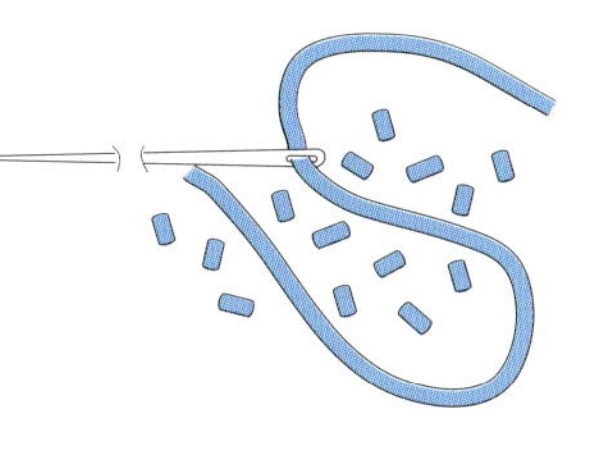

捆线绣（SHEAF STITCH）

这种针法易学，用一个平行线迹将三到五个缎纹线迹系到一起就行了，平行线迹可使用不同的颜色。可以单独使用，或沿着直线、弧线缝纫，适用于疯狂拼布作品。

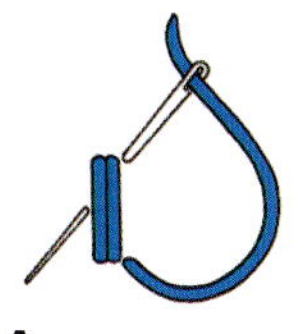

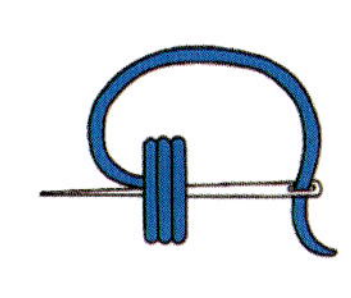

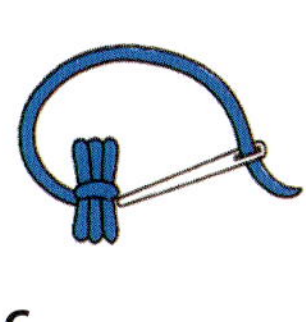

挑针缝（SLIP STITCH）

这是一种简单的细小线迹，用来缝合布料或饰边，实际上是一种卷边针法。

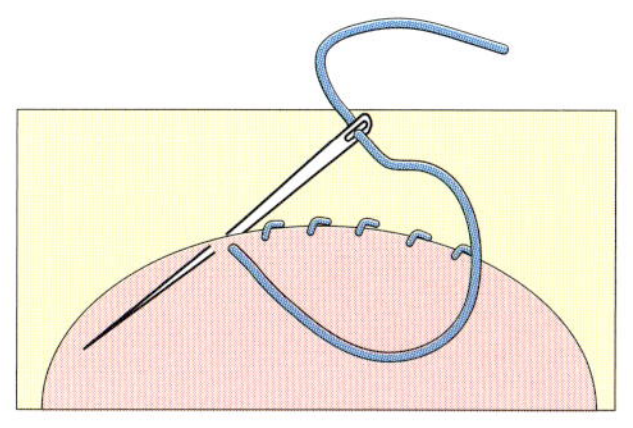

茎形绣（STEM STITCH）

这种针法可用于“绘”出贴布图案或刺绣作品的线条，如花茎或叶脉。

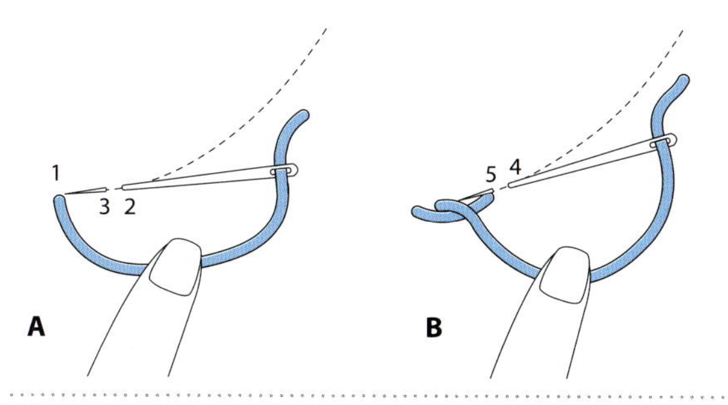

单面缝（TOP STITCH）

常用机器缝这种线迹，但也可以手工缝制。能使折边的边缘更加牢固、齐整、平坦。离边缘3毫米

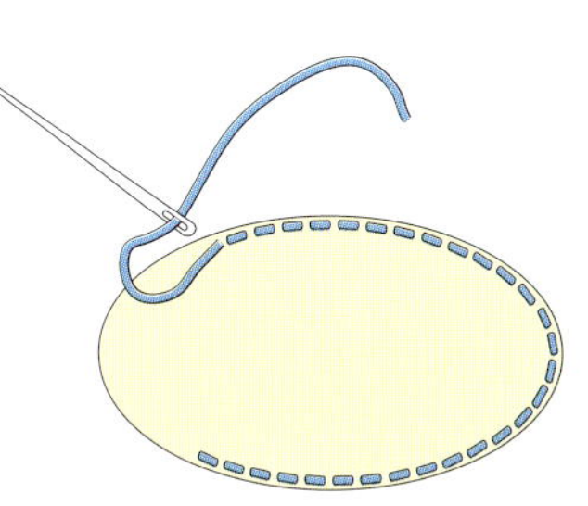

绕线平针绣／绕线绗缝（WHIPPED RUNNING / QUILTING STITCH）

这种针法能制作出比单平线迹更加有力的线条，如果锁缝时使用不同颜色的缝线，可以制作出一种扭曲的效果。可使用圆头针进行锁缝。201页制作的欢迎卡就使用了锁缝线迹来勾勒图案。也可以用同样的方法锁缝回针线迹等很多其他线迹。

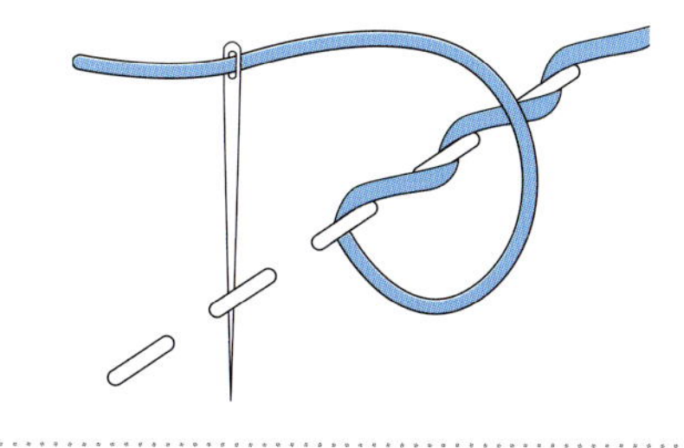

作品制作

PROJECT MAKING UP

当今我们的生活都很忙碌，制作大型的绗缝作品往往只能是一个可望而不可即的美好目标；但是在制作小件作品时我们同样能够体会到拼布、贴布和绗缝的乐趣。本书的“制作实践”中介绍的小型作品让我们能够探索一些简单而又有创造性的技巧。

塞米诺围巾

塞米诺拼接适合制作围巾，对此73页有详细描述，你可以按照自己的心意决定布带的数量。

1 完成围巾布带的制作后，缝合在一起，熨烫，确保围巾前片平直。剪出一块和围巾前片同样大小的衬布。如果制作冬季用的围巾，可再剪出一块比衬布四边都小2.5厘米的铺棉。

2 将围巾前片正面朝上放在一个平整的表面上。先用珠针将犬齿饰固定在围巾前片的正面上然后疏缝，三角形的尖角应朝里（可参看240页的缝上犬齿饰）。将衬布覆盖在上面，正面朝下，四周用珠针固定，将犬齿饰夹在中间。如使用铺棉，将其放在衬布之上。

3 使用6毫米的缝份，沿围巾四周缝合，在长边上留出一个返口以便翻袋。去除珠针和疏缝线。翻袋，使布料正面朝上，犬齿饰的尖角朝外。熨烫，然后用细小的挑针线迹缝合返口。▼

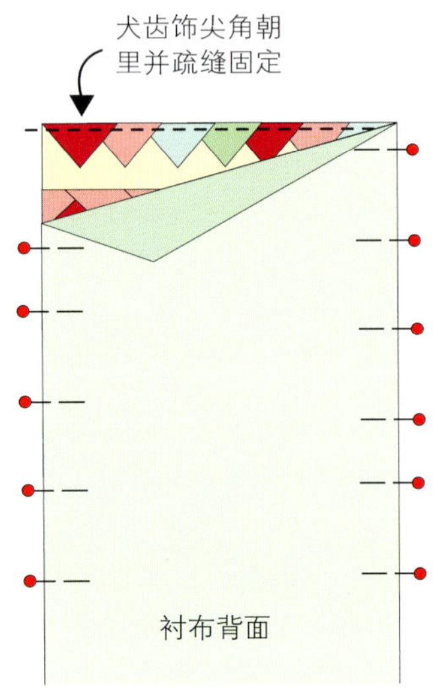

泡芙游戏垫

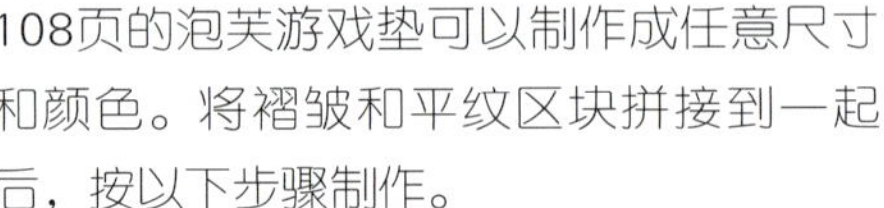

108页的泡芙游戏垫可以制作成任意尺寸和颜色。将褶皱和平纹区块拼接到一起后，按以下步骤制作。

1 剪出一块和表布同样大小的里布（或比表布略大，缝合后再做修剪）。将表布和里布正面相对用珠针固定，然后用1.3厘米的缝份缝合固定四边，留出一个返口用来翻袋。翻袋，将布料正面翻出，缝合返口。

2 要制作环绕四周的褶边，量出被子的周长，并乘以2。书中所示的被子为71厘米见方，那么需要71厘米×4×2=568厘米的褶边布料。准备长为5.7米左右、宽为11.4厘米的布料，如有需要可拼接。

3 将布料沿长边对折，使布料正面相对，沿长边缝合。翻袋，将布料的正面翻出，熨烫布管。使用一段结实的缝线（至少284厘米长），沿布管的中央缝制缩缝线迹（可将缝线在一块蜡上滑过，避免缠线——详见12页），拉拽缝线制作出褶皱。▼

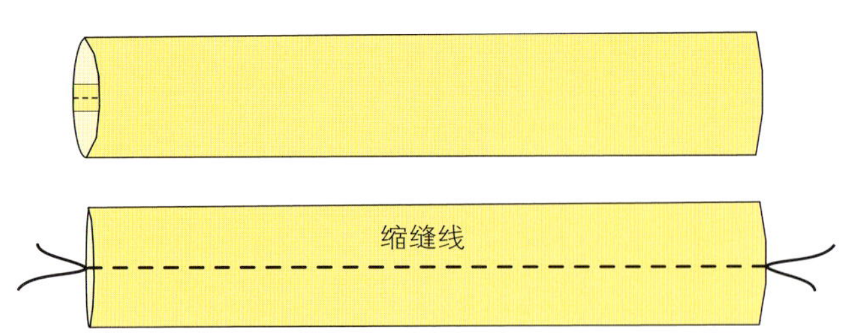

4 将褶边珠针固定在被子的四周，用手缝线迹在褶边中央缝针将其缝合到被子的边缘。将两头都向下折边，用挑针线迹缝合。将褶边缝合固定后，抽去缩缝线。或者，也可以在制作绗缝被时制作褶边，并将其缝合固定——关于该技巧，参见242页。

花朵手提袋

150页的这款手提袋宽为44.5厘米，高为33厘米，深为7.6厘米，用沿底边角缝合的方式制成。带子长为76厘米。

1 按照所需大小制作袋子的前片和后片。沿底边将前后两片布料缝合，剪出薄薄的铺棉，比前后片略大，用珠针固定到包片背面。绗缝固定，在离上下边2.5厘米处停止缝针。修剪铺棉的上下边，留出1.3厘米的空隙——这样一会儿翻袋时会容易些。修剪铺棉两边，和前后片齐平。▼

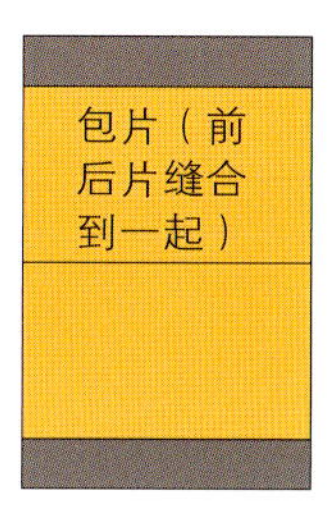

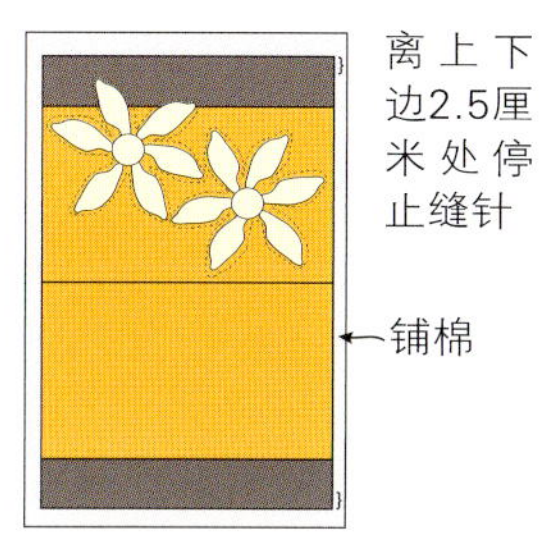

2 制作衬袋：按照外袋的前后片裁剪出衬袋布料和一块略大铺棉。绗缝固定，在离上下边2.5厘米处停止缝针。修剪铺棉的上下边，留出1.3厘米的空隙。修剪铺棉两边，和包片齐平。

3 将外袋的包片对折，正面相对，留1.3厘米的缝份缝合。以同样手法处理衬袋的包片，但是要用2.5厘米的缝份。如果需要有边角，沿边角缝纫以制作棱角（像糖袋一样）。将衬袋内部朝外放置，背面相对，对齐边缘。用珠针固定。▼

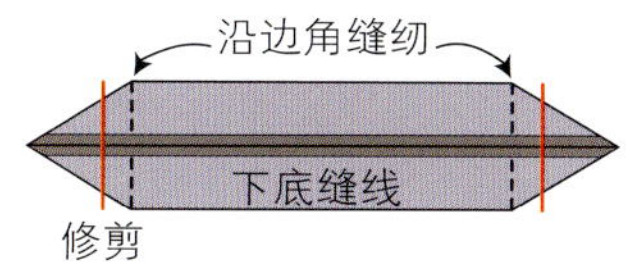

4 包带可用一条布管剪成两段制成。剪出一块宽为10.2厘米、长度适合的布料。沿长边对折，正面相对，用1.3厘米的缝份缝合。翻袋，将布料的正面翻出，剪成两段。使用一条宽为3.8厘米、长与包带相同的带子，剪出一条2.5厘米宽、与包带长度相同的铺棉，将两者用胶黏合。将带子、铺棉装入一个包带中，沿中间缝合固定。重复制作另一条包带。

5 将包带放在外袋和衬袋之间，深入包中至少2.5厘米。用珠针固定，检查长度和位置。将外袋和衬袋的上端折入约1.3厘米，将包带夹在中间。疏缝固定，然后在离上端3毫米处缝合。在包带末端深入到包中的位置缝出十字形状。去除疏缝线迹，熨烫。

彩绘玻璃灯笼海棠

182页的灯笼海棠图案可以制作成有边框的图案画或是有无边框均可的墙饰挂件。下面的说明包括如何制作拼布边框。

1 完成斜裁包边条贴布后，沿图案四周制作一个长方形的混色丝绸边框。将布条拼接成长方形或在布条后粘上双面贴合衬，然后热熔到底布上。在所有的边缘都加上包边条，用细小的挑针线迹和配色缝线固定缝合包边条。

2 将正面修剪至距离长方形边框6.3厘米以内。剪出一块和前片一样大小的里布和一块略小的铺棉，用翻袋的方法完成挂饰的包边和吊环——见235页和243页。吊环为5厘米宽，15.2厘米长。

夏季靠垫

53页的靠垫使用了简单的信封式（也叫作牛津式）的方法制作，靠垫芯从两片互相重叠的布料缝制的背面塞入。

1 剪出两块高度和前片相同、宽度为前片3/4的里布布料。每一片里布都沿短边两次折入6毫米作为褶边。缝合褶边，熨烫。▼

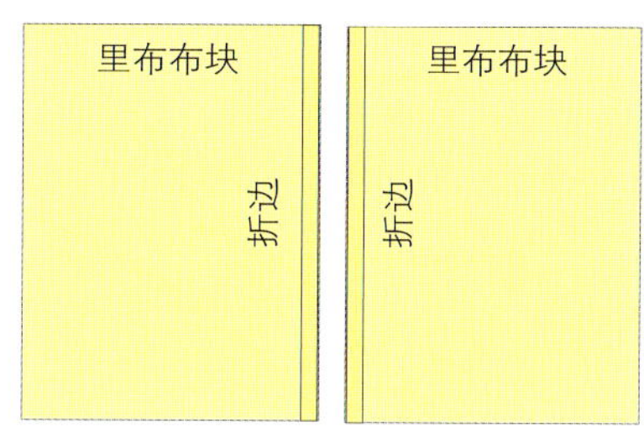

2 将靠垫前片正面朝上放置，并将里布正面朝下覆盖其上，对齐各边，两块里布布料在中间重叠。沿四边缝合。修剪缝份，剪去边角以减小体积。翻袋，熨烫缝份。装入靠垫芯，整理布料重叠部分。▶

常用信息
USEFUL INFORMATION

这一部分包括一些常用的表格和常用的数字信息。

英制单位和公制单位之间的转换

英寸转换为厘米时，将英寸长度乘以2.54

厘米转换为英寸时，将厘米长度除以2.54

英尺转换为米时，将英尺长度乘以0.308

米转换为英尺时，将米长度乘以3.28084

标准被子尺寸

床的类型	床垫尺寸
婴儿床	23英寸×46英寸（58厘米×117厘米）
幼儿床	30英寸×57英寸（76厘米×145厘米）
单人床	39英寸×75英寸（100厘米×190厘米）
双人床	54英寸×75英寸（137厘米×190厘米）
加大床	60英寸×80英寸（152厘米×203厘米）
特大床	76英寸×80英寸（193厘米×203厘米）

双层包边

成品宽度	裁剪尺寸
1/4英寸（6毫米）	2.5英寸（5.7厘米）宽
3/8英寸（1厘米）	2.5英寸（6.3厘米）
1/2英寸（1.3厘米）	3.5英寸（8.9厘米）
5/8英寸（1.6厘米）	4.25英寸（10.8厘米）
3/4英寸（1.9厘米）	4.75英寸（12厘米）
1英寸 （2.5厘米）	6.5英寸（16.5厘米）

放大和缩小区块尺寸

使用下面的公式放大区块图案

所需尺寸÷原来尺寸×100=放大的百分比

比如，将一个3英寸的区块放大到9英寸：

9÷3=3， 3×100=300，所以要放大到300%

使用下面的公式缩小区块图案

所需尺寸÷原来尺寸×100=缩小的百分比

比如，将一个12英寸的区块缩小到4英寸：

4÷12=0.33， 0.33×100=33，所以要缩小到33%

用一块正方形布料裁出三角形的有关数字

下表列出了要裁出两个或四个相同的直角三角形时，正方形布料应达到的尺寸。遵循以下公式：剪出两个相同的直角三角形时，在所需成品尺寸上加上2.2厘米；剪出四个相同的直角三角形时，在所需成品尺寸上加上3.2厘米。

成品区块尺寸	正方形剪出两个相同的三角形	正方形剪出四个相同的三角形
2英寸（5厘米）	2.875英寸（7.3厘米）	3.25英寸（8.2厘米）
2.5英寸（6.3厘米）	3.375英寸（8.5厘米）	3.75英寸（9.5厘米）
3英寸（7.6厘米）	3.875英寸（9.8厘米）	4.25英寸（10.8厘米）
3.5英寸（8.9厘米）	4.375英寸（11.1厘米）	4.75英寸（12厘米）
4英寸（10.2厘米）	4.875英寸（12.4厘米）	5.25英寸（13.3厘米）
4.5英寸（11.4厘米）	5.375英寸（13.6厘米）	5.75英寸（14.6厘米）
5英寸（12.7厘米）	5.875英寸（14.9厘米）	6.25英寸（15.9厘米）
5.5英寸（14厘米）	6.375英寸（16.2厘米）	6.75英寸（17.1厘米）
6英寸（15.2厘米）	6.875英寸（17.4厘米）	7.25英寸（18.4厘米）
6.5英寸（16.5厘米）	7.375英寸（18.7厘米）	7.75英寸（19.7厘米）
7英寸（17.8厘米）	7.875英寸（20厘米）	8.25英寸（20.9厘米）
7.5英寸（19厘米）	8.375英寸（21.1厘米）	8.75英寸（22.2厘米）
8英寸（20.3厘米）	8.875英寸（22.5厘米）	9.25英寸（23.5厘米）
8.5英寸（21.6厘米）	9.375英寸（23.8厘米）	9.75英寸（24.7厘米）
9英寸（22.9厘米）	9.875英寸（25厘米）	10.25英寸（26厘米）
9.5英寸（24.1厘米）	10.375英寸（26.3厘米）	10.75英寸（27.3厘米）
10英寸（25.4厘米）	10.875英寸（27.6厘米）	11.25英寸（28.5厘米）
11英寸（27.9厘米）	11.875英寸（30.1厘米）	12.25英寸（31.1厘米）
12英寸（30.5厘米）	12.875英寸（32.7厘米）	13.25英寸（33.6厘米）

缝纫机针型号

公制标准（欧洲）	通用标准（美国）
60（最细）	8
65	9
70	10
75	11
80	12
90	14
100	16
110	18
120（最粗）	19

1/4码宽布块能够裁出的正方形数量

我们按1/4码宽布块的尺寸为50.8厘米×43.2厘米

正方形大小	能裁出的数量
2英寸（5厘米）	80
2.5英寸 （6.3厘米）	48
2.75~3英寸（7~7.6厘米）	30
3.5~4英寸（8.9~10.2厘米）	20
4.5~5英寸（11.4~12.7厘米）	12
5.5~5.75英寸（14~14.6厘米）	9
6~6.5英寸（15.2~16.5厘米）	6
6.75~8英寸（17.1~20.3厘米）	4

正方形的对角线长度

下面表格中是一个正方形的对角线的长度。数学公式为将成品边长乘以1.414。

边长	对角线长
2英寸（5厘米）	2.875英寸（7.3厘米）
2.5英寸（6.3厘米）	3.5英寸（8.9厘米）
3英寸（7.6厘米）	4.25英寸（10.8厘米）
3.5英寸（8.9厘米）	5英寸（12.7厘米）
4英寸（10.2厘米）	5.375英寸（13.6厘米）
4.5英寸（11.4厘米）	6.375英寸（16.2厘米）
5英寸（12.7厘米）	7.125英寸（18厘米）
5.5英寸（14厘米）	7.875英寸（20厘米）
6英寸（15.2厘米）	8.5英寸（21.6厘米）
6.5英寸（16.5厘米）	9.25英寸（23.5厘米）
7英寸（17.8厘米）	9.875英寸（25厘米）
7.5英寸（19厘米）	10.75英寸（27.3厘米）
8英寸（20.3厘米）	11.25英寸（28.5厘米）
8.5英寸（21.6厘米）	12.125英寸（30.8厘米）
9英寸（22.9厘米）	12.75英寸（32.4厘米）
9.5英寸（24.1厘米）	13.5英寸（34.3厘米）
10英寸（25.4厘米）	14.875英寸（37.7厘米）
11英寸（27.9厘米）	15.75英寸（40厘米）
12英寸（30.5厘米）	17英寸（43.2厘米）

模板

TEMPLATES

本书中的一些小型作品使用了模板，这里给出的模板的尺寸是所需尺寸的一半。使用时需要放大200%，或者放大到所需尺寸。26页有关于模板的使用的详细介绍。

雏菊儿童被模板（155页）

花朵手提袋模板（150页）

如果使用手缝或是冷冻纸贴布的话，四周应加上6毫米的缝份。

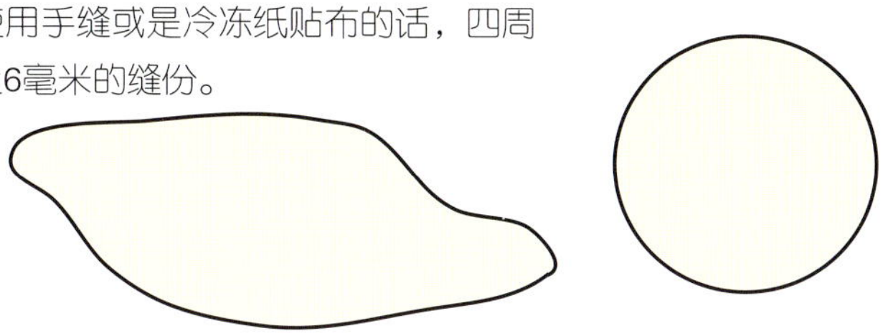

欢迎卡模板（201页）

蝴蝶挎包模板（173页）

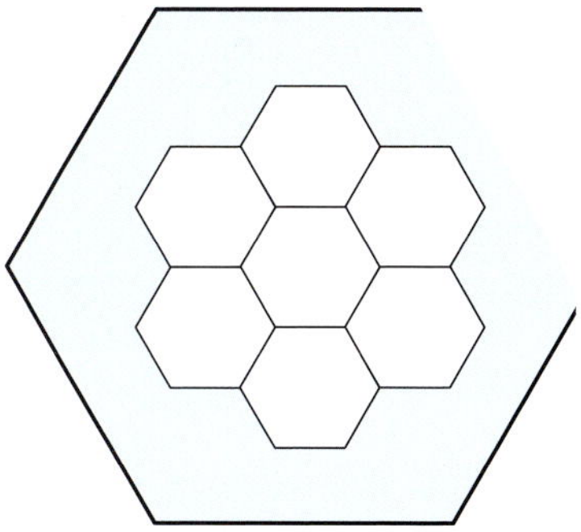

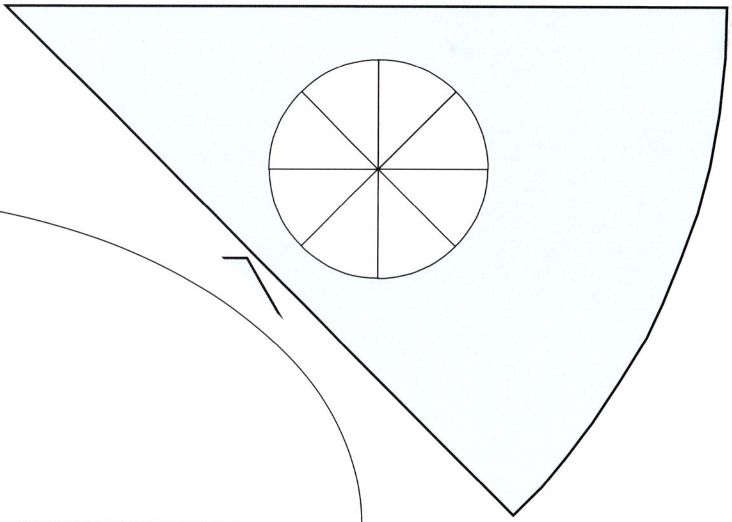

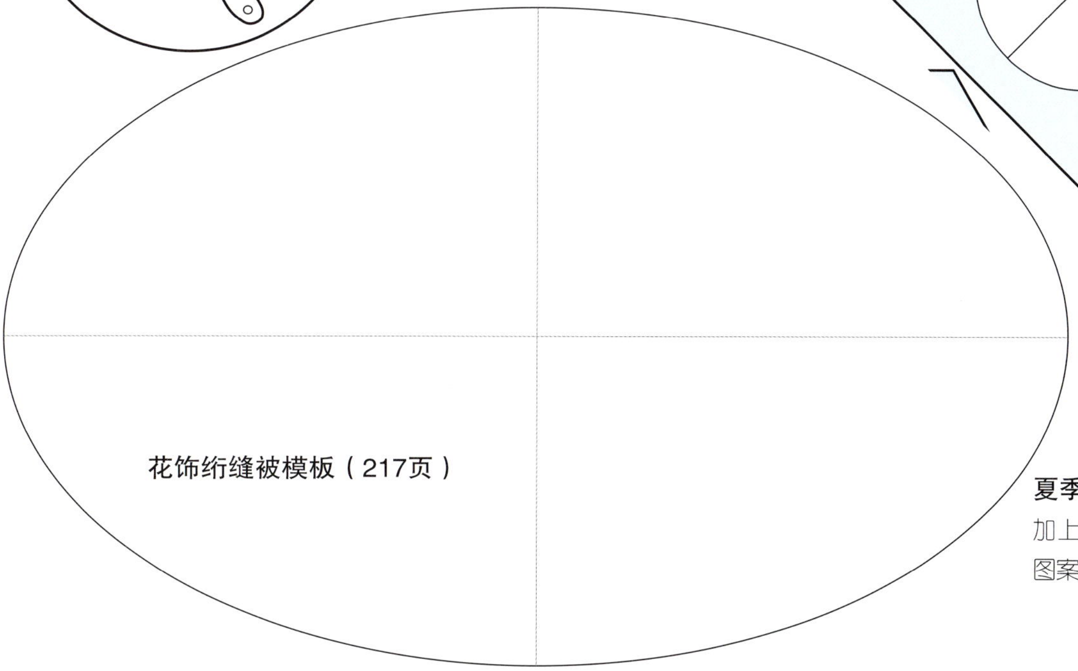

花饰绗缝被模板（217页）

夏季靠垫模板（53页）

加上6毫米的缝份。成品布局也有图案展示。

彩绘玻璃灯笼海棠模板（182页）

做出两份所需尺寸的图样（放大400%）——一份用来裁剪开，为所有用到的图形作为模板；一份用来指导包边条和边框的放置位置。缝花蕊时可以使用锁缝回针线迹或是起梗线迹，开始和完成时各缝上一颗小珠。

热熔图示

按照以下顺序将包边条热熔或缝纫固定：

用珠针在图案的四周做出记号。蓝色的斜裁包边条必须超出珠针形成的长方形区域。之后会用边框覆盖边缘部分。

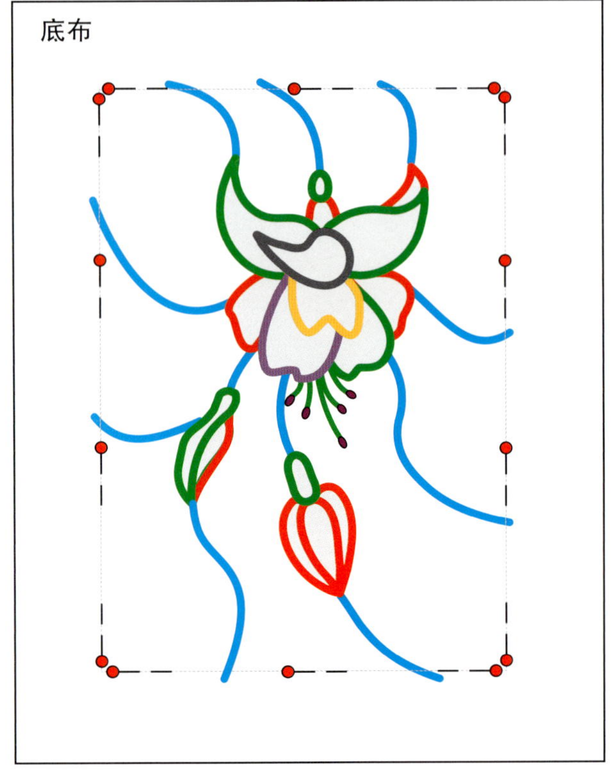